# 网页设计

## Photoshop CS5 + Flash CS5 + Dreamweaver CS5

# 从新手到高手

李彦广 编著



兵器工业出版社

北京希望电子出版社
Beijing Hope Electronic Press
www.bhp.com.cn

## 内 容 简 介

这是一本介绍如何运用Photoshop、Flash、Dreamweaver软件进行网页制作的图书。结构上以“基本操作—案例制作—技术拓展”为框架；讲解中以“设计”为主题，以实际案例为载体，全面、详细地介绍了网页设计的完整流程。

本书共分3部分。第1部分（第1章～第3章）为入门篇，介绍了作为一名网页设计师应该具有的基本素养及网页设计的基础知识。第2部分（第4章～第9章）为技能历练篇，由浅入深地介绍了使用Photoshop CS5设计网页图像的各种方法；使用Flash CS5制作网页动画的各种方法：使用Dreamweaver CS5制作网页的各种方法；使用HTML、XHTML、脚本语言及CSS样式等Web标准化技术制作网页；使用行为、JavaScript脚本语言为网页添加特效。第3部分（第10章～第12章）为提高篇，按照行业的要求设计和制作两个完整的实例。

本书适合在校大学生、社会培训机构、网页设计人员、广告设计人员阅读。

随书光盘为本书部分教学视频及素材文件。

图书在版编目（CIP）数据

网页设计Photoshop CS5+Flash CS5+Dreamweaver CS5从新手到高手/李彦广编著. —北京：兵器工业出版社，2011.8
ISBN 978-7-80248-630-0

Ⅰ. ①网… Ⅱ. ①李… Ⅲ. ①网页制作工具，Photoshop CS5、Flash CS5、Dreamweaver CS5 Ⅳ. ①TP393.092

中国版本图书馆CIP数据核字（2011）第139848号

出版发行：兵器工业出版社　北京希望电子出版社
邮编社址：100089　北京市海淀区车道沟10号
100085　北京市海淀区上地3街9号嘉华大厦C座611
电　　话：（010）82702660（发行）（010）82702675（邮购）
经　　销：各地新华书店　软件连锁店
印　　刷：北京密东印刷有限公司
版　　次：2011年8月第1版第1次印刷

封面设计：韦　纲
责任编辑：常小虹　刘　芯
责任校对：蒋　依
开　　本：787mm×1092mm　1/16
印　　张：27
印　　数：1—3500
字　　数：626千字
定　　价：49.80元（配1DVD光盘）

# 前言

Photoshop、Flash、Dreamweaver是网页设计师常用的设计工具。熟练运用这些工具是每一位准备步入网页设计殿堂者的必修课。笔者从事设计、广告、教学工作多年，深知作为一名合格的设计人员，依靠单纯的软件操作是无法满足设计需求的，因此在教学过程中要求学生一定要将软件操作与设计技巧相结合。但是，目前高校部分教材更新相对滞后，如常用的一些网页设计类教材，对网页的布局还停留在传统的表格阶段，而企业实际需要的却是运用CSS样式和div标签进行网页布局。这样就造成了课本所教的知识与实际需求相脱离的局面。

本书编写的初衷是帮助网页设计、广告设计相关专业的学生走出课本的制约，尽快成长为一名能满足企业设计和制作要求的合格的设计人员。

本书的编写思路是：首先讲解Photoshop软件的应用，使读者结合大量的实际案例，掌握如何运用Photoshop软件进行图像处理、图像编辑、logo设计及效果图设计。然后讲解Flash软件的应用，使读者能够将Photoshop软件中所设计和编辑的图像，按照实际的尺寸进行网页动画的制作；最后，运用Dreamweaver软件，结合HTML、XHTML、脚本语言及CSS样式将图像、动画、文本进行合理编排，同时为了增加网页的吸引力还为读者讲解了如何运用行为、JavaScript脚本语言为网页添加特效。在此基础上将全书分为3部分：

第1部分（第1章～第3章）：介绍了作为一名网页设计师应该具备的基本素养，及网页设计的基本流程，了解这些基础知识为后面章节的学习奠定扎实的基础。

第2部分（第4章～第9章）：详细讲解了网页设计师应掌握的基本技能及如何在实际应用中将Photoshop、Flash、Dreamweaver 3个不同软件的功能合理地串联起来。该部分内容在讲解时摒弃了以软件操作为主，单纯讲解案例的方式，转而将案例制作与设计技巧相结合，做到“授之以渔”。同时，结合完整的网页效果图，为读者讲解了色彩在网页设计中的应用技巧。

第3部分（第10章～第12章）：详细讲解了如何运用3个工具软件，按照行业的要求去设计和制作一个完整的网页。该部分在讲解时，首先为读者讲解了网页版式排列及制作技巧，然后通过两个实际案例详解了网页制作的完整步骤，从而为读者深入理解和运用Photoshop、Flash、Dreamweaver提供强有力的保障。

本书是笔者及工作团队在结合大量的工作经验和教学经验的基础上完成的一本由浅入深、由点及面系统讲解如何制作标准化网页的书籍，全书贯穿于常用的网页设计工具Photoshop、Flash、Dreamweaver，在很大程度上避免了同类书籍中只讲处理和制作过程而缺少各部分之间合理结合的弊端，是奉献给在校学生和准备进入网页设计行业读者的一本具有实用价值的参考书。

**本书特点：**

- 图文结合，各步骤讲解清晰易懂。
- 在制作过程中渗入大量的制作技巧和行业要求。
- 书中以实战案例为主，在制作过程中融入所必需掌握的基础知识。
- 注重各制作软件之间的合理结合及综合应用，让读者达到“知其然，更知其所以然”避免出现仅仅是操作过程的简单记录。
- 为方便读者学习，本书配套光盘中提供了部分案例的视频教学文件及素材文件。

本书由李彦广编著，参与资料整理及编写的有应序康、赵鹏、商励元、焦元奇、康妍、蔡小明、王于飞等；感谢陶宝建老师为本书提供部分源程序代码，冯展友老师为本书提出改进性建议，在此对大家的支持与帮助表示真挚的感谢。

特别感谢笔者亲爱的妻子——康洁，在笔者编写书稿的过程中给予的理解和支持！

在本书快截稿之时，笔者聪明可爱的李梓睿出生了，本书的出版是父亲送给你的礼物，希望你能健康成长。

由于笔者水平有限，书中内容不妥之处恳请广大读者批评指正，联系方式：E-mail：10003504@qq.com。

编著者

# 目录

## 第1章　成为网页设计师应具备的素养


**1.1 关于网页 ........................................ 1**
1.1.1 什么是网页 ........................................ 1
1.1.2 Web标准的概念和特点 ........................................ 2
1.1.3 网页设计师应该了解的相关概念 ........................................ 4
1.1.4 组成网页的主要元素 ........................................ 5
1.1.5 常见网站的类型与特点 ........................................ 7
**1.2 网页设计师应该具备的素养 ........................................ 9**


## 第2章　网页设计师的起步之路


**2.1 网页中色彩的搭配 ........................................ 11**
2.1.1 色彩搭配的原则 ........................................ 11
2.1.2 色彩搭配的方法 ........................................ 12
2.1.3 色彩搭配的内涵 ........................................ 14
**2.2 版式布局的技巧 ........................................ 16**
**2.3 网页制作的基本流程 ........................................ 21**
2.3.1 注册域名 ........................................ 21
2.3.2 租用空间 ........................................ 22
2.3.3 网站建设 ........................................ 22
2.3.4 网站推广 ........................................ 23
2.3.5 网站优化 ........................................ 24
2.3.6 网站维护 ........................................ 25


## 第3章　网页设计师从“设计”开始


**3.1 用Photoshop CS5制作网站标识和导航条 ........................................ 27**
3.1.1 设计技巧和注意事项 ........................................ 27
3.1.2 案例——用Photoshop CS5制作网站logo和导航条 ........................................ 29
3.1.3 技术拓展 ........................................ 32
**3.2 用Flash CS5制作banner动画 ........................................ 33**
3.2.1 banner动画的编排技巧 ........................................ 33
3.2.2 案例——用Flash CS5制作banner动画 ........................................ 34
3.2.3 技术拓展 ........................................ 35
**3.3 浅析DIV+CSS技术在网页中的应用 ........................................ 36**
3.3.1 div标签和span标签的特点 ........................................ 36
3.3.2 DIV+CSS实现简单的网页元素布局 ........................................ 36
3.3.3 技术拓展 ........................................ 40
**3.4 网页的美化——特效 ........................................ 41**
3.4.1 JavaScript技术的特点 ........................................ 41
3.4.2 案例——用JavaScript技术制作简单的网页特效 ........................................ 42

## 第4章 用Photoshop CS5制作网页效果图

**4.1 网页修饰要素 .............................. 45**
4.1.1 基本绘画工具的应用 .............. 45
4.1.2 色彩填充的应用 ...................... 48
4.1.3 图像修饰工具的应用 .............. 55
4.1.4 修复和修补工具的应用 .......... 56
4.1.5 为“文字”应用“变换”命令 ... 59
**4.2 调整网页图像 .............................. 62**
4.2.1 “调整”命令和调整图层 ......... 62
4.2.2 调整网页图像的色调 .............. 63
4.2.3 调整网页图像的色彩 .............. 65
4.2.4 调整网页图像的曝光度 .......... 69
4.2.5 图像的清晰化 .......................... 73
4.2.6 技术拓展 .................................. 75
**4.3 图像的选择和重组 ........................ 76**
4.3.1 创建选区、蒙版和通道 .......... 76
4.3.2 编辑选区、蒙版和通道 .......... 80
4.3.3 案例——网页中的朦胧效果 .... 81
4.3.4 案例——用蒙版实现图像的重组... 83
4.3.5 案例——用“通道”实现特殊图像的抠取 ............................ 86
4.3.6 技术拓展 .................................. 88
**4.4 高级网页图像的处理 .................... 89**
4.4.1 图层的概念和操作 .................. 90
4.4.2 应用图层样式 .......................... 91
4.4.3 图层混合模式的概念和特点 .... 94
4.4.4 案例——制作炫光网页效果 .... 96
4.4.5 案例——制作网站商品展示效果图... 99
**4.5 关于滤镜 .................................. 103**
4.5.1 网页设计中常用的滤镜 ......... 104
4.5.2 案例——制作两款网页特效字...108
4.5.3 案例——网页的艺术化处理 ... 111
4.5.4 案例——渲染网页中的自然景象... 113
4.5.5 技术拓展 ................................ 115
**4.6 网页效果图的裁切与优化输出.... 115**
4.6.1 使用度量工具和网格 ............ 115
4.6.2 使用吸管工具 ........................ 116
4.6.3 使用切片工具 ........................ 117
4.6.4 其他网页修剪辅助工具的使用... 118
4.6.5 案例——裁切网站效果图...... 119
4.6.6 网页效果图的优化输出 ........ 121

## 第5章 网页动画的制作

**5.1 网页动画制作中基本工具的使用 123**
5.1.1 使用选择工具和部分选择工具... 124
5.1.2 应用任意变形工具编辑形状... 129
5.1.3 利用3D旋转工具修改对象 ..... 130
5.1.4 案例——绘制网页造型元素 .. 133
5.1.5 使用填充工具 ........................ 134
5.1.6 案例——制作透明水泡 .......... 138
5.1.7 技术拓展 ................................ 139
**5.2 编辑与修改网页动画中的文字.... 140**
5.2.1 案例——制作倒影文字 .......... 142
5.2.2 案例——制作立体文字 .......... 144
**5.3 编辑图像与导入外部文件 .......... 145**
5.3.1 案例——制作变形动画 ......... 149
5.3.2 案例——导入PSD图像制作动画 ... 151
**5.4 Flash CS5的元件和实例 ........... 153**
5.4.1 图形元件的特点和编辑 ......... 154
5.4.2 案例——制作网页动画中的场景 ... 156
5.4.3 按钮元件的特点和编辑 ......... 158
5.4.4 案例——设计按钮导航 ......... 159
5.4.5 影片剪辑元件的特点和编辑 .. 161
5.4.6 案例——淡雅的网页片头动画...161
5.4.7 技术拓展 ............................... 164
**5.5 网页中常见动画的制作 ............. 164**
5.5.1 认识帧和时间轴 .................... 165

5.5.2 补间动画的特点和制作 ......... 166
5.5.3 案例——制作网页补间动画 .. 168
5.5.4 路径动画的特点和制作 ......... 172
5.5.5 案例——制作网页路径动画 .. 172
5.5.6 技术拓展 ................................ 173
5.5.7 遮罩动画的特点和制作 ......... 174
5.5.8 案例——幻灯片效果的切换 .. 175
5.5.9 案例——制作网页菜单 ......... 177
5.5.10 补间动画、路径动画和遮罩动画的综合应用 ...................................... 178

**5.6 为元件追加滤镜效果 ................ 182**

5.6.1 为文字和影片剪辑元件追加滤镜效果 ........................ 182
5.6.2 案例——动感的婚纱广告...... 185
5.6.3 嵌套元件 ................................ 188
5.6.4 案例——制作复合动画 ......... 188

**5.7 骨骼动画 .................................. 191**

5.7.1 使用“骨骼工具”为形状添加骨骼 ............................ 196
5.7.2 使用“骨骼工具”为元件添加骨骼 ............................ 198
5.7.3 案例——制作网页“骨骼”动画 ...................................... 199

**5.8 ActionScript的应用 ................. 201**

5.8.1 网页制作中常用的ActionScript 2.0方法和脚本 ....................... 201
5.8.2 为关键帧添加动作................. 205
5.8.3 为按钮实例添加动作 ............. 206
5.8.4 为影片剪辑元件添加动作...... 206
5.8.5 用ActionScript 3.0制作高级交互动画 .............................. 207
5.8.6 案例——网页广告中的旋转效果 .............................. 216
5.8.7 案例——可调节方向的滚动广告条..216
5.8.8 案例——网页动画中的跟随效果 .............................. 217
5.8.9 技术拓展 ................................ 219

**5.9 发布与导出网络动画 ............... 219**

5.9.1 导出为SWF影片 .................. 219
5.9.2 导出为GIF动画 ..................... 220
5.9.3 导出为AVI视频 ..................... 220

# 第6章 用DIV+CSS技术实现网页布局

**6.1 理解盒子模型 ........................... 223**

6.1.1 精确计算盒子尺寸................. 224
6.1.2 准确显示盒子尺寸................. 226

**6.2 CSS样式表——控制网页的表现227**

6.2.1 CSS基本语法和类型 ............ 227
6.2.2 解决CSS的冲突问题 ............ 229
6.2.3 将CSS应用到网页中 ............ 235

**6.3 定义CSS样式 ........................... 237**

6.3.1 定义文本样式 ........................ 238
6.3.2 利用<P>标签和<span>标签修饰文本 ................................ 238
6.3.3 案例——编辑秀美的博客文章... 240
6.3.4 定义背景样式 ........................ 242
6.3.5 案例——制作自动延伸的网页背景效果 ....................... 243
6.3.6 定义边框样式 ........................ 244
6.3.7 案例——让表单走进美容院 .. 245
6.3.8 定义列表样式 ........................ 249
6.3.9 案例——制作横向菜单和新闻列表 .............................. 249
6.3.10 定义区块样式 ...................... 252
6.3.11 应用案例——制作像杂志内页一样的网页 ................ 253

**6.4 网页中的浮动布局 .................... 256**

6.4.1 浮动布局的基本属性 ............ 256
6.4.2 两列页面布局 ........................ 257

6.4.3 三列及多列页面布局 ............ 261
6.4.4 清除浮动 ............ 263
**6.5 网页精确布局 ............ 267**
6.5.1 网页精确布局的概念 ............ 267
6.5.2 网页精确布局中的参照物 ............ 271
6.5.3 网页精确布局中的重叠化 ............ 273
6.5.4 综合案例的制作 ............ 274
**6.7 CSS 3.0的应用 ............ 279**

## 第7章 认识HTML、XHTML和XML

**7.1 认识HTML ............ 287**
7.1.1 HTML的主要特点和功能 ............ 287
7.1.2 关于HTML5的介绍 ............ 288
7.1.3 HTML语言的书写 ............ 289
**7.2 认识XHTML ............ 296**
7.2.1 XHTML的主要特点和功能 ............ 296
7.2.2 XHTML的文档结构 ............ 296
7.2.3 XHTML语言的书写 ............ 297
**7.3 认识XML ............ 299**
7.3.1 XML的主要特点和功能 ............ 299
7.3.2 定义元素及其属性 ............ 301
7.3.3 选择文档类型 ............ 305

## 第8章 网页中其他要素的设计

**8.1 网页中的链接技术 ............ 307**
8.1.1 直接插入超链接 ............ 307
8.1.2 创建图像热点链接 ............ 308
8.1.3 创建锚点链接 ............ 309
8.1.4 创建电子邮件的链接 ............ 309
8.1.5 利用CSS技术创建特殊的链接 ... 311
**8.2 制作表单 ............ 312**
8.2.1 表单的概念和作用 ............ 312
8.2.2 案例——设计会员注册表表单 ... 312
8.2.3 案例——利用CSS技术创建高级表单 ............ 317

## 第9章 用JavaScript行为创建网页特效

**9.1 行为的概念和特点 ............ 319**
**9.2 制作常见的网页特效 ............ 319**
9.2.1 利用行为调节浏览器窗口 ............ 320
9.2.2 利用行为创建图像特效 ............ 322
9.2.3 利用行为创建特效文本 ............ 329
9.2.4 利用行为控制多媒体信息 ............ 330
9.2.5 利用行为制作二级联动菜单 .. 332
9.2.6 技术拓展 ............ 335
**9.3 Spry效果 ............ 335**
9.3.1 创建网页遮帘效果 ............ 335
9.3.2 创建网页文字的自由调整效果 ............ 337
9.3.3 创建增大和收缩效果 ............ 339
9.3.4 制作Tab菜单 ............ 337
**9.4 利用外部插件制作网页特效 ............ 340**
9.4.1 安装外部插件 ............ 341
9.4.2 在线QQ效果 ............ 341
9.4.3 网络相册的应用 ............ 342
9.4.4 制作Flash菜单 ............ 343
9.4.5 技术拓展 ............ 344

# 第10章　网页的页面版式与规划

**10.1 构成网页的元素 ........................345**
**10.2 网页界面的构成要素 ................348**
10.2.1 文字要素 ..........................348
10.2.2 图像要素 ..........................351
10.2.3 装饰物要素 ........................352
**10.3 规划页面 ..................................353**
10.3.1 整理资料 ..........................353
10.3.2 分析目标对象 ....................354
10.3.3 设置页面板块 ....................355
10.3.4 修改与细化页面板块 ........355

# 第11章　门户网站的策划与设计

**11.1 行业分析 ..................................357**
**11.2 内容分析 ..................................358**
**11.3 制作过程 ..................................358**
11.3.1 制作首页效果图 ................358
11.3.2 制作页眉区域 ....................359
11.3.3 制作内容区域 ....................360
11.3.4 制作页脚区域 ....................363
11.3.5 制作内容页面 ....................363
11.3.6 网站效果图及优化输出 ......364
**11.4 利用Flash制作网页动画 ..........365**
11.4.1 制作网页banner动画效果 ...365
11.4.2 制作导航动画 ....................367
11.4.3 制作修饰动画 ....................368
11.4.4 制作横栏动画 ....................369
**11.5 利用DIV+CSS实现页面布局 ....369**
11.5.1 布局页眉区域 ....................374
11.5.2 布局内容区域 ....................376
11.5.3 布局页脚区域 ....................388
**11.6 追加网页特效 ..........................389**
**11.7 兼容性检查 ..............................392**
**11.8 内页的制作 ..............................394**
**11.9 制作模板 ..................................397**

# 第12章　餐饮类网站的策划与设计

**12.1 行业分析 ..................................399**
**12.2 内容分析 ..................................400**
**12.3 制作过程 ..................................400**
12.3.1 制作首页效果图 ................400
12.3.2 制作页眉区域 ....................401
12.3.3 制作主体banner区域 ..........402
12.3.4 制作内容区域 ....................403
12.3.5 制作页脚区域 ....................405
12.3.6 制作内容页面 ....................405
12.3.7 网站效果图的优化输出 .....405
**12.4 利用Flash制作网页动画 ..........406**
12.4.1 制作导航动画 ....................406
12.4.2 制作修饰动画 ....................407
12.4.3 制作修饰动画 ....................408
**12.5 利用DIV+CSS实现页面布局 ....408**
12.5.1 布局页眉区域 ....................411
12.5.2 布局banner广告区域 ........414
12.5.3 布局内容左区域 ................414
12.5.4 布局内容中心区域 ............416
12.5.5 布局内容右区域 ................417
12.5.6 布局页脚区域 ....................418
**12.6 追加网页特效 ..........................420**
**12.7 兼容性检查 ..............................421**
**12.8 制作内页 ..................................421**

第1章
01
# 成为网页设计师应具备的素养

随着互联网技术的飞速发展，市场对优秀网页设计师的需求也在与日俱增，越来越多的人希望能够成为一名合格的网页设计师，希望自己也能够根据实际的需要制作出精美的网页效果。而如何才能成为一名网页设计师？如何才能迈入网页设计师的殿堂？本章内容将为大家讲解网页设计的一些基本术语和基本概念，及作为一名设计师应该具备的基本素养。通过本章的介绍让大家了解网页，认识网页，进而为学习网页设计奠定良好的基础。

**本章的重要知识点包括**

- 网页的概念和类型
- 网页设计中的一些基本术语和概念
- 组成网页的主要元素
- 常见网站的类型与特点
- 网页设计师应该具备的基本素养

## 1.1 关于网页

要想成为一名成功的网页设计师，就要先了解网页，比如网页的类型、网页的制作过程、网页制作需要注意的问题，网页的发布及维护等内容，从现在开始，我们就以成为一名合格的网页设计师为己任，展开对本书的学习。

### 1.1.1 什么是网页

网页是构成网站的基本元素，是承载各种网站应用的平台。通俗地说，你平时浏览的网站就是由网页组成的。如果你只有域名和虚拟主机而没有制作任何网页的话，那么浏览者仍旧无法访问你的网站。

网页实际是一个文件，它存放在世界某个角落的某一台计算机中，而这台计算机必须是与互联网相连的。网页经由网址（URL）来识别与存取，当我们在浏览器输入网址后，经过一段复杂而又快速的程序运算后，网页文件会被传送到你的计算机，然后通过浏览器解释网页的内容，再展示到你的眼前，如图1-1所示。

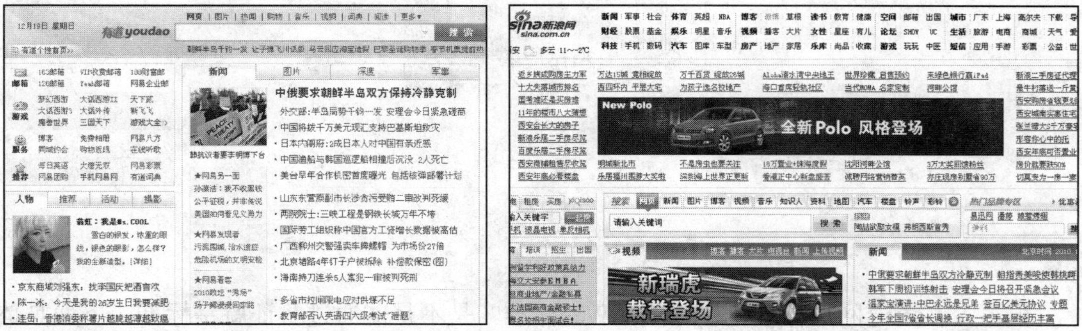


图1-1

网页按照是否具有交互性，可以分为静态网页和动态网页。

所谓动态网页，就是建立在B/S架构上的服务器端脚本程序。在浏览器端显示的网页是服务器端程序运行的结果。

动态网页具有以下特点：

动态网页以数据库技术为基础，可以最大限度地减少网站维护的工作量。

采用动态网页技术的网站可以实现更多地具有交互操作的功能，例如用户会员注册、信息查询、用户登录、用户管理、订单处理等。

动态网页并不是独立存在于服务器上的网页文件，只有当用户请求时服务器才返回一个完整的网页。

如图1-2所示为动态网页的工作原理图。

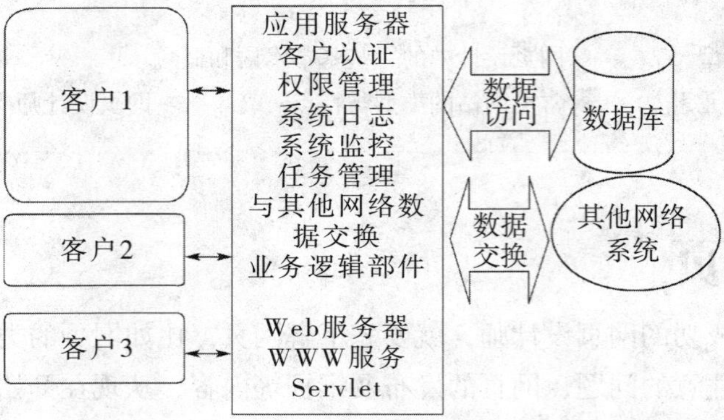


图1–2

所谓静态网页就是不具有交互性，仅仅提供信息浏览、图像展示和宣传的网页。对于此类网页，浏览者只能被动地浏览网站建设者提供的网页内容。

静态页面主要特点如下：

网页内容在客户端的浏览器中进行解释，网页内容不能发生变化，除非网页发布者或网站管理员修改了网页的内容。

静态网页的信息流向是单向的，只能从服务器到浏览器。服务器不能和用户的选择建立很好地交流。静态网页的浏览过程如图1-3所示。

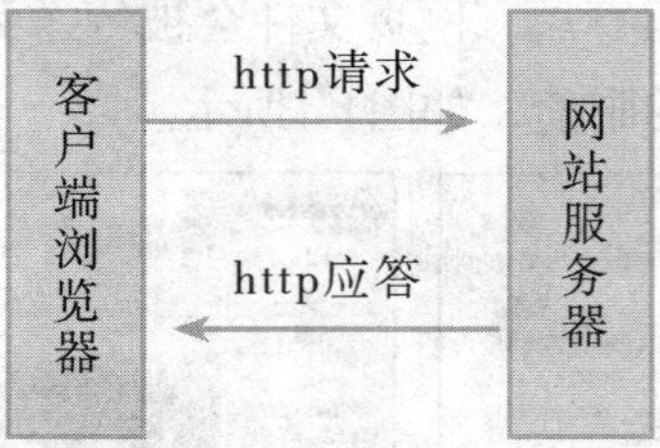


图1–3

## 1.1.2 Web标准的概念和特点

很多人在谈论网页标准化，什么是Web标准？是不是能通过验证就是标准。下面具体讲解什么是Web标准。

Web标准不是某一个标准，而是一系列标准的集合。Web标准的最大特点就是内容与表现的分离。所谓内容就是网页设计人员存放在页面中的，希望浏览者能够看到或听到的信息。对内容的组织则需要“结构标准语言”来完成；而页面的表现样式则由“表现标准语言”来控制；浏览者需要对页面中的交互内容进行操控时则需要“行为标准语言”，所以Web标准主要由3部分组成：结构、表现和行为。对应的标准也分3方面：

- 结构化标准语言：主要包括XHTML和XML。
- 表现标准语言：主要包括CSS。
- 行为标准：主要包括对象模型（如W3C DOM）、ECMAScript等。

这些标准大部分由W3C起草和发布，也有其他标准组织制定的标准，比如ECMA（European Computer Manufacturers Association）的ECMAScript标准。

### 1. 结构化标准语言

（1）XML

XML是The Extensible Markup Language（可扩展标识语言）的简写。目前遵循的是W3C于2000年发布的XML1.0，参考（www.w3.org/TR/2000/REC-XML-20001006）。和HTML一样，XML同样来源于SGML，但XML是一种能定义其他语言的语言。XML最初设计的目的是弥补HTML的不足，以强大地扩展性满足网络信息发布的需要，后来逐渐用于网络数据的转换和描述。

（2）XHTML

XHTML是The Extensible Hyper Text Markup Language可扩展标识语言的缩写。目前遵循的是W3C于2000年1月26日发布的XML1.0（参考http://www.w3.org/TR/xhtml1）。XML虽然数据转换能力强大，完全可以替代HTML，但面对成千上万已有的站点，直接采用XML还为时过早。因此，我们在HTML4.0的基础上，用XML的规则对其进行扩展，得到了XHTML。简单地说，建立XHTML的目的就是实现HTML向XML的过渡。

### 2. 表现标准语言

CSS是Cascading Style Sheets层叠样式表的缩写。目前遵循的是W3C于1998年5月12日发布的CSS2（参考http://www.w3.org/TR/CSS2/）。W3C创建CSS标准的目的是以CSS取代HTML表格式布局、帧和其他表现的语言。纯CSS布局与结构式XHTML相结合能帮助设计师分离外观与结构，使站点的访问及维护更加容易。

### 3. 行为标准

（1）DOM

DOM是Document Object Model文档对象模型的缩写。是一种用于HTML和XML文档的编程接口。它给文档提供了一种结构化的表示方法，可以改变文档的内容和呈现方式。最明显地就是DOM把网页和脚本以及其他的编程语言联系了起来，这样，网页设计人员可以通过文档对象的属性、方法和事件来掌控、操纵和创建动态的网页元素。

（2）ECMAScript

ECMAScript是ECMA(European Computer Manufacturers Association)制定的标准脚本语言（JavaScript）。目前推荐遵循的是ECMAScript 262。

那么，应用Web标准来制作和设计网站有哪些特点和优点呢？

应用Web标准来制作和设计网站，可以有效地降低网站的开发成本与维护成本。

我们知道，一个网站包含大量的子页面，如果按照传统的设计方式，假设有100个子页面，那么就意味着设计人员需要重复性地输入相关代码100次。如果按照Web标准设计网站，将用于定义样式的信息，都整理、存放在一个指定的文档中，这样就没必要为每个页面都输入相同的用于定义样式的代码。

网站设计完成以后，如果需要更改，此时Web标准的优势将凸显无疑。只需修改某段指定的样式代码，那么页面中应用了该段样式代码的页面效果也随之被更新。

应用Web标准来制作和设计网站，可以有效地节省带宽资源。

在进行网页设计时，如果利用表格进行布局，即使是最简单的页面，制作完成后也会生成大量的冗余标签，例如tr、rd等。如果页面内容比较多，页面中还要进行表格的嵌套，这样将生成更多的冗余标签和代码，无形中增加了网页的容量。而利用Web标准制作网站，可以重复应用大量的定义样式的代码来减少网站的体积，网站体积减少了，自然就节省了带宽资源。

应用Web标准来制作和设计网站，可以加快网页的解析速度。

由于在解析网页时能够以合理的方式分析结构元素和表现元素，所以，符合Web标准的网站其解析速度相比内容和表现混合在一起的编码方式要快得多。

### 1.1.3 网页设计师应该了解的相关概念

要进行网页设计，就应该首先了解一些网页设计中常见的概念和术语，它对于了解网页、制作网页、发布网页具有很重要的意义。

（1）WWW

WWW是环球信息网（World Wide Web）的缩写，也可以简称为Web，中文名字为“万维网”。另外，WWW也是世界气象组织筹划和组建的全球性气象业务体系和英文简称。

（2）URL

URL是统一资源定位符（Uniform / Universal Resource Locator）的缩写，也被称为网页地址，是因特网上标准的资源地址（Address）。

（3）HTTP

超文本传输协议HTTP（Hyper Text Transfer Protocol）是互联网上应用最为广泛的一种网络协议，它负责规定浏览器和服务器怎样互相交流。所有的WWW文件都必须遵守这个标准。

（4）HTML

HTML（Hyper Text Mark-up Language）即超文本标记语言或超文本链接标示语言，是目前网络上应用最为广泛的语言，也是构成网页文档的主要语言。HTML文本是由

HTML命令组成的描述性文本，HTML命令可以说明文字、图形、动画、声音、表格、链接等。

（5）域名

域名（Domain Name），由一串用点分隔的名字组成的因特网上某一台计算机或计算机组的名称，用于在数据传输时标识计算机的电子方位（有时也指地理位置）。

（6）虚拟主机

虚拟主机（Virtual Host）或主机托管服务。提供虚拟主机或主机托管服务的服务商通常拥有较大的因特网接入带宽（100 Mbps以上），因此可以为用户提供良好的出口带宽。用户也可以通过租用虚拟主机或将自己的主机托管来降低自行申请专线连接的运营与管理成本。

（7）IP地址

所谓IP地址就是给每个连接在互联网上的计算机分配一个32位地址，用来标识该计算机的身份。

（8）FTP

FTP是文件传输协议（File Transfer Protocol）的英文简称，而中文简称为“文传协议”，用于在因特网上控制文件的双向传输。

（9）网站备案

网站备案是指向主管机关报告事由存案以备查考。从行政法角度看备案，实践中主要是《立法法》和《法规规章备案条例》的规定。网站备案的目的就是为了防止人为地在网上从事非法的网站经营活动，打击不良互联网信息的传播。如果网站不备案的话，很有可能被查处甚至被勒令关停。要进行网站备案就必须向互联网管理机构提交必要的信息，例如，个人网站需要提交个人的身份证复印件及相关的电子文档；如果是企业网站，就要提交本企业的营业执照复印件、法人的身份证复印件、单位的组织机构代码证及相关的电子文档等内容。

## 1.1.4 组成网页的主要元素

设计网页时要组织页面的基本元素，同时再配合一些特效，即可构成一个绚丽多彩的网页。而构成网页的主要对象包括网站的标识、导航菜单、广告、文本内容、图像、动画、修饰物和超级链接等。只有有效、合理地安排、组织这些元素才能使网页“活”起来，从而更加具有活力，更能吸引浏览者的关注。

（1）网站的标识

当我们进入互联网的世界，会发现其范围之广，内容之多，超出了我们的想象。在这个竞争激烈的时代，为了更能引起人们的注意、吸引浏览者的眼球、树立网站形象，为网站设计一个符合其网站、行业特征的标识显得尤为重要。如图1-4所示是3款非常优秀的网站标识。

图1-4

（2）导航菜单

浏览者登录我们的网站，肯定是为了实现某种目的而来，如果导航设计不理想或者非常不友好，把内容藏得特别深，那么，可以想象，这样的网站是不会让浏览者停留驻足的。因此，优秀的导航设计不但能帮助用户快速查找所需要的信息，而且更有利于增加网站在浏览者心目中的形象，这样对于网站的推广和宣传也具有很大的帮助。另外优秀的导航设计还可引导搜索引擎去访问你的网站、收录你的页面。如图1-5所示。

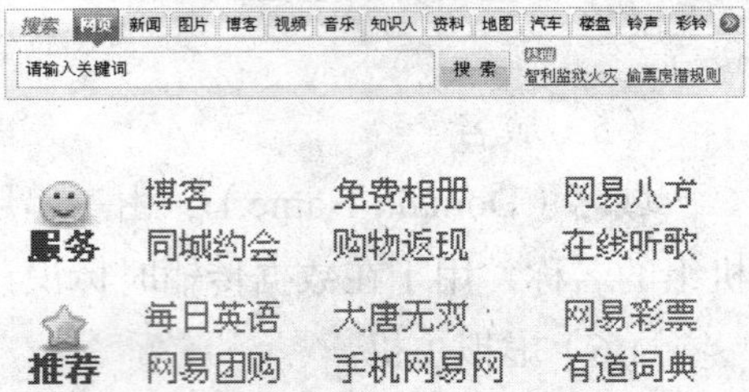


图1-5

（3）广告

网页中的广告是商业网站盈利的主要渠道之一，合理的设计网页banner的样式、色彩、格调不但能够吸引浏览者的注意，而且还可以起到美化网页、修饰网页的作用。常见的网页banner设计形式有横幅广告、弹出广告、按钮广告等。广告尺寸主要为250像素×250像素的正方形弹出式广告、468像素×60像素的广告条、120像素×90像素的按钮广告等。如图1-6所示。

图1-6

（4）文本内容

文字是网页的主体。虽然利用Flash、图形文字也可以达到同样的效果，甚至超出纯文本效果，但是网页文字的优势还是无法被取代。因为纯文本所占用的存储空间非常小。

然而在页面上用同样的字体显示，会使页面过于呆板。在页面中适当调整文字的大小、颜色等，也可以改善页面效果。

（5）图像

图像是网页中不可缺少的主要元素之一，但是也应当注意合理地使用图像。对于网页图像中的文字内容一定要清晰，不能因为背景内容的存在而影响整体的效果。对于网页中图像的色彩、色调一定要注意和整个网站的风格相吻合，否则将破坏网站的整体形象。对于图像的排版设计要注意整齐有序、自然协调。如图1-7所示的图像效果就显得比较协调和自然。

图1-7

（6）网页动画

动画也是网页中必不可少的元素之一，一个网站的动画设计效果，在某种程度上反映了网站的技术含量和动画设计师的设计动画的水平，如图1-8所示。在网页中使用动画，一定要注意恰当、合理，否则无谓地在页面中增加一些枯燥无味的动画不仅起不到画龙点睛的作用，还容易在视觉上为浏览者造成干扰。

图1-8

（7）修饰物

装饰物是网页中比较特殊的一类元素，因为类型和样式变化比较大，所以在设计页面时应当特别注意，有时，看似一个很小的修饰物，却能影响整个页面的效果。修饰物根据网站的类型、性质不同，使用不同的修饰物。在网页中使用修饰物应做到，修饰物的设计要符合网站的整体风格和样式，另外还要注意修饰物针对整体页面要得体恰当。如图1-9所示。

图1-9

（8）超链接

没有创建超链接的网站是不可想象的，就好比孤立无援的小岛别人无法发现它的位置坐标，别人找不到它，它也没有办法与别人联系。超级链接在网页中是随处可见的，随着网页设计水平的不断提高，越来越多的超链接设计得非常具有艺术性和引导性。如淘宝网的导航菜单超链接设计、卓越网的导航超链接设计，十分友好和美观。常见的超链接设计方式主要有文本式、图像式超链接。如图1-10所示。

图1-10

## 1.1.5 常见网站的类型与特点

很多朋友在想建设网站时都不知道自己要建的网站属于什么类型的，但是作为希望成为一名优秀设计师的你来说，却有必要了解网站的类型和特点。了解网站的特点将有助于我们与客户展开更加紧密地交流与沟通。那么网站都有哪些类型呢，总体说来有以下几类：

### 1. 企业型

现在绝大多数企业网站都属于这一类型，这些网站实际上就像传统的企业网上宣传平台，电子样本。如图1-11所示。

（1）提供大量与公司相关的信息。例如，一个股份公司就需要有一个这样的网站。网站通常包括：业务类型、相关新闻、在线帮助、重要项目介绍和常见问题解答等。在这样的网站上，图片仅作为文字的补充，当然，也可以有视频和Flash，等等。

（2）一个需要宣传自己刚开发出的新药的制药公司可以建设一个网站，用于宣传自己的新产品。这种以宣传为目的的网站是为了提升企业产品或服务的知名度。

（3）一个只通过分销渠道销售产品的制造公司可以建设一个网站，用于提供产品的官方信息和提升品牌的知名度。它是公司线下品牌建设的补充。

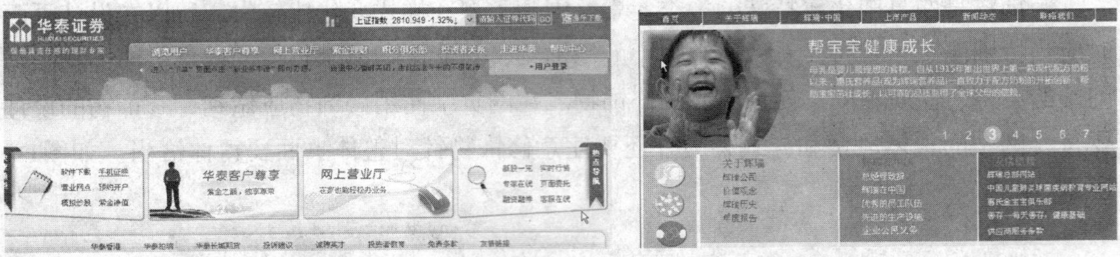


图1-11

### 2. 电子商务型

要进行在线销售就要使用电子商务网站，如图1-12所示。这样的网站主要性能包括：

（1）详细的产品或服务信息，包含了照片，有时还有多媒体、图纸和图表。

（2）购物车——以便买家能够选择一个或多个商品购买。

（3）付款入口——以便买家能够为他们购买的产品或服务付款。

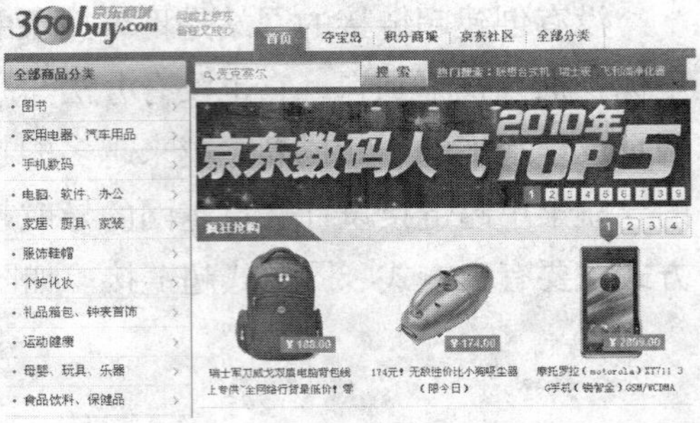


图1-12

### 3. 公司门户型

这种被称为公司门户的网站提供了许多资源或服务，往往是大型企业所需要的。例如，电子邮件，论坛和公司相关的新闻和文章、会员社区等。门户是为企业特定的浏览者提供的入口。如图1-13所示。

图1-13

### 4. B2B交易型

B2B交易是一种在线交易平台，在这里买卖双方进行沟通、协商和达成交易。它的主要功能是为会员提供一个利用互联网有效进行商业活动的地方。一个企业B2B交易网站是企业的交易市场，它是为买家、卖家和企业员工提供服务而设计的。如图1-14所示。

图1–14

## 1.2 网页设计师应该具备的素养

要想成为一名合格的网页设计师，首先要具有一定的文化素质，例如文学修养，有助于我们在设计网页时具备良好的文案编写能力。另外还应该具有一定的艺术修养。只有这样才能够使自己设计的网页更具视觉美和布局美，进而达到一定的美学水准。

要想成为一名合格的网页设计师，应时时关注软件的新发展，适应新功能，以增加工作的效率。例如掌握美工图像处理软件Photoshop的应用、掌握网页布局及CSS编写软件Dreamweaver的应用、掌握网页动画制作软件Flash的应用、掌握后台开ASP技术等。

要想成为一名合格的网页设计师，应具有创意思维，这样才能适应形势的发展，不断地设计出良好的网页界面，满足不同客户的需求。

作为一名网页设计师，还必须要掌握一些常用的软件及工具软件，如网页设计中常用的测试浏览器及前台设计软件。

其中，主流的浏览器必须进行安装后，方可使用。首先为大家介绍市面上常用的几款浏览器，（如图1-15）主要包括以下类型：

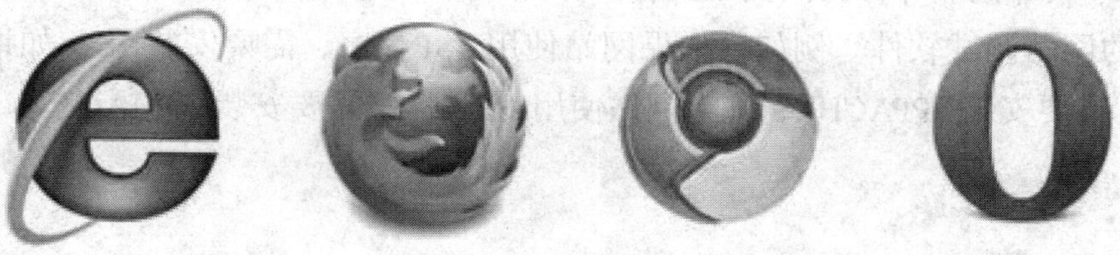

微软浏览器　　火狐浏览器　　谷歌浏览器　　Operal浏览器

图1–15

微软Internet Explorer（IE6、IE7、IE8）：我们中的大多数人都在使用IE，这要感谢它对Web站点强大的兼容性。Service Pack 1的版本6，包括了近几年发布的所有安全更新，及一些有用的附件。

Mozilla FireFox（火狐浏览器）：目前，已经是市场占有率第二的浏览器，仅次于微软的Internet Explorer。

遨游（Maxthon）浏览器：Maxthon Browser基于IE内核，并在其之上有所创新，其插件比IE更丰富。

谷歌浏览器（Chrome）：Chrome是由Google公司开发的网页浏览器，浏览速度在众多浏览器中走在前列，属于高端浏览器。采用BSD许可证授权并开放源代码，开源计划名为Chromium.

还有其他一些浏览器，例如360的浏览器、腾讯的TT浏览器等，但是相对而言最安全的还是Firefox浏览器。

除此之外网页设计师还应掌握一些常用设计工具的应用。下面为大家介绍目前制作网页常用的几种设计软件，如图1-16所示。

（1）Photoshop：Photoshop是Adobe公司旗下最为出名的图像处理软件之一，集图像扫描、编辑修改、图像制作、广告创意，图像输入与输出于一体的图形图像处理软件，深受广大平面设计人员和计算机美术爱好者的喜爱。

（2）Flash：Flash是由美国Macromedia公司推出的交互式矢量图和Web动画的标准，由Adobe公司收购。网页设计者可以使用Flash创作出既漂亮又可改变尺寸的导航界面，以及其他的奇特效果。

（3）Dreamweaver：Dreamweaver也是由美国Macromedia公司开发的集网页制作和管理网站于一身的所见即所得网页编辑器，它是第一套针对专业网页设计师特别开发的视觉化网页开发工具，利用它可以轻而易举地制作出跨越平台限制和跨越浏览器限制的充满动感的网页。

图1–16

以上3个软件被业界称为网页三剑客。除此以外，为了调试网页，网页设计师还应该安装相应的网站调试软件。例如，如果网站使用ASP程序，需要安装IIS；如果网站使用PHP程序，需要安装APPACHE；如果网站使用JSP程序，需要安装TOMACT。

第2章
02
# 网页设计师的起步之路

网页中的色彩是树立网站形象的主要元素之一。合理地搭配颜色不仅能使网站风格更加鲜明，而且为浏览者浏览网站内容提供更加愉悦的美感　另外　合理地编排网页中的各种元素还能增加页面的整体美感　有利于浏览者按照一定的视觉顺序查找相应的内容。因此在设计网页之前首先要根据所设计的网站类型　确定网页的布局安排和结构类型。为了让网站尽早上线　设计师在制作网站之前还应该提醒客户尽早确定网站的名称、申请域名、购买空间　向有关管理机构提交网站的备案信息。

本章的重要知识点包括

- 网页色彩的搭配原则
- 网页色彩的搭配技巧
- 网页色彩搭配的内涵
- 网页版式的类型
- 网页版式的划分与具体应用技巧
- 域名的选择与网站的备案

## 2.1 网页中色彩的搭配

了解色彩，是每一名网页设计师都应具备的基本行业技能；巧妙地运用色彩则是衡量一名网页设计师是否成熟的关键。本节主要为大家讲解网页色彩搭配的原则、技巧及内涵。

### 2.1.1 色彩搭配的原则

在选择网页色彩时，除了考虑网站本身的特点外还应该遵循一定的艺术规律，从而制作出更加精美的网页。

#### 1. 色彩的鲜明性

如果一个网站的色彩搭配很鲜明、具有视觉美感，就容易引起人们的注意，从而给浏览者耳目一新的感觉。图2-1中通过蓝色追加高光达到吸引视线的作用，然后在高光处适当地运用红色及黑色标识出产品的造型，明确地向浏览者表达了本网站的所属行业。

图2-1

2. 色彩的独特性

要有与众不同色彩，网页的用色必须有自己的独特风格，这样才能给浏览者留下深刻的印象。如图2-2所示，整个网站采用天空蓝，仅仅在标识中使用了一点红，这样的效果处理，不仅突出了网站标识的独特颜色，而且还很好地起到了引导浏览者视线的作用。

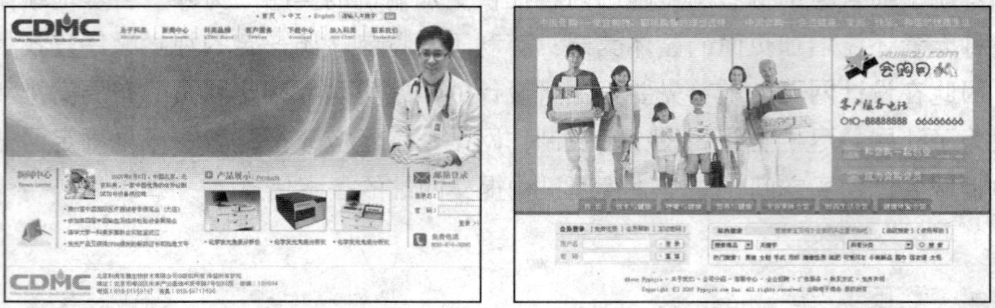


图2–2

3. 色彩的艺术性

网站设计是一种艺术活动，因此必须遵循艺术规律。按照内容决定形式的原则，在考虑网站本身特点的同时，大胆地进行艺术创新，设计出既符合网站要求，又具一定艺术特色的网站。

4. 色彩搭配的合理性

色彩要根据主题来确定，不同的主题选用不同的色彩。例如，用蓝色体现科技型网站的专业，用粉红色体现女性的柔情等，如图2-3所示。

图2–3

## 2.1.2 色彩搭配的方法

网页配色很重要，网页颜色搭配是否合理直接影响到访问者的情绪。好的色彩搭配会给访问者带来很强的视觉冲击力，不恰当的色彩搭配则会让访问者焦躁不安。

1. 同种色彩搭配

同种色彩搭配是指先选定一种色彩，然后调整其透明度与饱和度，将色彩变淡或加深，由此产生新的色彩，这样的页面看起来色彩统一，具有层次感，如图2-4所示。

图2–4

### 2. 邻近色彩搭配

邻近色是指在色环上相邻的颜色，如绿色和蓝色、红色和黄色即互为邻近色。采用邻近色搭配可使网页避免色彩杂乱，易于达到页面和谐统一的效果，如图2-5所示。

图2–5

### 3. 对比色彩搭配

一般来说，色彩的三原色（红、黄、蓝）最能体现色彩间的差异。对比色可以突出重点，产生强烈的视觉效果。合理地使用对比色，能够使网站特色鲜明、重点突出。在设计时，通常以一种颜色为主色调，用对比色作为点缀，以起到画龙点睛的作用，如图2-6所示。

图2–6

### 4. 暖色色彩搭配

暖色色彩搭配是指使用红色、橙色、黄色等色彩的搭配。这种色调的运用，可为网页营造出稳性、和谐和热情的氛围，如图2-7所示。

图2-7

### 5. 冷色色彩搭配

冷色色彩搭配是指使用绿色、蓝色及紫色等色彩的搭配，这种色彩搭配，可为网页营造出宁静、清凉和高雅的氛围。冷色色彩与白色搭配一般会获得较好的视觉效果，如图2-8所示。

图2-8

### 6. 文字与网页的背景色对比要突出

文字内容的颜色与网页的背景色对比要突出，底色深，文字的颜色就浅，以深色的背景衬托浅色的内容（文字或图片）；反之，底色淡，文字的颜色就要深些，以浅色的背景衬托深色的内容（文字或图片），如图2-9所示。

图2-9

## 2.1.3 色彩搭配的内涵

如果是单一的网页色彩，对于初学网页设计者而言，或许难度不大，但是如果网页中出现多种色彩，例如，导航条的颜色设计、修饰边框的颜色设计、底纹背景的颜色设计等多个内容交叉在一起时，对初学网页设计者而言或许就会感到头疼。那么，到底怎样搭配其效果才十分完美呢？下面就为大家进行详细讲解。

（1）红色：红色的色感温暖，性格刚烈而外向，是一种对人刺激性很强的颜色。红色容易引起人的注意，也容易使人兴奋、激动、紧张、冲动。在网页中使用红色很容易让人联想到热闹喜庆的欢聚、动感强烈的摇滚等场面。如果设计网页时在红色中加入少量的黄，会使其热力强盛；如果适当的再加入一点橘黄色，很容易引起人们的食欲；如果设计网页时在红色中加入少量的黑，会使其画面显得的沉稳、朴实；而加入一点白，则又会使画面变得温柔，趋于含蓄，如图2-10所示。

图2-10

（2）黄色：黄色的性格高傲、敏感，具有扩张和不安宁的视觉印象。只要在纯黄色中混入少量的其他色，其色相感和色性均会发生较大程度的变化。例如：网页设计时黄色中加入一点黑就会使整个页面成熟、随和；如果适当的增加一些亮度或加入一点白色将变得柔和、含蓄，如图2-11所示。

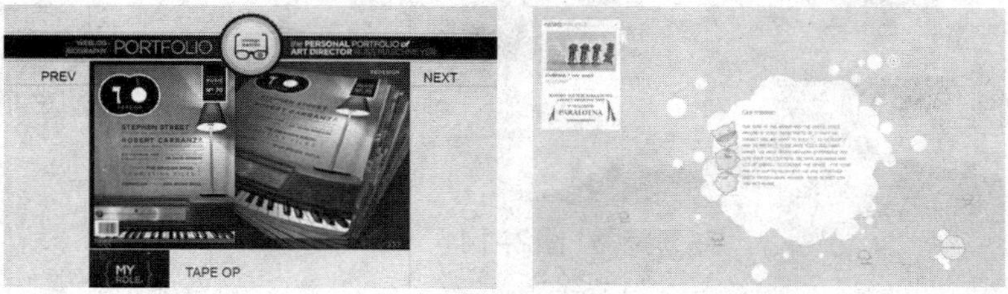


图2-11

（3）蓝色：蓝色的性格朴实、内向，很容易让人联想到浩瀚的大海、蔚蓝的天空。在网页设计中如果希望表达一个深远、平静的空间，或者希望表达一种宁静、安逸、清凉的感觉，那么使用蓝色将是你最佳的选择。如果在蓝色中分别加入少量的青、白等色，那么页面效果将更加明显，如图2-12所示。

图2-12

（4）绿色：绿色是具有黄色和蓝色两种成分的色。绿色的性格最为平和、安稳，是一种柔顺、恬静、满足、优美的颜色。看到绿色会让人情不自禁地联想到春天刚发芽的小草、夏天碧绿的荷塘、冬天傲立雪中的松柏。如果在网页设计的绿色中适当加入一点白，那么页面将变得洁净、清爽、鲜嫩；如果适当的加入一点黄色，那么页面将变得优雅和舒适。

（5）紫色：紫色的低明度给人一种沉闷、神秘的感觉。如果在紫色中适当的加入一点白色和黄色，那么页面的沉闷马上消失；如果是女性主题的网页，那么页面将马上变得十分的优雅和娇气，如图2-13所示。

图2–13

（6）白色：白色的色感光明，性格朴实、纯洁、快乐。白色具有圣洁的不容侵犯性。网页设计中，如果在白色中加入一点黄色会给人一种香腻的印象；如果在白色中加入一点红将会给人一种鲜嫩、充满诱惑的感觉；如果在白色中加入一点绿色，就会给人一种清逸舒适的感觉，如图2-14所示。

图2–14

## 2.2 版式布局的技巧

网页中的版式设计，是现代网页设计中视觉传达的重要手段。它不仅是一种技能，更是技术与艺术的高度统一。只有将技术与艺术进行完美的结合，我们的网页才更加精美，更加吸引人。所谓的版式设计，就是在版面上将有限的视觉元素进行排列组合，将理性思维个性化地表现出来，它是一种具有个人风格和艺术特色地视觉传达方式。它在传达信息的同时，也产生了视觉上的美感。版式设计的范围非常广泛，除了应用于网页设计外，还可以广泛地应用于报纸、书籍、画册等领域。

### 1. 黄金分割

在所有的比例分割中黄金分割是最能产生美感的。网页设计中也不例外，因为黄金分割率（0.618）不仅能够使浏览者心情愉悦，而且还可以给画面带来美感。当然在设计和制作时考虑到内容的编排和信息的排放，在实际应用时也可适当地产生一点误差，也就是说标准的黄金分割或者接近于黄金分割的版面都是优秀的，都是可以产生视觉美感的。如

图2-15所示为腾讯QQ门户网站的首页结构编排。

图2-15

除此之外，不少的博客页面结构比例也采用了黄金分割。例如：常见的博客页面的主体宽度多设置为900像素，左侧栏宽设置为580像素，两者之间的比例几乎接近于黄金分割，如图2-16所示。作为初学者，如果不知道如何布局，那么采取黄金分割将是一个最安全地选择。

图2-16

## 2. 网格式块状划分

所谓网状块结构，就是运用水平和垂直线，结合设计的需要进行空间的划分。运用网格块可以既快捷又方便地将需要表达的信息提炼出来。我们知道，网页是需要信息支撑的，如何让信息在有限的空间内合理地传达呢？合理应用网格，信息版块按网页设置拆分为大小不等的矩形块状，各个块状之间保留一定空隙和间距，各个块状之间根据信息传达的不同，网格的标题部分可以用不同的颜色加以区分。但是，读者朋友也应该注意，运用网格块分割页面也不是万能的，有时候为了表达特殊的视觉需要，还必须将内容从块中分离出来。

这样，才能真正做到各个块状之间既有序而又有变化，在整体上又不显得十分繁琐，如图2-17所示。

在实际设计时为了提高工作效率，可以首先在草稿纸上用铅笔按照信息排列的需要把页面划分为多个具有“专属”名称的区域，如图2-18所示，如：logo区、导航区、会员登录区、网站广告区、信息展示区、版权信息区等。为了符合人们阅读的需要，在进行具体编排时应考虑阅读习惯。一般来说，人们喜欢遵循从上到下、从左到右的阅读习惯。

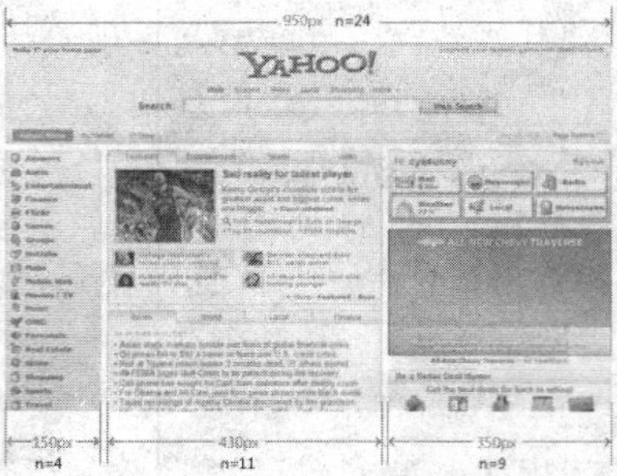


图2-17

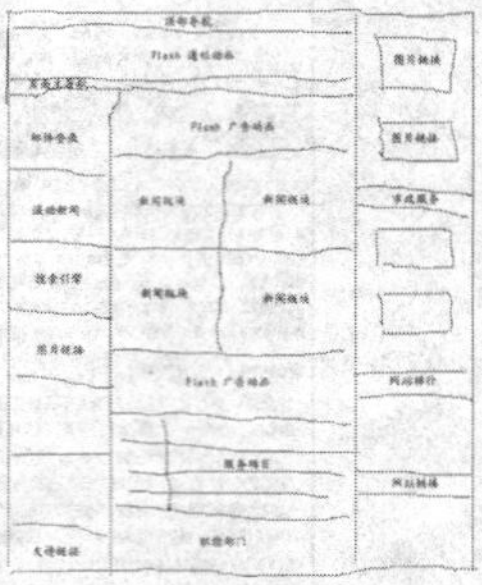

图2-18

3. 书法九宫格

所谓九宫格，其实是我们中国人发明的一种构图模式，把画面的上下左右用黄金分割来做出4条线，九宫格中4条线交汇的4个点是人们视觉最敏感的地方，在国外的理论里也把这4个点称为“趣味中心”，信息主体发布在这4点附近最容易吸引“眼球”。需要注意的是：并不是说信息的焦点既定在中心点，而是将真正的视觉中心放在九宫格交叉的4个点上。如图2-19所示，蓝色方块的信息并没有完全放置在页面的正中心位置。

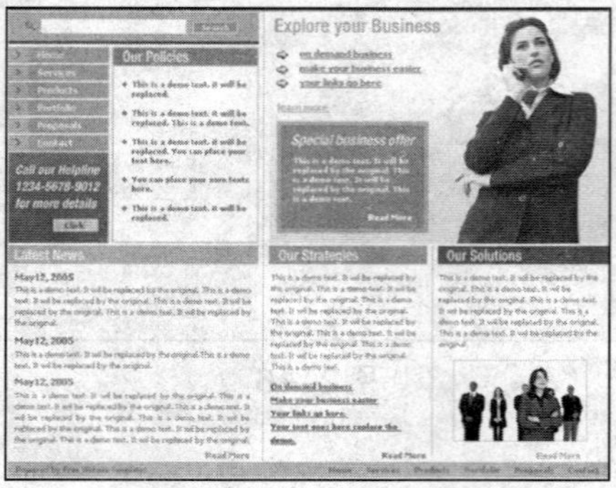


图2-19

4. 分栏

关于这个问题，笔者思考了很久，因为常看到网页中出现所谓的左右对齐式两列分栏、“川”字式三列布局及全景式单列布局等网页布局，那么这样的布局优点在哪里？我们能不能选择一种适合的方式将两栏、三栏及多栏的网页布局进行融合呢？因为不管采用哪一种布局最终都应该满足技术的实现，如果你的想法非常优秀，但是在最终实现上存在问题，也不能称之为优秀。

（http://960.gs/）——960网格系统。在这个网站可以看到，设计者巧妙地将网页按照960像素的宽度将页面划分为若干列，每列和每列之间按照分列的多少，分别设置不同的间距以此来实现不同列网页布局之间的分割。例如，如果网站希望设置为3列，那么每列的宽度可设置为310像素，每列之间的左右外间距距离各设置为5像素，如果分为两列，那么选择的方法将更多。如果希望浏览者将视线向网页的中心靠拢可设置左边栏宽710像素、右边栏宽230像素。总之，大家在进行网页分栏布局时可以参照这种方法。图2-20是利用960网格系统进行的网页版式的划分。

图2-20

当然，利用960网格系统划分网页的最大优点还是其本身定义的一套CSS布局结构，这样更加方便地让我们制作表现和结构分离的网页。

## 5. 对称式版式

所谓页面的对称就是指在进行网页编排时，考虑到页面信息的传达，首先在页面中心位置绘制一条垂直或水平线，然后依照此线为轴，进行左右式或上下式的对称布局。在网页设计中很多时候都要用到对称式进行表达，例如：把整个页面分成上下或左右两部分，分别安排图片和文案。两个部分形成对比，有图片的部分感性而具活力，文案部分则理性而平静。另外也可以调整图片和文案所占的面积，来调节对比的强弱，从而实现对称版式中的特殊编排形式——非对称，如图2-21所示。如果图片所占比例过大，文案使用的字体过于纤细，字距、行距、段落的安排又很稀疏，会造成视觉的不平衡。倘若通过文字或图片将分割线虚化处理，虽然在整体结构上并不是完全的对称，但是经过调整就会产生自然和谐的效果。

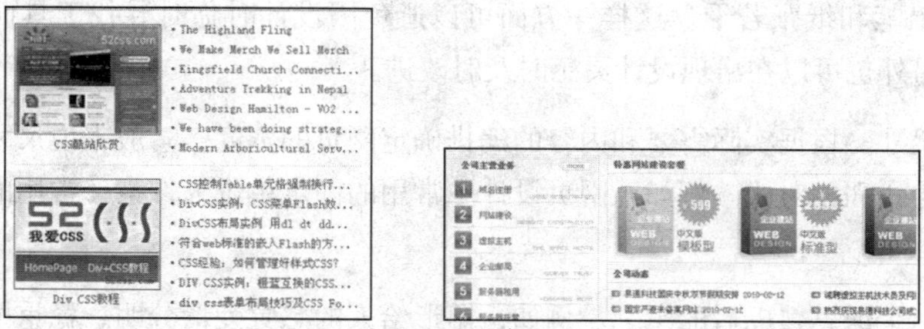


图2-21

## 6. 留白

网页中如果内容过分拥挤，不仅不利于信息的传达和浏览者的阅读，而且还会破坏整个网站的形象。因此在进行网页排版时应该适当地运用一点留白的技巧。

（1）突出主题，强化重点

在任何一种版式的网页中都有希望吸引浏览者的主题或内容。合理地运用留白是一种吸引读者的有效办法，留白有助于网页浏览者的视觉向“对象信息”集中、靠拢。而此时所要传达的信息就是空白里的视点。另外，留白的空间还有助于浏览者很快找到阅读的线路。

（2）应用留白，贵在适当

虽说留白可以使页面具有理想的视觉冲击力，但“留白”的方法不能乱用，更不能滥用，应该做到既要有空白，又要有呼应，网页中的白绝不是毫无意义的空白，它应该与画面中的色彩及信息是共存的。所以，在网页设计中，即要充分发挥留白的作用，有意识地、有目的地留白。借留白给画面带来更广阔的空间，使画面主次分明、主题突出，达到言简意赅、此时无声胜有声的效果。也要使浏览者在轻松、愉快的氛围下接收信息。如图2-22所示。

图2–22

## 7. 常用的网页布局方法及思路

要进行网页设计，首先应该制作出网站的效果图，然后根据效果图在相应的开发软件中进行制作。但是如何能制作一张令人满意的效果图呢？下面来具体讲解。

做网站效果图和我们盖房子、写作文有相同的地方，即首先在草稿纸上打好草稿，并且根据实际需要和浏览者的兴趣制作出多个可供选择和参考的方案，然后经过讨论、研究后确定最终的效果。具体的操作步骤如下:

1 准备铅笔和纸张若干。这样一方面可以避免因设计时临时寻找工具而打乱设计思路，另外也可以在出现设计灵感时及时改进。

2 确定尺寸。根据实际需要和内容的编排确定网页的宽度，一般来说尺寸的单位可分为固定式和相对式。例如：网页设计中常用的固定单位为像素，常用的相对单位有百分比、倍数等。

3 选择一个深思熟虑后的主题。例如，矩形给人的感觉爱憎分明、稳重大方；圆形代表着丰满和柔和。在设计草图时，经常运用矩形先将页面的主体结构进行划分，如图2-23和图2-24所示。例如常见的三分法:页眉区、主题区、页脚版权区。

4 根据划分的区域进行细化调整。例如页眉区域主要包括logo、banner、导航等；主体区域主要包括用户登录区、公告区、新闻信息区、产品展示区等；页脚部分主要包括友情链接、版权信息、联系方式等内容。

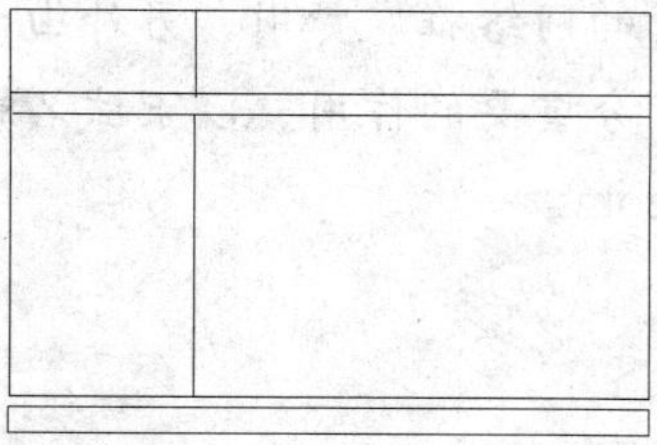

图2-23

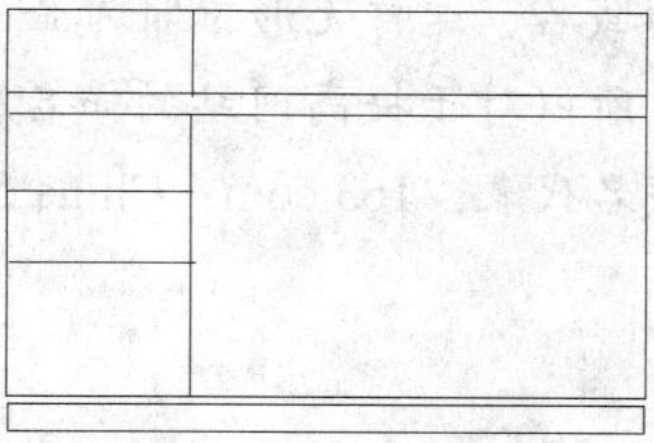

图2-24

5 页面的调整。页面区域划分完毕后还需要进行细微的调整，比如在网页中哪些区域准备使用文本表述、哪些区域准备利用图片展示、图片和文本内容在整个页面中的比例分配如何，等等。笔者在进行细微调整时常用的方法是：用两种不同的颜色来区分图片和文本，这样可以很清晰地看到整个页面的内容分配（如图2-25黄色部分标示文本内容，红色部分表示图片和动画区域）。

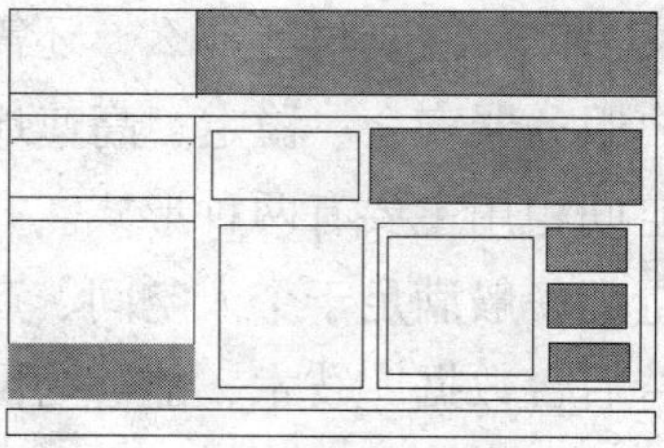

图2-25

6 结构划分完毕后，启动相关软件制作出最终的效果图。

# 2.3 网页制作的基本流程

在真正建立属于自己的网站之前，有必要先了解一下网站建设的基本流程：注册域名、租用空间、网站建设、网站推广、网站维护，我们称之为网站建设五部曲。

## 2.3.1 注册域名

注册域名，对，马上注册一个属于自己的域名！这是你迈向互联网的第一步。有了它，世界上任何一个地方的任何一个人只要在浏览器敲入几个字母，就能看到你展示给世人的一切。域名像品牌、商标一样，在互联网世界中具有重要的识别作用，它是网站的所有者在网络上存在的标识。因此，企业如何选取域名就显得十分重要。

在选取域名时，要遵循以下基本原则。

- 域名首先应该简明易记，便于输入。一个域名，如果短而顺口，那么就十分便于记忆，最好让人看一眼就能记住。
- 域名应该读起来发音清晰，不会导致拼写或听觉上的错误。所以，域名选取一定要避免使用音同而有异议的字母或词汇。
- 域名要有一定的内涵和意义。用有一定意义和内涵的词或词组作域名，不但容易记忆，而且有助于实现企业的网络目标。常见的域名注册方式主要有企业的名称、产品名称、商标名、品牌名及这些名称的字母缩写等都是不错的选择。
- 一个好的域名往往蕴含着巨大的商业价值。如果使用大家耳闻目睹的词汇作为网站的域名，这样无形中将为企业节省大量的网络推广费用，另外由于大家耳闻目睹，所以对于提高网站的知名度都具有十分重要的作用。以下域名就是非常优秀的域名代表：163.com；China.com；cctv.com。

## 2.3.2 租用空间

有了域名，还要有空间存放所要展示的内容，所以必须租用服务器空间。一般来讲，100M空间就足够存放一个网站的内容了。如果你有大量的内容需要提供给客户下载，或者从事网上交易或在线支付，那么，还需要租用更大的空间甚至购买单独的服务器，这样能够确保客户服务器安全、稳定、高速地工作。

常见的空间租用主要有两种形式。一种是简单的用于产品展示和文本阅读的静态类型空间。这类空间一般满足于个人空间、产品展示、相册浏览等，当然也非常优惠。另一种方式就是支持后台数据库技术，能够为网站所有者提供交互技术的空间。这类空间能够满足基于ASP、PHP等技术开发的网站，常面向对于大型的商业网站、门户网站，价格也相对会高一些。

## 2.3.3 网站建设

现在是网络时代，许多客户是通过网站了解一个公司的，所以必须保证自己网站的页面精美吸引人、内容丰富、结构人性化。而这一切只有交给专业的公司才能真正做到。一个好的网站必须事先进行周密的策划，主要是制订网站的建站目的、整体风格、色彩倾向、功能模块，及准备好网站所需的文字和图片内容。

合理地组织站点结构，不仅能够加快站点的设计，提高工作效率，节省工作时间，而且更有利于我们对网站进行后期的维护和更新。例如，在制作一个商业网站时，如果将所有网页都存储在一个目录下，是十分不可取的，因为当站点的规模越来越大时，管理起来就会变得很困难和繁琐。

网站的目录是指在创建网站时建立的目录。具体的目录因网站的功能不同而有所区别，但是有一点是相同的，那就是根据网站的主题和内容来分类规划，针对不同的栏目设置不同的目录，然后在各个栏目的子目录下再根据内容的不同对其划分不同的分目录。常用的页面目录规划是将网页中的图片放在images目录下，CSS脚本存放在CSS目录下，新闻放在news目录下，数据库放在database目录下等。目录设置的层次不宜太深，一般不要超过三层，另外给目录命名时尽量不要使用汉字命名，而应该尽量使用能表达目录内容的英文或汉语拼音，这样，方便日后的管理和维护。如图2-26所示为某企业网站的站点结构图。

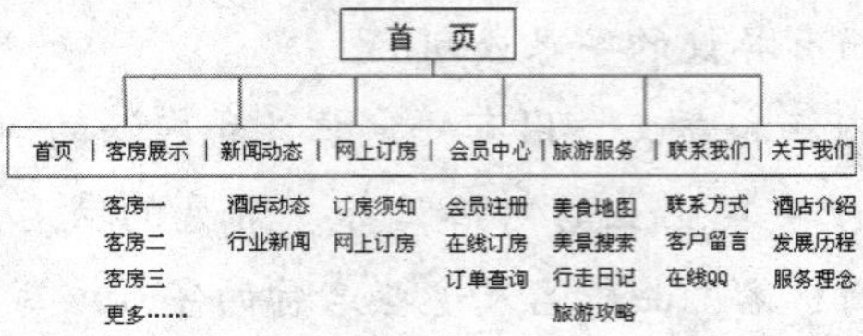


图2–26

## 2.3.4 网站推广

一个完整的网站制作完成后，如何让更多的人能在最短的时间内了解并访问到网站就显得十分重要。因此，在建立网站后，作为网站的所有者应该利用各种适合的手段推广自己的网站。

### 1. 注册到搜索引擎

人们在查找信息内容时越来越多的用户开始喜欢使用搜索引擎。据调查，全世界约有85%的互联网用户采用搜索引擎来查找信息。由此可以看出搜索引擎在网络中的强大力量。目前比较有名的搜索引擎主要有：谷歌、百度、搜狗、雅虎、搜狐、新浪、网易等。如图2-27所示。

要让搜索引擎能够尽快地查找到我们的网站并收集，广大用户在注册时尽量详尽地填写企业网站中的信息，特别要注意搜索关键词的设定，尽量使用普遍化、大众化，与企业网站紧密相连的词汇如“计算机杀毒”、“电脑组装”等。

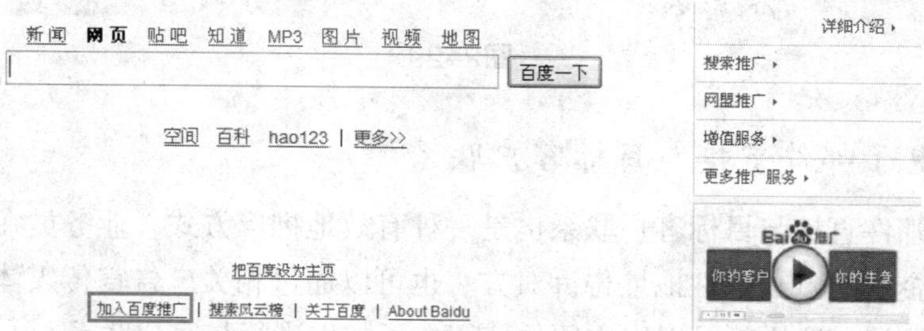


图2-27

### 2. 交换友情链接或广告条

交换友情链接或广告条是宣传网站的一种较为有效的方法。使用之前，用户需要首先登录到相关的广告交换网站，填写一些主要的信息，如网站网址、网站的logo、广告图像等，填写完成后，它会要求将一段HTML代码加入到用户网站中。这样广告条就可以在其他网站上出现。当然，用户网站上也会出现别的网站的广告条。如图2-28所示。

另外也可以跟一些同行业、同性质的网络合作伙伴交换友情链接。友情链接可以包括文字链接和图像链接。文字链接一般就是公司网站的名称或地址。图像链接包括logo链接和banner链接。当然，使用友情链接交换进行推广，一定要联系一些在行业内有影响的网站进行合作。

图2-28

### 3. 专业论坛宣传和行业交流平台的信息发布

网络上各行各业的论坛都有，我们也可以在网上搜索一些跟公司产品相关并且访问量比较大的论坛。注册并登录论坛，然后输入公司基本信息，如网址、产品等。使用论坛发广告推广网站要注意，不要一味的只用广告语进行宣传，而应该使用软广告，尽量做到为网民服务，为浏览者服务。否则你的宣传内容就会为大众所厌恶。

另外，在相关的行业交流平台网站发布本企业的供应信息，及产品的求购信息，也可很好地宣传企业的网站。利用这种推广方式也是目标用户最关注的。这对于树立企业在目标客户心中的形象很重要。如图2-29所示。

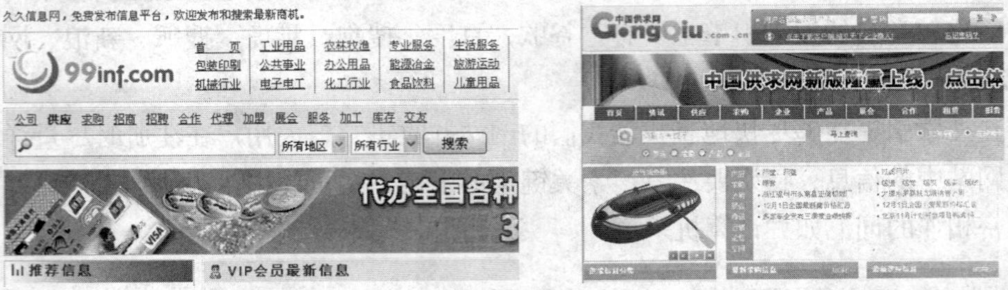


图2–29

### 4. 使用电子邮件直接与目标客户联系

使用电子邮件直接与目标客户联系也是一种有效地推广方式，业务员在与对方交流时可以直接将本企业的电子邮件地址告诉对方、也可以通过相关广告宣传媒体上获取目标客户的电子邮件地址，这样就可以很方便的使用电子邮件进行与客户联系。

### 5. 不断维护更新网站

不断维护更新网站主要是对网站的内容和一些图像、动画进行及时的修改，这样当用户浏览网站时，就会感到网站的管理者时刻都在关注本行业的发展，总能及时地为浏览者提供最新、最及时的信息内容。

## 2.3.5 网站优化

SEO（Search Engine Optimization）也就是平常我们所说的网站优化，利用网站管理员长期关注索引擎收录网站的规则所积累的经验，对网站进行内容、版块、布局等的调整，以便使网站更容易被搜索引擎收录，进而使网站在搜索引擎的相关关键词排名中占据有利位置。

下面介绍优化网站的主要步骤。

### 1. 关键词优化

关键词选择错了，后面做的工作等于零，所以进行网站优化前，先要锁定自己网站的关键词。关键字、关键词和关键短语是Web站点在搜索引擎结果页面上排序所依据的词。

根据站点受众的不同，可以选择一个单词、多个单词的组合或整个短语。关键词优化策略只需两步，即可在关键词策略战役中取得成功。第一步，关键词选择：判断页面提供了什么内容；第二步，判断潜在受众可能使用哪些词来搜索自己的页面，并根据这些词创建关键词。

#### 2. 网站构架完善

优化网站的超链接构架，需要做好以下几方面工作。

- URL优化：把网站的URL优化成权重较高的URL。
- 相关链接：做好站内各类页面之间的相关链接，例如，可以为重要的关键词页面建立众多反向链接来增加重要信息的被浏览和曝光度。

当然，以上提到的反向链接是网页和网页之间的，不是网站和网站之间的。

#### 3. 网站内容策略

- 丰富网站的内容：网站的内容越丰富，越能体现出网站的专业性，另外还要及时更新。这样的网站浏览者喜欢浏览，同时搜索引擎也喜欢收集。
- 原创内容的采写：有些网站，尽管内容十分丰富，但是几乎找不到属于本网站的原创内容，久而久之，浏览者就会觉得没有新意，进而使网站失去在浏览者心中的形象，所以，一个网站尽量要有一部分原创内容。这样才会更加吸引浏览者，更加有机会为搜索引擎所收集。

#### 4. 建立良好的导航

良好的导航，可以很好地指引浏览者浏览内容。浏览者进入站点之后，良好的导航可以很方便地将他们引导到站点的深处。进而浏览更多的二级、三级页面。

### 2.3.6 网站维护

要想保持一个网站的正常运营，日常的维护必不可少。日常的维护主要包括技术维护和信息维护。技术维护是网站能够正常访问的保障，系统管理员要对服务器、网页链接等进行定期的检查，发现问题及时解决。信息维护确保网站具有持久吸引力的保障，一个经常更新的网站肯定要比一个一成不变的网站更能吸引和留住访问者。

# 读书笔记

第3章

03

# 网页设计师从“设计”开始

要想成为一名优秀的网页设计师，必须掌握一些设计常识和相关设计软件的关键应用技术。要想成为一名优秀的网页设计师 更应该理解各个应用软件之间的关系及区别。从本章开始就为大家讲解网页设计中前台设计的一些技术和制作步骤。本章为大家介绍网页设计中常用的3个设计软件的主要应用方向 通过本章学习 希望大家能够理解网页设计的基本流程 利用Photoshop绘制符合网站需求的效果图及进行必要的图像处理和logo的设计 利用F ash制作出网站中需要应用的动画效果 利用Dreamweaver软件将绘制的效果图和动画进行合理的排版制作 利用JavaScr pt添加和制作一些相关的特效来辅助网页的视觉展示。

本章的重要知识点包括

- 用Photoshop设计网站标识和导航条
- 用Flash设计banner动画
- 用DIV+CS5实现网页元素布局
- 用JavaScript制作网页特效

## 3.1 用Photoshop CS5制作网站标识和导航条

网站的标识就是一个网站的眼睛，也是代表一个网站的核心象征物。设计精美的网站标识，不仅有利于网站的宣传和推广，而且更有利于浏览者通过最简洁的方式牢牢记住网站的形象。网站的导航条是指引浏览者浏览该网站信息的导航符号；精美的网页导航是每个浏览者都喜欢信息浏览“向导”。本节主要为大家讲解如何利用Photoshop CS5设计网站标识与导航，通过学习，使读者能够掌握网站标识、网站导航条的设计技巧，进而能够做到举一反三。

### 3.1.1 设计技巧和注意事项

logo，简单地说就是标识。相对于网站而言，对外是承载整个网站的无形资产和对外展示、宣传的媒介。对内可以反映出网站的办站主题和主要服务的对象。所以，我们在步入网页设计师殿堂之前，有必要先掌握一点关于logo的设计技巧和注意事项。

有时候听客户说，网站的标识设计有什么复杂的，不就是几个简单的造型和字母的变化么，怎么就需要花费那么多的精力呢？然而，对于行内人士而言，越简单的东西越复杂，因为它凝聚了设计人员的智慧和无形的脑力劳动。下面通过几个典型案例来具体分析网站logo的设计方法和技巧。

（1）从网站的文字和字母名称入手，对网站的首个字母进行有效的联想和变形。如图3-1所示。

图3-1

以上两个案例是对字母的变形，主要对形状应用了修剪、翻转、线条化操作，除此之外，我们也应该注意到图形和文字之间的排列关系。

（2）从网站所代表的行业入手，结合色彩、图形构成等知识对某一部位进行强调、突出处理。如图3-2所示。

图3-2

所谓的突出处理，就是将需要重点表达和重点突出的部分利用缩放、立体、扭曲、渐变、局部替换等手法进行重点处理，从而达到设计的需要。

（3）从网站所要传达的服务理念和主题内容入手，在对服务理念深刻理解的基础上进行抽象化创作。常见的表达方式有利用“围绕”表达团队协作、利用“方形”表达稳定与公正、利用“圆形”表达智慧和精华等。在设计时应该注意：

这一类型的标识是难以用言语直接表达网站的产品或服务。

当希望为网页浏览者传达本网站是一些如力量、团队、良好关系、想象等概念的信息时，可以使用抽象的方法设计标识。如图3-3所示。

图3-3

这种比较抽象的标识，实际是对网站需要传达的内容进行了深化。在本示例中绿色代表着健康；标识的整体造型，恰似一个用手掰开的药粒，而三角形和圆形的变形恰似一个人物的造型，这样的抽象设计既符合行业特征，又建立在深刻理解企业文化的基础之上。后一个的标识是“正方圆”律师事务所的标识，此标识运用抽象的几何造型进行变形，深刻表达了律师的公正与无私。

（4）直接运用网站的名称，稍作修饰后直接作为网站的logo，如图3-4所示。

图3-4

这种设计手法既简便又直观，越来越多的网站在利用这种手法设计自己网站的logo。但是，越简单的设计越要注意细节的把握，例如百度和谷歌的标识，虽然简单，但是色彩对比明显，非常具有视觉吸引力。

以上为大家介绍了几种常见类型的标识，大家需要不断地观察、不断地动手、不断地思考才能设计出更优秀的标识。以下的一些建议是笔者对标志设计的一些总结，希望对读者有所帮助。

在将网站的logo设计完成后，先不要急于交给客户。请再次检查一下logo标识是否进行了以下操作。

- 是否为logo进行适当的追加阴影效果
- 是否为logo进行适当的追加透明效果
- 是否为logo进行适当的追加立体化浮雕效果
- 是否为logo进行适当的追加描边效果
- 是否为logo的外观进行适当的增加对比度效果。

现在的网站导航条设计，随着Vista系统的面世，越来越多的呈现透明化和水晶化的效果制作。这些设计效果看似复杂，只要我们掌握了应用软件操作的几种常用技巧，困难也就迎刃而解了。制作透明效果，可参照以下方式进行处理。

- 应用羽化或渐变制作出基本的外观效果
- 调整图层对象的透明度和混合模式实现特效的追加。
- 调整图层对象的外观对比度和颜色的相似度来增加导航条的视觉效果和平滑效果。
- 利用加深和减淡，做最后的细化调整。

## 3.1.2 案例——用Photoshop CS5制作网站logo和导航条

本节通过一个实际的工作案例来讲解网站标识设计的具体制作过程。在制作过程中主要应用了以下知识点：如何利用渐变工具制作出具有空间感的立体背景；如何利用图层效果制作标识的立体效果和阴影效果；如何利用画笔工具对标识添加高光效果。

### 1. 制作logo

（1）明确设计思路

笔者的技术交流网站（www.web369.net）定位为网络教室，主要满足各位网友相互学习和相互交流。所以在设计时，确定了以下的设计思路：从网络入手，以字母作为有效联想的突破点，采用渐变营造出空间感来寓意在互联网世界中网络教室的存在和发展空间无限宽阔；通过将部分文字（web）放大和追加立体及透明效果来增加网站logo的视觉冲击效果。至于导航条的设计，不管采用什么样式的设计风格，只要能明确地引导浏览者就是优秀的导航条。希望通过制作，大家掌握技巧和方法。

（2）标识的详细制作过程

**1** 确定logo的尺寸，这一步看似简单，实际上关系着全局。在确定尺寸时，我们要考虑到logo的存放位置，位置和尺寸适合了，更有利于视觉效果的传达。在此，假设它的尺寸为（240像素×100像素），色彩模式可选择RGB，分辨率设定为72像素/英寸。

**2** 制作背景。选择渐变工具，打开渐变编辑器，设置黑蓝白的渐变效果，其中蓝色为（#287195），然后执行线性渐变，完成后将图层复制，并执行水平翻转，调整后得到如图3-5所示的效果。

**3** 制作文字的突出显示部分。选择“文字工具”，设置字号为55点（字号不要设置太大，否则影响后面立体效果的制作），字体为“黑体”；然后将文本进行复制，颜色设置为黑色，运用透视原理，对下层黑色文本进行缩放和位置的调整，如图3-6所示。

图3–5

图3–6

**4** 为白色文字添加透明效果。打开图层样式面板，为文本分别追加“投影”、“浮雕”和“光泽”效果。各个参数的设置、效果如图3-7所示。

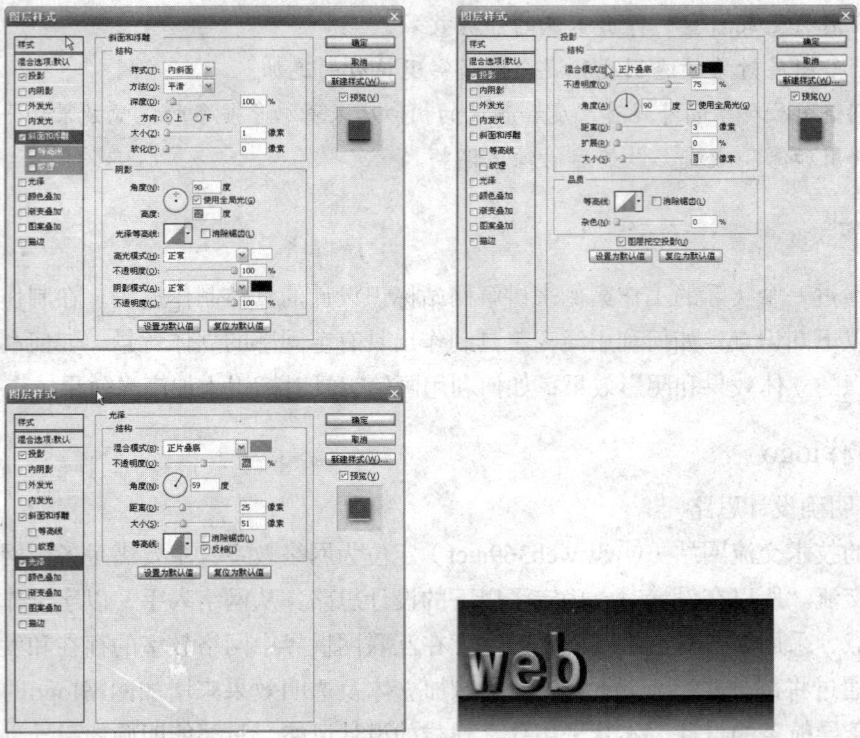


图3–7

**5** 参照前面的步骤，为下层黑色文本追加相似的样式效果。在操作时，可使用“复制图层样式”命令直接将白色文本的样式效果复制到黑色文本上，然后再进行适当的修改即可。完成后效果如图3-8所示。

图3–8

6 细节化调整。选择白色图层的文本对象，然后新建一个空白图层，在此空白层上，选择“画笔工具”，设置笔刷颜色为白色，硬度为0，笔触大小为6像素，透明度和流量设置为50%，在文本的边缘部分进行适当涂抹，以此来强化高光效果。最后输入其他文字完成最终的制作，效果如图3-9所示。

图3–9

## 2. 制作导航条

在下面的导航条制作过程中主要应用到了如何利用渐变工具制作出具有透明效果的导航条背景；如何利用图层为导航条制作立体效果；如何利用图层的混合模式制作导航条的鼠标悬停效果。

主要制作步骤：

1 确定导航条的尺寸。启动Photoshop CS5，创建一个宽900像素，高40像素的空白文档。

2 确定导航条的色调。由于logo选择了蓝色调，所以根据网页页面主要元素显示风格一致性的原则，在确定渐变时只将颜色的亮度适当调整即可。在此，选择渐变的颜色依次为（#1f7ab3）、（#5895bc）、（#aeddfb）。

3 打开图层样式面板，为导航条追加内发光和描边效果，具体参数如图3-10所示。

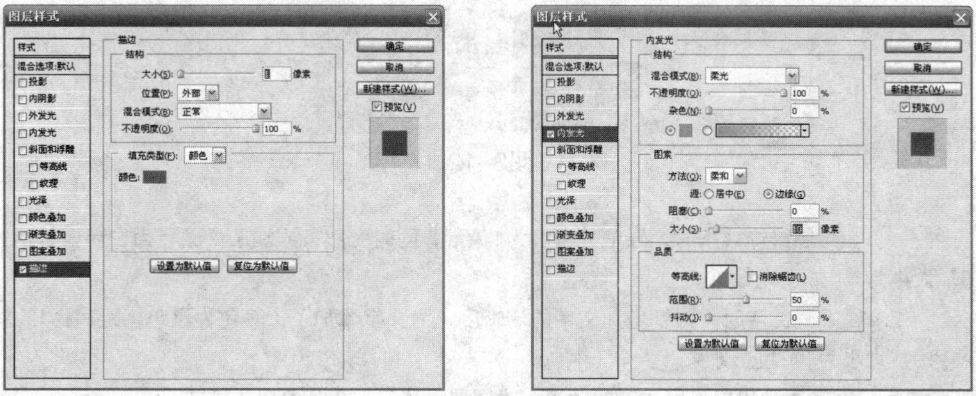


图3–10

4 对导航追加修饰效果。新建一个空白图层，然后选择“单列选择工具”，同时按下Shift键，将选择模式转换为“选区相加”，依次创建9个单列选区，完成后用白色对单列选区进行描边。

5 对修饰效果进行细化。在图层控制面板中选择空白图层，为白色描边追加投影效果，完成后，再利用橡皮工具将多余的描边效果擦除。

6 为导航追加鼠标悬停时的效果。新建一个空白图层命名为“hover”，然后在图层上绘制一个矩形选区并用黑色填充，完成后将图层模式更改为“叠加”，最终效果如图3-11所示。

图3-11

小结：通过制作logo标识和导航条，应该掌握“渐变”操作在制作透明效果中的独特作用。除此之外，为指定的图层添加“图层模式”的操作则是调节logo和导航条细节的有效利器。所以希望读者朋友能够多动手、多练习，以期待制作出更漂亮的作品。

## 3.1.3 技术拓展

操作过程仅仅起到熟悉软件的作用，要想制作出漂亮的作品，必须掌握设计的方法，然后通过明确的设计思路和清晰的创作意图将作品完美呈现。下面这个案例以绿色为主调给人以清凉和朝气（图3-12），希望读者在学习完本节后，通过思考能达到举一反三。

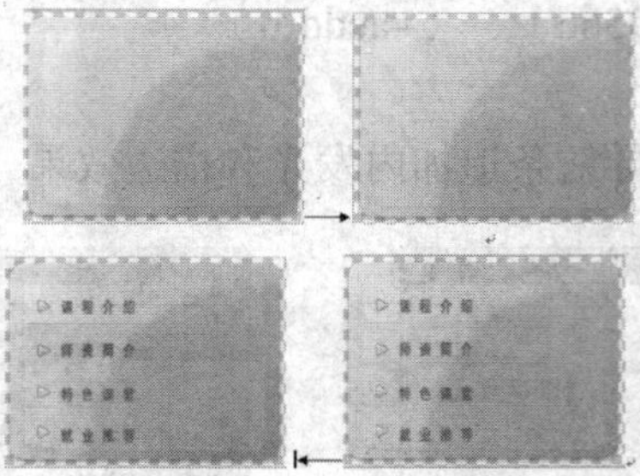

图3-12

**提示**

（1）在绘制修饰线条时，画笔的宽度为1像素，同时为线条添加了（颜色为白色，扩展为0，大小为1）外发光效果。

（2）在书写文字时，为了增加文字的清晰度，为文字添加了（颜色为黑色，距离为1，扩展为0，大小为1）投影效果。

最后，为了表现出鼠标经过时的效果，为图层设置了“正片叠底”模式。

# 3.2 用Flash CS5制作banner动画

网页中的网站形象banner动画，一般都放置在靠近网站标识的位置，通过该动画使浏览者能够迅速了解到该网站的性质和主题。本节主要为大家讲解如何利用Flash CS5制作一个简单的网站banner动画。

## 3.2.1 banner动画的编排技巧

网页banner作为一种网络宣传载体，和其他平面广告一样也必须有明确的主题，而不是在一则广告中将所有的内容一并大而全的罗列。所以，要制作一幅优秀的banner广告，必须谨记一个设计原则：简单、醒目。

简单是指主题明确，能够在尽短的时间内将要传达的信息传达给信息浏览者；醒目是指画面中通过文字、颜色、图像，及具有指示作用的符号等元素来创造视觉冲击效果，进而吸引浏览者。如图3-13所示淘宝网的促销banner。

图3–13

那么，该如何合理编排网页banner呢？结合笔者多年的制作经验为大家总结了以下几条。

关于文字：正文字体最好使用计算机系统默认的字体，如“宋体”、“楷体”、“黑体”等；为了达到醒目和美化页面的目的，文字可以使用比较醒目色彩；标题文字，如果使用了特殊的字体，最好在Photoshop等软件中进行制作，然后以图片的形式进行输出使用。

图像：根据banner画面简单、醒目的设计原则，在使用图片时可以将图片进行有效的裁切以达到突出重点、合理组合的目的；另外，图像的色彩、色调也要符合网站的整体设计风格。例如，节假日促销的banner图像应当以红色调为主，夏季的促销banner图像应当以清凉蓝或绿色调为主。如图3-14所示。

图3–14

底纹背景：为了不影响画面的阅读，banner的底纹背景在制作时一定要淡化处理，当然也可以直接使用白色，这样可以避免初学者对相关素材进行复杂的抠图操作。如图3-15

所示。

图3-15

## 3.2.2 案例——用Flash CS5制作banner动画

本节通过一个实际的工作案例来讲解网站banner动画的具体制作过程。在制作过程中主要应用到了以下知识点：

如何将外部的素材文件导入到Flash CS5中；如何利用Flash CS5制作简单的逐帧动画；如何制作简单的遮罩动画；如何利用滤镜工具为文本添加模糊和投影特效。

banner动画的详细制作过程：

1 首先确定banner动画的精确尺寸，在此，设定为：660像素×100像素。

2 banner静态背景的导入。执行“文件”→“导入”→“导入舞台”命令，将光盘目录下的“素材\第3章\banner.jpg”导入到舞台。

3 “铅笔进入”动画的制作。再次执行“文件”→“导入”→“导入舞台”命令，将光盘目录下的“素材\第3章\铅笔.psd”导入到舞台。然后按Ctrl+B组合键，将图片进行分离。选择图层的第90帧，按F5键，插入帧，完成后如图3-16所示。

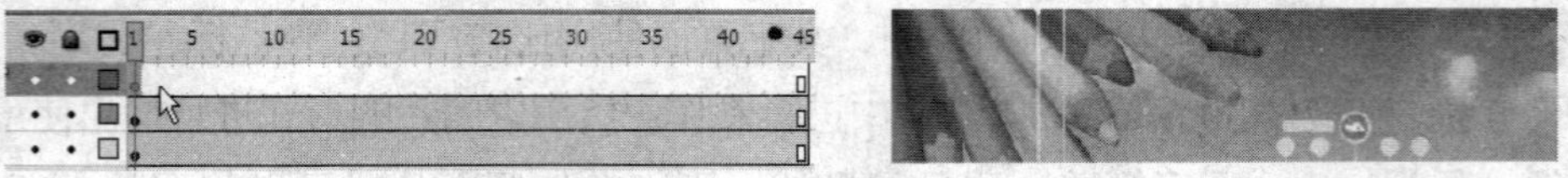

图3-16

> **提示** 在制作遮罩动画时，若遮罩的对象为图像，则首先应进行“分离”操作。另外，线条对象不能直接应用于遮罩，若希望使用线条作为遮罩对象，首先应将线条转换为可填充对象。

4 选择“铅笔”所在的图层，单击“新建图层”按钮，创建一个空白图层，按F6键插入关键帧，用画笔工具进行涂抹。重复以上的操作将图片进行逐渐遮盖，制作出逐帧动画。然后在该图层的“图层名称”上单击鼠标右键，在弹出的快捷菜单中选择“遮罩层”命令，如图3-17所示。

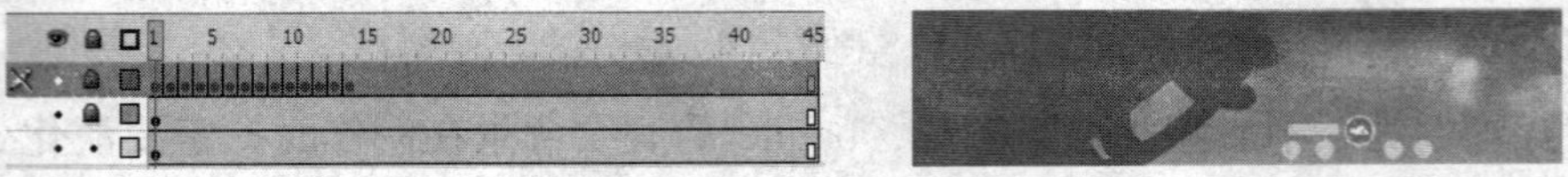

图3-17

5 制作文字动画。连续4次单击“新建图层”按钮，创建4个空白图层，依次将光盘目录下的“素材\第3章\动画制作文案”中的文案内容分别复制到指定层的第14帧、第18帧、第25帧、33帧处，调整大小和位置，分别在指定层的第20帧、25帧、33帧、42帧处插入关键帧创建文字从大到小变化的补间动画，完成后如图3-18所示。

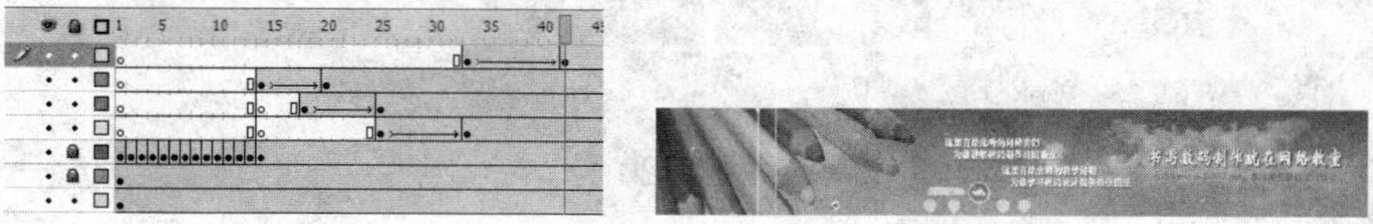


图3–18

6 细节化修饰。由于该动画主要以文字为主，所以，在Flash CS5中可以通过为文字添加滤镜效果的方式来完成。分别选择指定层的第14帧、第18帧、第25帧、33帧，打开属性面板为文字添加“模糊”效果。分别选择指定层的第20帧、25帧、33帧、42帧打开属性面板为文字添加“投影”效果。这样通过添加模糊效果为文字增加了细微的发光效果；通过添加投影效果为文字增加了清晰度和可读性。最终效果如图3-19所示。

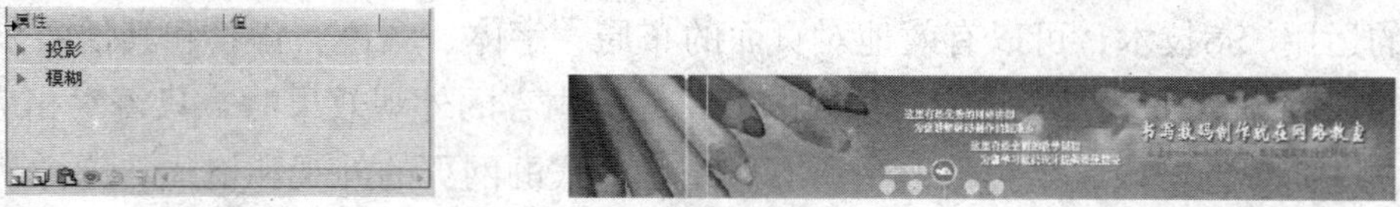


图3–19

**小结**

通过banner动画的制作，我们应掌握简单的文字补间动画的制作，即可以为文字添加滤镜效果。除此之外还应当了解一些关于遮罩动画制作的特点，为以后制作更复杂、更漂亮的网页动画奠定扎实的基础。

## 3.2.3 技术拓展

与利用Photoshop制作导航条一样，操作过程仅仅起到熟悉软件的作用，要想制作出漂亮的作品，必须多总结动画制作的技巧。本次banner动画的文字动画通过在时间轴上进行“阶梯式”的分布达到了文字依次显示的效果；然后通过为文字添加滤镜效果来实现了对动画效果的细节化调整。下面的这则banner动画，也通过对图像在时间轴进行“阶梯”式分布和透明度的调整，实现了逐渐显示的效果。如图3-20所示。

（1）制作出蓝色调的静态背景。

（2）通过调整图像的透明度实现图像的梯次显示。

（3）主题文字的进入。

（4）文字和图像停留一段时间后消失。

（5）文字的再次显示。

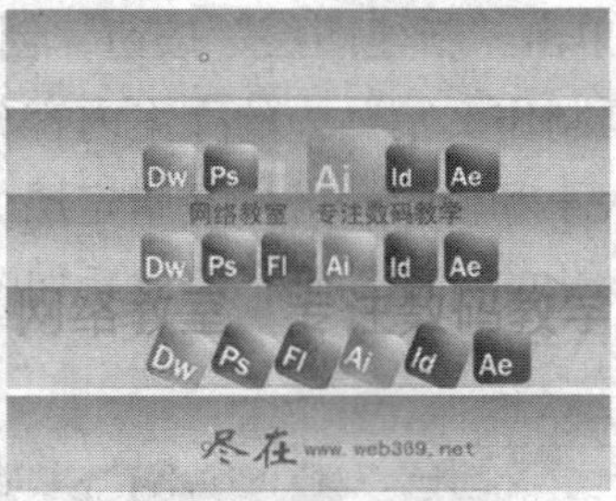


图3–20

# 3.3 浅析DIV+CSS技术在网页中的应用

DIV元素是用来为HTML文档内的块内容提供结构和背景的元素。它的主要作用是设定文字、图像、表格等内容的摆放位置。当我们将文字、图像或其他的内容放置在DIV中时，可称之为“DIV块”，或“DIV元素”；通常也把它称作“层”。

CSS技术就是平时我们所说的样式表技术。也有的人称之为层叠样式表。在网页设计时合理的运用CSS技术，可以有效地对页面的布局、字体、颜色、背景和其他效果实现更加精确的控制。例如，当需要修改页面的某一部分内容的外观效果时，只需对相应的CSS代码做一些简单的修改，就可以改变所有应用该样式的网页的外观和格式。这样就极大地提高了网页的修改和制作效率。

本节主要介绍如何利用CSS技术结合相关的HTML、XHTML标签及Dreamweaver CS5软件实现对网站标识、banner动画及导航条的合理编排。

## 3.3.1 DIV标签和SPAN标签的特点

对于XHTML中的大多数标签元素来说DIV与SPAN标签单纯从语义上是无法进行明确的区分，两者都可以添加id、class、style等属性。但实际上在页面的布局当中两者在使用上还是有所区别的。首先，在用法上DIV是网页结构化标签，主要用于划分网页结构，并负责包含其他类型的模块；而SPAN是行内和对象包含标签，主要用于修饰行内元素样式。另外，在显示方式上，DIV对象默认的显示模式是“display:block;”(块)，而SPAN对象默认的显示模式是“display:inline;”（行内）。所以，在DIV所包含的段落文本中，为了突出强调某几个词汇，这时可以将这一部分内容使用SPAN标签进行样式设计。

所以，我们在进行网页布局时，更多的将使用DIN标签进行网页结构的设计。不过也不是说所有的结构都千篇一律都是用DIV标签，过多的DIV嵌套也不利于搜索引擎对信息的查找。

## 3.3.2 DIV+CSS实现简单的网页元素布局

使用DIV+CSS技术进行网页制作，最大的优点是可以实现表现和结构的分离。在设计时将设计部分剥离出来放在一个独立样式文件中，当需要修改页面表现效果时，只需修改指定的样式文件内容即可，极大地提高了用户的工作效率。下面就将所制作的logo标识、导航条、动画banner利用DIV+CSS技术来实现网页头部的编排。

页面元素布局的详细实现过程如下：

1 启动Dreamweaver CS5软件，分别创建名称为webdiv.css和webcss的CSS文件并进行保存。

2 创建一个html文件，并保存为3.html，在“CSS样式”控制面板中单击“附加样式表”按钮 ，弹出“链接外部样式表”对话框，分别将新建的外部样式表文件webdiv.css和webcss.css链接到页面，如图3-21所示。

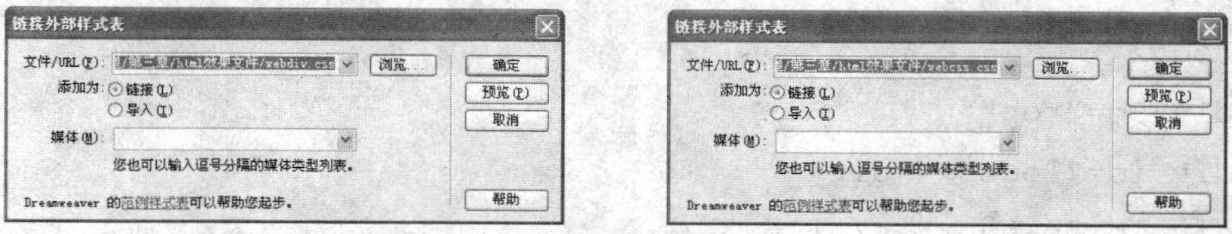


图3-21

3 切换到webcss.css文件中，创建一个名称为body的标签CSS规则，再创建一个名称为“*”的标签CSS规则。主要代码如下：

```
//实现网页高度自适应
html {
height:100%;
  }
* {//将网页中所有的元素边界及边框都设置为0px
    margin:0px;
    padding:0px;
    border:0px
    }
body {//重定义网页的字体和颜色及背景
    font-size:12px;                         /*定义字号大小*/
    color:#000;                             /*定义体的颜色*/
    background-image:url(../bg.jpg);        /*定页面背景图像*/
    background-repeat:repeat-x;             /*定页面背景图像水平重复*/
}
```

这样通过定义“*”类将页面中所有标签的外边距、内边距及边框都进行清零，以避免出现不必要的麻烦；通过重新定义body来实现页面背景的添加。

4 返回设计页面中，可以看到页面背景的效果，如图3-22所示。

图3-22

**5** 网页结构的设计。切换到3.html的代码视图，依次书写如下的代码，完成网页结构的设计。主要结构代码如下：

```
<body>
<div id="top">
<div id="logo"></div>
<div id="banner"></div>
</div>
<div id="menu">
<span>网站首页</span>
<span>关于我们</span>
<span>图像处理</span>
<span>动画制作</span>
<span>网页布局</span>
<span>CSS专题</span>
<span>AI矢量</span>
</div>
</body>
</html>
```

在这段结构代码中，首先定义了网页的顶部区域，然后在其内部包含了网站的logo与banner；接下来定义了网页中的导航菜单，该导航菜单主要应用了行内元素<span>来实现，这样做的目的就是方便初学者认识该结构布局。

**6** 定义logo标识的CSS样式。切换到webdiv.css文件中，创建一个名称为#top及#logo的CSS规则，具体的代码内容如下：

```
#top { //定义logo的外框效果
    height:100px;                    /*定义top外框的宽度*/
    width:900px;                     /*定义top外框的高度*/
margin-top:50px                      /*定义顶部外边界*/
margin-left:50px                     /*定义左边外边界*/
```

```
margin-right:50px                              /*定义右边外边界*/
}
#logo {
    height:100px;                              /*定义logo外框的宽度*/
    width:240px;                               /*定义logo外框的高度*/
float:left;                                    /*定义logo外框为左浮动*/
  }
```

**7** 定义banner条的CSS样式。切换到webdiv.css文件中，输入如下代码：

```
#banner {
   height:100px;                               /*定义banner容器的高度*/
   width:660px;                                /*定义banner容器的宽度*/
float:left;                                    /*定义banner容器左浮动*/
   }
```

**8** 添加图像和动画。切换到设计视图，执行“插入”→“图像”命令，将光盘目录下的“素材\第3章\html效果\images\logo.jpg”文件插入到网页中。执行“插入”→“媒体”→swf命令，将光盘目录下的“素材\第3章\html效果\images\banner.swf”文件插入到网页中，完成后效果如图3-23所示。

图3-23

**9** 定义导航菜单的CSS样式。切换到webdiv.css文件中，输入如下代码：

```
#menu {
    font-size: 10pt;                           /*定义菜单的字号*/
    line-height: 20px;                         /*定义行高度*/
    color: #FFF;                               /*定义字体的颜色*/
    background-image: url(../webbackground.jpg); /*定义菜单的背景图像*/
    background-repeat: repeat-x;               /*定页面背景图像水平重复*/
    height:39px;                               /*定义菜单的高度*/
    width:900px;                               /*定义菜单的宽度*/
    margin-left:50px;                          /*定义菜单的左边外间距*/
```

```
    margin-right:50px;                    /*定义菜单的右边外间距*/
}
span {
    font-size:14px;                       /*定义鼠标悬停时的字号*/
    line-height:39px;                     /*定义行高度*/
    text-decoration:none;                 /*清除文本的下划线*/
    padding-left:15px;                    /*定义文本的左边内边距*/
    color:#036;                           /*定义鼠标悬停时的字体颜色*/
}
```

**10** 按F12键在浏览器预览效果，如图3-24所示。

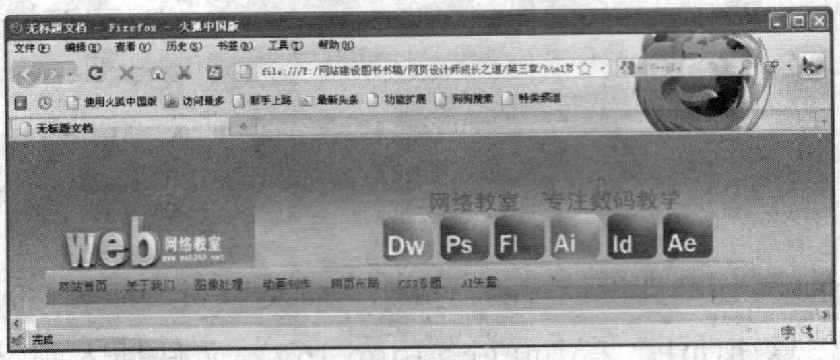


图3-24

## 3.3.3 技术拓展

对于导航菜单的制作方法有很多，3.3.2节利用span标签制作，现在利用<li>列表标签制作网页菜单，也是目前很流行的一种做法。其HTML结构代码如下：

```
<div id="menu">
<ul>
<li>网站首页</li>
<li>关于我们</li>
<li>图像处理</li>
<li>动画制作</li>
<li>网页布局</li>
<li>CSS专题</li>
<li>AI矢量</li>
</ul>
</div>
```

主要CSS代码如下：

```
ul {
    margin:0px;
    list-style-type:none;
}
li {
    font-size:14px;
    line-height:39px;
    color:#036;
    font-family:"华文中宋";
    text-align:center;
    vertical-align:middle;
    display:inline;
    margin-left:15px;
    padding-left:15px;
}
```

最终效果与使用<span>标签制作的一样。在后面的章节中，还会讲解如何利用标签嵌套的方式制作更加漂亮的导航菜单。本节只是让大家了解如何使用CSS控制页面标签的效果。

# 3.4 网页的美化——特效

网页内容编排完成后，为了增加一些适当的修饰效果，就要求设计师合理的运用第三方开发工具为页面添加一些必要的特殊效果。本节主要为大家介绍JavaScript技术的特点及如何利用JavaScript技术编写一个网页时钟。

## 3.4.1 JavaScript技术的特点

JavaScript是一种基于对象和事件驱动,并具有安全性能的脚本语言。使用它的目的是与HTML超文本标记语言、Java脚本语言一起实现在一个Web页面中链接多个对象，与Web客户交互作用，从而可以开发客户端的应用程序等。JavaScript是通过嵌入或调入到标准的HTML语言中实现的，它的出现弥补了HTML语言的缺陷，是Java与HTML折中地选择。具有以下几个基本特点。

1. JavaScript脚本编写语言

JavaScript是一种脚本语言，采用小程序段的方式实现编程。像其他脚本语言一样，JavaScript同样也是一种解释性语言，它提供了一个简易的开发过程。它的基本结构形式与C、C++、VB、Delphi十分类似。但它不像这些语言一样，需要先编译，而是在程序运行过程中被逐行地解释。它与HTML标识结合在一起，从而方便用户的使用操作。

### 2. 基于对象的语言

JavaScript是一种基于对象的语言，同时可以看做是一种面向对象的语言，这意味着它能运用自己已经创建的对象。因此，许多功能可以来自于脚本环境中对象的方法与脚本的相互作用。

### 3. 简单性

JavaScript的简单性主要体现在：首先，它是一种基于Java基本语句和控制流之上的简单而紧凑的设计，从而对于学习Java是一种非常好的过渡。其次，它的变量类型是采用弱类型，并未使用严格的数据类型。

### 4. 安全性

JavaScript是一种安全性语言，它不允许访问本地的硬盘，且不能将数据存入到服务器上，不允许对网络文档进行修改和删除，只能通过浏览器实现信息浏览或动态交互。从而有效地防止数据丢失。

### 5. 动态性

JavaScript是动态的，可直接对用户或客户输入做出响应，无须经过Web服务程序。它对用户反映的响应，是采用以事件驱动的方式进行的。所谓事件驱动，就是指在主页（HomePage）中执行了某种操作所产生的动作，就称为“事件”（Event）。比如按下鼠标、移动窗口、选择菜单等都可以视为事件。事件发生后，可能会引起相应的事件响应。

### 6. 跨平台性

JavaScript是依赖于浏览器本身，与操作环境无关，只要能运行浏览器的计算机，并支持JavaScript的浏览器就可正确执行。从而实现了“编写一次，走遍天下”的梦想。实际上JavaScript最杰出之处在于可以用很小的程序做大量的事。无须有高性能的电脑，软件仅需一个字处理软件及浏览器，无须Web服务器通道，通过自己的电脑即可完成所有的事情。

了解了JavaScript语言的特点，对于编写各种网页特效具有很大的帮助，在后面的章节中将陆续体验其超强的魅力。

## 3.4.2 案例——用JavaScript技术制作简单的网页特效

本节将通过编写一段JavaScript程序代码，并将其嵌入网页中，从而实现在网页中添加时钟的效果。主要代码及添加步骤如下：

**1** 在<body>区域中编写出如下的JavaScript代码。

```
<script language="JavaScript">                    //在页面中加入
JavaScript代码的必要格式
//以下部分为不可见
  var timerID = null
  var timerRunning = false
  function MakeArray(date
  {
  this length = date;
  for(var i = 1; i <= date; i++
  {
  this[i  = "";
  }
  return this;
  }
  function stopclock ( {
  if(timerRunning
  clearTimeout(timerID ;
  timerRunning = false
  }
  function showtime (  {
  var now = new Date( ;
  var year = now getYear( ;
  var month = now getMonth(  + 1;
  var date = now getDate( ;
  var hours = now getHours( ;
  var minutes = now getMinutes( ;
  var seconds = now getSeconds( ;
  var day = now getDay( ;
  Day = new MakeArray(7 ;
  Day[0 ="星期天";
  Day[1 ="星期  ";
  Day[2 ="星期二";
  Day[3 ="星期三";
  Day[4 ="星期四";
  Day[5 ="星期五";
  Day[6 ="星期六";
```

```
    var timeValue = "";
    timeValue += year + "年";
    timeValue += ((month < 10  ? "0" : ""  + month + "月";
    timeValue += date + "日  ";
    timeValue += (Day day   + "  ";
    timeValue += ((hours <= 12  ? hours : hours   12 ;
    timeValue += ((minutes < 10  ? ":0" : ":"  + minutes;
    timeValue += ((seconds < 10  ? ":0" : ":"  + seconds;
    timeValue += (hours < 12  ? "上午" : "下午";
    document.jsform.jsdt.value = timeValue;
    timerID = setTimeout("showtime( ",1000 ;
    timerRunning = true
    }
    function startclock (  {
    stopclock( ;
    showtime(
    }
    //  >
  </script>
   <form name='jsform'>
  <input type=text name='jsdt' size=35 value=''>
  </form>
```

**2** 修改<body>标签的属性。要实现时钟在页面打开而显示的效果，需要利用“onLoad”事件调用定义的时钟开始函数。

```
<body onLoad="startclock )">
```

这样就实现了当用户进入页面时，在时钟页面左上角显示效果，如图3-25所示。

图3-25

通过本章学习，希望读者朋友能够掌握网站logo的制作技巧和banner广告条的编排技巧，了解Dreamweaver如何进行网页内容的编排，了解如何实现在页面中添加JavaScript特效代码就可以了。从下一章开始我们将连续为大家讲解如何进行网页图像处理、如何实现网页效果图的制作、如何制作网页动画、如何定义CSS的表现、如何实现页面的布局排列等内容。精彩才开始，让我们一起加油！

第4章
04
# 用Photoshop CS5制作网页效果图

目前的网页设计已经不单是图像与文字的简单拼排　更多地是图像与图像、图像与图形、图像与图案、图像与修饰物、图像与线条等内容之间的综合编排。这样的编排不仅可以很好地树立网站的形象　而且还可以为浏览者提供更加精美的视觉享受。目前，在设计网页效果图的软件中Photoshop CS5具有强大的功能　它不仅集图像扫描、图像编辑、图像修补、图像合成于一身　而且还能够让客户很方便地将制作完成的图像效果转存为符合Web要求的文件格式。

本章的重要知识点包括

- 如何应用画笔绘制网页中的一些特殊图案
- 如何利用选区工具创建特定的选择区域
- 如何运用修饰工具及滤镜工具修补图像中的瑕疵和污点
- 如何运用调整图层调整网页图像的色彩和色调
- 如何操作图层及图层组并结合相关工具制作完整的网页效果图
- 如何运用切片工具切割图像及导出为Web所需的文件格式

## 4.1 网页修饰要素

精美的网页，为了突出其视觉效果，在设计时大都运用了光、雾、点、环、纹等效果作为视觉衬托。本节主要为大家讲解如何运用画笔工具制作网页中的一些修饰要素。通过学习，我们将掌握画笔属性的操作技巧、线条的绘制、渐隐的概念、散布的概念及混合画笔的应用。

### 4.1.1 基本绘画工具的应用

在网页设计中，为了美化和细化页面效果，经常会绘制一些必要的元素来满足设计的需要。本节我们就学习如何使用画笔工具。

在Photoshop中画笔的功能非常强大，不仅可以绘制基本的线条和造型，还可以同过对画笔属性进行精准定义来绘制更加复杂和漂亮的对象。首先，介绍画笔的一些基本使用技巧。

（1）画笔所描绘的线条颜色和前景色相同，与定义画笔时的颜色无关。另外按F5键可直接调出画笔面板。

（2）从工具箱中选择“画笔工具”，直接按“[”键和“]”键，可快速更改画笔直径的大小。

（3）在绘制时，按下Shift键，并拖曳鼠标可以绘制水平或者垂直的直线。

（4）从工具箱中选择“画笔工具”，直接按下键盘上的数字键可快速设置画笔的

“不透明度”。如改为40%就按4，55%就连续按两次5，若需要重新还原100%按0即可。

（5）从工具箱中选择“画笔工具”，按下Shift键的同时再按键盘上的数字键，则可以快速调整画笔描边时的流动速率。画笔工具选项栏如图4-1所示。

图4–1

接下来，介绍画笔的高级使用技巧。

（1）虚线的绘制：有实就有虚，我们可以将实线看做是由许多连续的、不间断的点排列而成，而虚线则是有规律的将不间断的点之间的距离增加而得到的。所以，在绘制虚线时，只需更改画笔“间距”的百分比值即可。如图4-2所示。

动态画笔的使用：所谓动态，在Photoshop中其实就是指画笔笔尖在一定范围内的不确定性、没有固定规律随机显示所绘制的轨迹。例如，确定最小值为0，最大值为1，那么，就可以随机的确定一个0～1之间的数值。若希望使用动态画笔，只需按照如图4-3所示，确定“最大值”和“最小值”即可。

（2）画笔渐隐的设置：从字面理解，就是逐渐消失的意思。这样的回答没有错误，但不完善。前面说过，画笔所绘制的线是由一定数量的点组成，所以要使用渐隐，必须确定开始点和结束点，如图4-4所示。当超出指定的渐隐范围后又回复了正常。

（3）散布：就是设置画笔所绘制的点沿轨迹分布。

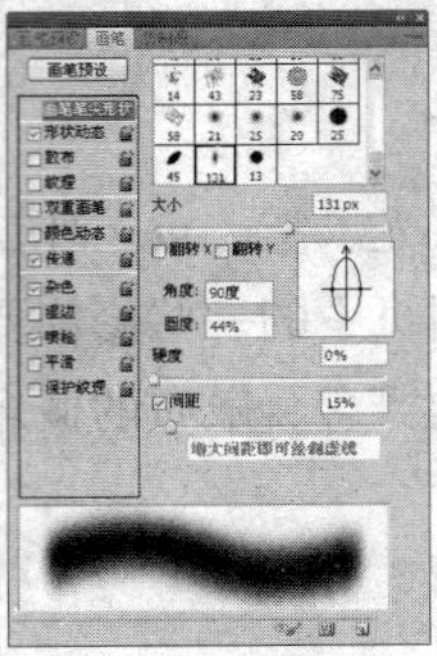

图4–2

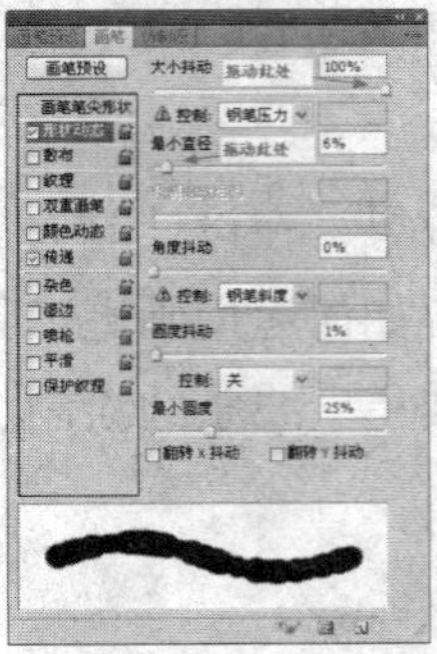

图4–3

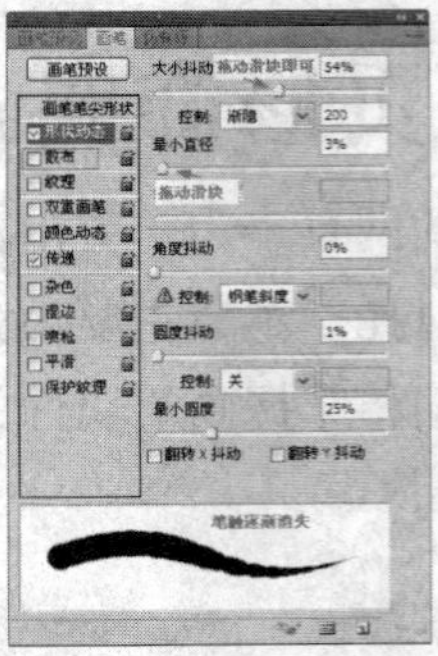

图4–4

（4）混合画笔：混合器画笔可以模拟真实的绘画技术，如混合画布上的颜色、组合画笔上的颜色以及在描边过程中使用不同的绘画湿度。混合器画笔有两个绘画色管（一个储槽和一个拾取器）。储槽存储最终应用于画布的颜色，并且具有较多的油彩容量。拾取色管接收来自画布的油彩；其内容与画布颜色是连续混合的。如图4-5所示。

图4–5

其使用技巧主要包括：

- 潮湿：设置从画布拾取的油彩量。
- 载入：设置画笔上的油彩量。
- 混合：设置颜色混合的比例。

- 流量：这是以前版本其他画笔常见的设置，可以设置描边的流动速率。

下面我们利用画笔来辅助制作一个美容网站的banner画面场景效果。

**1** 确定尺寸。设置为宽600像素，高150像素，分辨率为72像素。

**2** 设置渐变确定宁静的背景效果。渐变（R:98 G:193 B:247）到（R:22 G:103 B:177）

**3** 设置画笔的动态效果。我们这则网络营销的banner广告的主题是女性美容，“打造如水的容颜”，所以就需要绘制出柔和的水珠效果。按F5键，打开画笔面板，各项参数如图4-6所示。

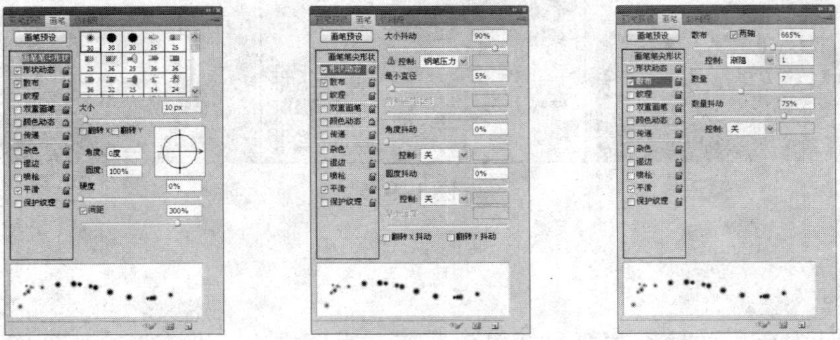

图4–6

**4** 单击图层面板上的“新建图层”按钮，创建一个新图层，选择“画笔工具”，在属性栏上将画笔的“不透明度”设置为40%，绘制线条。再创建一个新图层，将画笔的“不透明度”更改为100%，然后再次绘制，完成后如图4-7所示。

图4–7

**5** 打开光盘目录下的“素材\第4章\化妆品.psd”文件，将素材文件复制到当前文档中，然后按组合键Ctrl+T调整素材的大小和位置，完成后如图4-8所示。

图4–8

**6** 添加文案。选择工具箱中的“文字工具”，分别输入文字“30”、“打造你如水的容颜”、“就在你身边，单击http//:www.koreak.com马上拥有24小时免费服务电话”等内容（文字分批次输入完成后将文字自动分布在独立的图层上，这样便于调整文字的大小、色彩、位置和排版方向）。

**7** 细节调整。既然是“如水的容颜”，当然就应该有“水”，首先在图层面板上选择背景层，然后在工具箱中选择“椭圆选区工具”，绘制选区。执行菜单“滤镜”→“扭曲”→“水波”命令，制作出水波效果。用同样的方法完成素材层水波的制作。最终效果如图4-9所示。

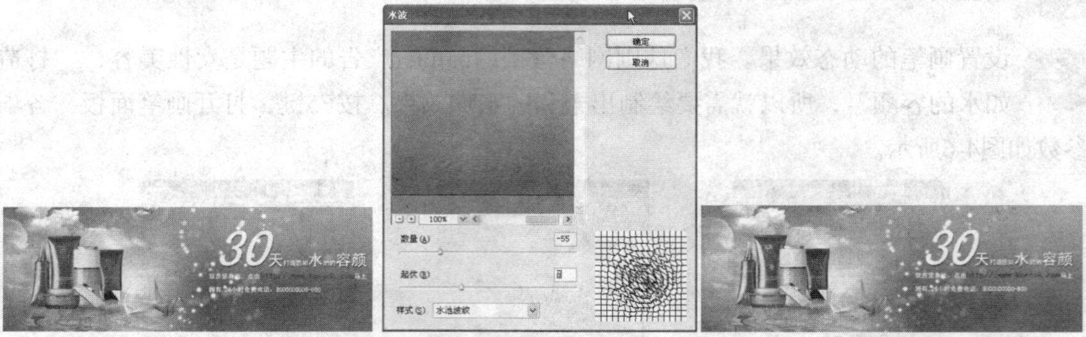


图4–9

## 4.1.2 色彩填充的应用

网页设计中色彩的填充主要包括单色填充、边框描边、渐变填充、图案填充等。那么，该如何设计网页颜色呢？在此为大家讲解色彩的相关知识，及如何借助于Photoshop软件实现网页色彩的搭配与填充。

### 1. 几个简单的概念

- 色相：是色彩所呈现的本来面貌，是色彩彼此之间相互区别的标识。
- 饱和度：是色彩的浓度，或者说是鲜艳程度。越鲜艳的色彩通常就被认为越饱和。
- 对比度：指不同颜色之间的差别。对比度越大，不同颜色之间的反差越大，即所谓黑白分明，对比度过大，图像就会显得很刺眼。对比度越小，不同颜色之间的反差就越小。
- 明度：也叫色度，指的是色彩的明暗程度。不同色彩有不同的明度，即使同一种色彩，其明度也有所不同。

### 2. 几种常见的色彩搭配方法

- 单色填充：通常是指在填色时单一的颜色作明度与纯度的变化。优点是可以使网页画面高度统一、色调统一，给浏览者以完整的印象。
- 类似色组合填充：通常是指在大的色系中，由于色相、明度、纯度的接近而构成的色调。优点是在保证网页色调统一的前提下，使网页效果显得丰富和活泼。
- 对比色组合填充：所谓对比色就是指颜色对比强烈、富有刺激性、画面效果突出的色彩填充。优点是可以增强网页的视觉冲击效果，主要包括明度对比和纯度对比；缺点是不容易把握。

具体的填充效果如图4-10所示。

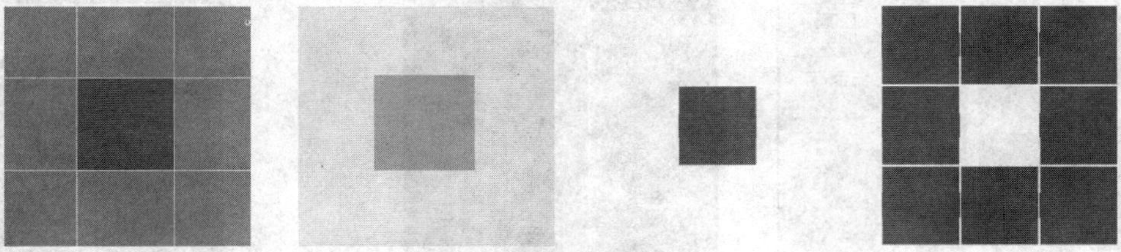

图4-10

现在我们启动Photoshop CS5，打开拾色器如图4-11所示。

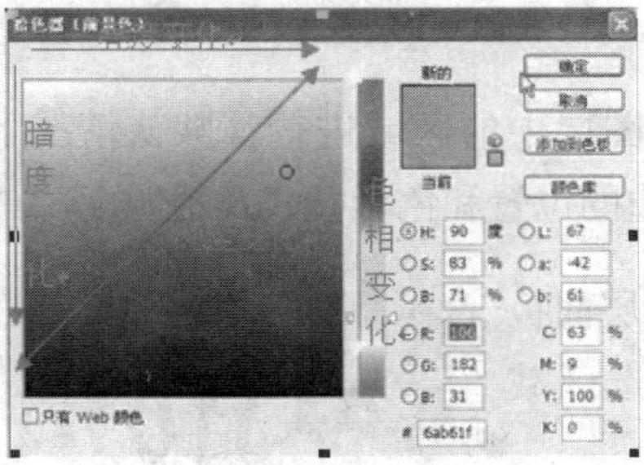


图4-11

在拾色器中，用户可以使用鼠标直接向上或向下拖曳颜色滑块来设定色相，然后移动光圈来确定饱和度和亮度。另外也可以数字形式来更加精确的实现颜色的定义，如图4-12所示。

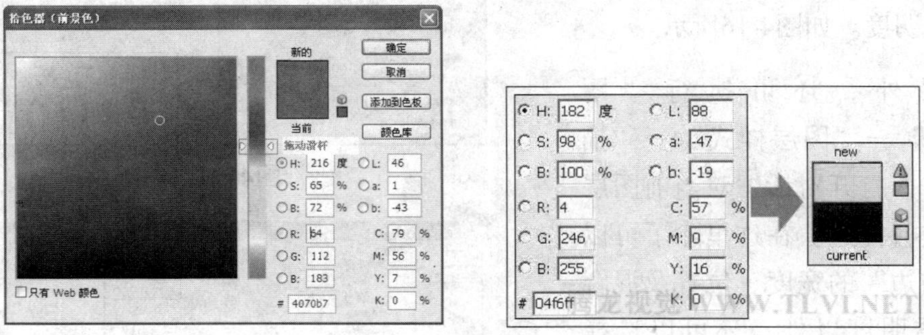


图4-12

结合前面所讲的色彩搭配知识和拾色器，现在来制作页面风格一致、高强度对比的网页效果。具体操作步骤如下：

1 确定网站主要用到的颜色。#8AA226 ■、#D3C94F ■、#8D7219 ■。

2 确定网站页面的尺寸。在此，设置为宽960像素、高1000像素。

3 确定网页的背景色。在此，选择#8D7219，然后在此基础上降低亮度，结果如图4-13所示。

**4** 根据设计的需要增加或减少颜色的亮度，依次勾画出其他的内容区域，完成后如图4-14所示。

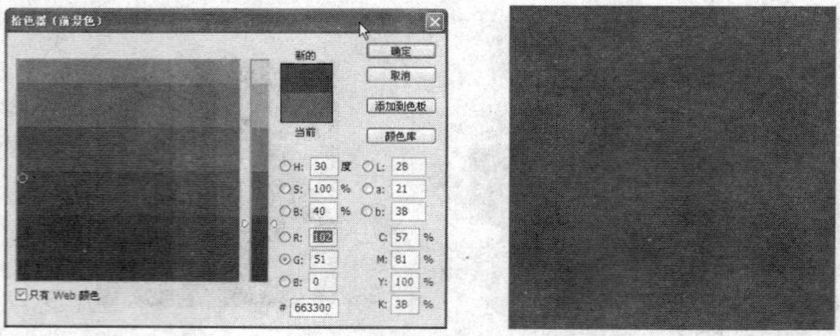

图4–13

图4–14

### 3. 描边

描边主要是针对用当前图层中的区域进行，默认情况下，描边的宽度为1像素，另外，还可以根据需要更改描边的位置和色彩模式及透明度。具体操作步骤如下：

**1** 按下Ctrl键，然后在图层面板的缩略图上单击，将选区载入，如图4-15所示。

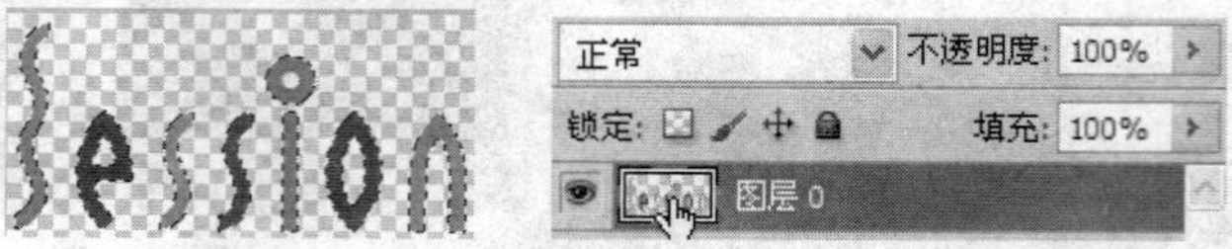


图4–15

**2** 执行“编辑”→“描边”命令，打开“描边”对话框，选择描边适合的宽度、位置及色彩模式和透明度。如图4-16所示。

图4–16

**3** 另外，还可执行“图层”→“图层样式”→“描边”命令，打开对话框对当前图层的内容进行描边。在这里除了可以选择“描边”的宽度、位置及混合模式和透明度以外，还可以选择“描边”的类型和样式等内容。如图4-17所示。

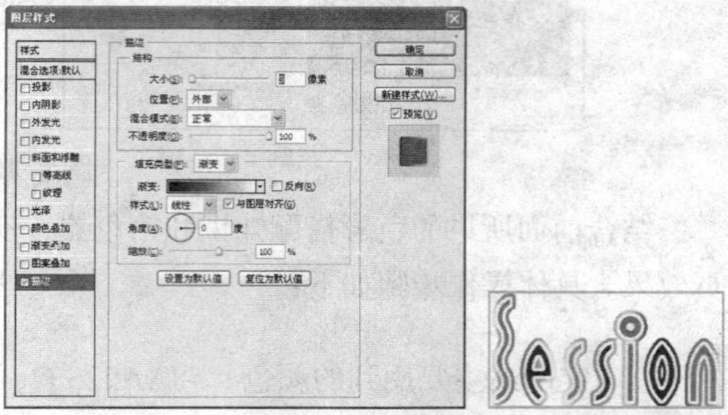


图4–17

### 4. 渐变

网页设计中利用渐变填充可以制作出色彩的明暗变化效果，许多导航按钮的明暗变化就是进行二次修改得到的。渐变的类型主要包括线性渐变、径向渐变、角度渐变、对称渐变和菱形渐变。在Photoshop CS5中，新增加了协调色、中灰密度等渐变样式，这些样式对于制作光与影的变化非常有帮助。

选择工具箱中的“渐变工具”，其默认的工具选项栏如图4-18所示。

图4–18

具体操作及应用技巧如下：

1 单击选项栏中渐变条右侧的三角按钮，即打开渐变拾色器，如图4-19左所示。在拾色器内系统为用户提供了多种预先设置渐变填充方式，可直接从中选择需要的渐变填充类型。如果拾色器内的渐变填充方式不能满足要求，还可以载入其他的渐变填充数据库。单击拾色器右上角的三角按钮，弹出调板菜单，如图4-19右图所示。

图4–19

2 在“渐变工具 ”选项栏中列有5种渐变填充类型，分别为“线性渐变”、“径向渐变”、“角度渐变”、“对称渐变”、“菱形渐变”按钮，这5个按钮代表5种渐变类型。在选项栏内如果单击“线性渐变”按钮 ，然后使用鼠标在视图中进行拖曳，即可创建自光标落点处至终点处的直线渐变效果，如图4-20左所示。

3 如果单击“径向渐变”按钮 ，然后在画面中自中心向左上角边缘拖曳鼠标，创建以光标落点处为圆心，拖曳光标的距离为半径的圆形渐变效果，如图4-20右图所示。

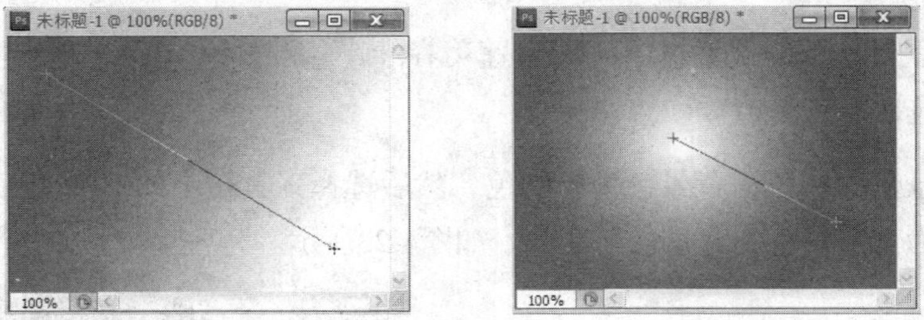


图4–20

4 如果单击 “角度渐变”按钮 ，在渐变拾色器中选择“彩虹色”，然后在画面中自中心向右下方拖曳鼠标，创建以光标落点处为圆心，自拖曳光标的角度起逆时针旋转360º的锥形渐变效果，如图4-21左所示。

5 如果单击“对称渐变”按钮 ，然后在画面中由中心向底部边缘拖曳鼠标，创建自光标落点处至终点处的直线渐变效果，并且以光标落点处与拖曳方向相垂直的直线为轴，进行对称渐变，如图4-21右所示。

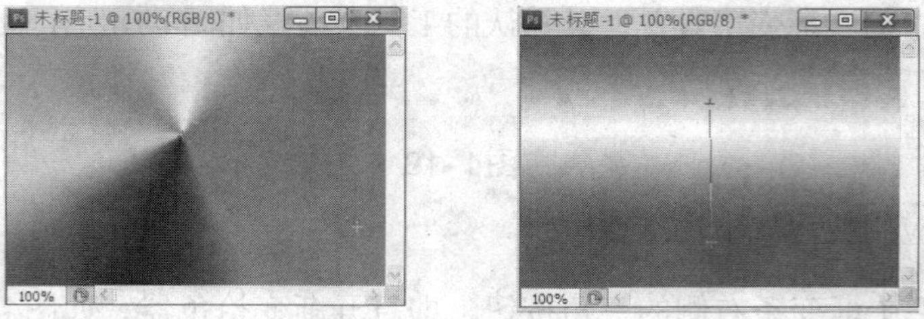


图4-21

6 单击“菱形渐变”按钮，然后在画面中自中心向右下方拖曳鼠标，创建以光标落点处为圆心，拖曳光标的距离为半径的菱形渐变效果，如图4-22左所示。

7 在选项栏内如果勾选了“反向”选项，渐变颜色的起点颜色和终点颜色将进行交换。如图4-22右图所示。

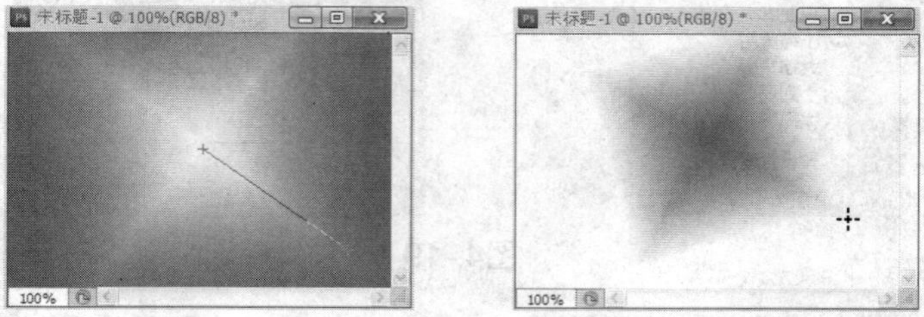


图4-22

8 选择“仿色”选项会添加随机杂色以平滑效果渐变填充，使渐变颜色间的过渡更加柔和。选择“透明区域”选项后，“不透明度”的设定才会生效，取消选择“透明区域”选项，则渐变选项面板中的透明效果都为不透明。

现在，利用渐变工具来制作一个简单的网站标识。具体操作如下：

1 打开光盘目录下的“素材\第4章\宝莲美容.psd”，按下Ctrl键，单击“图层2”缩略图，将选区载入。

2 设置前景色为白色，背景色为粉红色，然后选择工具箱中的“渐变工具”，设置渐变方式为“前景色到背景色渐变”，如图4-23所示。

图4-23

3 在载入的选区中按照倾斜45°的方向拖曳鼠标，绘制出如图4-24左所示的效果。这样操作的目的就是希望能够填充出光线照射的效果。完成后，按组合键Ctrl+D取消选区。

**4** 选择工具箱中的“移动工具”，将鼠标移动到形状的上方，按下Alt键并拖曳鼠标对形状进行复制，完成后继续执行“编辑”→“变换”→“旋转”命令对形状进行旋转，重复前面的操作，得到如图4-24右图所示的效果。

图4-24

**5** 按Ctrl+E组合键合并图层，用画笔在花瓣的周边绘制小点，然后执行“图层”→“图层样式”→“外发光”命令为花瓣形状追加发光效果。

**6** 为花瓣效果添加文字完成最终的制作。如图4-25图所示（特别说明：为了更好地体现渐变效果，本案例制作过程中特将背景设置为了黑色，在实际应用中读者可灵活设置）。

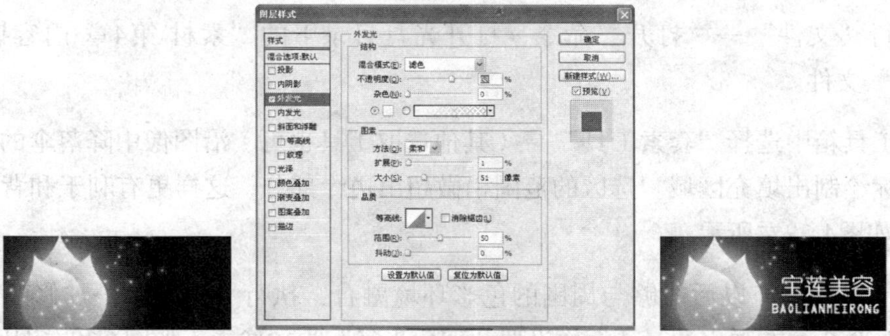


图4-25

其他的渐变操作相类似，在此就不多介绍了，读者可以自己动手试一试。

### 4. 图案填充

图案，在网页中更多的应用于背景或底纹，合理地设置网页背景可以加强网页的纵深层次感，在Photoshop CS5中既可以利用系统自带的图案填充，也可以自定义图案进行填充。具体操作步骤如下：

**1** 新建一个文件，设置长、宽各为3像素，背景内容为透明。

**2** 使用缩放工具将文件放大至1600倍，然后使用“矩形选择工具”绘制一个长、宽各为1像素的区域，最后按组合键Alt+Del用前景色进行填充。完成后按组合键Ctrl+D取消选区。如图4-26所示。

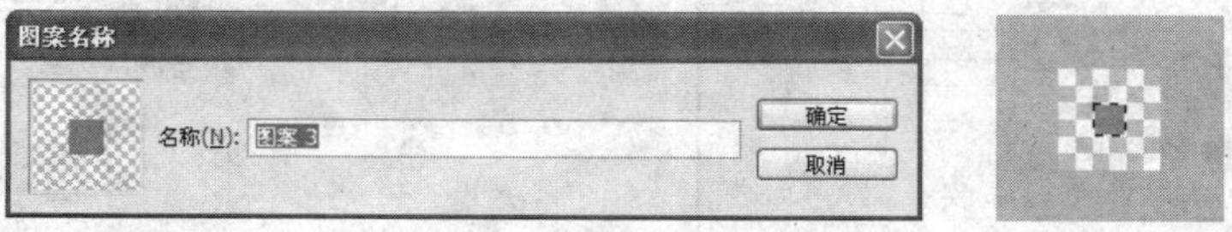


图4-26

3 执行“编辑”→“定义图案”命令，在弹出的对话框中设定图案的名称。

4 打开光盘目录下的“素材\第4章\图案填充.psd”文件，执行“编辑”→“填充”命令，在“填充”对话框中选择“图案”，然后选择定义的图案即可。结果如图4-27所示。

图4-27

5. 内容识别填充

使用内容识别填充功能，能快速的填充一个选区。填充这个选区的像素是通过感知该选区周围的内容得到的，使填充结果看上去像真的一样。在不同的图像中使用内容识别填充会得到不同的结果。

1 执行“文件”→“打开”命令，打开光盘目录下的“素材\第4章\内容识别填充.jpg”文件。

2 在工具箱中选择“套索工具”（其他选取工具也可）沿图像中降落伞的边缘拖曳鼠标绘制出填充区域。选区的范围稍微超出边缘部分，这样更有利于和背景内容进行融合，如图4-28左所示。

3 为了保证填充以后能够与周围的色彩环境融合，执行“选择”→“修改”→“羽化”命令，在弹出的对话框中设置“羽化半径”为10像素，如图4-28右图所示。

图4-28

4 执行“编辑”→“填充”命令，在弹出的“填充”对话框中确认正在使用的是“内容识别”选项，完成填充操作，结果如图4-29所示。

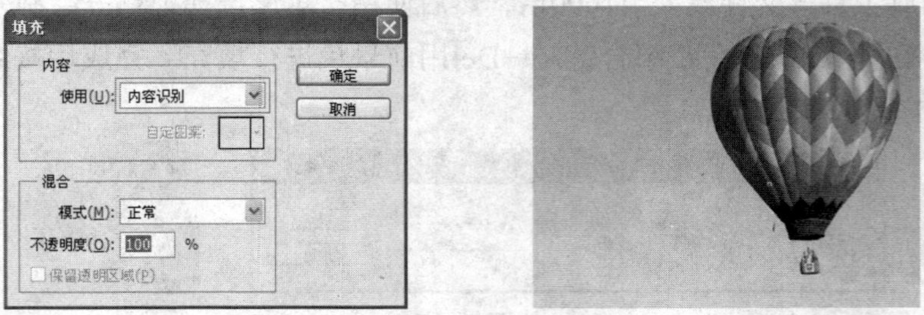


图4-29

## 4.1.3 图像修饰工具的应用

网页图像的修饰主要包括“模糊工具”、“锐化工具”、“减淡工具”、“加深工具”、“海绵工具”及“涂抹工具”。本节主要讲解这些工具的应用。

### 1. 模糊和锐化工具

这两种工具在用途上完全相反，但是它们都可以使用Photoshop的各种笔刷，且依赖于鼠标移动的轨迹产生作用。网页图像中的原素材由于背景的存在，无形中容易分散浏览者的视觉焦点，此时可以通过模糊或锐化，将画面部分做涂抹处理来凸现主体画面，从而达到凝聚视觉焦点的作用。根据笔者的应用经验，在使用这两种工具时通常将画笔的强度设置在20%～50%之间。

如图4-30所示就是对图像进行模糊和锐化的效果对比。

原图　　模糊的应用　　锐化工具的应用

图4–30

### 2. 减淡和加深工具

“减淡工具”的作用是局部加亮图像。可选择为高光、中间调或暗调区域加亮。“加深工具”的作用和“减淡工具”完全相反。二者的共同点是：在保护原图像色调的基础上通过设置曝光度的强弱来实现。根据笔者的应用经验，在使用这两种工具时通常将曝光度设置在30%左右，通过多次涂抹可以获得良好的效果。如图4-31所示是对图像进行减淡和加深的效果对比。

原图　　减淡的应用　　加深的应用

图4–31

### 3. 海绵工具

“海绵工具”的作用是增加或减少图像的局部饱和度，包括去色和加色两种模式。如图4-32所示是对图像应用海绵工具的效果对比。

原图　　降低饱和度　　增加饱和度

图4–32

经过简单的涂抹，即可实现对图像清晰、模糊、颜色减淡、颜色加深等的调整。还将这些效果涂抹应用于栅格化后的文字或图形，有兴趣的读者朋友可以试一试。

## 4.1.4 修复和修补工具的应用

修复和修补工具在网页设计中经常用到，利用该工具可以高效的修复或修补网页源素材中的一些不足与残缺。

修复工具组包含4个工具，分别是“污点修复画笔工具”、“修复画笔工具”、“修补工具”和“红眼工具”，如图4-33所示。使用该工具组中的工具，可以将获取的图像稿中的瑕疵或污点去除。

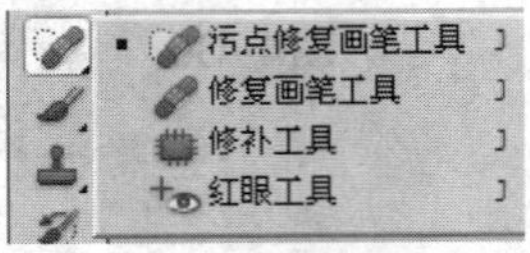


图4–33

（1）污点修复画笔工具

“污点修复画笔工具”能够迅速方便地修复图像中的污点和其他不理想部分。其选项栏如图4-34所示。

图4–34

主要操作技巧及应用如下：

**1** 保持选项栏各项参数不变（保持默认设置），选择工具箱中的“污点修复画笔工具”在图像中的白色区域单击并涂抹，工具自动在图像中进行取样，结合周围像素的特点对修复区域的像素进行修改，如图4-35所示。

图4–35

**2** 如果在选项栏中选择了“创建纹理”选项。然后在画面中拖曳鼠标，将部分图像覆盖，这时该工具将自动使用覆盖区域中的所有像素创建一个用于修复该区域的纹理，如果操作失误了，按组合键Ctrl+Alt+Z可快速还原到图像的初始状态。

（2）修复画笔工具

“修复画笔工具”能够利用图像中定义的样本像素来绘画，也可以将样本像素的纹理、光照、透明度和阴影与源像素进行匹配，从而使修复后的像素比较柔和地融入图像的其余部分。其选项栏如图4-36所示。

图4-36

主要操作技巧及应用如下：

**1** 执行“文件”→“打开”命令，打开光盘目录下的“素材\第4章\修复修补.jpg”文件。

**2** 在“修复画笔工具 ”选项栏中选择“源”选项，然后按下Alt键，使用“修复画笔工具”在图像中的污点附近单击，定义取样点（这样操作是让修复的区域更好地融合。如果在两个文档间使用该工具，将一个文档作为取样源来修复另一个文档，那么这两幅图像的颜色模式必须相同）。

**3** 使用“修复画笔工具”在图像中的污点处进行涂抹，如果修复的污点比较复杂，可创建选区加以保护以防止颜色从外部渗入到修补区域。如图4-37所示。

图4-37

**4** 如果在工具选项栏中选择“图案”选项，然后在需要修复的地方拖曳鼠标，就可以利用当前所显示的图案对图像进行修复。

（3）修补工具

使用“修补工具”可以用其他区域或图案中的像素快速修复选中的区域。修补工具选项栏如图4-38所示。

图4-38

主要操作技巧及应用如下：

**1** 执行“文件”→“打开”命令，打开光盘目录下的“素材\第4章\修复修补.jpg”文件，保持选项栏设置不变，使用修补工具在图像污点附近单击并拖曳鼠标，将污点选取然后拖曳选区到样本图像区域，松开鼠标，此时污点被样本区域的像素修补，如图4-39所示。

图4-39

2 如果勾选了选项栏中的“透明”选项，那么，修补区域的图像将呈透明状态。如图4-40所示。

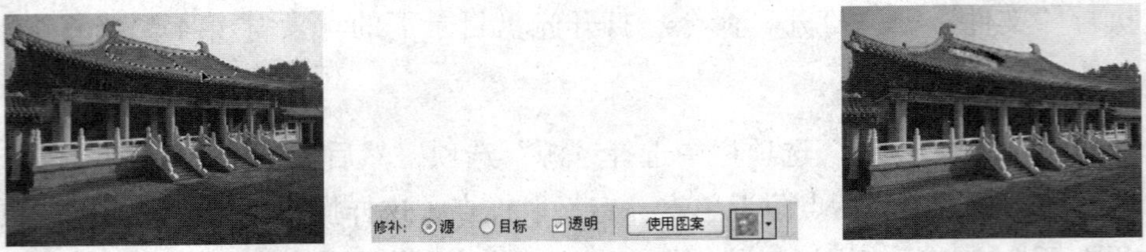


图4-40

3 如果在选项栏内选择“目标”选项。那么使用方式与选择“源”选项的使用方法恰好相反，首先在图像中创建选区制定样本图像，然后拖曳样本图像，到所要修复的图像上释放鼠标，即可进行修复，如图4-41所示。

图4-41

（4）红眼工具

红眼是由于相机闪光灯在主体视网膜上反光引起的。在光线暗淡的房间里照相时，由于主体的虹膜张开得很宽，此时将会更加频繁地看到红眼。为了避免红眼，可以选择用相机的红眼消除功能。最好使用远离相机镜头位置的独立闪光装置。

利用“红眼工具”可以移除闪光灯拍摄人物照片时产生的红眼，还可以移除闪光灯拍摄动物照片时产生的白色或绿色反光。

主要操作技巧及应用如下：

1 “瞳孔大小”选项可以增大或减小受红眼工具影响的区域。拖曳滑块可设置眼睛暗色中心的大小。

2 “变暗量”选项可以设置校正的暗度。拖曳滑块可设置瞳孔的暗度。

红眼工具的操作比较简单，使用该工具在要更改的图像上单击，或绘制一个矩形选区将红眼选择，完成后松开鼠标就可以轻松将选取的红眼替换为正常拍摄的人眼颜色。

## 4.1.5 为“文字”应用“变换”命令

在第3章中介绍了可以将文字符号稍作变换后作为网站的标识。那么在Photoshop CS5中如何通过具体的操作来实现呢？本节将做具体讲解。

### 1. “变换”命令的使用技巧

变换：执行“编辑”→“自由变换”命令或直接按组合键Ctrl+T，即可对当前图层上的内容进行缩放或旋转操作。如果希望更改旋转的中心点，直接用鼠标拖曳即可。

斜切：执行“编辑”→“变换”→“斜切”命令，可以对当前图层上的内容进行垂直或水平倾斜。

扭曲：执行“编辑”→“变换”→“扭曲”命令，可以对当前图层上的内容向各个方向进行伸缩。

透视：执行“编辑”→“变换”→“透视”命令，可以对当前图层上的内容应用单点透视。在这里特别说明，透视是设计当中的一个术语，简单地说就是在软件操作中实现“近大远小”的视觉效果。

变形：执行“编辑”→“变换”→“变形”命令，可以将当前图层上的内容变换成其他形状。

另外，“旋转180°”、“顺时针旋转90°”、“逆时针旋转90°”命令，是通过指定度数，沿顺时针或逆时针方向旋转项目。

翻转：执行“编辑”→“变换”→“翻转”命令，可以对当前图层上的内容垂直或水平翻转。

以上这些命令是设计网页中文字、图像、形状等元素常用的命令，必须深刻理解它们的用途。

### 2. 网页设计中的文字

在网页设计中，文字作为信息的传输媒介其作用不言而喻。但在网页设计前期，利用Photoshop进行效果图设计时，文字更多的是作为一种辅助手段而存在。例如网站的标识、网络广告的宣传语及网络商城的提示向导等。

要设计出优秀的文字就必须了解文字的相关操作。

（1）字体形态。不同的字体能够给人传达不同的心理感受，例如黑体让人感觉棱角分明，刚直不阿，常见于新闻类和科技类网站；隶书笔画柔曲，古韵味浓，常见于表达中国传统文化的茶叶类网站和传统的食品类网站；手写体具有模拟人手写的印迹，给人强烈的情切感和熟知感，常见于房地产企业网站或服务类网站。拉丁字母形态简洁、单纯，直、曲线并存有利于展开设计。

（2）字体的结构。汉字常见的组成结构有上下结构、左右结构、左中右结构、上中下结构；这些结构的汉字如果单从构成的空间上讲具有很强的对称性，而包围、半包围结构的汉字在外观上则有圆满度和丰润感。拉丁字母虽然简单，但各个独体之间依然存在对称性和圆满度如“p”和“q”、“w”和、“m”、“u”和“n”、“o”、“c”等。

（3）文字的颜色。颜色常带有很强烈的感情色彩，不同的行业应用不同的色彩，如婚庆和餐饮行业常用红色、科技类企业或网络机构常用蓝色、医药健康和环保等行业常用绿色。

（4）颜色的使用数量：不超过3种

下面结合变换命令的应用来制作几款网络文字。

### 3. 自由变换和斜切的结合应用

1 新建一个空白文件，在工具箱中选择“文字工具”，字体设置为“华康简综艺”，字号为50，然后输入汉字“石”和“开”。文字输入后，我们会发现自动生成了两个图层，这是由文本层的特点造成的。

2 执行“编辑”→“变换”→“斜切”命令，为文字进行倾斜，如图4-42所示。这样可以营造出文字的空间感。

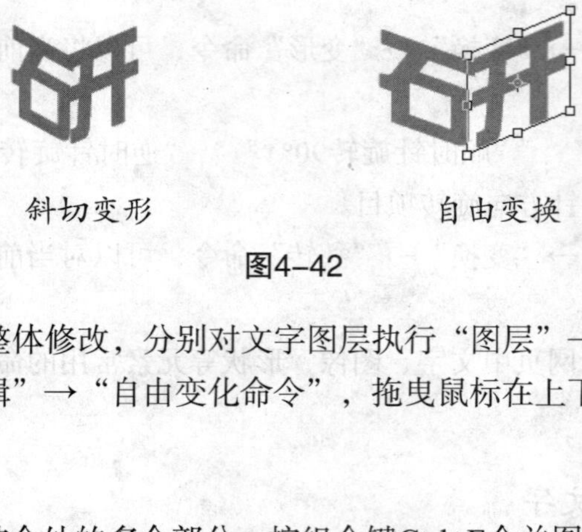


图4-42

3 为了对文字进行整体修改，分别对文字图层执行“图层”→“栅格化”→“文字”命令。执行“编辑”→“自由变化命令”，拖曳鼠标在上下方向上拖曳，为文字进行垂直压缩。

4 用橡皮擦除文字结合处的多余部分，按组合键Ctrl+E合并图层。

5 用“魔棒工具”选择文字，然后为文字添加深红色到亮红色的渐变效果，执行“编辑”→“描边”命令，为文字描边，宽度为3像素，位置为内部。

6 在工具箱中选择“多边形选区工具”，绘制如图4-43所示的菱形选区，用同样的方法为选区添加渐变和描边效果。

图4–43

7 继续输入文字“考”，用同样的方法为文字描边，按下Alt键，并拖曳鼠标，将“考”复制。执行“编辑”→“变换”→“垂直翻转”命令将文字翻转。如图4-44所示。

图4–44

8 制作透明的倒影效果。在工具箱中选择“矩形选区工具”绘制选区，执行“选择”→“修改”→“羽化”命令，在弹出的对话框中设置相应的参数，以便平滑选区的边缘，然后按Delete键，删除多余的部分完成投影的制作。

9 按组合键Ctrl+D取消选区，并输入其他文字，完成最终的制作。如图4-45所示。需要说明的是一定要注意文字的突出显示，本例通过对“研”字号的加大，进一步明确了主题。

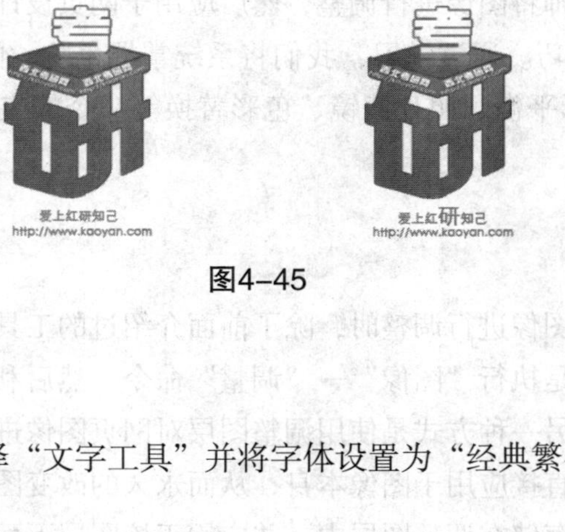


图4–45

4. 翻转的应用

1 创建空白文件，选择“文字工具”并将字体设置为“经典繁毛楷”，输入文字“左右逢源”。

2 执行“图层”→“栅格化”→“文字”命令，将文字进行栅格化处理。

3 利用“矩形选择工具”创建选区，执行“编辑”→“变换”→“水平翻转”命令，将文字水平翻转。完成后按组合键Ctrl+D取消选区，并输入其他文字内容。完成后如图4-46所示。

图4–46

4 前面一例，通过最后的字号变换突出了主题，本例将通过添加圆弧边框来突出“左右逢源”的主题。如图4-47所示。

图4–47

# 4.2 调整网页图像

色彩是网页中必不可少的重要元素，色彩不仅可以给浏览者留下强烈的视觉感受，还能传达和提升网页的深度含义。在进行设计网页时，首先需要的是搜集素材，而素材的来源可以是数码照片，也可以是扫描图像，但是不管来源如何，都在一定程度上制约着色彩的合理表达，需要设计师将图像进行调整，然后应用于网页设计当中。本节主要为大家讲解网页中图像的调整技巧。通过学习，我们将系统掌握色阶、曲线、亮度/对比度、曝光度、色相/饱和度、色彩平衡、照片滤镜、色彩替换等命令的应用技巧及相互之间的综合应用。

## 4.2.1 “调整”命令和调整图层

网页设计师对网页图像进行调整时，除了前面介绍过的工具调整，还可以使用菜单命令进行调整。一种方式是执行“图像”→“调整”命令，然后利用其子菜单命令对图像的色彩、色调进行调整；另一种方式是使用调整图层对网页图像进行调整。两种方法的不相同之处是：前者的调整直接应用于图像本身，从而永久的改变图像的像素；而后者是利用蒙版的方式将调整结果存储在调整图层中，并应用于该图层下面的图层对象上，而不会永久更改像素值。例如，我们可以创建“色阶”或“曲线”调整图层，而不是直接在图像上调整“色阶”或“曲线”。如果图像的色彩、色调调整比较复杂，还可以创建多个调整图层。如果希望取消调整效果，还可以随时删除调整图层来复原始图像。

调整图层提供了以下优点：

（1）编辑不会造成破坏。即可以编辑调整图层，也可以通过降低该图层的不透明度来减弱调整的效果。

（2）具有蒙版的特征。在调整图层所对应图像蒙版上运用不同阶调的黑和白进行涂抹，可以轻松实现局部隐藏或显示调整效果。

（3）能够将调整应用于多个图像。通过在不同图像之间拷贝和粘贴调整图层，可以将相同的颜色和色调调整应用于多个图像。

既可将调整应用于所有图层，也可只应用于调整图层下面的相邻图层。如果希望将调整图层只应用于相邻图层，那么在操作时需要将鼠标放在调整层于被调整层之间，当鼠标变成一个黑白相叠加的圆圈带箭头 时，单击鼠标左键即可，如图4-48所示。

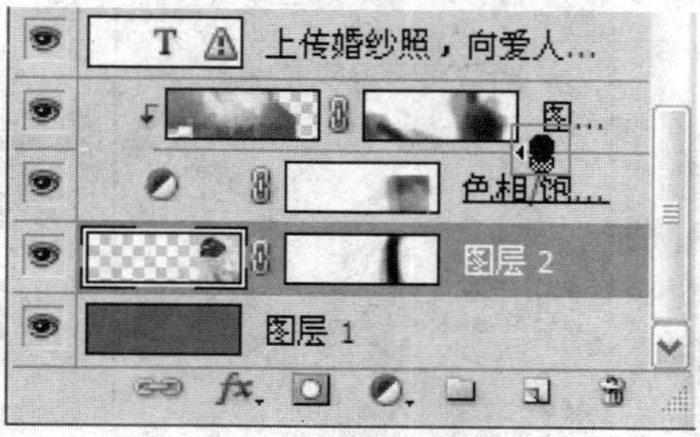


图4–48

## 4.2.2 调整网页图像的色调

### 1. 色阶的应用

“色阶”命令的作用是通过修改图像的阴影区、中间调和最亮处的亮度层次来调整图像的色调范围和色彩平衡。打开光盘目录下的“素材\第4章\肉鸽1.jpg”，这张照片的缺陷是对比度不明显和亮度不足，可以使用“色阶”命令改变图像的中间色和对比度。“输入色阶”通过分别修改图像的暗调、中间色调、高光区的亮度来调整图像的对比度。“输出色阶”可以减少图像的对比度。原图像和调整后的效果图像如图4-49所示。

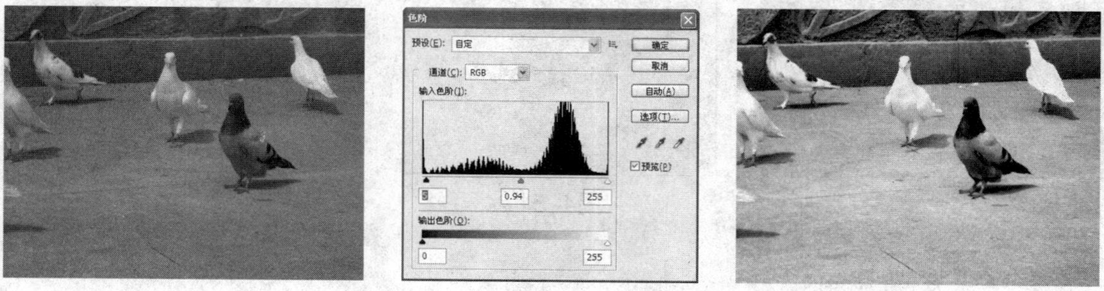


图4–49

### 2. 曲线的应用

“曲线”命令和“色阶”命令一样也是对图像的色调进行调整，但是曲线并不是用简单的暗调、中间色调、高光区来进行调节，而是将图像的色调范围分成了4个区域，使调整更加精细，可以微调0～255色调值之间的任何一种亮度级别。具体操作如下：

1 打开光盘目录下的“素材\第4章\09.jpg”文件，执行“图像”→“调整”→“曲线”命令，弹出“曲线”对话框。

2 默认情况下，曲线呈一条45° 对角线，此时，图像像素的原始强度值和新颜色值是完全相同的（水平轴表示输入色阶；垂直轴表示输出色阶）。要对曲线进行调整，将鼠标移动到对角线上方，单击鼠标左键即可添加调节控制点，然后通过拖曳鼠标即可进行调节。

原图像和调整后的效果图像如图4-50所示。

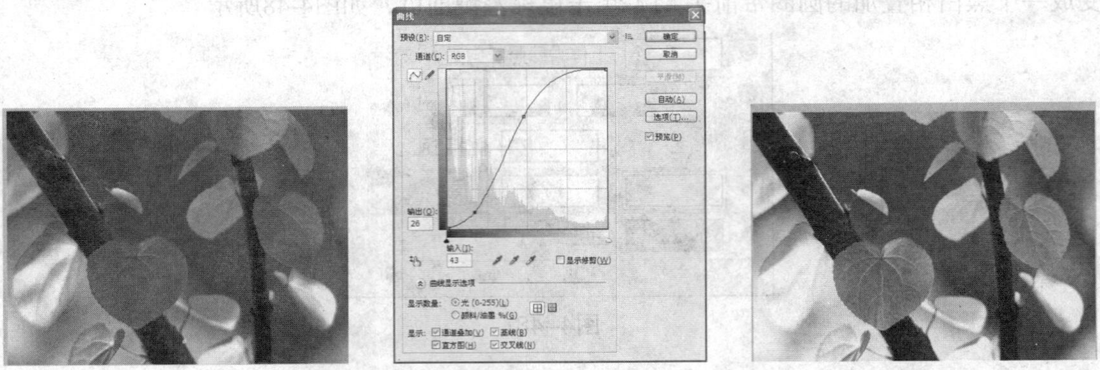

图4-50

> **提示** 在对角曲线的右上方和左下角分别水平移动控制点，可制作出高对比度的图像，效果如图4-51所示。

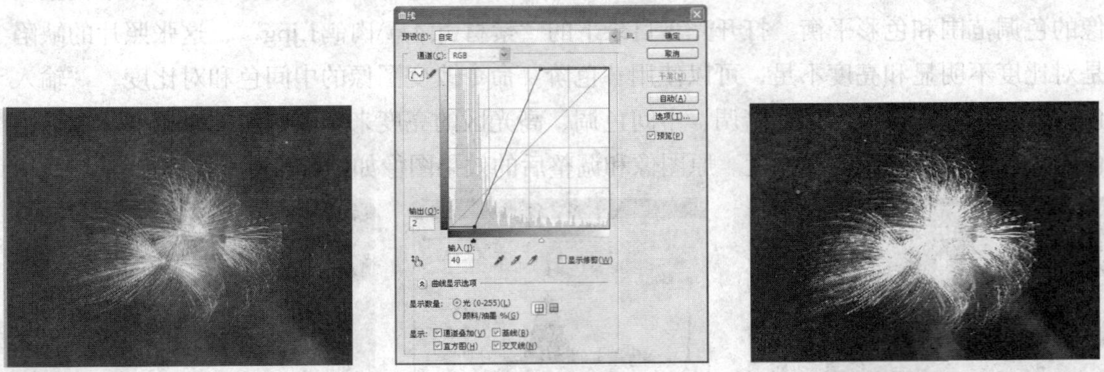

图4-51

### 3. 曝光度的应用

“曝光度”命令主要用来改善图像的对比度。当图像的整体明度提高时，暗处的明度也随之产生变化。曝光度的调节参数主要有2个，其中“曝光度”主要用来调整色调范围的高光，“位移”主要用来使阴影和中间调变暗，对高光的影响很轻微；“灰度系数校正”是通过运算调整图像的灰度。执行“图像”→“调整”→“曝光度”命令，原图像和调整后的效果如图4-52所示。

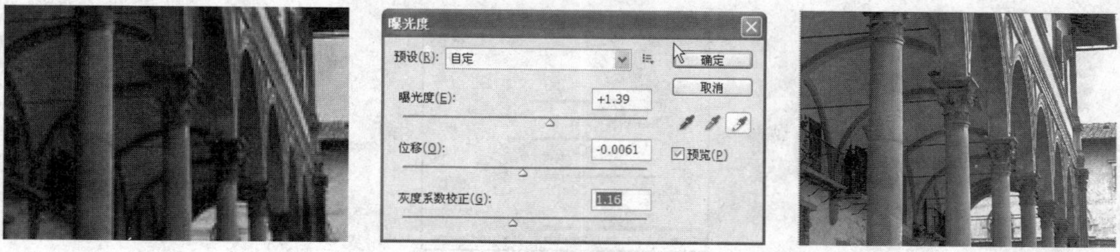


图4–52

### 4. 自动调整

在Photoshop CS5中提供了3种自动调整功能，分别是“自动色调”、“自动对比度”和“自动颜色”。使用时，打开图像，读者只需在菜单中选择相应的命令即可。

## 4.2.3 调整网页图像的色彩

对图像的色调进行调整也是网页设计师应该具备的能力，完美的网页色调对于视觉信息的传达具有非常重要的作用。

### 1色相/饱和度和自然饱和度的应用

“色相/饱和度”命令主要用来调整图像中特定颜色范围的色相、饱和度和亮度，或者同时调整图像中的所有颜色。若要进行特定颜色范围的色相、饱和度和亮度的调整，首先要确定所要调整的颜色通道，然后用鼠标拖曳相应的滑杆即可。执行“图像”→“调整”→“色相/饱和度”命令，原图像经“色相/饱和度”对绿色进行调整，结果如图4-53所示。

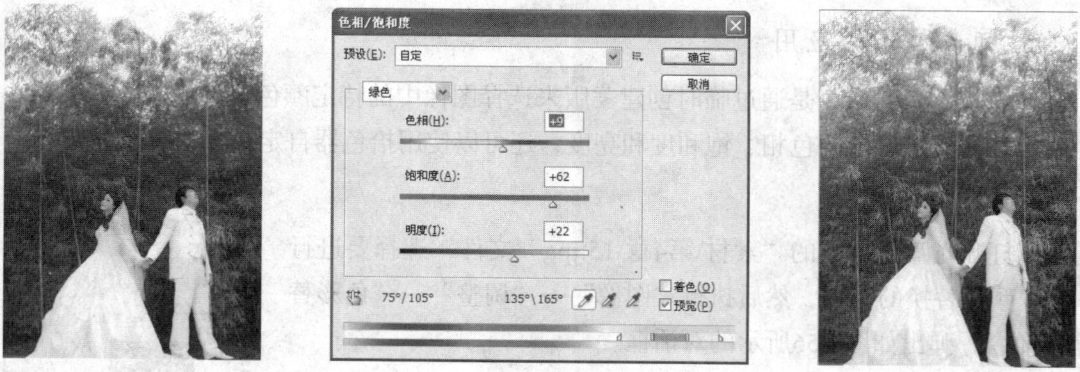


图4–53

如果在操作时选中了“着色”，则可以为灰色调图像着色，或将RGB模式的图像转换为单色调的图像，如果希望修改颜色范围，使用“吸管工具”在图像中单击或拖曳以选择颜色范围。要扩大颜色范围，请用“添加到取样吸管工具”在图像中单击或拖曳。要缩小颜色范围，请用“从取样中减去吸管工具”在图像中单击或拖曳。对原图像进行着色后的效果如图4-54所示。

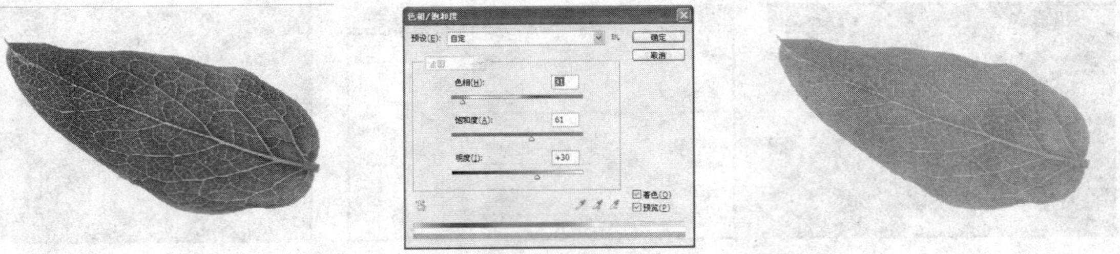

图4–54

若结合“自然饱和度”进行调整，可以使图像在颜色接近最大饱和度时最大限度地减少修剪。

### 2. 色彩平衡的应用

“色彩平衡”命令用于调整凸显的阴影区、中间调区及高光区的各色彩成分，并混合色彩从而达到色彩的平衡。在对RGB模式的图像进行调整时，选择“保持亮度”选项可使图像的亮度值不变。执行“图像”→“调整”→“色彩平衡”命令，原图像经“色彩平衡”的调整后效果如图4-55所示。

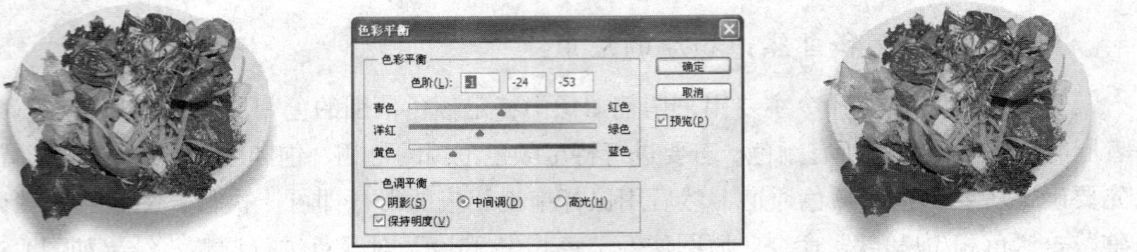


图4–55

### 3. 颜色替换的应用

“替换颜色”命令是通过临时创建蒙版来选择图像中的特定颜色，然后进行替换的。也可以设置选定区域的色相、饱和度和亮度，还可以使用拾色器自定义选择替换的颜色。

具体操作如下：

1 打开光盘目录下的“素材\第4章\15.jpg”文件，选择要进行颜色替换的范围，然后执行“图像”→“调整”→“色彩替换”命令，弹出如图4-56所示的对话框。

2 用鼠标单击“颜色”中选项，在弹出的“拾色器”中进行颜色选取，或使用工具在图像中直接进行自定义颜色的选取。拖曳“颜色容差”滑杆可以调整所选颜色范围的精准度，然后在“替换”选项组中拖曳滑杆设置要替换的结果颜色。原图像和调整后的效果如图4-57所示。

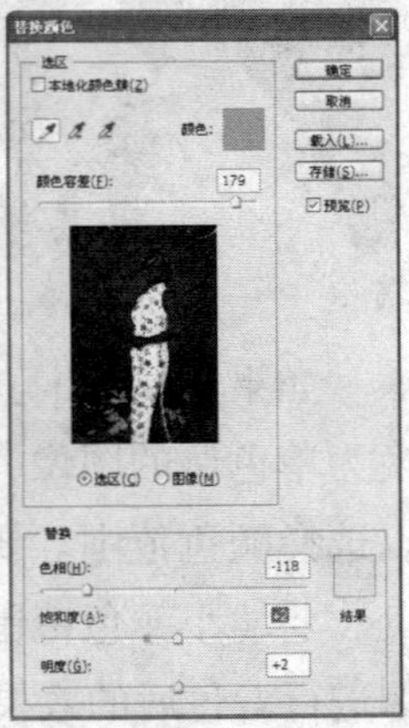

图4–56

图4–57

### 4. 可选颜色的应用

“可选颜色”命令是用来强化图像中某个色彩的饱和度，而不影响其他颜色的饱和度。“可选颜色”使用CMYK颜色来校正图像，但也可以在RGB图像中使用它。无论哪种色彩模式下都必须确保在“通道”面板中选择了复合通道。执行“图像”→“调整”→“可选颜色”命令，原图像经“可选颜色”调整，结果如图4-58所示。经过调整，图像中草地的色彩程度已经提升，很明显地没有影响到其他区域的色彩。

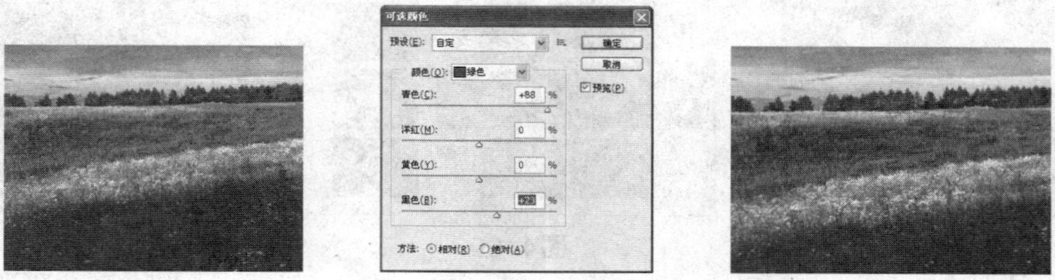


图4–58

### 5. 照片滤镜的应用

“照片滤镜”命令属于快速调整颜色格调的命令，它可模仿以下技术：①在相机镜头前面加彩色滤镜，以便调整通过镜头传输的光的色彩平衡和色温；使胶片曝光。②允许选取颜色预设，以便将色相调整应用到图像。如果希望自定颜色调整，可通过使用拾色器来指定颜色。所有这些都为我们制作不同的网页图像效果提供了便利。执行“图像”→“调整”→“照片滤镜”命令，其结果如图4-59所示。

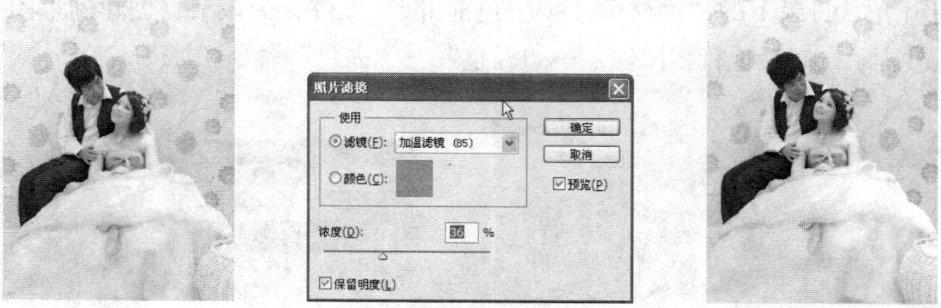


图4–59

### 6. 变化的应用

“变化”命令通过显示替代物的缩览图，使我们可以调整图像的色彩平衡、对比度和饱和度。

对于不需要精确颜色调整的平均色调图像最为有用。

具体操作步骤如下：

1 打开光盘目录下的“素材\第4章\18.jpg”，执行“图像”→“调整”→“变化”命令，弹出“变化”对话框。

2 选择图像中要调整的阴影、中间色调或高光区，然后用鼠标在图像缩略图上单击进行调整，如果超出了最大的颜色饱和度，那么颜色可能被剪切。

3 拖曳“精细/粗糙”滑块确定每次调整的量。将滑块移动一格可使调整量双倍增加。

原图像和加深蓝色后的效果如图4-60所示。

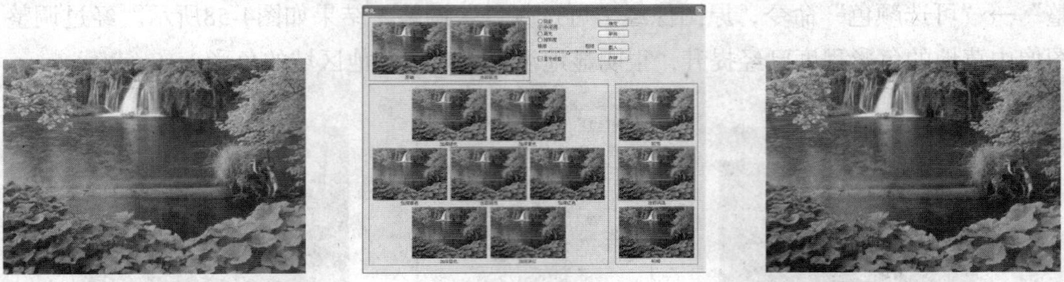

图4–60

### 7. 去色的应用

“去色”可以将彩色图像转换为灰度图像，但图像的颜色模式保持不变。例如，它为RGB 图像中的每个像素指定相等的红色、绿色和蓝色值。每个像素的明度值不改变。操作比较简单，但如果和其他命令结合使用对于调整图像的亮度、修改通道的灰度值将十分有效（此用法参见4.3.4应用案例——用通道技术实现特殊图像的抓取）。在这里先介绍一下利用“去色”降低图像曝光度的用法。

具体操作步骤如下：

1 打开光盘目录下的“素材\第4章\去色前.jpg”文件，为该素材创建副本图层，如图4-61所示，然后执行“图像”→“调整”→“去色”命令。

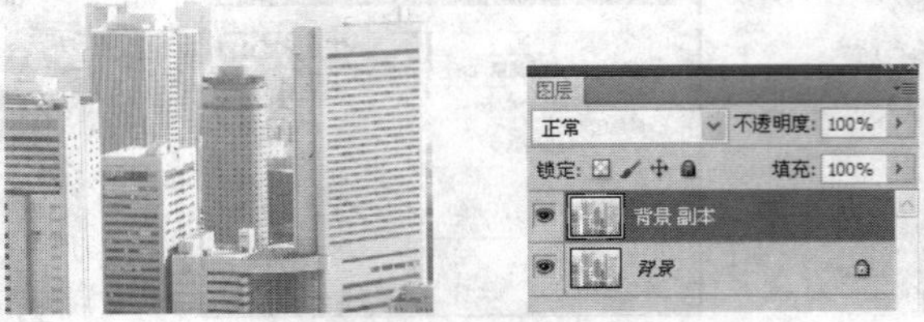


图4–61

**2** 修改副本的混合模式为“线性加深”，同时将图层透明度调整为80%完成后效果如图4-62所示。

图4-62

### 8. 阈值的应用

“阈值”命令的主要作用是将灰度或彩色图像转换为高对比度的黑白图像。执行“图像”→“调整”→“阈值”命令，弹出如图4-63所示的对话框，通过设置“阈值色阶”来确定所生成的黑白图像的对比程度。

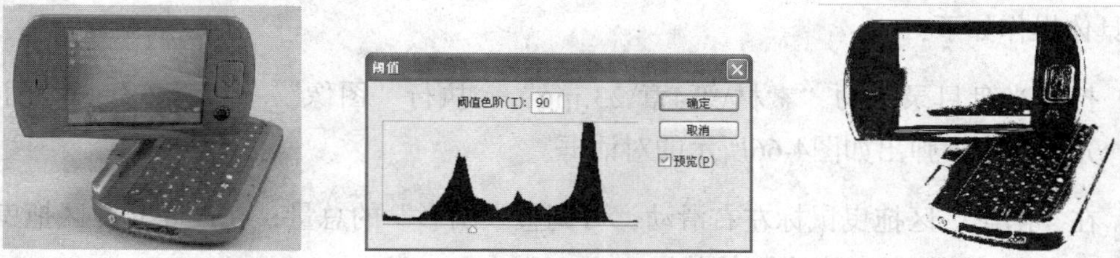


图4-63

> **提示** 在算计机应用中所指的黑白图像就是只有黑和白的图像，而不同于我们日常所说的黑白效果。日常所说的黑和白图像，在计算机应用中实际是指灰度图像。

## 4.2.4 调整网页图像的曝光度

### 1. 亮度/对比度的应用

“亮度/对比度”命令可以一次性的对整个图像或已经选择的指定区域内的亮度和对比度进行调整。它不考虑原图像中不同色调区域的亮度/对比度的差异，所以调节图像的曝光程度并不十分精确。执行“图像”→“调整”→“亮度/对比度”命令，原图像和调整后的效果如图4-64所示。

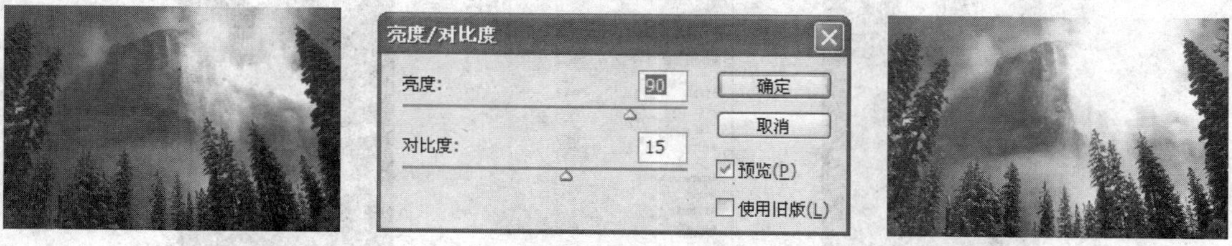


图4-64

### 2. 色调均化的应用

“色调均化”命令重新分布图像中像素的亮度值，以便它们更均匀地呈现所有范围的亮度级。另外“色调均化命”令将重新映射复合图像中的像素值，使最亮的值呈现为白色，最暗的值呈现为黑色，而中间的值则均匀地分布在整个灰度中。当网页设计师处理扫描仪所扫描的图像比原图像暗时，十分有效。执行“图像”→“调整 ”→“色调均化”命令，原图像和调整后的效果如图4-65所示。

图4–65

### 3. 阴影/高光的应用

“阴影/高光”命令可以用来调整图像的曝光程度。网页设计师选择网页素材时，经常需要逆光拍摄的图片，此时利用该命令控制图像暗与亮的局部表现程度。

具体操作如下：

1 打开光盘目录下的“素材\第4章\23.jpg”，执行“图像”→“调整”→“阴影/高光”命令，弹出如图4-66所示的对话框。

2 在“阴影”区拖曳鼠标左右滑动，可调整“阴影”的总量；在“高光”区拖曳鼠标左右滑动可调整“高光”的总量。

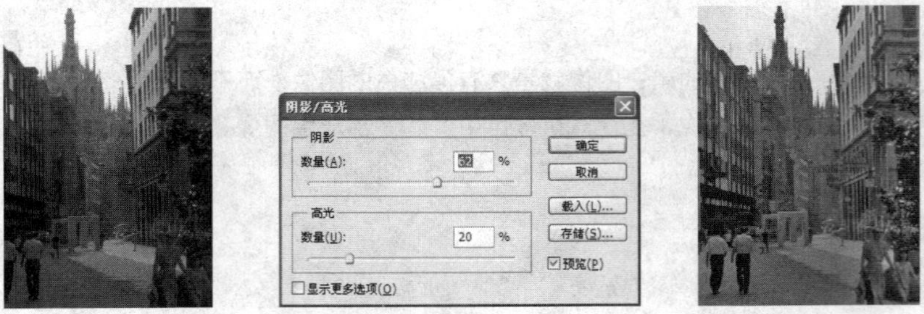


图4–66

3 勾选“显示更多选项”复选框可进一步调整，其中，“色调宽度”用来设定阴影或高光的范围；“半径”用来设定每个像素临近范围的多少；“修剪黑色”和“修剪白色”用来设定在图像中有多少阴影和高光要被修剪掉。如图4-67所示。

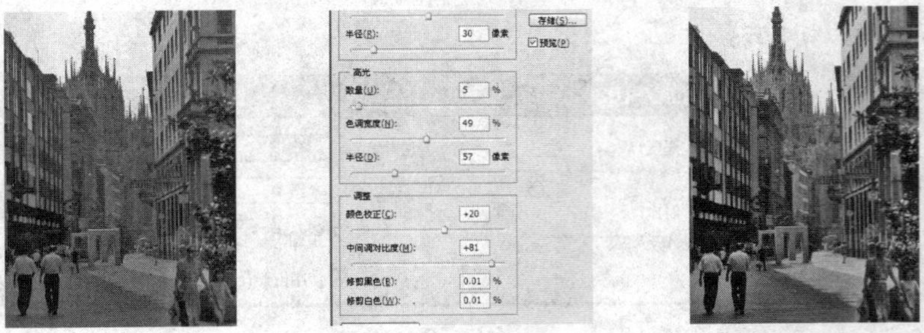


图4–67

## 4. HDR色调的应用

HDR即高动态范围，使用HDR色调可以在网页中创建高清晰度的照片，例如旅游类网站使用稿清晰度照片可以增加游客的好奇和参观欲望。而在其他网站不仅可以提升网站的形象，更容易为浏览者留下深刻的印象。

执行“图像”→“调整”→“HDR色调”命令，弹出如图4-68所示的对话框。

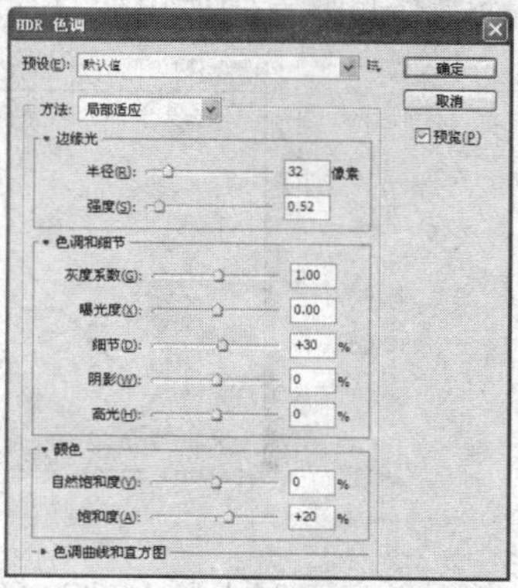


图4–68

- 局部适应：通过图像中的局部亮度区域来调整HDR色调。
- 边缘光：确定图像中亮度和强度的效果。
- 半径：指定局部亮度区域的大小。
- 强度：指定两个像素的色调值在相差多大时属于不同的亮度区域。
- 色调和细节：使图像的色调和细节更加的丰富细腻
- 灰度系数：设置为1.0时动态范围最大；较低的设置会加重中间调，而较高的设置会加重高光和阴影。
- 曝光度：其值反映光圈大小。
- 细节：拖曳滑块可以调整锐化程度。
- 阴影和高光：拖曳滑块可以使这些区域变亮或变暗。
- 颜色：调整图像的整体色彩。
- 自然饱和度：可调整细微颜色强度，同时尽量不减少高度饱和的颜色。
- 饱和度：调整从–100（单色）到+100（双饱和度）所有颜色的强度。
- 色调曲线和直方图：在直方图上有一条可调整的曲线，显示原始的32位HDR图像中的明亮度值。

具体应用如下：

**1** 打开光盘目录下的“素材\第4章\24.jpg”文件。

**2** 执行“图像”→“调整”→“HDR色调”命令，打开“HDR色调”对话框，经过各项参数的调整，图像清晰度得到一定的改善，如图4-69所示。

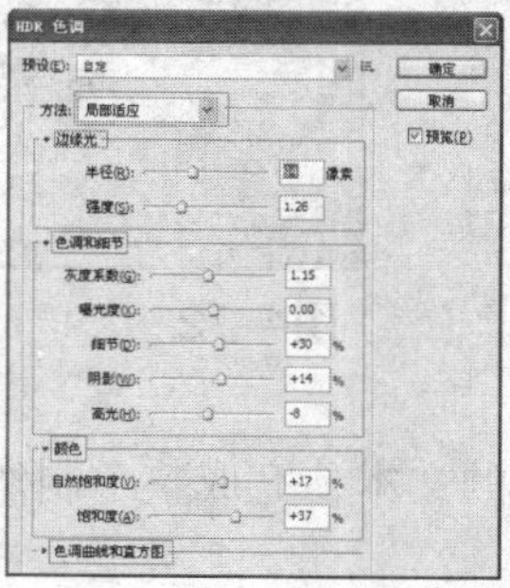

图4–69

**3** 最后在“色调曲线和直方图”栏中，调整图像的整体色调，对图像的整体进行曲线调整，制作出较高质量的图像效果，如图4-70所示。

图4-70

学习了基本的色彩调整命令后，下面通过案例介绍如何使用调整图层对婚纱网站的图像进行特效调整。

具体操作步骤如下：

**1** 打开光盘目录下的“素材\第4章\婚纱摄影切换广告.jpg”文件。

**2** 在图层面板上单击“创建新的调整层” 按钮，在弹出的菜单中选择“色阶”命令，对图像的亮度进行修改，结果如图4-71所示。

图4-71

**3** 用“矩形选择工具”绘制矩形选区，然后用同样的方法再次创建“色阶”调整图层将图像的亮度降低。

**4** 修改调整图层。执行“图层”→“图层样式”→“颜色叠加”命令，为调整图层添加颜色叠加效果，如图4-72所示。

图4-72

**5** 利用“文本工具”输入相应的文本，完成整个制作，如图4-73所示。

图4-73

如果读者在完成制作后，用鼠标单击图层面板中的“图层隐藏/显示”按钮，将调整图层隐藏，会发现原图层没有任何的修改，如图4-74所示。

图4-74

## 4.2.5 图像的清晰化

网页图像的清晰化处理也是网页设计师应该具备的基本能力。在Photoshop中图像的清晰化主要是通过锐化操作来实现的。所谓锐化，就是增加相邻颜色的反差度，它既可以对图像的整体进行锐化，也可以对图像的单个通道进行锐化处理；当然，还可以借助其他命令辅助增加图像的颜色对比度。从而实现对比较复杂模糊图像的清晰化处理。

### 1. 使用“滤镜”→“锐化”→“进一步锐化”命令

如果需要对网页图像的边缘进行细小的调整，可以直接使用。如果执行一次命令后，图像的锐化效果不太明显，可使用“滤镜”→“锐化”→“进一步锐化”命令进行再次调整，切不可操之过急；或者也可以结合工具箱中“锐化工具”进行调整。

### 2. 使用“滤镜”→“锐化”→“USM锐化”命令

使用“USM锐化”命令有以下3个参数。

- 数量：用来控制滤镜效果的强度。
- 半径：设定边缘受影响的像素数量。半径值越大锐化的效果也就越明显。
- 阈值：指定周围被锐化的颜色像素数量的参照物。

对图像进行锐化操作的效果对比如图4-75所示。

图4–75

这些数值到底应该怎么设置，所得到的图像清晰度才比较适合？表4-1是笔者多年工作经验的总结，供读者参考。

**表格 4–1 “USM锐化”参数设置经验值**

| 图像类型 | 数量（%） | 半径 | 阈值 | 代表物 |
|---|---|---|---|---|
| 一般锐化 | 150 | 0 ~ 1 | 0 ~ 3 | 儿童、幼苗 |
| 细节锐化 | 200 | 0 ~ 1 | 0 | 枝叶、花朵 |
| 强度锐化 | 65 | 4 | 3 | 雕塑、机械器具 |

### 3. 使用“滤镜”→“锐化”→“智能锐化”命令

智能锐化滤镜具有“USM锐化”滤镜所不具备的锐化控制功能。它可以控制图像的阴影与高光区域的锐化效果，也可以运用“移去动感模糊”选项对图像进行自动锐化。对图像进行智能锐化操作的效果对比如图4-76所示。

- 数量：设置锐化的强弱。
- 半径：决定边缘受锐化影响的像素数量的多少。
- 移去：设置用于对图像进行锐化的运算方法。主要包括“高斯模糊”、“镜头模糊”、“动感模糊”。通过不同的运算来消除对图像清晰度的不同影响。

若选择了“高级选项”则允许使用“阴影”和“高光”选项卡，调整图像较暗或较亮区域的锐化程度。

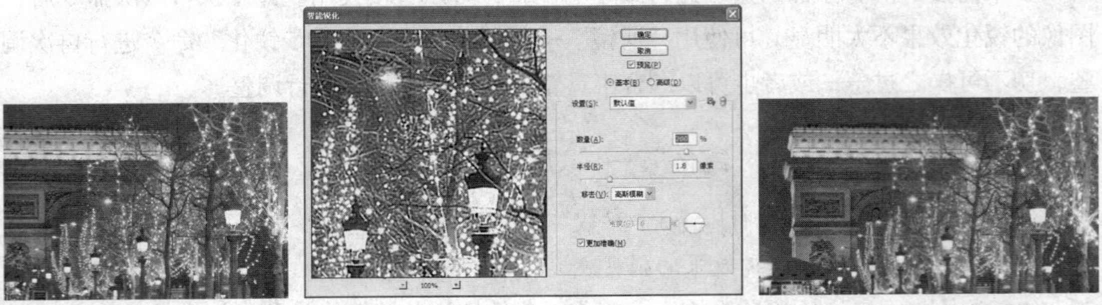

图4–76

### 4. 其他锐化

除了使用以上的锐化命令以外，我们还可以借助于其他操作命令来强化图像像素。笔者常用的一种方法是使用“滤镜”→“其他”→“高反差保留”命令结合“图像”→“调整”→“亮度/对比度”命令进行锐化图像。

具体操作过程如下：

1 打开光盘目录下的“素材\第4章\27.jpg”文件，执行“图层”→“复制图层…”命令，为图像创建副本图层。

2 执行“滤镜”→“其他”→“高反差保留”命令，在弹出的“高反差保留”对话框中调整需要保留的高反差的半径值。如图4-77所示。

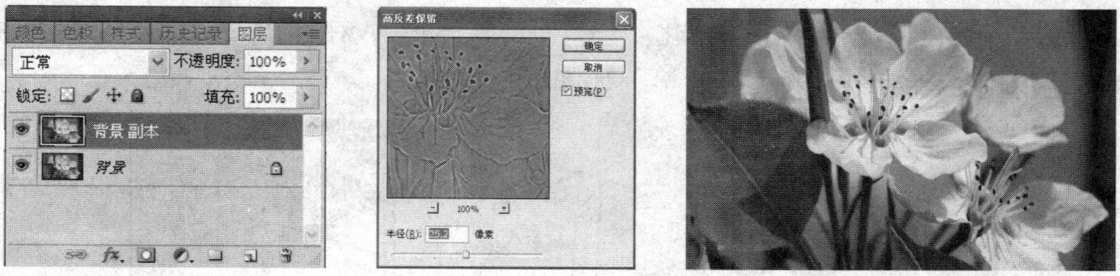


图4–77

3 选择副本图层，执行“图像”→“调整 ”→“亮度/对比度”命令，调整保留的高反差图像的对比度（对比度的具体数值，读者可根据不同的图像对象灵活设定）。

4 更改副本图层的叠加模式为“叠加”，完成最终的图像清晰化处理。如图4-78所示。

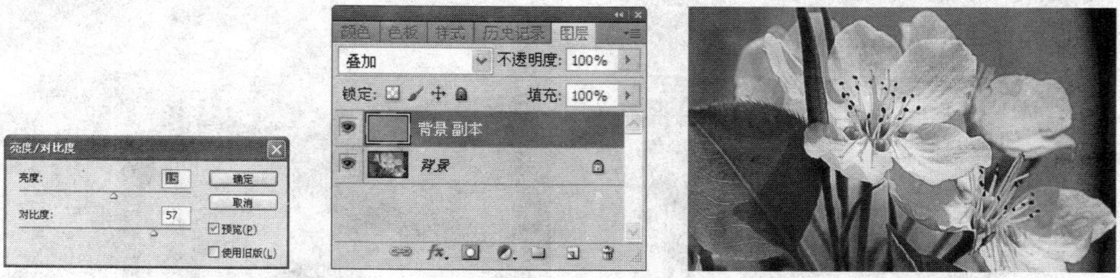


图4–78

除此以外，利用“风格化”滤镜组中的命令，结合图层的混合模式也可以实现图像的清晰化处理。有兴趣的读者可以自己加以验证。

## 4.2.6 技术拓展

对于图像的清晰化调整，除了应用“锐化”命令及“锐化工具”进行调整以外还可以使用一种“假锐化”，来进行实现。其主要实现思路为：首先查找到图像的边缘数据，然后将该边缘数据叠加在原图上，这样也可以实现对图像的清晰化处理。只是，在具体应用时，要根据所操作对象的不同灵活调整叠加后的图层透明度。

主要操作步骤如下：

1 打开光盘目录下的“素材\第4章\28.jpg”文件，执行“图层”→“复制图层…”命令，为原图像创建副本图层，如图4-79所示。

图4–79

**2** 选择副本图层，执行“滤镜”→“风格化”→“查找边缘”命令，得到图像的高清晰边缘，执行“滤镜”→“锐化”→“USM”命令，在弹出的对话框中设置锐化参数，这样就得到了高对比度的边缘效果。如图4-80所示。

图4–80

**3** 更改副本图层的叠加模式为“叠加”，如图4-81所示。完成最终的图像清晰化处理，如图4-82所示。

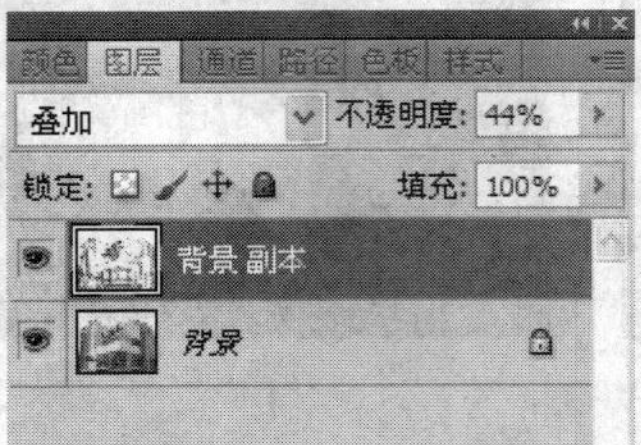


图4–81

图4–82

# 4.3 图像的选择和重组

在设计网页banner广告时，通常需要对已经收集的素材进行重新整理、重新编排和重新设计。因此，就不可避免地对素材进行有目的地选择和二次合成。本节主要为大家讲解如何利用Photoshop CS5中的选择工具创建选区、创建蒙版，及如何利用通道进行有效的图像抠取。

## 4.3.1 创建选区、蒙版和通道

选区用于分离图像的一个或多个部分。在修改网页图像或其他设计元素时，往往是先选择特定区域，然后再进行编辑，而没有被选择的区域则保持不变。

选区具有以下特点：

（1）选区必须是一块全封闭的区域，可以是任何形状。

（2）选区一经建立，所进行的操作就只针对选区范围内有效。如果没有创建选区则是针对当前图层的所有内容。

（3）选区的移动、复制、变换等操作有别于其区域内的内容的移动、复制、变换。

### 1. 创建标准的几何选区

在工具箱中选择“矩形选框工具”或“椭圆选框工具”直接在图像上拖曳鼠标即可创建标准的几何选区。在创建时两者有以下的操作共同点：

（1）拖曳鼠标的同时，按住Shift键可以拖出一个标准的正方形选择区域；按住Alt键，可以拖出一个以当前鼠标落点为中心的正方形选择区域。

（2）当绘制完选区后，如果按下Shift键拖曳鼠标则表示在原来的选择区域上进行追加选择区域；如果按下Alt键拖曳鼠标则表示在原来的选择区域上进行减少选择区域；如果按组合键Shift+Alt拖曳鼠标则表示创建与原选区相交的选择区域。如图4-83所示。

标准选区　　选区相加　　选区相减　　选区相交

图4–83

### 2. 创建非标准选区

在工具箱中选择“套索工具”、“多边形套索工具”或“磁性套索工具”即可创建非标准选项。“套索工具”类似于“画笔工具”，不易控制，绘制时需要按住鼠标然后在欲选择的范围边缘进行拖曳，鼠标的移动轨迹就是选择的边界。当鼠标接近选区的开始点，变成一个带有小圆圈的形状时，单击鼠标即可结束绘制。“多边形套索工具”类似于徒手绘制多边形。绘制时需要在欲选择的范围边缘进行单击，再单击一次增加一个拐点，当鼠标回到开始点变成小圆圈时，单击鼠标即可结束绘制。“磁性套索工具”类似于一个具有磁性吸引的选择工具。它根据目标图像边界像素点的颜色来决定选择方式，特别适用于快速选择与背景对比强烈且边缘复杂的对象。绘制时需要在欲选择的范围边缘慢慢地移动鼠标即可。“磁性套索工具”的选项栏如图4-84所示。

图4–84

标准选区和非标准选区有两个共同的调整参数：“羽化”和“调整边缘”。

- 羽化：主要用来平滑和模糊选区的边缘，羽化后将丢失选区边缘的一些细节从而达到平滑和模糊。这对创建柔和的网页图像效果十分有用。
- 调整边缘：主要用来设置更精细的高品质的选区边缘。单击“调整边缘”按钮，弹出如图所4-85示的对话框。

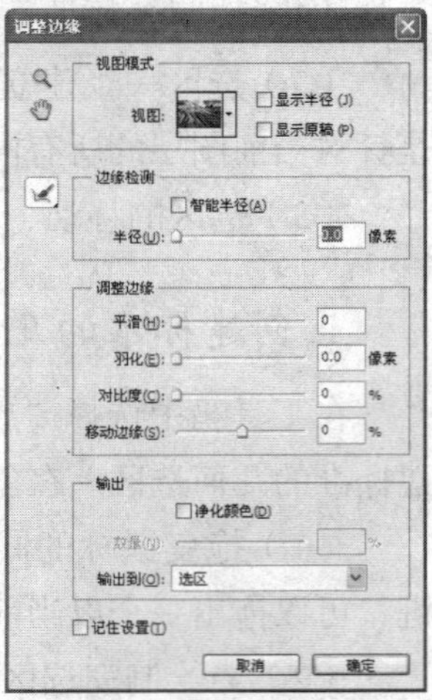

图4–85

> **说明** 若选择此项功能，则需要输出到新图层或文档以便保留原始图层。

对于“调整边缘”的应用有以下操作技巧：

- 视图模式：主要用来更改选区的显示方式。
- 调整半径工具和抹除调整工具：用于精确调整产生边缘调整的边界范围。按Alt键可快速在两者之间进行切换；按下键盘上的括号键（“【”和“】”），可更改画笔大小，以便为选区添加更多的细节。
- 智能半径：用于自动调整边界区域中发现的硬边缘和柔化边缘的半径。
- 半径：确定进行边缘调整的选区边界的大小。
- 平滑：设置选区边缘的平滑程度。
- 羽化：柔化选区与周围的像素。
- 对比度：若设置边缘颜色的对比程度。
- 移动边缘：向内收缩选区和向外扩展选区。
- 净化颜色：将多余的边缘色替换为附近完全选中的像素颜色。
- 输出到：确定调整后的选区是变为当前图层上的选区或蒙版，还是生成一个新图层或文档。

用磁性套工具索创建的选区，由于绿叶的存在，并不十分精确，使用“调整边缘”调整参数并结合“调整半径工具”和“抹除调整工具”对选区进行精确化处理，如图4-86所示。

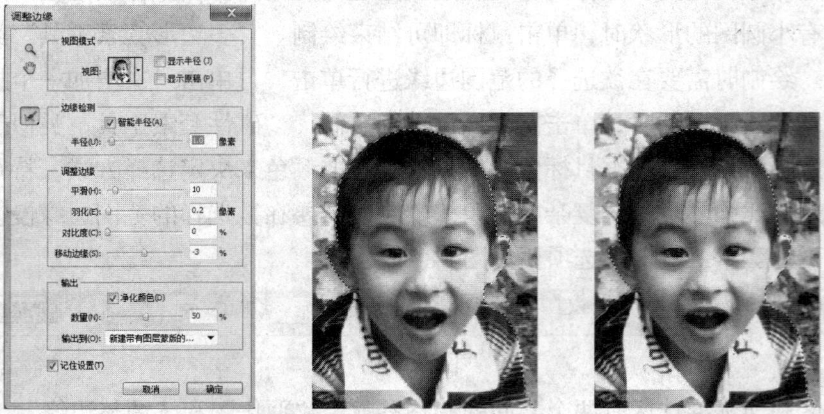
图4–86

### 3. 快速创建选区工具

在工具箱中选择“魔棒工具”或单击“以快速蒙版模式编辑”按钮 可以快速创建选区。

“魔棒工具”主要用来选择图像中存在颜色一致的区域，创建时，只需在颜色一致的区域直接单击鼠标即可。其中“容差”主要确定所选像素的色彩范围；“消除锯齿”主要用于创建较平滑边缘选区；“连续”主要确定是否仅选择具有相同颜色的邻近区域。具体应用如图4-87所示。若使用“快速蒙版模式”除了可以检查所选区域是否精确或是否有遗漏，还可将选区转换为临时蒙版以便更轻松地编辑。此时可以使用任何绘画工具编辑快速蒙版或使用滤镜修改它。在默认情况下，使用黑色笔刷涂抹将加大蒙版的范围而减少选择范围，反之，如果使用白色笔刷涂抹则减少蒙版的范围加大选择范围。使用其他颜色的笔刷涂抹则生成不同透明度的范围来减少或增加选区的羽化程度。再次单击“快速蒙版模式”退出快速蒙版模式之后，蒙版将转换为图像上的一个选区。

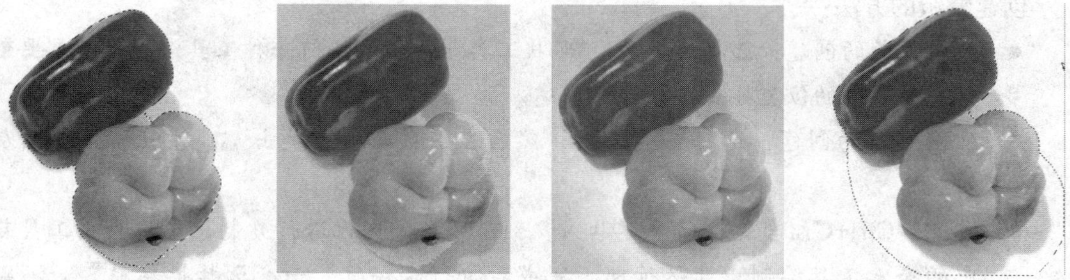

使用魔棒创建的选区　进入快速蒙版编辑模式　用白色笔刷涂抹　退出快速蒙版编辑模式，选区发生变化

图4–87

### 4. 使用色彩范围命令创建选区

执行“选择”→“色彩范围”命令，可以根据图像中色彩的范围对指定区域进行选择。在使用时，可以先利用“锐化工具”及“滤镜”命令来增加图像中相邻颜色像素的对比度，从而更加精确的创建选区。

具体操作步骤如下：

1. 打开光盘目录下的“素材\第4章\32.jpg”文件，执行“滤镜”→“锐化”→“锐化边缘”命令，将图像的边缘部分进行锐化。
2. 执行“选择”→“色彩范围”命令，在弹出的对话框中，将鼠标指针放在图像上单击欲选取的颜色范围，如图4-88所示。
3. 如果选择了“选择范围”选项，则白色部分表示要选择的部分，而黑色部分则表示非选择部分，拖曳“色彩容差”滑杆可以更改选取的范围。如果对所选择的范围不满意，还可以使用吸管工具 进行追加或减少选择范围。

图4–88

### 5. 创建蒙版

蒙版特殊的选区处理。在图像的某一区域创建选区，并进行编辑，而未被选中区域以“被蒙版”的方式暂时隐藏以免被编辑。

蒙版是一种灰度图像，存放在通道中，可以使用绘图工具对其进行修改。

创建蒙版的方法：

- 矢量蒙版的创建：选择工具箱“形状工具组”中的任何一种工具，然后在需要创建矢量蒙版的位置拖曳鼠标即可创建。
- 位图蒙版的创建：选择某一图层，然后在图层面板上单击 按钮“添加图层蒙版”。
- 首先按Ctrl+C组合键，将要“贴入”到选区中的图像进行复制，然后利用工具箱中的套索工具绘制出选区范围，完成后执行“编辑”→“选择性粘贴”→“贴入”命令。
- 选择工具箱中的“文字蒙版工具”然后输入文本内容，即可创建蒙版文本。

### 6. 加载通道

通道中存储着不同类型信息的灰度图像，可以将通道的灰度信息转载到选区中。

打开通道面板，用鼠标直接单击“将通道作为选区载入”按钮 ，即可将通道转换为选区。

## 4.3.2 编辑选区、蒙版和通道

前面我们学习了创建选区与创建图层蒙版等内容。本节，学习如何编辑选区、蒙版、通道。

对于选区的编辑主要通过“选择”菜单中的相关命令进行实现。

（1）全部选择：按组合键Ctrl+A。

（2）取消选择：按组合键Ctrl+D。

（3）修改选区的边界：执行“选择”→“修改”→“边界”命令，可将选区边缘的默认宽度进行重新设置。

（4）修改选区边界的平滑度：执行“选择”→“修改”→“平滑”命令，将选区的边缘进行平滑处理。

（5）修改选区边界的宽度：执行“选择”→“修改”→“扩展（收缩）”命令，将选区的边缘进行扩展或收缩。这种选区的修改方法可以帮助我们创建更加精准的选区。

（6）扩大选取：执行“选择”→“扩大选取”命令，将已创建的选区扩展到邻近的像素点上

（7）选取相似：执行“选择”→“选取相似”命令，增选含整个图像中位于容差范围内的像素。这种选区的修改方法也可以帮助我们创建更加精准的选区。

除此之外。还可以执行“图层”→“修边”命令，将移动或粘贴一个选区时出现在选区边缘的虚边或晕环进行消除。主要包括“去边”、“移去黑色杂边”及“移去白色杂边”3种处理方式。

对于图层蒙版的编辑其主要操作技巧如下：

（1）首先选择图层蒙版，然后用“画笔工具”直接在蒙版上进行涂抹。

（2）如果希望减少选区范围，可以将笔触的颜色设置为黑色，然后进行涂抹。

（3）如果希望增加选区范围，可以将笔触的颜色设置为白色，然后进行涂抹。

提示:在使用画笔进行涂抹时，为了创建更加平滑的选区，可以适当降低笔刷的透明度或流量，以便于创建更加平滑的选区。

对于蒙版通道的编辑，其操作形式与蒙版的编辑相类似，在此就不再重复。

以上讲解是选区、蒙版或通道最常见的编辑方式，也是我们制作网页图像经常用到的操作，具体的应用下一节进行讲解。

## 4.3.3 案例——网页中的朦胧效果

在网页设计中，尤其是婚纱类网站，为了表达爱情的意境效果，经常出现各类朦胧效果。用Photoshop进行制作，主要用到了“羽化”、“蒙版”、“模糊”等知识点，本节通过制作一个婚纱类网站的通栏广告具体学习这些知识点。

最终效果如图4-89所示。

图4-89

### 1. 制作背景与选取颜色

**1** 新建文件。执行“文件”→“新建”命令，弹出“新建”对话框，将文档的尺寸更改为960像素×300像素，色彩模式为RGB。

2 填充背景。新建一个空白图层，命名为“背景”，用“油漆桶工具”填充图层，前景色设置为# 9d3696。

3 打开光盘目录下的“素材\第4章\牵手.jpg”文件，将素材添加到横幅文件中并调整位置。

4 为图层添加羽化，创建朦胧效果。使用工具箱中的“套索工具”选择图像素材，执行“选择”→“修改”→“羽化”命令，在弹出的对话框中设置羽化值为50像素，执行“选择”→“反向”命令，选择素材多余的部分，连续按2次Delete键，将多余的内容清除，如图4-87所示。

图4-90

5 取消选区，执行“编辑”→“变换”→“自由变换”命令，调整图像的位置和大小。完成后，打开图层面板，将图层的不透明度更改为60%，如图4-91所示。

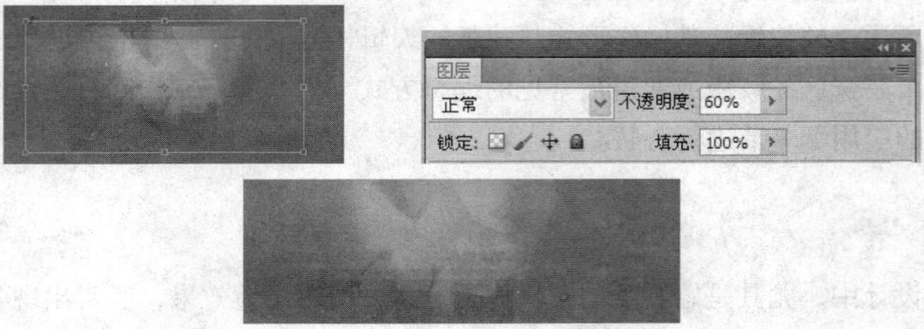


图4-91

## 2. 利用蒙版和调整图层制作画面主图像

1 打开光盘目录下的“素材\第4章\新娘.jpg”文件，将素材添加到横幅文件中并调整位置。打开图层面板，单击“创建新的填充或调整图层”按钮 ，在下拉菜单中选择“色相饱和度”命令，调整参数，将“新娘”的颜色色调更改为粉红的桃色效果，具体设置如图4-92所示。

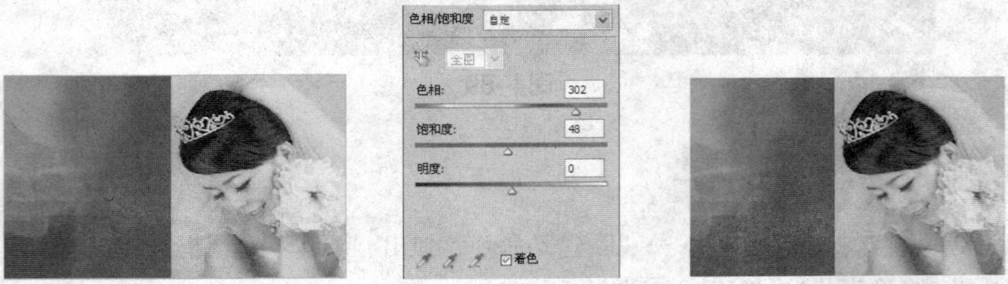


图4-92

**2** 执行“图层”→“蒙版”→“显示全部”命令，为“新娘添加”蒙版，选择工具箱中的“画笔工具”，将笔刷更改为“柔边圆”，然后将前景色更改为黑色，用画笔在图像的边缘进行涂抹，从而将边缘部分与背景进行融合，具体效果如图4-93所示。

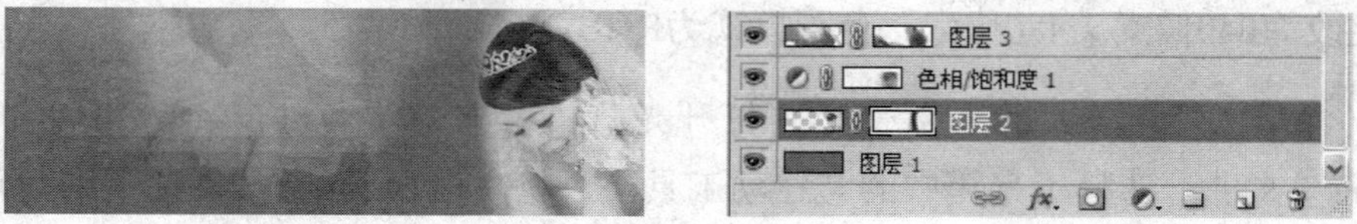


图4–93

### 3. 输入文本内容并添加修饰物

**1** 输入文本内容。大标题字号设置为46点，字体设置为“创意繁粗圆”，颜色为白色。正文的小文字字号设置为14点，字体设置为“华康简综艺”。

**2** 为文字制作朦胧的发光效果。执行“图层”→“图层样式”→“外发光”命令，在弹出的对话框中设置外放光各项参数，最终效果如图4-94所示。另外，也可执行“滤镜”→“模糊”→“高斯模糊”命令，为文本添加朦胧效果。

图4–94

**3** 为了更加方便参赛人员及时上传照片，所以在画面的空白处利用圆角“形状工具”添加了一个交互按钮，打开“样式”面板，为按钮添加Web样式，如图4-95所示。

图4–95

**4** 背景、色调、图像这三个基本的广告元素设计完成后，画面基本就完美了，但是为了突出本次摄影大赛的质量，有必要添加一些烘托的修饰元素。打开光盘目录下的“素材\第4章\花朵修饰.psd”文件，将素材添加到横幅文件中并调整位置完成最后的制作。

## 4.3.4 案例——用蒙版实现图像的重组

图像的合成，应该既符合画面需要又符合创意逻辑，而不是简单地拼凑。本节利用蒙版遮盖技术合成一家房地产公司的别墅销售网络广告（网页弹出式）。通过本节讲解，希望读者朋友合理掌握蒙版的应用技巧。

1. 整理背景

1 新建文件。执行“文件”→“新建”命令，弹出“新建”对话框，将文档的的尺寸更改为640像素×480像素，色彩模式为RGB。

2 执行“文件”→“打开”命令，打开光盘目录下的“素材\第4章\蒙版合成\白云.jpg”文件。选择工具箱中的“移动工具”，将“白云.jpg”文件拖曳到新建的空白文件中，并调整大小及位置。完成后如图4-96所示。

3 执行“滤镜”→“渲染”→“镜头光晕”命令，在弹出的对话框中设置镜头光晕的大小和位置，如图4-97所示。

图4-96

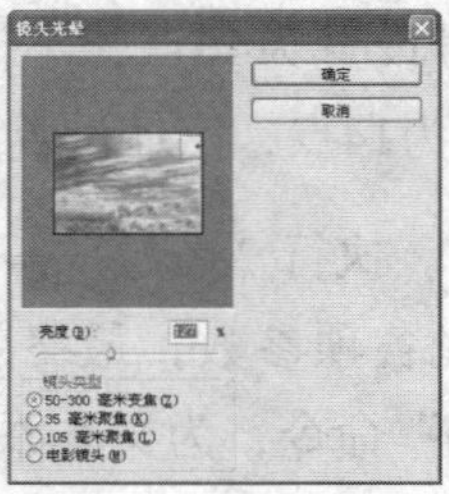

图4-97

2. 添加蒙版及合成主场景

1 执行“文件”→“打开”命令，打开光盘目录下的“素材\第4章\蒙版合成\草地.jpg”文件。选择工具箱中的“移动工具”，将“草地.jpg”文件拖曳到场景画面中，并调整大小及位置。打开图层面板，单击“添加图层蒙版”按钮 为草地添加蒙版，如图4-98所示。

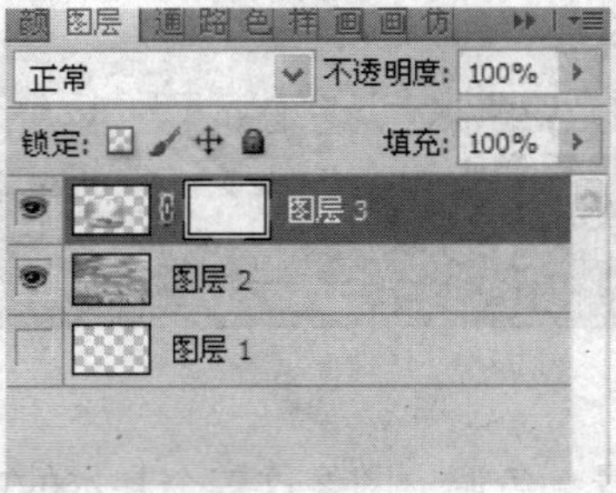


图4-98

2 将前景色设置为黑色，在工具箱中选择“画笔工具”，在画笔工具选项栏调整画笔的“不透明度”为40%，“流量”为45%，然后在图像上进行涂抹，从而实现合理的融合效果，具体操作及结果如图4-99所示。

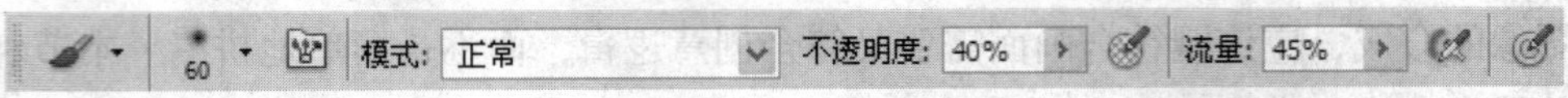

图4–99

**3** 为了使两张图像的蓝天效果一致，为“草地.jpg”添加调整图层效果。打开图层面板，单击“创建新的填充或调整图层”按钮，然后在弹出的菜单中选择“色相和饱和度”命令。在弹出的对话框中勾选“着色”选项，用同样的方法设置画笔，然后在画面中进行涂抹，保持草地及树木房屋的色调不变，具体设置及结果如图4-100所示。

图4–100

**4** 执行“文件”→“打开”命令，打开光盘目录下的“素材\第4章\蒙版合成\瀑布.jpg”文件。选择工具箱中的“移动工具”，将“瀑布.jpg”文件拖曳到场景画面中，并调整大小及位置。打开图层面板，单击“添加图层蒙版”按钮为草地添加蒙版。

**5** 利用同样的方法为图像添加调整图层，并追加“色彩平衡”命令，为了将调整应用于只和调整图层下面相邻的一个图层，在操作时需要将鼠标放在调整层于被调整层之间，当看到鼠标变成一个黑白相叠加的圆圈带箭头时，单击鼠标左键即可。具体设置如图4-101所示。

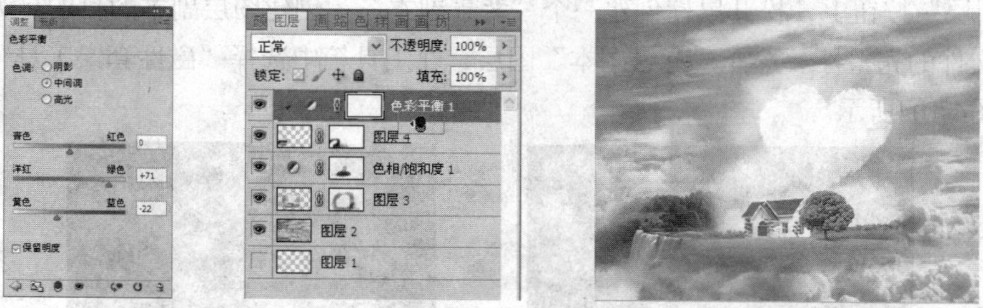


图4–101

**6** 用同样的方法将水面、树、人物、风筝等元素拖曳到场景画面中并追加“蒙版”效果，将多余的内容隐藏，从而完成主画面的制作。具体操作如图4-102所示。

图4–102

### 3. 添加文案内容及调整位置

选择文字工具，并指定文字的颜色、大小和字体，完成最后的制作，如图4-103所示。

通过本案例的制作，希望读者能够掌握“蒙版+调整图层”这一操作组合在图像合成中的应用。

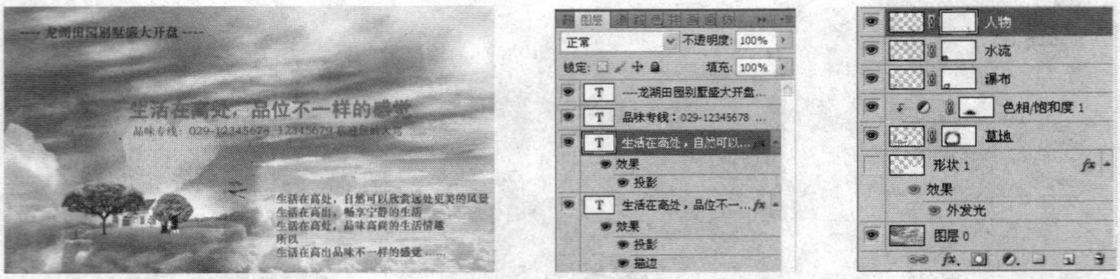


图4–103

## 4.3.5 案例——用“通道”实现特殊图像的抠取

网页设计中经常要抠取Web素材，以便制作符合要求的网络广告。本节通过抠取一个女模特的实际案例来学习具体的操作方法，希望读者朋友能够掌握利用通道抠取图像的具体步骤。

1 执行“文件”→“打开”命令，打开光盘目录下的“素材\第4章\通道抠图.jpg”文件。

2 执行“窗口”→“图层”命令打开图层面板，选择“背景层”，将其拖曳至“新建图层”按钮上，松开鼠标创建一个“背景副本”。创建图层副本的目的是为了保持源素材文件的完整性。选择“背景副本”图层，在工具箱中选择“磁性套索工具”绘制选区，如图4-104所示。

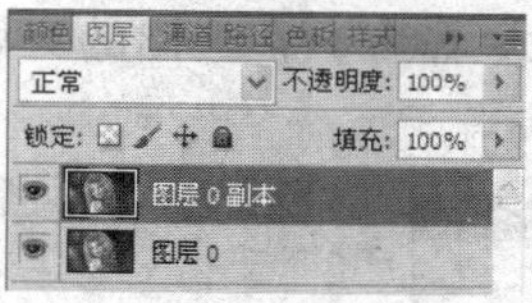


图4–104

**3** 执行“窗口”→“通道”命令打开“通道”面板，选择明暗反差较大的通道进行复制，这样做的目的是为了更加方便地创建选区。由于本素材的“红”通道比其他通道明暗差大，所以拖曳“红”通道至通道面板下的“新建”按钮，复制一个副本图层。具体效果如图4-105所示。

图4–105

**4** 选择“红副本”图层，执行“图像”→“调整”→“色阶”命令，在弹出的对话框中进行色阶调整，拖曳黑色滑分别调整中间调部分、暗调和高光部分，使头发和背景分开。具体操作如图4-106所示。

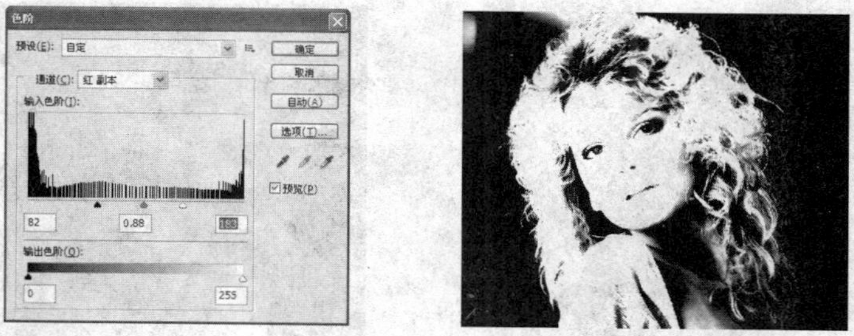

图4–106

**5** 选择工具箱中的“画笔工具”，设置前景色为白色，用画笔将头发以内涂白。创建相对完整的选区。单击“通道”面板上的“将通道作为选区载入”按钮，创建选区。具体操作如图4-107所示。

图4–107

6 执行“选择”→“调整边缘”命令，在弹出的对话框中再次对选区的边缘进行细化处理，具体设置如图4-108所示。

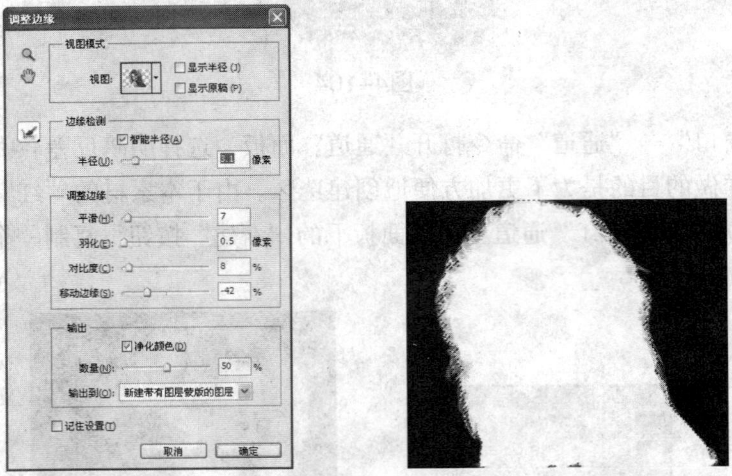


图4-108

7 回到“图层”面板，单击“背景副本”图层，在图层面板上单击“添加图层蒙版”按扭，添加图层蒙版。完成图像的抠取。为了验证所抠图像的背景是否干净可创建一个新的图层并填充颜色进行测试。如图4-109所示。

所有的工作到这就完成了，现在可以把抠出的图像贴到任何背景中了。在此笔者选择的测试背景色为红色。

图4-109

## 4.3.6 技术拓展

除了使用Photoshop CS5自身所具有的抠图功能外，还可以使用外挂插件——“信捷抠图”(软件来源：http://www.cd360.com)进行抠图，这款抠图工具操作简单、实用。合理利用这样的插件有利于提高制作效率。

1 启动信捷抠图软件，单击左面窗口中的“导入照片”按钮，导入要进行抠取的图像文件。

2 单击左边工具箱中的“拾取背景色”按钮，单击图像中要抠取的颜色，即可拾取抠取色样，如图4-110所示。

图4–110

**3** 完成取样后，单击“抠图”按钮，即可开始抠取图像。处理完成后，系统将提示选择保存所抠取图像的位置，保存格式即为Photoshop默认的PSD格式如图4-111所示。

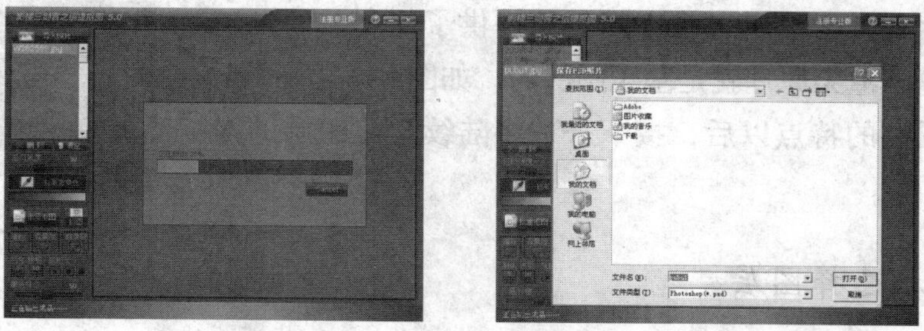

图4–111

**4** 抠图完成后，启动Photoshop软件，打开保存的抠取图像，为图像追加蒙版效果。利用前面所学习的涂抹方法在蒙版中用黑色将多余背景部分遮挡，从而使图像更加细化。如图4-112所示。

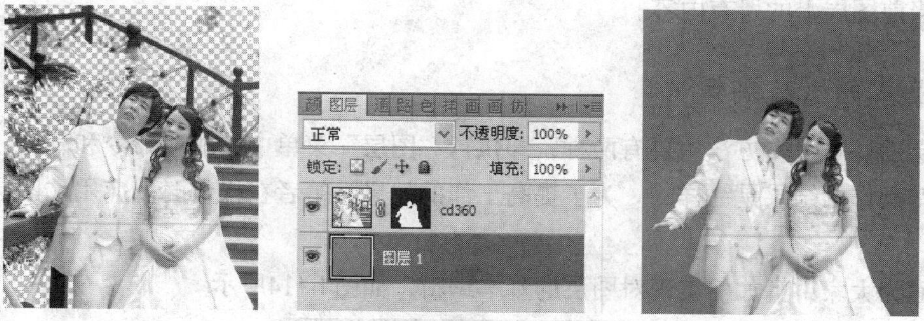


图4–112

如此，抠取比较复杂的图像就容易实现了，希望读者朋友多加练习。做出更加精美的网站。

# 4.4 高级网页图像的处理

有效地利用图层、图层样式及图层的混合模式能够制作许多惟妙惟肖的视觉效果。目前，时尚流行类网站多数是运用图层样式及图层的混合模式制作。本节结合实际的案例制作，学习图层的基本操作、图层样式及图层混合模式的应用。

## 4.4.1 图层的概念和操作

在Photoshop的应用中，对图层的使用频率非常高，究竟什么是图层呢？其实，图层就如同堆叠在一起的透明纸，看不见外观相貌但又客观存在。当我们在不同的图层进行涂抹绘画后，可以透过图层的透明区域看到下面的图层。其主要特点如下：

- 图层具有相对的独立性，在对图层内容进行编辑时彼此互不干扰；如果希望将各个图层的内容当作一个整体进行操作，还可以对图层进行合并。
- 如果希望对图层内容进行修饰，可为图层添加图层样式和混合模式或更改图层透明度。如果不需要某个图层，可以很方便地将图层删除。
- 如果不希望某个图层显示内容，可以将图层隐藏。
- 如果希望同时对多个图层操作，则可以将图层进行链接。

图层的存在，为编辑二维空间对象提供了便利。而且，Photoshop的基本渲染原理就是基于图层的。如图4-113所示。

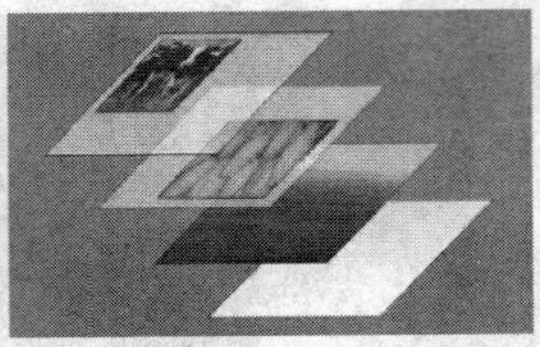
图4-113

了解了图层的特点以后，接下来，将陆续学习图层的操作和应用。

### 1. 创建和选择图层

1 在图层面板上单击“创建新图层”按钮，即可创建一个空白新图层。

2 图层的选择及图层内容的选择：直接用鼠标单击图层面板上的某一图层即可将此图层作为当前图层；如果按下Ctrl键，然后单击图层面板上的图层缩略图按钮即可选择当前图层上的所有内容。

### 2.基本的图层编辑

图层的基本编辑方法主要有两种，即执行“图层”菜单中的相应命令和利用“图层面板”，其操作的结果是一样的。为了提高工作的效果，笔者在操作时多应用“图层面板”进行。

下面为大家讲解如何实现对图层的基本编辑，如图4-114所示。

图4-114

- 正常：单击下拉列表可以设置图层的混合模式。
- 不透明度: 100%：用于更改图层的不透明度。
- 锁定：用于对图层内容进行锁定以便不影响其他操作。
- ：单击“眼睛图标”，设置图层的隐藏和显示。
- 图层 0：用鼠标双击可为图层重命名。
- ：单击链接按钮实现多个图层的链接。
- fx.：为图层添加样式。
- ：为图层添加蒙版。
- ：创建调整图层。
- ：为图层建立新组。
- ：新建图层（若将已经存在的图层直接拖曳到该按钮上方，则表示复制图层）。
- ：删除图层。

### 3. 高级的图层编辑

- 栅格化：执行“图层”→“栅格化”命令，将不能直接使用滤镜命令或绘画工具的矢量对象（如文本、形状等）栅格化，使其内容转换为可以使用滤镜命令或绘画工具的光栅图像。
- 图层的排列：执行“图层”→“排列”命令，可以更改图层的排列顺序（在图层面板上用鼠标拖曳图层也可以快速改变图层的顺序）。
- 合并图层：执行“图层”→“合并图层”命令或按Ctrl+E组合键，可以实现图层的合并或向下合并。
- 合并可见图层：执行“图层”→“合并可见图层”命令或按Ctrl+Shift+E组合键，将所有可见图层合并。
- 盖印图层：主要用来创建包含合并内容的新图层。这种编辑图层的操作在菜单命令中并没有涉及，可以按Shift+Ctrl+Alt+E组合键来实现。
- 拼合图像：拼合操作可以有效缩小文件的大小，方法是将所有可见图层合并到背景层中并使用白色填充其余的透明区域，被隐藏的图层被丢弃。

## 4.4.2 应用图层样式

Photoshop CS5允许用户为图层添加各种样式，以便使图像能够呈现出不同的艺术效果。Photoshop CS5内置了多种样式，在应用时只需设置n个参数就能方便地制作出投影、外发光、内发光、浮雕、光泽、描边等效果。执行“图层”→“图层样式”命令，在弹出的子菜单中选择相应的命令即可为当前图层对象添加各种样式效果，如图4-115所示，表示为当前图层对象添加投影样式。

- 投影：主要为图层对象添加阴影效果。在网页设计中，适当地为文本标题、图像等内容添加投影达到突出显示和强调的作用。

● 内阴影：为图层对象的内边缘添加阴影，使其具有凹陷的效果。

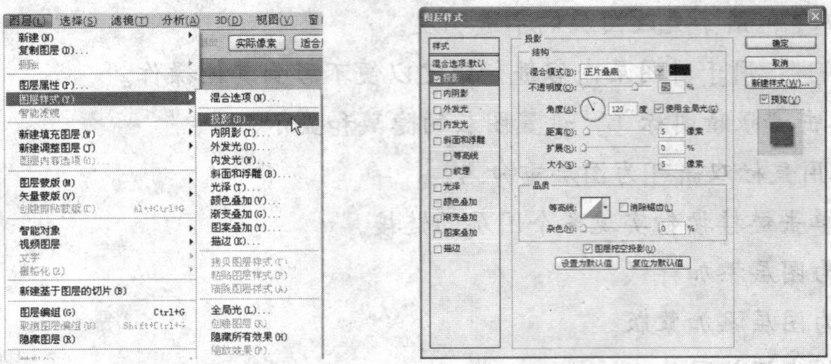

图4-115

● 外发光和内发光：为图层对象的外边缘或内边缘添加发光效果。
● 斜面和浮雕：对图层对象添加具有凹陷和突出样式的浮雕效果，主要运用高光和阴影的对比来实现。
● 光泽：以内部阴影的形式为图层对象添加光滑的光泽效果。
● 颜色叠加、渐变叠加和图案叠加：用指定的颜色、渐变或图案填充图层内容。
● 描边：使用指定颜色、渐变或图案为当前图层对象加边框轮廓。

如果对图层对象添加一种效果觉得不满意，可以使用多种样式相互组合来达到满意的效果。这种技巧在制作网页导航或按钮中经常使用。下面我们来制作一个透明的网页Banner，具体操作步骤如下。

**1** 创建文件并命名图层。在此将网页Banner的尺寸设置为宽500像素，高170像素。将图层命名为“底层”。

**2** 打开光盘目录下的“素材\第4章\音乐.jpg”，选择工具箱中的“文本工具”输入“百首好听音乐任你选”。为了细化文字效果，强化显示，分别执行“图层”→“图层样式”→“投影”命令和“图层”→“图层样式”→“外发光”命令，为文字添加“投影”和“外发光”效果，如图4-116所示。

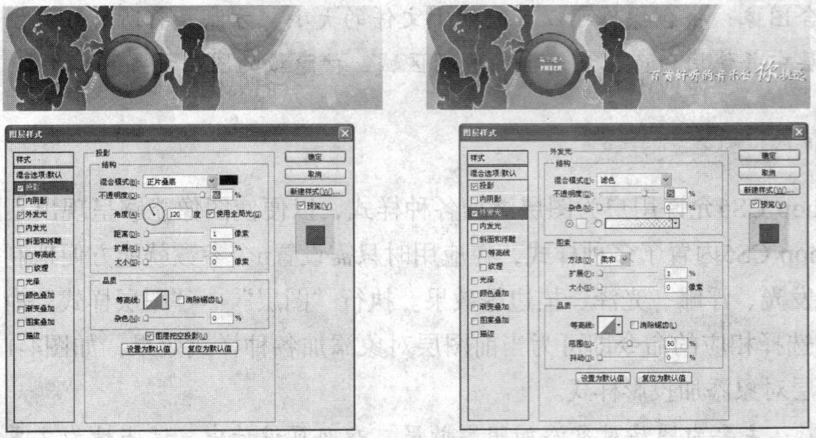

图4-116

**3** 选择工具箱中的“矩形工具”绘制矩形选区。在工具箱中选择“渐变工具”并设置渐变颜色为（#cc99ff）到（#9900cc）渐变，效果如图4-117所示。

**4** 添加背景图案。新建一个空白图层，然后在工具箱中选择“画笔工具”，笔触样式选择为“荷花”，颜色设置为白色，在图层上进行涂抹绘制出如图4-118所示的荷花图案。

图4-117

图4-118

**5** 为了突出荷花的透明效果，为荷花图案添加外发光效果。

**6** 为了细化并体现出透明的层次，复制“底图”层，执行“选择”→“变换选区”命令，将选区缩小，然后按Delete键将多余部分删除，按Ctrl+D组合键取消选区，并将同层的透明度更改为50%，如图4-119所示。

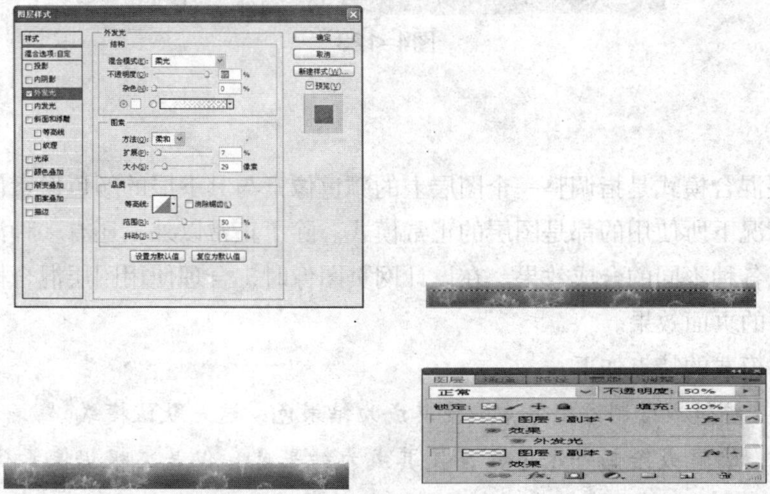

缩小选区　　取消选区并更改透明度

图4-119

用同样的方法为导航条的下方添加透明效果。

**1** 绘制圆形，执行“图层”→“图层样式”→“投影”命令为圆形创建投影效果，如图4-120所示。然后将其复制，完成其他形状，如图4-121所示。

图4-120

图4-121

**2** 再次创建一个空白图层，依次用画笔绘制“星光”和“音符”，然后再为“星光”和“音符”添加外发光效果，如图4-122所示。这样经过画笔的涂抹修饰导航条的透明效果就更加明显了。

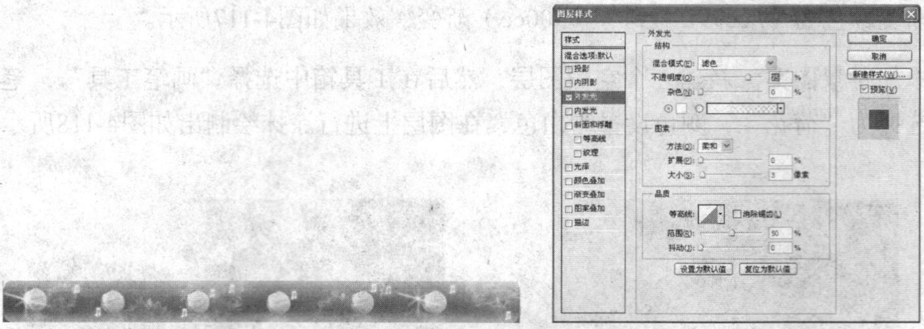

图4-122

**3** 添加相应的导航文字，完成整个效果的制作，如图4-123所示。

图4-123

## 4.4.3 图层混合模式的概念和特点

所谓图层混合模式是指调整一个图层上的颜色像素与其下层的颜色像素使其产生叠加效果，默认情况下所使用的都是图层的正常模式。除了正常以外，还有多种混合模式，它们都可以产生各种不同的合成效果。在设计网页图像时，合理使用图层混合模式将有助于制作更加华丽的页面效果。

各个图层模式的特点如下：

- 正常：编辑或绘制每个像素，使其成为结果色。这是默认模式。
- 溶解：编辑或绘制每个像素，使其成为结果色。但是，根据像素位置的不透明度，结果色由基色或混合色的像素随机替换。
- 背后：仅在图层的透明部分编辑或绘画。此模式仅在取消选择了“锁定透明区域”的图层中使用，类似于在透明纸的透明区域背面绘画。
- 清除：编辑或绘制每个像素，使其透明。此模式可用于形状工具（当选定填充区域时）、油漆桶工具、画笔工具、铅笔工具 、“填充”命令和“描边” 命令。必须在取消选择了“锁定透明区域”的图层中才能使用此模式。
- 变暗：查看每个通道中的颜色信息，并选择基色或混合色中较暗的颜色作为结果色。将替换比混合色亮的像素，而比混合色暗的像素保持不变。
- 正片叠底：查看每个通道中的颜色信息，并将基色与混合色进行正片叠底。结果色总是较暗的颜色。任何颜色与黑色正片叠底产生黑色。任何颜色与白色正片叠底保持不变。当你用黑色或白色以外的颜色绘画时，绘画工具绘制的连续描边产生逐渐变暗的颜色。这与使用多个标记笔在图像上绘图的效果相似。

- 颜色加深：查看每个通道中的颜色信息，并通过增加二者之间的对比度使基色变暗以反映出混合色。与白色混合后不产生变化。
- 线性加深：查看每个通道中的颜色信息，并通过减小亮度使基色变暗以反映混合色。与白色混合后不产生变化。
- 变亮：查看每个通道中的颜色信息，并选择基色或混合色中较亮的颜色作为结果色。比混合色暗的像素被替换，比混合色亮的像素保持不变。
- 滤色：查看每个通道的颜色信息，并将混合色的互补色与基色进行正片叠底。结果色总是较亮的颜色。用黑色过滤时颜色保持不变。用白色过滤将产生白色。此效果类似于多个摄影幻灯片在彼此之上投影。
- 颜色减淡：查看每个通道中的颜色信息，并通过减小二者之间的对比度使基色变亮以反映出混合色。与黑色混合则不发生变化。
- 线性减淡（添加）：查看每个通道中的颜色信息，并通过增加亮度使基色变亮以反映混合色。与黑色混合则不发生变化。
- 叠加：对颜色进行正片叠底或过滤，具体取决于基色。图案或颜色在现有像素上叠加，同时保留基色的明暗对比。不替换基色，但基色与混合色相混以反映原色的亮度或暗度。
- 柔光：使颜色变暗或变亮，具体取决于混合色。此效果与发散的聚光灯照在图像上相似。如果混合色（光源）比50%灰色亮，则图像变亮，就像被减淡了一样。如果混合色（光源）比50%灰色暗，则图像变暗，就像被加深了一样。使用纯黑色或纯白色上色，可以产生明显变暗或变亮的区域，但不能生成纯黑色或纯白色。
- 强光：对颜色进行正片叠底或过滤，具体取决于混合色。此效果与耀眼的聚光灯照在图像上相似。如果混合色（光源）比50%灰色亮，则图像变亮，就像过滤后的效果。这对于向图像添加高光非常有用。如果混合色（光源）比50%灰色暗，则图像变暗，就像正片叠底后的效果。这对于向图像添加阴影非常有用。用纯黑色或纯白色上色会产生纯黑色或纯白色。
- 亮光：通过增加或减小对比度来加深或减淡颜色，具体取决于混合色。如果混合色（光源）比50%灰色亮，则通过减小对比度使图像变亮。如果混合色比50%灰色暗，则通过增加对比度使图像变暗。
- 线性光：通过减小或增加亮度来加深或减淡颜色，具体取决于混合色。如果混合色（光源）比50%灰色亮，则通过增加亮度使图像变亮。如果混合色比50%灰色暗，则通过减小亮度使图像变暗。
- 点光：根据混合色替换颜色。如果混合色（光源）比50%灰色亮，则替换比混合色暗的像素，而不改变比混合色亮的像素。如果混合色比50%灰色暗，则替换比混合色亮的像素，而比混合色暗的像素保持不变，这对于向图像添加特殊效果非常有用。

- 实色混合：将混合颜色的红色、绿色和蓝色通道值添加到基色的RGB值。如果通道的结果总和大于或等于255，则值为255；如果小于255，则值为0。因此，所有混合像素的红色、绿色和蓝色通道值要么是0，要么是255。此模式会将所有像素更改为主要的加色（红色、绿色或蓝色）、白色或黑色。

图层的混合模式确定了其像素如何与图像中的下层像素进行混合。使用混合模式可以创建各种特殊效果。在网页制作中只要巧妙运用，华丽的视觉效果就会展现在你的面前。

## 4.4.4 案例——制作炫光网页效果

有些网页的背景效果看上去非常复杂，其实都是利用图层的混合模式形叠加而构成。经过创建多个图层，分别添加不同的混合模式，多次利用蒙版或调整图层变形处理。最后，再把得到的效果组合在一起，并加上绚丽的颜色，极具视觉感的效果就出来了。

图4-124就是背景复杂的网页广告，在很多的影视下载网站中都能见到。

图4-124

具体制作步骤如下：

1 执行“文件”→“新建”命令，在弹出的新建文件对话框中设置文件的宽255像素，高160像素。色彩模式为GRB，背景为透明。

2 打开光盘目录下的“素材\第4章\街道.jpg”，在工具箱中选择“移动工具”将其拖曳到新创建的空白文件中并调整大小尺寸，如图4-125所示。

图4-125

3 执行“图像”→“调整”→“亮度对比度”命令，在弹出的对话框中更改图像的亮度，如图4-126所示。

图4-126

**4** 打开光盘目录下的“素材\第4章\山.jpg”，在工具箱中选择“移动工具”将其拖曳到新创建的空白文件中并调整大小尺寸。打开图层面板，单击“添加图层蒙版”按钮，为“山.jpg”添加蒙版效果，将前景色设置为黑色，选取“画笔工具”在蒙版上进行涂抹，将多余的部分隐藏完成后如图4-127所示。

图4-127

**5** 为了使后面的云雾能融入场景，执行“图像”→“调整”→“去色”命令，将色彩去除，在图层面板上单击“创建新的填充或调整图层”按钮，为烟雾添加燃烧的效果。然后将其图层模式更改为“叠加模式”，这样烟雾的效果就制作好了，如图4-128所示。

图4-128

**6** 打开光盘目录下的“素材\第4章\山.jpg”，执行“滤镜”→“模糊”→“径向模糊”命令，在工具箱中选择“移动工具”将其拖曳到当前文件中并调整大小尺寸，如图4-129所示。

图4-129

**7** 用同样的方法为径向模糊效果添加蒙版和“色相饱和度”调整图层，如图4-130所示。

图4–130

**8** 打开光盘目录下的“素材\第4章\奔跑.jpg”，在工具箱中选择移动工具将其拖曳到当前文件中并调整大小尺寸。打开图层面板，单击“添加图层蒙版”按钮，为“奔跑.jpg”添加蒙版效果。将前景色设置为黑色，选取“画笔工具”进行涂抹，将多余的部分隐藏，打开图层面板，将其图层模式更改为“强光”，如图4-131所示。

图4–131

**9** 为了实现人物在烟雾中奔跑，打开光盘目录下的“素材\第4章\烟雾.psd”，在工具箱中选择“移动工具”将其拖曳到当前文件中并调整大小尺寸，如图4-132所示。

图4–132

**10** 在工具箱中选择“形状工具”，绘制2个倒角矩形按钮。打开样式面板，为其添加样式效果，完成后加入“在线观看”、“快速下载”文字内容，如图4-133所示。

图4–133

**11** 用同样的方法制作翻页按钮，输入其他文本内容，并排列位置，完成最后的制作。

本例制作比较简单，主要应用了图层的“叠加模式”和“亮光模式”及蒙版效果和滤镜效果，希望读者朋友能够掌握这些制作烟雾、火光、动感模糊的技巧。

## 4.4.5 案例——制作网站商品展示效果图

在图层编组制作过程中，有时候用到的图层数会很多，尤其设计网页中，超过100层也是常见的。这会导致即使关闭缩览图，图层调板也会拉得很长，使查找图层很不方便。前面学过使用恰当的文字去命名图层，但实际使用中为每个层输入名字很麻烦。我们还学过使用色彩来标识图层，但在图层数量众多的情况下作用也十分有限。使用移动工具单击右键或按住Ctrl单击选择图层的方式虽然很好用，但也无法缩短图层调板的空间。类似删除图层或改变图层层次等操作还是比较麻烦。

为了解决这个问题，Photoshop提供了图层组功能。将图层归组可提高图层调板的使用效率。

本节案例利用图层分组来制作一个数码产品网站的首页，主要内容包括企业的新闻、导航及产品展示。

在制作之前，根据设计规划，先在图层面板上创建图层组，这样就确定了网页的主要框架结构。如图4-134所示。

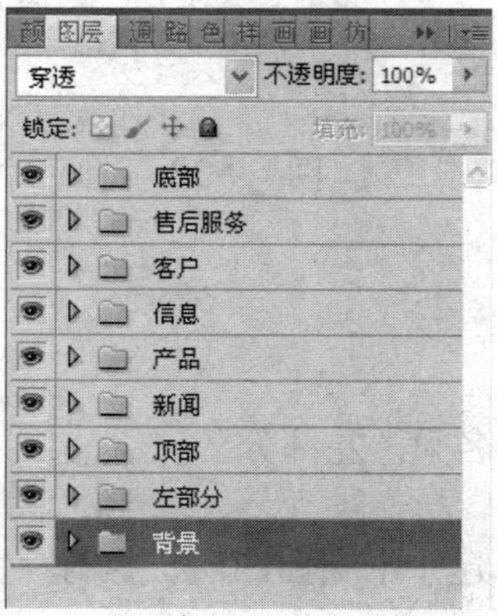


图4-134

### 1. 制作网站背景及左面形象照片

**1** 执行“文件”→“新建”命令，创建一个名称为“产品首页-展示”的空白文件，页面宽960像素，高800像素，颜色模式为RGB，分辨率为72像素，背景色为透明。

**2** 打开“背景”图层组，单击“创建新图层”按钮，创建一个空白图层，命名为“bg”。单击工具箱中的“设置前景色”按钮，将前景色设置为# d9d7cf，按Alt+Delete组合键填充前景色。将前景色更改为白色，选择工具箱中的椭圆选区工具绘制一个如图4-135所示的选区，执行“选择”→“修改”→“羽化”命令，将“羽化”值设置为200像素，再次按下Alt+Delete组合键进行前景色填充，这样就得到了具有发光效果的背景。

图4-135

**3** 创建一个矩形选区，按Ctrl+C组合键将其复制，在按Ctrl+V键将粘贴到一个新图层中，将其命名为“rightbg”，执行“图层”→“图层样式”→“渐变叠加” 命令为新复制的矩形区域添加渐变效果，渐变颜色为# f8f7f4到# f1f0ea如图4-136所示。

图4-136

## 2. 制作左边部分

**1** 新建一个图层组，将其命名为“左部分”

**2** 在图层组“左部分”中新建一个空白图层，执行“文件”→“打开”命令，将光盘目录下的“素材\第4章\网站商品展示\left.jpg”选择工具箱中的“移动工具”，将其拖曳到当前文件中，调整大小及位置如图4-137所示。

图4-137

3 选择工具箱中的文本工具，设置适合的字号、字体和颜色，依次输入如图4-138所示的文本内容。此处笔者所使用的字体为黑体，中文字号为22，字体为华文中宋，颜色为蓝色和绿色。

图4-138

3. 制作顶部导航

1 选择工具箱中文本工具，字体设置为arial，字号大小设置为8点，输入页面左上角的导航文本。

2 选择工具箱中形状工具，绘制一个宽90像素，高30像素的倒角矩形，执行“图层”→“图层样式”→“颜色叠加”命令形状添加颜色叠加效果，如图4-139所示。

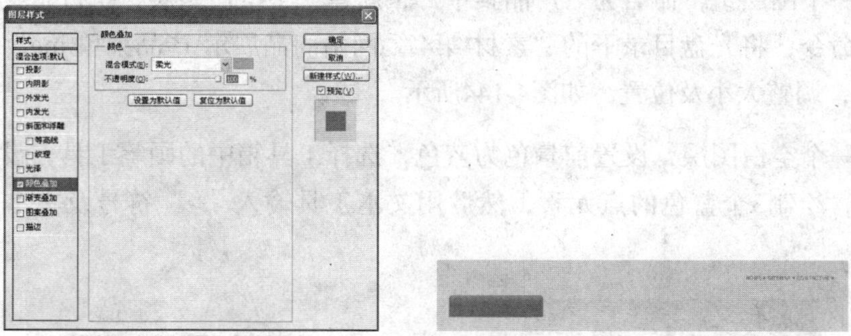


图4-139

3 利用同样的方法制作其他的导航按钮。在工具箱中选择文本工具，设置字体为黑体，字号大小为14，颜色为白色，输入导航的文本内容，如图4-140所示。

图4-140

4. 制作新闻、产品菜单及产品图

1 新建一个图层组，命名为“新闻”，在“新闻”组中新建一个空白图层，选择工具箱中铅笔工具，在选项栏中设置铅笔的半径为1像素，按下Shift键不松开，绘制5条如图4-141所示的线段。

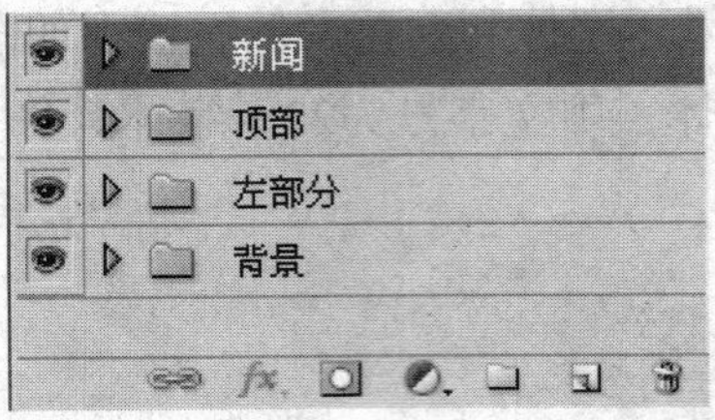


图4-141

2 执行“文件”→“打开”命令，将光盘目录下的“素材\第4章\网站商品展示\产品.jpg”文件拖曳到当前文件中，调整大小及位置，如图4-142所示。

3 选择工具箱中的文本工具，设置字体为华文中宋，字号大小12点，输入文本内容，如图4-143所示。

图4-142

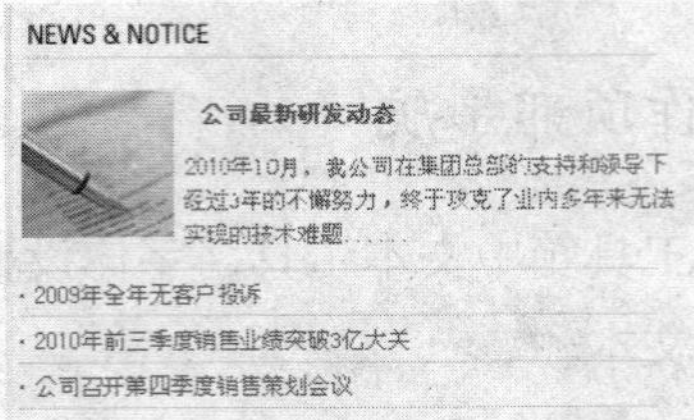


图4-143

4 新建一个图层组，命名为“产品菜单”，新建一个空白图层，执行“文件”→“打开”命令，将光盘目录下的“素材\第4章\网站商品展示\产品菜单.jpg”文件拖曳到当前文件中，调整大小及位置，如图4-144所示。

5 新建一个空白图层，设置前景色为蓝色，选择工具箱中的画笔工具，设置笔触为10像素，绘制3个蓝色的点元素，然后用文本工具输入“>”符号及文本内容，如图4-145所示。

图4-144

图4-145

6 新建一个图层组，命名为“产品”。新建一个空白图层，选择工具箱中的倒角矩形工具，在形状工具的选项栏中选择“路径”选项，半径为5像素，绘制一个矩形。打开“路径”面板，单击“将路径载入选区”按钮将路径转换为选区，如图4-146所示。执行“编辑”→“描边”命令为该选区描边，如图4-147所示。

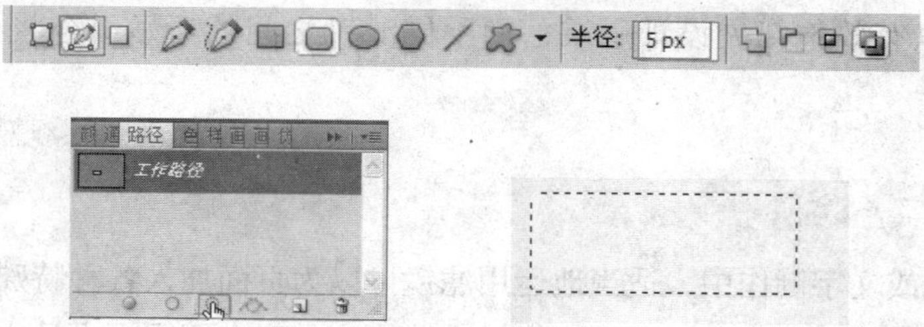


图4–146

图4–147

**7** 执行“文件”→“打开”命令，打开光盘目录下的“素材\第4章\网站商品展示\产品1.jpg”文件，按Ctrl+A组合键全选图像内容，按Ctrl+C组合键，将其复制。回到网页效果图中，执行“编辑”→“选择性粘贴”→“贴入”命令将图像贴入到选区中，如图4-148所示。用同样的方法完成其他产品的制作。

图4–148

**8** 用相同的办法制作页面的其他内容和文本，在此就不再多述。最终效果如图4-149所示。

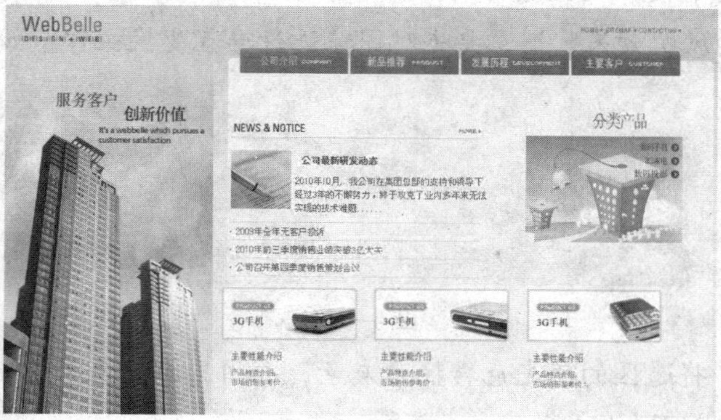


图4–149

# 4.5 关于滤镜

应用Photoshop CS5中的滤镜，能够帮助我们设计包含复杂效果的网页。一个优秀的设计师必须掌握如何利用滤镜制作奇妙的网页图形。在实际的设计应用中灵活地使用滤镜，可以有效地拓展设计思维，而不同滤镜之间的巧妙组合将极大地增强创意空间。

## 4.5.1 网页设计中常用的滤镜

在网页图像或文字制作中，适当地运用滤镜可以为页面加入各种特殊的视觉效果，将网页制作的更加精美以吸引浏览者的注意。本节将为大家介绍网页设计中经常用到的各类滤镜的功能及应用效果。

滤镜分为内置滤镜和外挂滤镜。

滤镜的使用方法主要有以下几点：

（1）滤镜只能应用于当前可见图层。

（2）用鼠标单击滤镜预览框下的加号或减号按钮可以放大或缩小预览的效果。

（3）上一次使用过的滤镜将出现在菜单的顶部。按Ctrl+F组合键可以继续重复执行上一次的操作，且以前所设置的各项参数保持不变。

（4）按Ctrl+Shift+F组合键，打开“消退”对话框，其作用相当于在原图层上添加了一个调整图层。需要注意的是此操作必须紧接着使用滤镜命令，当执行了其他操作时，该命令就不起作用了。

（5）不能为索引模式和位图模式的图像使用滤镜效果。

网页设计中常用的内置滤镜使用技巧如下。

### 1. 风格化滤镜组

风格化滤镜通过置换像素和查找并增加图像的对比度，在所选区域内生成轮廓明显，边缘清晰的效果。

- 风：主要用来模拟风吹过的效果。由于风只能水平方向的吹动，所以若需创建垂直方向上的风吹效果，则需要先对图像进行垂直变换操作。如图4-150所示。

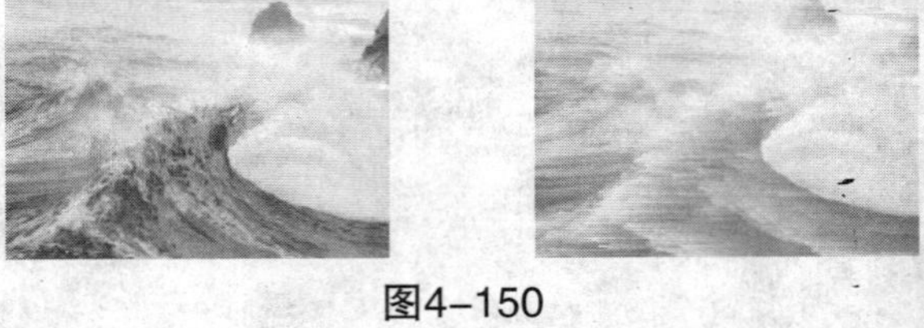

图4-150

- 浮雕效果：将选区的填充色转换为灰色，并用原填充色描边，从而使选区显得凸起或凹陷。如图4-151所示。

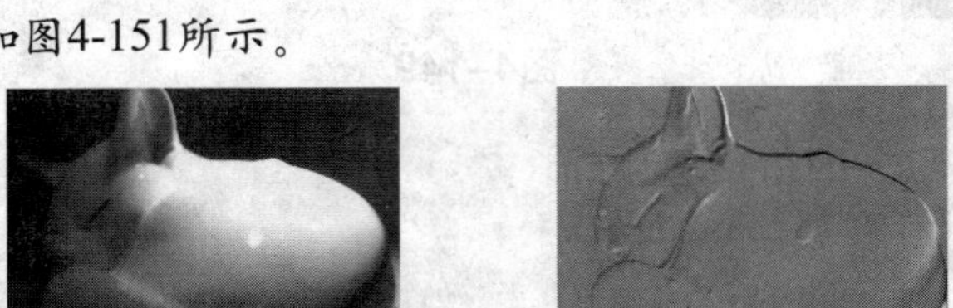

图4-151

● 查找边缘：查找图像中具有明显差别的颜色边界并加以突出，对于生成图像周围的边界非常有用。如图4-152所示。

图4-152

## 2. 模糊滤镜组

模糊类滤镜主要通过对图像中的像素进行平均化处理使图像更加柔和，从而产生更加平滑的过渡效果。如果将该滤镜与羽功能相结合效果将更加出色。

● 高斯模糊：利用调节滑杆的移动可以快速实现对图像的模糊。如图4-153所示。

选择指定的区域并追加边缘的羽化

模糊后的效果

图4-153

● 动感模糊：沿指定方向以指定强度进行模糊。此滤镜对于模拟快速拖曳的物体，在使用时结合物体的运动方位适当地调整模糊角度，效果更明显。如图4-154所示。

选择指定的区域并追加边缘的羽化和模糊角度

模糊后的效果

图4-154

● 径向模糊：模拟前后移动相机或旋转相机所产生的模糊，制作一种柔化的效果。在实际应用中，可以指定旋转的度数或模糊的原点。如图4-155所示。

图4-155

图4-155是为图像添加了径向模糊，并设置了模糊原点后的效果。由此我们可以发现在使用此类滤镜时，如果选择的图像光影对比十分明显，那么制作的模糊效果将更为出色。

- 表面模糊：在保留边界轮廓的同时模糊图像。此滤镜对于消除网页图像的杂色或粒度十分有效。如图4-156所示。

图4-156

另外在Photoshop CS5中还新加入了方框模糊和形状模糊，前者主要基于相邻像素的平均颜色值来模糊图像，后者使用指定的内核来创建模糊。

### 3. 扭曲滤镜组

扭曲滤镜主要对图像进行几何扭曲，创建3D或其他整形效果。

- 极坐标：将所选择区域内的图像内容从平面坐标转换到极坐标，或从极坐标转换到平面坐标。此种操作对于创建不规则的扭曲（如直线到圆形变形）十分明显。打开光盘目录下的“素材\第4章\极坐标.psd”，然后执行“滤镜”→“扭曲极坐标”命令，结果如图4-157所示。

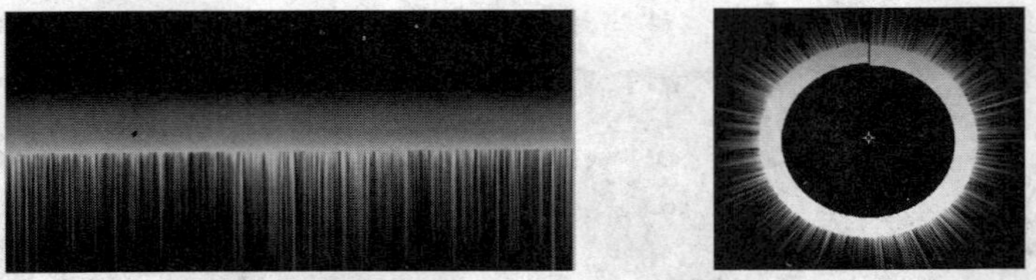

图4-157

- 挤压：直接拖曳滑杆，可以实现对所选择图像的向内或向外挤压。如图4-158所示，执行了两次“挤压”操作后，明显将“福”挤多了。

图4-158

- 扩散亮光：使图像中的高亮区域从中心向外渐隐亮光。此滤镜扩散的亮光的颜色由工具箱中所指定的背景色确定。为了使扩散光比较柔和，在确定扩散光颜色时可使用吸管工具在图像上进行吸色取样。如图4-159所示。
- 球面化：将选区折成球形、扭曲图像以及伸展图像以适合选中的曲线，使对象具有3D效果。可以在水平或垂直方向上应用。如图4-160所示。

图4–159

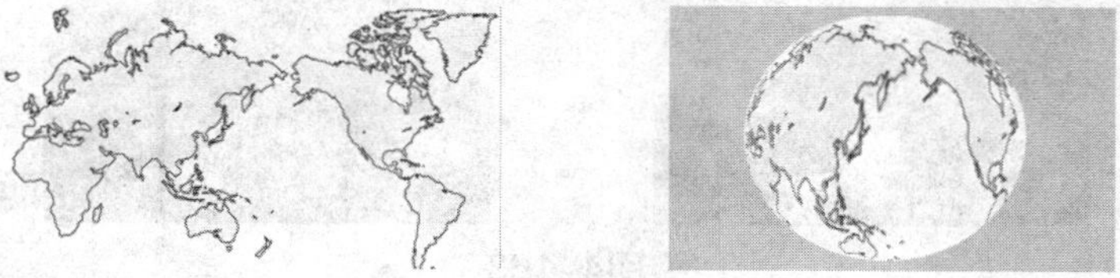

图4–160

- 水波：通过设置数量的多少和起伏的大小来模拟生成池塘、水池的波纹效果。如图4-161所示。

图4–161

### 4. 杂色滤镜组

杂色滤镜可以为图像添加或消除杂色或带有随机分布色阶的像素，从而将图像的某一部分更好地混合到周围的像素中。适当的为网页背景添加杂色将有助于增加网页背景的质感效果。

如图4-162所示，是为制作的好香美食城网页banner背景增加了5%的单色杂色效果。

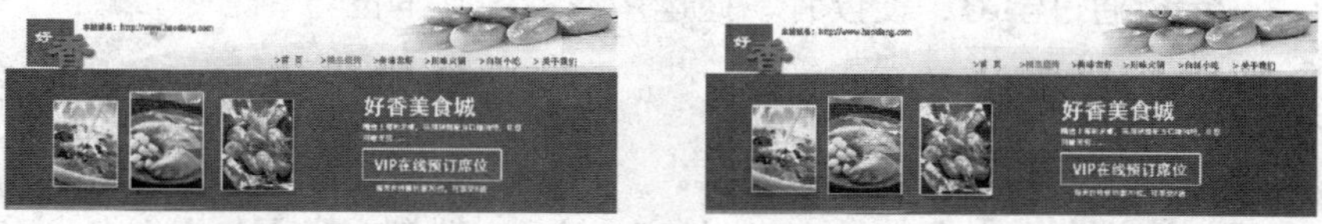


图4–162

### 5. 纹理滤镜组

使用该滤镜可以为图像添加各种纹理效果，造成视觉上的纵深感和材质感。该滤镜除了可以加载系统自带的纹理效果，还允许加载自定义的纹理效果（使用自定义的纹理效果必须将纹理文件保存为PSD格式），有利于用户创建具有很强质感的水印效果。

### 6. 渲染滤镜组

渲染滤镜可以在图像中创建3D形状，云彩、分层云彩、折射图案及模拟镜头光晕等效果，还可以产生不同类型的光照效果。

- 云彩：使用介于前景色与背景色之间的随机值，生成柔和的云彩图案。
- 分层云彩：可利用前景色和背景色之间的随机值生成云彩图案。
- 镜头光晕：使用鼠标单击图像缩览图的任意位置或拖曳其十字线，指定光晕中心的位置，来模拟亮光照射到相机镜头所产生的折射。如图4-163所示。

图4-163

- 纤维：替换当前图层上的效果，然后使用前景色和背景色来创建垂直纤维的外观。
- 光照效果：可以在RGB图像上产生无数种光照效果，另外根据追加光照效果的强弱或角度，可以添加多个发光点。如图4-164所示。

图4-164

## 4.5.2 案例——制作两款网页特效字

了解了常见滤镜的基本操作后，接下来，通过制作两则网页特效字来学习不同滤镜之间的综合应用。希望通过学习，使读者掌握运用滤镜的基本技巧。

### 1. 制作印章字

1 新建文件。新建一个空白文件宽300像素，高150像素，背景色为白色，色彩模式为RGB。

2 选择工具箱中的文本工具，在文字属性栏中设置字体为黑体；字号为60点，颜色为红色。

**3** 执行“图层”→“栅格化”→“文字”命令，将文字转换为栅格图像。

**1** 执行“滤镜”→“艺术效果”→“干画笔”命令，调节文字的杂边效果，如图4-165所示。

**2** 执行“滤镜”→“模糊”→“高斯模糊”命令，调节文字的模糊效果，如图4-166所示。

**3** 执行“图像”→“调整”→“亮度/对比度”命令，调节文字颜色的对比效果，具体参数设置如图4-167所示。

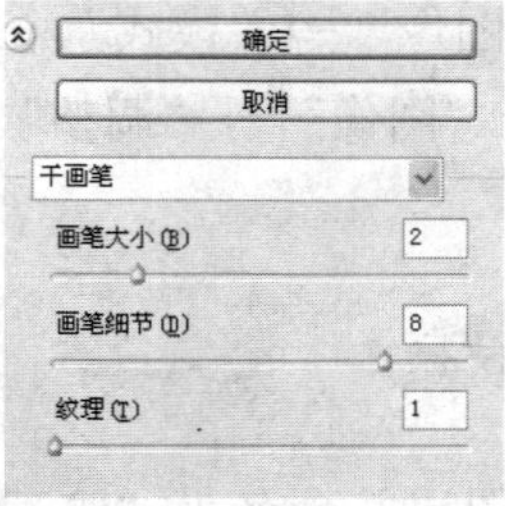


图4–165

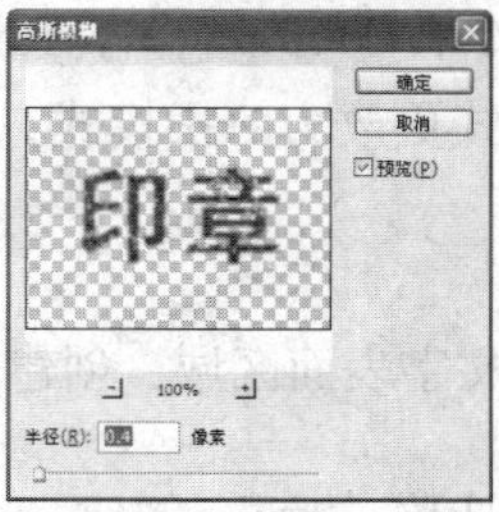


图4–166

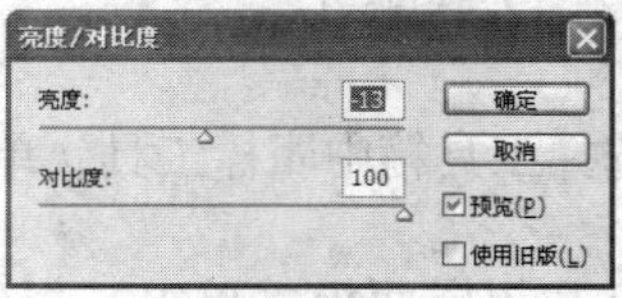


图4–167

**4** 执行“图层”→“图层样式”→“描边”命令，对文本的边缘进行细化调整，如图4-168所示。

图4–168

2. 制作立体文字

**1** 启动立体字制作辅助软件Xara3D（http://www.xara.com/），输入文本“360”，具体设置如图4-169所示。

图4–169

**2** 执行“文件”→“导出”命令，在弹出的对话框中输入文件名称，单击“确定”按钮后，在弹出的“导出”对话框中选择“透明”，具体设置如图4-170所示。

图4-170

**3** 在Photoshop中打开刚导出的文件“360.png”，执行“图像”→“模式”→“RGB模式”命令，将文件的色彩模式更改为RGB模式，执行“图像”→“调整”→“去色”命令，去除颜色。

**4** 选择工具箱中魔棒工具，单击文字表面区域，创建选择区域。

**5** 打开图层面板，单击“新建图层”按钮，创建一个新图层并命名为“纹理”，按Alt+Delete组合键，用前景色进行填充。执行“滤镜”→“杂色”→“添加杂色”命令，在弹出的对话框中为填充区域添加杂色，具体设置如图4-171所示。

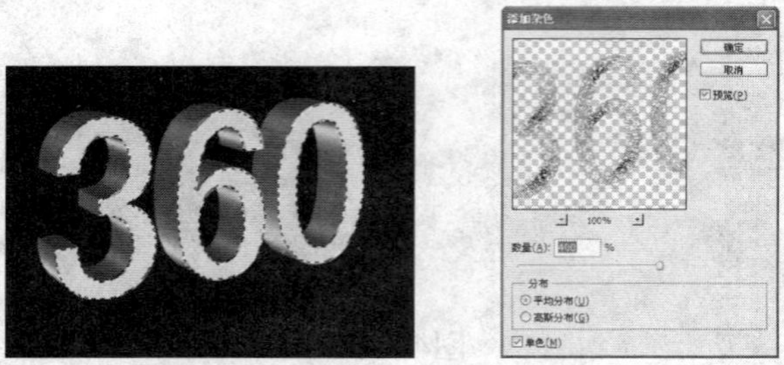

图4-171

**6** 执行“滤镜”→“模糊”→“动感模糊”命令，在弹出的对话框中为杂色设置动感模糊效果。打开图层面板，将图层的混合模式更改为“正片叠底”。

**7** 打开光盘目录下的“素材\第4章\纹理.jpg”文件，将其移至到当前文件的最顶层，打开图层面板，将图层的混合模式更改为“叠加”，按下Ctrl键不松开，单击“360.png”图层，将原始的立体文字选中，具体设置如图4-172所示。

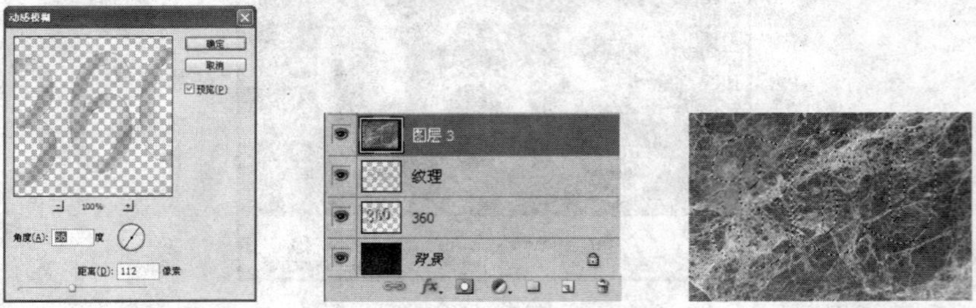


图4-172

**8** 执行“选择”→“反向”命令，选择多余的区域，按Delete键将其删除

**9** 执行“图像”→“调整”→“色相/饱和度”命令，对纹理的色调进行调整，具体设置如图4-173所示。

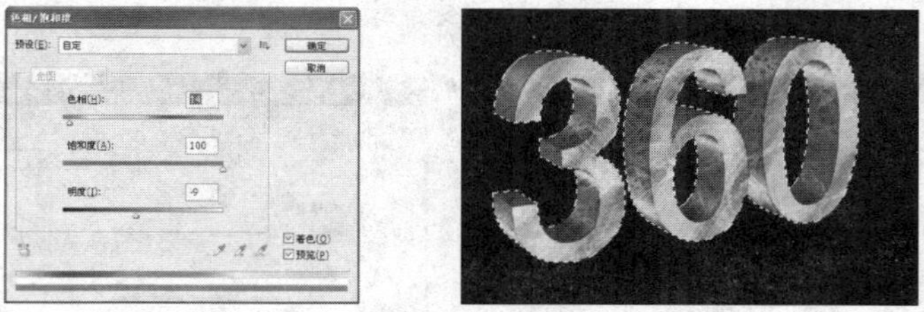

图4-173

**10** 执行“图像”→“调整”→“亮度/对比度”命令，对纹理的明暗程度进行调整。如果觉得最终效果还有些瑕疵，读者还可以利用“加深/减淡”工具进行涂抹。

**11** 将背景图层隐藏，选择最顶层，按Ctrl+Alt+Shift+E组合键盖印图层，利用套索工具创建如图4-174所示的选区，连续按Ctrl+C组合键和Ctrl+V组合健，将所选择内容复制。执行“编辑”→“自由变换”命令，将所复制内容进行大小和位置的调整。

图4-174

**12** 单击图层面板上的“添加蒙版”按钮，为所复制的内容添加蒙版效果，将前景色设置为黑色，利用画笔工具将多余的部分进行隐藏完成最终的制作。如图4-175所示。

**13** 结合此类文字的特点：刚硬、棱角分明，故适合应用于机械、钢材、汽车、户外等类型的网站，最终应用于汽车销售网站的效果如图4-176所示。

图4-175

图4-176

## 4.5.3 案例——网页的艺术化处理

在网页设计中，为了制作特殊的效果，经常需要将网页图像进行艺术化处理，本节我

们就学习如何利用Photoshop CS5提供的滤镜功能来制作一个精美的网页头部效果。

1 执行“文件”→“打开”命令打开需要处理的图片，执行“图像”→“调整”→“曲线”命令，在弹出的对话框中进行调整以便使图像的亮暗对比更加明显。执行“图像”→“调整”→“色相/饱和度”命令，在弹出的对话框中进行调整以便使图像中玫瑰花更加鲜艳。如图4-177所示。

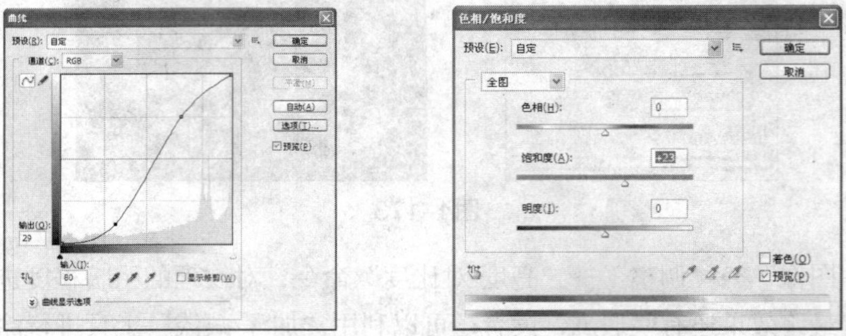

图4–177

2 按Alt键并拖曳鼠标，将当前图层进行复制。修改副本图层的模式为“叠加”，执行“滤镜”→“像素化”→“马赛克”命令，在弹出的对话框中进行参数设置，如图4-178所示。

图4–178

3 执行“滤镜”→“其他”→“高反差保留”命令，在弹出的对话框中设置参数，如图4-179所示。

图4–179

4 执行“滤镜”→“锐化”→“锐化”命令，在弹出的对话框中对马赛克的边缘进行清晰化调整。如图4-180所示。

图4–180

5 输入相应的文字效果。选择工具箱中文本工具，将字体设置为楷体，字号设置为10点，颜色为#ea5579，输入文本“创造爱情 缔造永恒”及网站的链接地址。

6 为了增加文本的可读性，执行“图层”→“图层样式”→“投影”命令，在弹出的对话框中为文本添加投影效果，如图4-181所示。

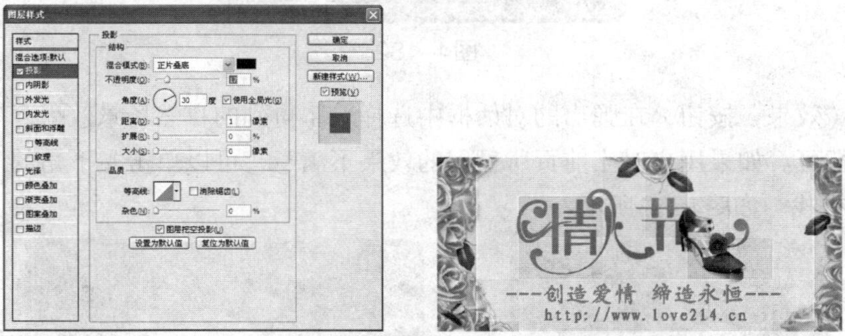


图4–181

## 4.5.4 案例——渲染网页中的自然景象

PS滤镜，通俗地说法就是给图片快速添加各种艺术效果的工具集合。它是一种植入Photoshop的外挂功能模块，也可以说是一种开放式的程序，滤镜都是遵循一定的程序算法，对图像中像素的颜色、亮度、饱和度、对比度、色调、分布、排列等属性进行计算和变换处理，其结果便是使图像产生特殊效果。Photoshop滤镜主要有两大类：内置滤镜（也就是Photoshop自带的滤镜）和外挂滤镜（也就是第三方滤镜）。

一些外挂滤镜，虽然自身小巧，但功能强大，对于我们进行网页设计，处理一些图像效果非常有用。本节主要为大家介绍外挂滤镜Four Seasons的应用

要使用外挂滤镜，一般只需要解压后复制到Photoshop安装文件夹的滤镜(Plug-Ins)目录中即可使用。

如果需要安装或注册码，请到提供滤镜的源站点进行查找或查看插件随机附带的教程和说明。

比如Photoshop安装在D盘，那么路径就是：“D:\Program Files\Adobe\Adobe Photoshop CS5\Plug-Ins”。安装完成后重启软件，即可在滤镜菜单里找到新的滤镜。

下面通过一个具体的案例来学习外挂滤镜Four Seasons的应用。

**1** 启动Photoshop CS5软件，打开一张需要进行渲染处理的自然景观图像。

**2** 执行“滤镜”→“RAYflect”→“Four Seasons”命令，弹出如图4-182所示的滤镜设置面板。在层的左边单击眼睛图标，即会加上一个交叉表示不可见，再单击恢复；通过层面板，可以快速对天空颜色、太阳光、雾效果等进行设置。

图4-182

**3** 单击“效果”按钮，在弹出的对话框中选择希望得到的自然场景效果，单击“ok”按钮即可。如果用户对当前页所显示的效果不满意，可以单击左下角的“翻页”按钮进行翻页查找。如图4-183所示。

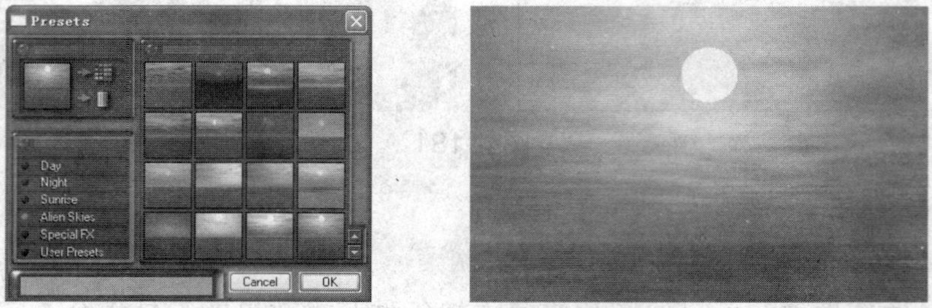


图4-183

**4** 除此之外，用户也可将自己制作的效果图通过单击“User Presets”按钮保留下来，方便下次使用。

**5** 如果觉得经过处理后的效果光不明显，可继续执行“滤镜”→“渲染”→“镜头光晕”命令，为其添加光晕效果。如图4-184所示。

图4-184

这样，经过简单的操作之后，一幅“自然景观”就完成了。

由此可见，外挂滤镜或第三方插件都能够极大地提高我们的设计效率。本例仅仅起到一个抛砖引玉的作用，更多的优秀插件还需要读者朋友不断的试验。本案例所应用软件为试用版本，实际效果在应用时受到一定的约束，如果你喜欢请购买正版软件或到官方网站浏览最新动态。

### 4.5.5 技术拓展

滤镜作为Photoshop中的重要功能，对于制作一些特殊效果的网页具有非常重要的作用，希望读者朋友能熟练掌握各个滤镜的应用技巧。

## 4.6 网页效果图的裁切与优化输出

网页效果图制作完成以后，接下来的工作就是按照实际需要对效果图进行合理的裁切与输出。在Photoshop CS5中对图片的裁切主要是利用切片工具进行切割，然后辅助于网格、标尺等工具和命令。本节就为大家讲解如何进行图片的合理裁切。

### 4.6.1 使用度量工具和网格

度量工具可测量工作区域内任意两点之间的距离。

其操作技巧如下：

首先选择工具箱中的度量工具，将鼠标从起点拖曳到终点即可测量两点之间的距离。如果同时按住Shift键，则工具限制为按45°的倍数拖曳。如图4-185所示。

图4-185

如果要编辑测量线或量角器，可执行下列操作之一：

- 要调整线的长短：拖曳现有测量线的一个端点。
- 移动这条线：将指针放在线上远离两个端点的位置并拖曳该线。
- 删除这条线：将指针放在线上远离两个端点的位置，并将该线拖曳到图像外。

这样就可以实现对测量线或量角器的控制。接下来学习参考线的操作与应用。

“参考线”浮在整个图像窗口中，是不会被打印的直线。我们可以移动、删除或锁定参考线。“网格”在默认情况下显示为非打印的直线，也可以显示为网点。使用参考线，在制作网页时可以很方便地实现对操作对象的对齐。

创建和删除参考线

1 执行“文件”→“打开”命令，打开光盘目录下的“素材\第4章\index.jpg”文件，并确认当前标尺的单位为像素。

2 执行“视图”→“新建参考线”命令，在打开的“新建参考线”对话框中，设置“取向”为“水平”，“位置”为90像素，如图4-186所示，这样就在网页导航需要裁切的位置精确设置了参考线。

图4-186

说明 按Ctrl+；组合键，可以显示或隐藏参考线。另外，也可以直接从标尺栏中拖出参考线。使用鼠标在垂直标尺上单击并向下拖曳鼠标到所需的位置，也可创建一条水平参考线。

3 如果希望移动参考线，那么，选择工具箱中的“移动工具”，移动指针到参考线，当指针呈 状时，直接拖曳鼠标调整参考线的位置，如图4-187所示。

4 如果需要删除参考线，可以拖曳参考线到标尺上，这样可以删除该参考线，或者执行“视图”→“清除参考线”命令，将视图中所有参考线全部删除，如图4-188所示。

图4-187

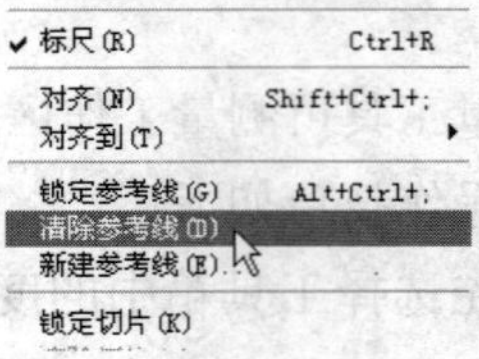


图4-188

5 执行“视图”→“显示”→“网格”命令，显示网格，也可以按Ctrl+' 组合键快速实现显示或隐藏网格。

## 4.6.2 使用吸管工具

吸管工具的主要作用是吸取指定位置的颜色作为前景色（按住Alt键作为背景色），除了在图像中单击取色外，还可以在图像中按下鼠标后四处拖曳，这样所经过地方的颜色将不断地被作为前景色（如果按下Alt键后拖曳即为背景色，拖曳开始后可松开Alt键）。拖曳的范围不限于图像，也不限于在Photoshop中，可以是屏幕上任何地方（如Windows任务栏）取色。

这样可快速实现颜色的获取。使用取样器工具最多可取4处，颜色信息将显示在信息调板中。

其中：

- 取样点：表示以取样点处指定的像素颜色为准。
- 3×3平均和5×5平均：表示以采样点四周3×3或5×5范围内像素的颜色平均值为准。如图4-189所示。

图4-189

## 4.6.3 使用切片工具

“切片工具”是Photoshop设计稿完成后在Dreamweaver实现完美编排的桥梁。只有在Photoshop中正确地切片后，Dreamweaver才能对效果图进行有效的整合，要完成“切片”，需注意以下几点：

（1）合理依靠参考线。

（2）不是所有的图像全部进行裁切和保留，在网页编排时非常重要的并且不可替代的图像元素必须裁切，而对于正文文本、背景色（单色）等则可以忽略。

（3）logo标识和banner必切。但在最终应用排版时建议使用源文件的输出稿。

（4）渐变、圆角、特殊网页字体必须裁切（随着CSS3.0的逐步应用及各版本浏览器对CSS的支持，圆角及渐变也可以不用裁切，转而由CSS代码生成）。

（5）存储切片的文件夹名称应当为英文字母；存储切片时的格式应采用GIF、JPEG或PNG格式。

切片工具组中包含两个子工具，即“切片工具”和“切片选择工具”。其中，切片主要定义图像中的一块区域，通过将图像划分成切片，能够改善和优化网页图像文件的大小。使用“切片工具”将源图像分成许多的功能区域并生成为HTML文件时，每个切片都会作为独立文件存储。

具体应用如下：

1 执行“文件”→“打开”命令，打开光盘目录下的“素材\第4章\网页切片.psd”文件。

2 选择工具箱中的“切片工具”，此时图像左上角显示 01 ，表示当前有一个切片，即整个图像被作为一个切片，如图4-190所示，此时的切片为自动切片。

3 使用“切片工具”，参照图所示，在图像上单击并拖曳鼠标，切割图像。被分割的部分显示为一个区域，左上端出现分割序号，如图4-191所示。

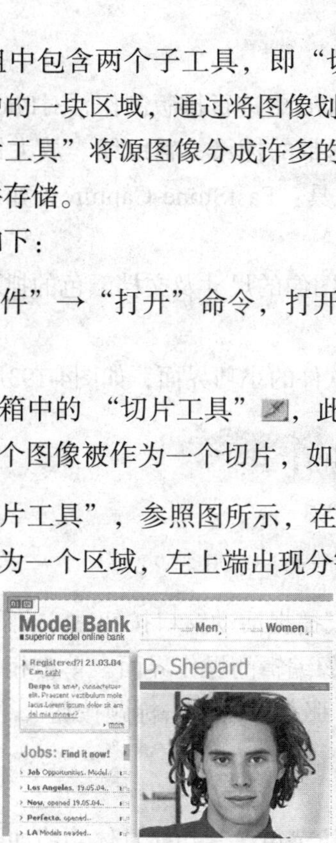


图4-190

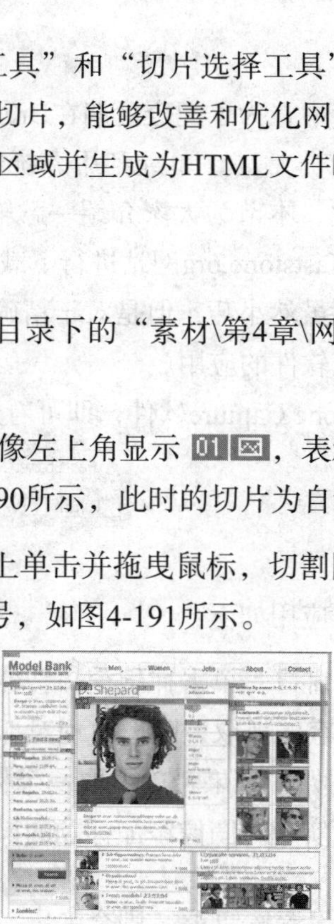


图4-191

说明 如果使用“切片选择工具”选择自动切片，接着单击工具选项栏中的“提升”按钮，即可将自动切片转换为用户切片。

编辑切片：

1 使用“切片选择工具”，在用户切片区域单击并拖曳鼠标，移动至新确定的位置后松开鼠标，即可实现对切片的移动。

2 单击“切片选择工具”选项栏上的“划分”按钮，弹出“划分切片”对话框。则可以对整幅图像做指定行数和列数的具有等分效果的切片，如图4-192所示。

3 如果希望还原上步操作，按Ctrl+Alt+Z组合键即可实现。如果使用“切片选择工具”在切片控制柄上单击并拖曳鼠标，即可调整切片大小。

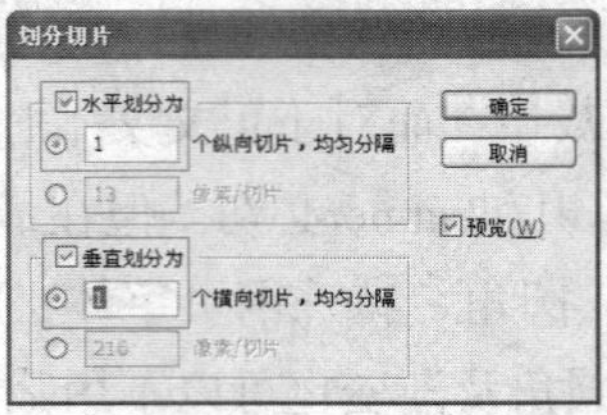


图4-192

## 4.6.4 其他网页修剪辅助工具的使用

在网页设计中，为了配合后期在Dreamweaver中进行排版制作，对Photoshop所生成的图像的尺寸要求非常高，单纯利用系统本身附带的标尺、辅助线、放大镜还不能很好地解决问题。为此，本节为大家介绍一款辅助工具：FastStone Capture（如果你需要，请登录：http://www.faststone.org网站进行下载）。

该工具软件虽然小巧，但是对于精确控制图像的尺寸及文档颜色的抓取都非常有用，下面具体介绍该软件的应用。

启动Fast Stone Capture软件，即可看到该软件的小巧界面，如图4-193所示。

图4-193

主要操作及应用如下：

1 捕捉活动窗口。单击捕捉窗口按钮 或捕捉活动窗口按钮，即可实现对当前活动窗口内容的抓取，随后出现对抓取图像编辑的操作界面。单击相应的工具按钮即可完成操作。例如，如果希望抓取一个标题，那么只需单击标题按钮，就会弹出文字录入窗口，从而实现对图像添加标题的操作。

2 如果单击设置按钮，则会弹出一个下拉菜单，其功能具体功能如图4-194所示。

- 屏幕放大镜：选择该命令，可以实现对界面中任何一个对象的坐标位置进行放大显示。这一功能，对于网页设计师进行图像对齐操作非常有用。
- 屏幕去色：选择该命令，可以实现类似Photoshop中吸管工具的功能。利用这个功能，网页设计师可以很方便地实现对颜色的复制。
- 屏幕标尺：选择该命令，可以实现在屏幕中对任何对象进行精确地测量，如果标尺没有按照用户的需要显示在需要测量的位置，设计师只需轻轻拖曳该标尺即可实现标尺的移动，这一点笔者觉得要优于Photoshop中标尺的功能。同时，对于当前所测量的对象的具体数值，以放大显示的形式出现在窗口的左上方。如图4-195所示。

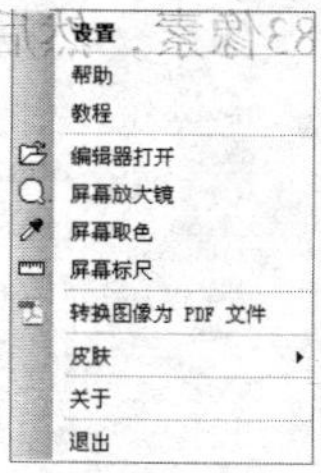

图4-194

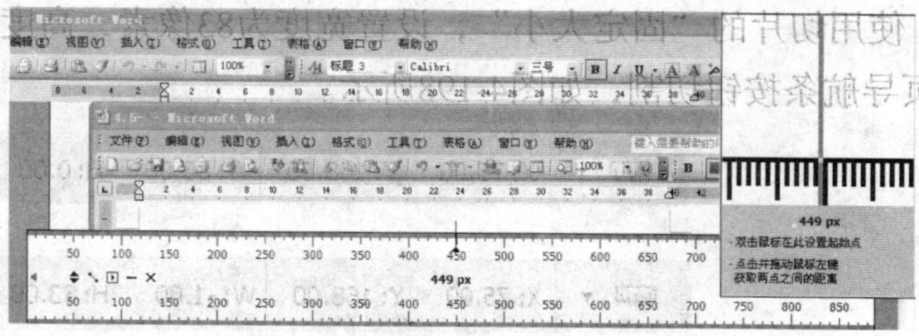

图4-195

## 4.6.5 案例——裁切网站效果图

**1** 执行"文件"→"打开"命令，打开光盘目录下的"素材\第4章\网站裁切.psd"文件。按Ctrl+R组合键打开标尺，依次将鼠标移动到标尺的水平和垂直方向上，拖曳鼠标制作出如图4-196所示的参考线，以便于制作精细的切片。

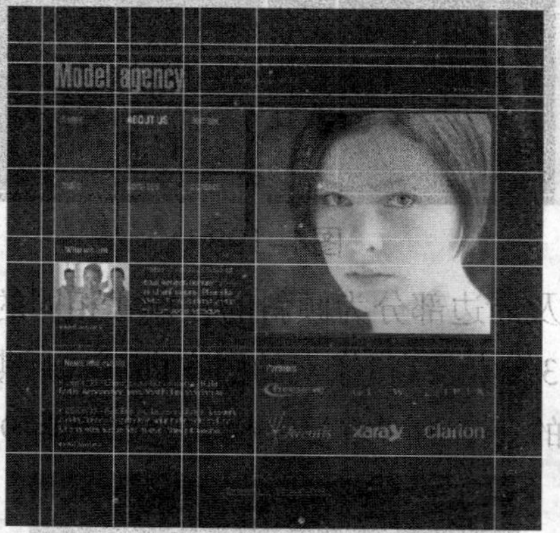

图4-196

**2** 选择工具箱中的"测量工具"，分别在标题部分的垂直方向上和水平方向上进行测量，使用切片的固定大小，设置宽度为192像素，高度为192像素，这样就精确地切割了网站的logo标识，将切片和被切对象对齐，切的时候要小心，避免切片之间重叠，如图4-197所示。

图4–197

**3** 选择工具箱中的“测量工具”，分别在标题部分的垂直方向上和水平方向上进行测量，使用切片的“固定大小”，设置宽度为83像素，高度为83像素，然后用同样的方法将网页导航条按钮切割，如图4-198所示。

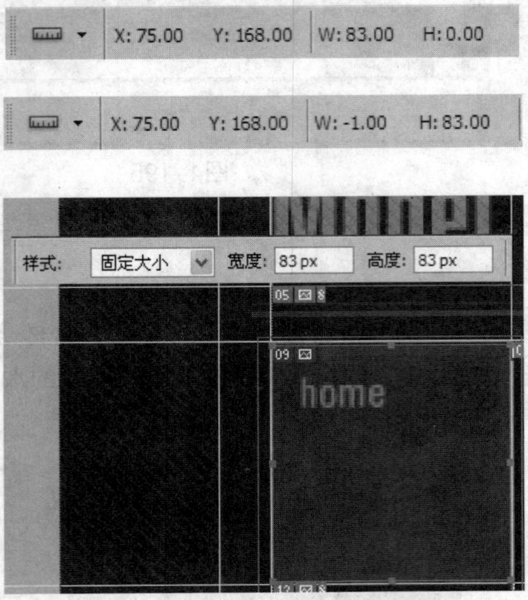


图4–198

由于网页的页眉、页脚及周边部分为倾斜的、样式相同的图案线条，所以在此只需将网页视图放大，裁切一个宽3像素、高3像素的图案即可，后期在Dreamweaver中进行网页背景制作时，只需设置网页的背景为“重复”模式。如图4-199所示。

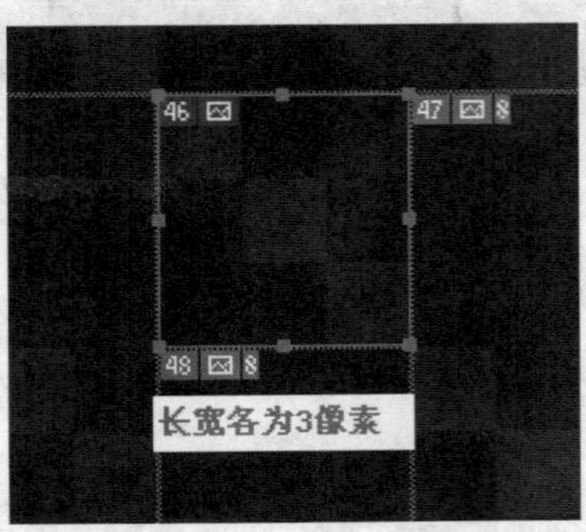


图4–199

### 4.6.6 网页效果图的优化输出

完成页面切片的制作后，就可以进行效果图的切片输出了。打开制作的网页效果图，执行“文件”→“存储为Web和设备所用格式”命令，将网页PSD源文件输出成网页或是手机等设备所使用的格式。具体操作及技巧如下

1 优化Web图像，单击“预设”下拉列表，选择相应的网页优化方案，常见的网页文件格式有JPG、GIF、PNG等

- JPEG格式：JPEG格式是在万维网及其他联机服务上常用的一种格式，用于显示超文本标记语言(HTML)文档中的照片和其他连续色调图像。它支持CMYK、RGB和灰度颜色模式，不支持透明度。但保留RGB图像中的所有颜色信息，可以通过有选择地扔掉数据来压缩文件大小。单击“品质”参数选项，可以确定压缩级别，压缩级别越高，得到的图像品质越低；压缩级别越低，得到的图像品质越高。
- GIF格式和PNG格式：GIF格式也是在万维网及其他联机服务上常用的一种文件格式，用于显示超文本标记语言（HTML）文档中的索引颜色图形和图像。它是一种用LZW压缩的格式，目的在于最小化文件大小和电子传输时间。GIF格式保留索引颜色图像中的透明度，但不支持Alpha通道。
- PNG格式是作为GIF的无专利替代品开发的，用于无损压缩和在Web上显示图像。与GIF不同，PNG支持24位图像并产生无锯齿状边缘的背景透明度；PNG格式支持无Alpha通道的RGB、索引颜色、灰度和位图模式的图像，同时保留灰度和RGB图像中的透明度。

如果希望将图像输出为GIF或PNG格式时，可通过单击“损耗”参数栏有选择的扔掉文件中多余的数据，从而实现对网页图像的优化。通常应用5～10的损耗值，有时也可高达50，而不会降低图像的品质。使用该项设置可以将文件大小减少5%～40%。如图4-200所示。

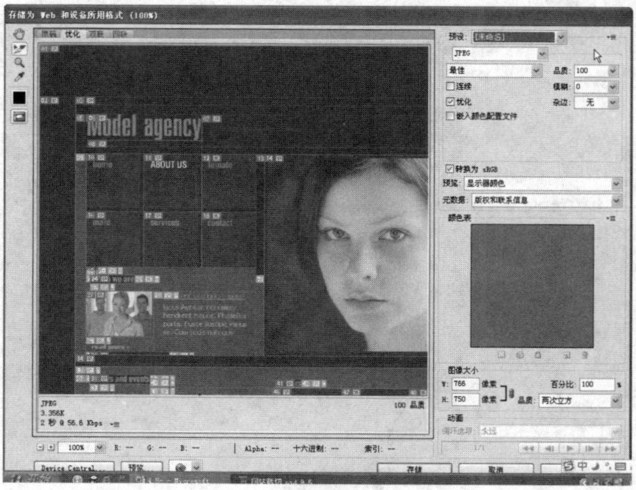


图4-200

**2** 设置完成后，单击“存储”按钮将切片进行保存就可以了。

本章主要为大家介绍了如何利用Photoshop CS5软件进行网页图像的处理。通过学习，我们应该握选区的建立、画笔的应用、色彩的搭配、图像的编辑、图像的色彩处理、色调处理及清晰化处理。

在具体应用方面主要为大家讲解了如何使用图层制作和管理网页整体效果图；如何使用蒙版和通道进行图像的高级编辑；如何使用图层的混合模式制作图像的特殊显示效果；如何使用滤镜制作和处理网页中的特殊效果等内容。

最后为大家讲解了如何正确地将制作完整的效果图进行输出保存。

本章内容是我们展开网页设计的基础，也是初学者步入网页设计及其他数码类设计的基础，希望大家认真学习，多加实践。

第5章

05

# 网页动画的制作

漂亮的网页因F ash动画的存在更加具有活力和吸引力。所以　掌握网络动画的制作也是一名优秀的网页设计师必须具备的能力之一。本章主要为大家讲解如何使用F ash制作网络动画　如何成为一名优秀的网页动画设计师。

本章的重要知识点包括

- 如何应用画笔绘制网页动画中的元素
- 如何利用变形工具实现对对象的编辑
- 元件的创建与编辑
- 图层及时间轴的操作
- 多种网页动画的制作技巧
- 如何利用ActionScript 2.0及ActionScript 3.0制作交互式网页动画
- 相关动画制作辅助工具的应用
- 动画的发布与输出

## 5.1 网页动画制作中基本工具的使用

要制作动画，首先应掌握工具的应用，在Flash CS5中基本的绘画工具包括几何形状绘制工具、线条工具及与之对应的编辑工具。

要想绘制出精美的造型首先得了解一些绘画的常识。透视是经常用到的一种手段，包括“几何透视”和“空气透视”两大类，几何透视的基本原理就是近大远小；空气透视的基本原理就是近实远虚、近暖远冷、近纯远灰。按照人们的观察习惯，画面透视角度又可细分为平视、俯视和仰视3种。最常见的就是平视，视线随着物体的远离逐渐变成一个点直至最终消失。

在Flash CS5中主要有两种绘制模式：合并绘制模式和对象绘制模式，如图5-1所示。

合并绘制模式是默认的绘制模式，当在同一图层中绘制的形状互相重叠时，最顶层的形状会截去下面重叠的形状。当绘制的形状既包含描边又包含填充时，这些元素会被视为可以进行独立操作的图形元素。对象绘制模式与合并绘制模式的不同是：在同一图层中所绘制的形状互相重叠时，各个对象保持自己的独立性，操作时可以分别进行处理。此时，Flash会在形状周围添加矩形边框来标识它。使用铅笔、线条、椭圆、矩形和多边形工具、刷子工具、钢笔工具等进行图形绘制，均支持合并绘制模式和对象绘制模式，按J键可在“合并绘制”与“对象绘制”模式间切换。

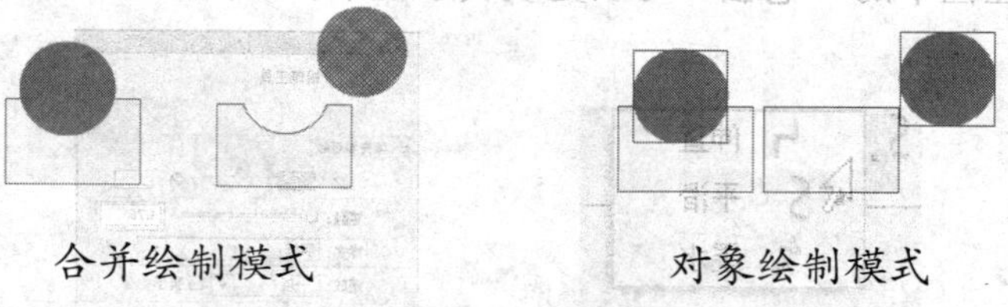


图5–1

### 5.1.1 使用选择工具和部分选择工具

和其他软件的使用一样，Flash CS5也遵循“先选择对象，后执行操作”的规则，所以在学习绘制工具之前先学习选择工具的应用。

选择工具主要用来选择或调整舞台场景中的对象，同时也可以通过拖曳鼠标来改变对象的外观和尺寸大小。

使用选择工具的技巧：

（1）单击对象即可选择目标对象。

（2）在合并绘制模式下，鼠标指向几何图形的轮廓，双击鼠标即可选择图形的全部边框，如图5-2所示。

图5－2

图5-3

（3）在选择过程中，如果按Shift键，依次单击对象可选择多个对象。

使用部分选择工具的技巧：

（1）使用“部分选择工具”单击对象的轮廓，即可选择目标对象。

（2）将光标移动到对象的某一锚点上，当指针下方出现空白矩形点时，拖曳鼠标可改变形状的外观。

（3）如果在单击锚点的同时，按住Alt键并拖曳鼠标，可以改变锚点相邻的路径弧度。

#### 1. 使用线条工具和铅笔工具

线条是组成几何形状的基本单位，所有几何形状的绘制都离不开线条。在Flash CS5中，直线工具的使用有以下技巧：

（1）选择工具箱中的“直线工具”，按Shift键绘制水平或垂直的直线。

（2）当使用“选择工具”指向线段的边缘，指针下方出现弧线时，拖曳鼠标可以将直线变成具有弧度的曲线。如图5-3图所示。

（3）当选择“铅笔工具”后，通过辅助选项按钮中的下拉菜单可以更改铅笔的绘图模式。属性栏中的“样式”可以更改线条的轨迹样式。

（4）通过属性栏中的“笔触”可以更改线条粗细。如图5-4图所示。

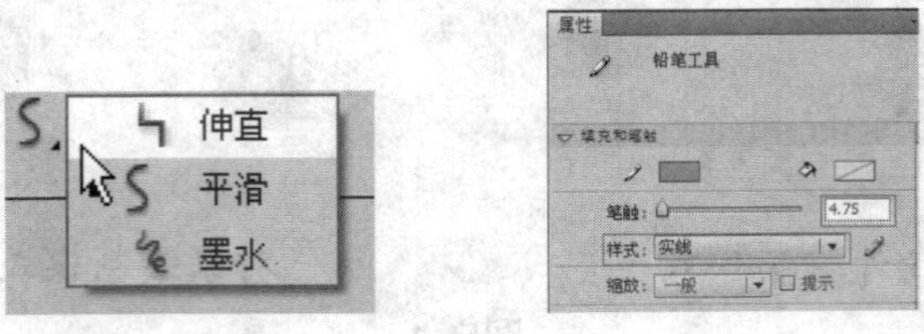


图5–4

### 2. 使用椭圆工具和矩形工具

“椭圆工具”和“矩形工具”有以下使用技巧：

（1）选择工具箱中的矩形或椭圆，按下Shift键并拖曳鼠标，可绘制正方形，如图5-5所示。

（2）若要绘制倒角矩形可以在属性栏中的“矩形选项中”修改矩形边角的半径值得到。若要迅速更改边角的半径值，可按向上箭头键或向下箭头键来实现。

（3）选择边角的半径值，取正值来实现外倒角效果，取负值实现内倒角效果。

（4）通过属性栏中的“样式”可以更改形状的边框样式。

（5）通过属性栏中的“笔触”可以更改形状的轮廓粗细。如图5-6图所示。

图5–5

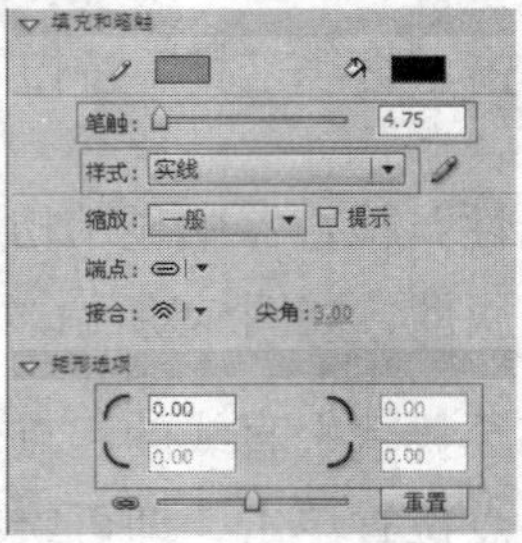


图5–6

（6）若使用椭圆工具，通过属性栏中的“椭圆选项”可以更改椭圆的开始角度、结束角度及内径的大小，从而绘制扇形、环形等其他特殊形状。如图5-7所示。

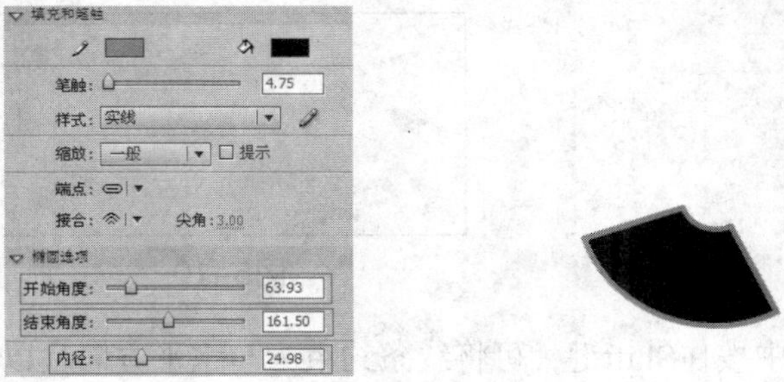


图5–7

### 3. 使用多边形工具

多边形工具和其他几何形状工具的使用十分相似，单击属性栏中的 选项... 按钮，可更改多边形的边数，如图5-8所示。

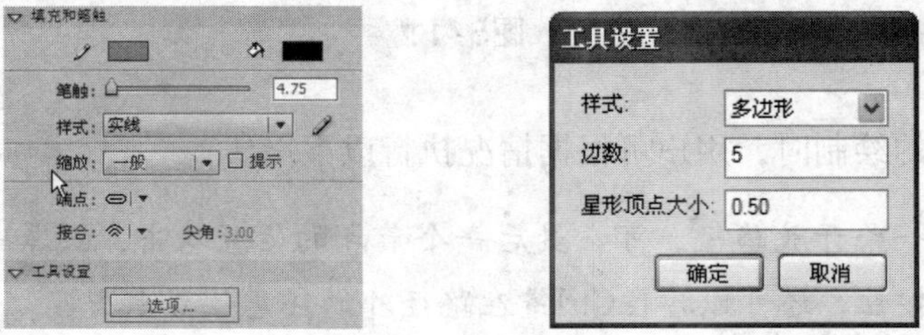


图5–8

### 4. 使用刷子工具

刷子工具可以快速实现对精度要求不是很高的形状的填充。在任意区域和图像上涂抹来实现颜色的填充。

### 5. 使用钢笔工具

钢笔工具主要用来绘制开放和闭合的直线、曲线。与铅笔相比较，使用钢笔工具所绘制的路径更精确。

（1）绘制直线

当使用“钢笔工具”绘制直线段时，可执行如下操作：

1 在工具箱中单击“直线工具”按钮，选择该工具。

2 此时，在“属性”检查器中显示相应的设置，包括设置笔触颜色和填充颜色、笔触高度和样式等属性，如图5-9所示。

3 将鼠标指针移至舞台上直线的起点位置并单击，确定绘直线的起点，然后在希望作为直线段的终点位置单击，即可绘制一条直线段，采用相同的方法继续单击鼠标，可绘制多条直线段，如图5-10所示。

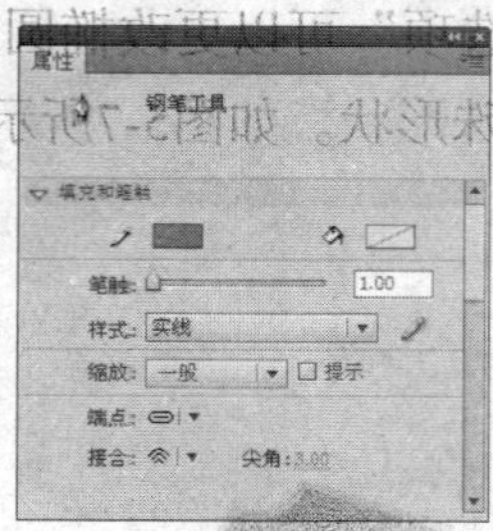

图5–9

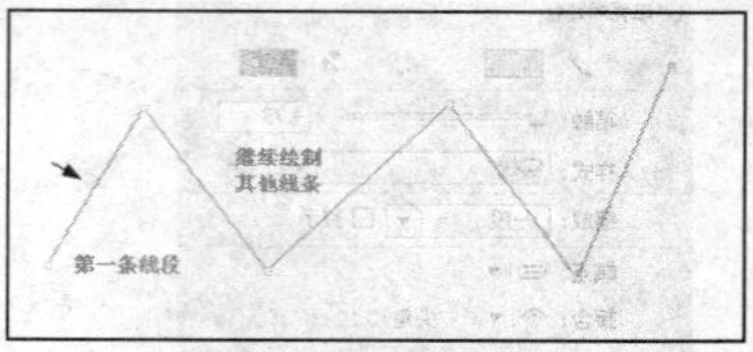

图5–10

4 如果在绘制过程中按住Shift键，可将线条约束为与水平方向呈以45°为增量的角度，如图5-11所示。

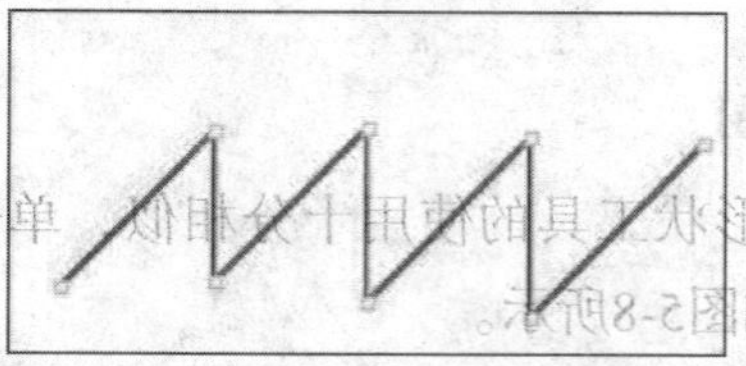

图5–11

5 当结束直线的绘制时，用户可根据情况执行以下操作：

- 若是绘制一条开放路径，可在最后一个节点的位置双击，或单击工具箱中的“钢笔工具”按钮，还可以按住Ctrl键在路径外的任意位置单击。
- 若是绘制一条闭合路径，可将“钢笔工具”指针放置到第一个节点上，当靠近钢笔尖的位置出现一个小圆圈，单击或拖曳鼠标即可闭合路径，如图5-12所示。

● 在工具箱中选择其他工具或在最后节点处双击鼠标完成线段的绘制。

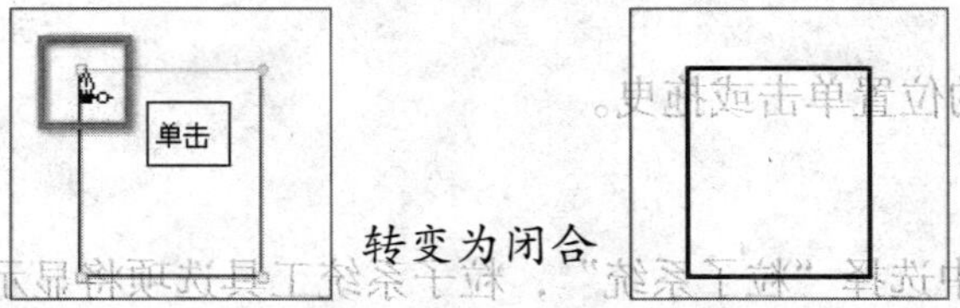


图5-12

（2）绘制曲线

使用“钢笔工具”也能绘制平滑的曲线，在绘制时可执行如下操作：

1 在工具箱中单击“钢笔工具”按钮（或按快捷键P），选择该工具。

2 将鼠标指针移动到舞台上单击出现第一个锚点，此时钢笔尖将变为箭头形状。

3 继续在另一位置单击鼠标以创建第二个锚点，同时按住鼠标左键不松并拖曳鼠标，路径点两端会出现曲线的切线手柄，继续拖曳，两锚之间的直线变成曲线，松开鼠标一段曲线创建完毕，如图5-13所示。

4 若要绘制曲线的下一个路径段，可继续将指针放置到下一锚点的位置上，然后再次拖曳鼠标即可。如图5-14所示。

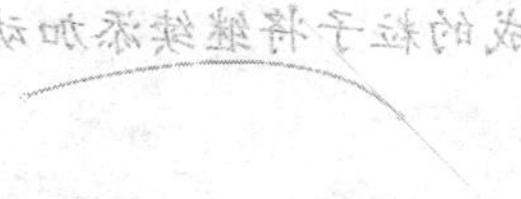

图5–13

图5–14

5 若要结束路径的绘制，可按下Ctrl键，在路径外单击。若要将曲线封闭，只需将鼠标指针移动到开始的路径点上，当鼠标指针后面出现一个小圆圈时，单击鼠标即可。

6. 使用Deco工具

Deco工具的作用类似于粒子喷射器，使用它可一次将形状图案“刷”到舞台上。默认情况下，Deco工具使用当前选定的填充颜色喷射粒子点。除此之外也可以使用Deco工具将影片剪辑或图形元件作为图案应用。还可以使用Deco工具在任何指定的区域随机的喷涂，特别适合创建一些重复出现的元素如雪花、落叶、藤蔓、闪电、建筑物、火焰、烟雾等。

操作过程如下：

1 选择喷Deco工具。

**2** 在Deco工具的属性检查器中，选择默认喷涂点的填充颜色，或单击“编辑”按钮从库中选择自定义元件。

**3** 在舞台上指定的位置单击或拖曳。

Deco工具选项。

从“工具”面板中选择“粒子系统”，粒子系统工具选项将显示在属性检查器中。打开“选择元件”对话框，选择自定义的影片剪辑或图形元件以用作喷涂刷粒子。在此我们将库中已经制作的“雪花”元件作为喷涂对象。如图5-15所示。

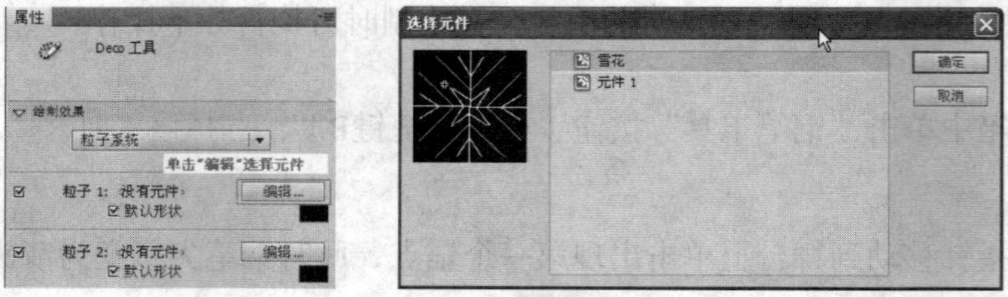

图5–15

粒子系统效果具有以下特点：

- 粒子1、粒子2：可以分配两个元件用作粒子，也可以选择其中的一个。如果未指定元件，将使用一个黑色的小正方形。
- 总长度：从当前帧开始，动画的持续时间（以帧为单位）。
- 粒子生成：在其中生成粒子的帧的数目。如果帧数小于“总长度”属性，则该工具会在剩余帧中停止生成新粒子，但是已生成的粒子将继续添加动画效果。
- 每帧的速率：每个帧生成的粒子数。
- 寿命：单个粒子在“舞台”上可见的帧数。
- 初始速度：每个粒子在其寿命开始时移动速度。单位是像素/帧。
- 初始大小：每个粒子在其寿命开始时的缩放。
- 最小初始方向：每个粒子在其寿命开始时可能移动方向的最小范围。测量单位是度。零表示向上；90表示向右；180表示向下，270表示向左，而360还表示向上。允许使用负数。
- 最大初始方向：每个粒子在其寿命开始时可能移动方向的最大范围。测量单位是度。零表示向上；90表示向右；180表示向下，270表示向左。允许使用负数。
- 重力：如果重力是正数，粒子方向向下并且其速度会增加（如制作飘落的雪花）；如果重力是负数，则粒子方向更改为向上（如制作喷泉）。
- 旋转速率：应用到每个粒子的每帧旋转角度。

将以上参数设置后，使用Deco工具在舞台中拖曳鼠标进行绘制，即可制作出逼真的动画效果，按Ctrl+Enter组合键可预览效果。

学习了这些基本形状的绘制，接下来，我们一起来学习如何对这些形状进行有效的编辑。

## 5.1.2 应用任意变形工具编辑形状

任意变形工具主要实现对对象的缩放、旋转、倾斜、扭曲等操作。它的操作还可以通过执行“修改”→“变形”命令来实现。具体的操作如下：

1 使用工具箱中的“选取工具” 在舞台上选择要变形的对象。

2 在工具箱中单击“任意变形工具”按钮 ，选中该工具，此时所选对象周围将会显示带有8个变形手柄的矩形框，这些变形手柄位于矩形边框的4个角和每个边的中点。

3 根据用户的实际需要，选择不同的操作方式。

- 如果要移动对象的位置，可在边框内的对象上按下鼠标左键，将其拖曳到一个新的位置再释放鼠标按键，如图5-16所示。
- 默认状态下对象的变形点位于其中心位置，用户也可拖曳变形点标记，然后将其移动至所需位置，如图5-17右图所示。

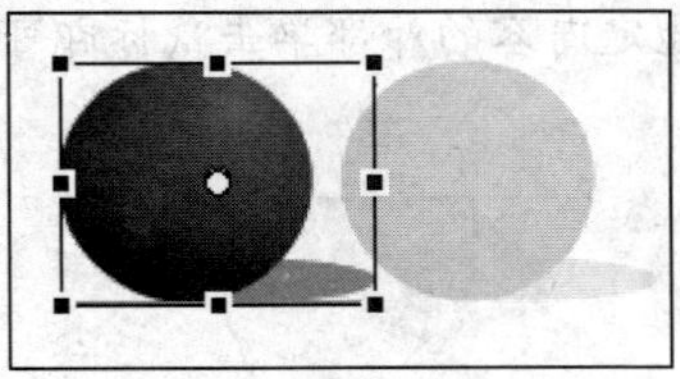

对象移动

图5–16

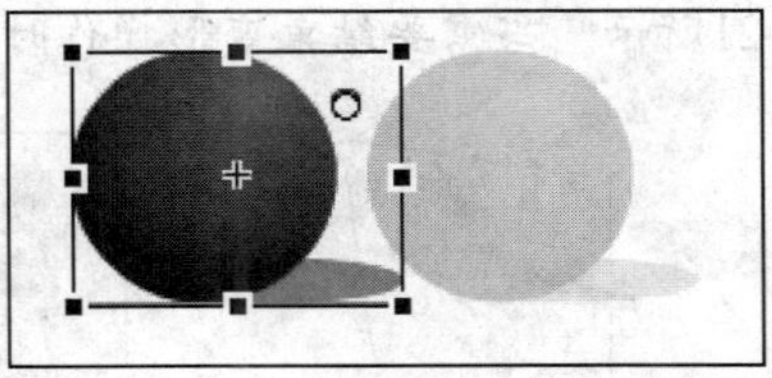

更改中心点

图5–17

- 如果要旋转所选内容，可将指针放在角手柄的外侧，当指针变为弯曲的箭头状时拖曳指针，所选内容即可围绕变形点旋转；如果改变中心点，可以改变旋转的参照中心。当通过拖曳鼠标来旋转所选内容时，如果按住Shift键拖曳以45º为增量进行旋转；按住Alt键拖曳以围绕对角旋转。如图5-18所示。

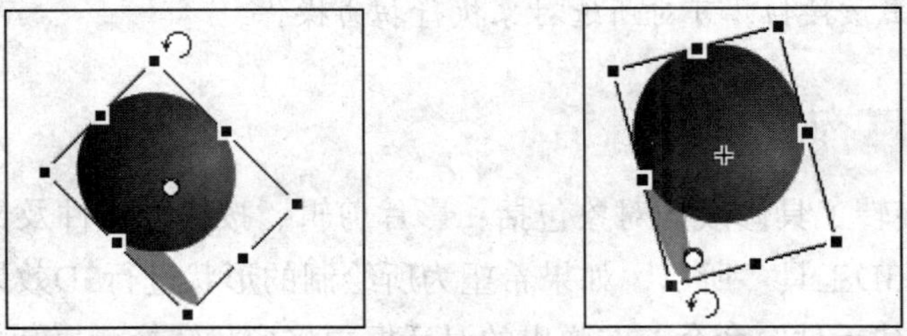

围绕中心点旋转　　围绕对象的阴影的边缘旋转

图5–18

- 如果要更改所选内容的大小，可将鼠标指针移至选择框的变形手柄上，当指针变为双向箭头后再拖曳鼠标即可。如果水平或垂直拖曳边手柄，可单独更改对象的宽度或高度，如果将鼠标移动到变形框的边角，拖曳角手柄可同时更改对象的宽度和高度，如图5-19所示。如果按住Shift键可以按比例调整对象的大小。

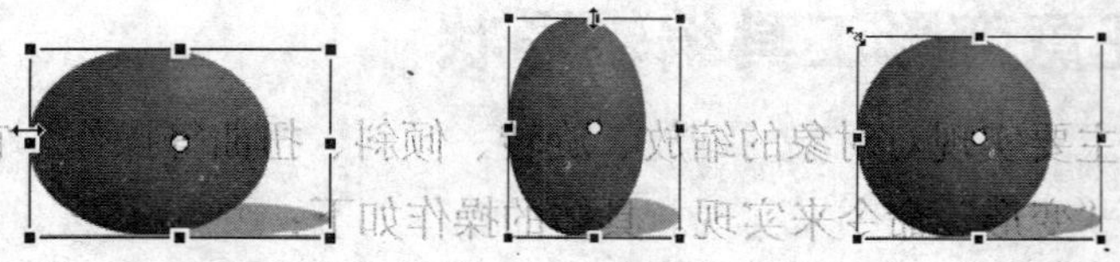

图5-19

- 如果需要倾斜所选内容，可将鼠标指针放置在变形手柄之间的边框上，当其变为图5-20所示的箭头形状时再进行拖曳，即可使所选内容发生倾斜。

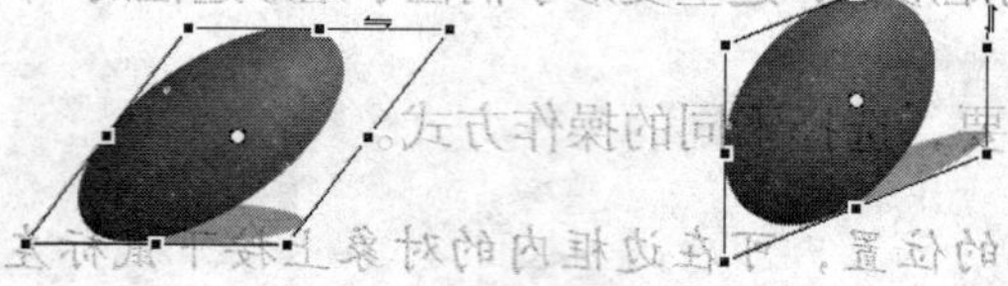

图5-20

- 如果要任意扭曲所选内容时，可按下Ctrl键拖曳角手柄或边手柄，如果按Ctrl+Shift组合键拖曳角手柄，选定的角及其相邻角将移动相同的距离，即锥化对象，如图5-21所示。当需要结束变形操作时，只要在选定内容的外部单击鼠标即可。

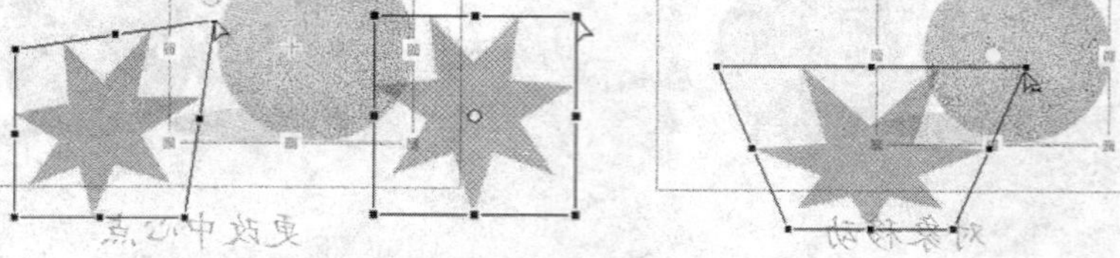

图5-21

除此以外，当选择了任意变形工具时，在工具箱的“选项”区还提供了相应的功能键：

- 旋转与倾斜：单击该按钮，可对所选对象执行旋转或倾斜操作。
- 缩放：单击该按钮，可对所选对象执行缩放操作。
- 扭曲：单击该按钮，可对所选对象执行扭曲操作。

## 5.1.3 利用3D旋转工具修改对象

可以使用3D旋转工具修改的对象包括：影片剪辑、按钮、组件及文本，但是遮罩层上的对象不能使用3D工具。所以，如果希望为所绘制的形状进行3D效果的调整，首先执行“插入”→“新建元件”命令，在弹出的对话框中将形状转换为影片剪辑或按钮元件，如图5-22所示。

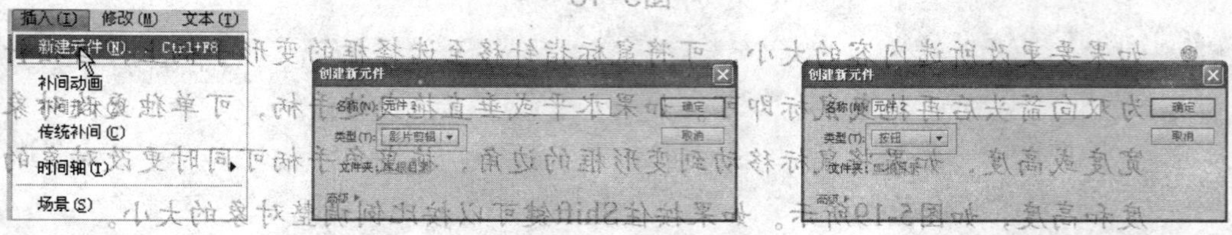


图5-22

在Flash CS5中，允许用户在舞台的3D空间中移动和旋转影片剪辑来创建3D效果。Flash 通过在每个影片剪辑实例属性中包含z轴来表示3D空间，通过影片剪辑实例沿z轴移动和旋转将3D透视等效果添加到影片剪辑中。

3D旋转工具的使用技巧包括平移3D图形、旋转、调整透视角度和调整消失点。

## 1. 平移3D图形

可以使用3D平移工具在3D空间移动影片剪辑实例。在使用该工具选择影片剪辑后，影片剪辑的x、y和z 3个轴将显示在舞台上对象的顶部。x轴为红色、y轴为绿色、z轴为蓝色。具体操作如下：

1 在“工具”面板中选择3D平移工具。

2 将该工具设置为局部或全局模式（按键盘上D键可切换模式）。

3 用3D平移工具选择一个或多个影片剪辑。

4 将指针移动到x、y或z轴控件上。此时，指针在经过任一控件时将发生变化。x和y轴控件是每个轴上的箭头。按控件箭头的方向拖曳其中一个控件可沿所选轴移动对象。z 轴控件是影片剪辑中间的黑点。上下拖曳z轴控件可在z轴上移动对象。也可以在属性面板中找到“3D定位和视图”项进行观察。如图5-23所示。

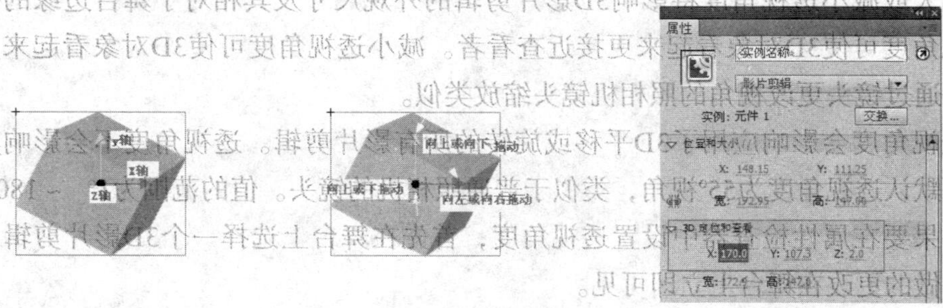


图5–23

## 2. 旋转3D图形

使用3D旋转工具 可以在3D空间旋转影片剪辑实例。3D旋转控件出现在舞台的选定对象之上，使用橙色的自由旋转控件可同时绕x和y轴旋转。3D旋转工具的默认模式为全局。在全局3D空间中旋转对象与相对舞台移动对象等效。在局部3D空间中旋转对象与相对父影片剪辑（如果有）移动对象等效。

具体操作如下：

1 在“工具”面板中选择3D旋转工具。

**2** 在舞台上选择影片剪辑。3D旋转控件将显示为叠加在所选对象上。如果这些控件出现在其他位置，可以双击控件的中心点将其移动到选定的对象上。

**3** 将指针放在旋转轴控件之一上。指针在经过控件中的一个控件时将发生变化。

**4** 拖曳一个轴控件绕该轴旋转，或拖曳自由旋转控件（外侧橙色圈）同时绕x和y轴旋转。

左右拖曳x轴控件可绕x轴旋转。上下拖曳y轴控件可绕y轴旋转。拖曳z轴控件进行圆周运动可绕z轴旋转。

**5** 如果要相对于影片剪辑重新定位旋转控件中心点，可拖曳中心点进行调整。若按住Shift键的同时进行拖曳，按45°增量约束中心点的移动。移动旋转中心点可以控制旋转对于对象及其外观的影响。双击中心点可将其移回所选影片剪辑的中心。如图5-24所示。

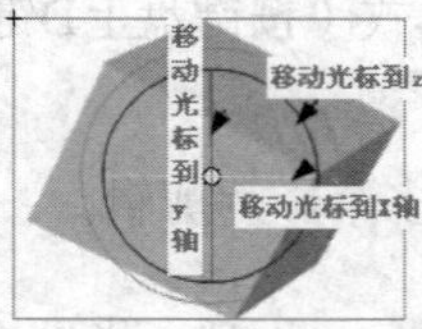

图5-24

### 3. 调整透视角度

增大或减小透视角度将影响3D影片剪辑的外观尺寸及其相对于舞台边缘的位置。增大透视角度可使3D对象看起来更接近查看者。减小透视角度可使3D对象看起来更远。此效果与通过镜头更改视角的照相机镜头缩放类似。

透视角度会影响应用了3D平移或旋转的所有影片剪辑。透视角度不会影响其他影片剪辑。默认透视角度为55°视角，类似于普通照相机的镜头。值的范围为1° ~180° 。

如果要在属性检查器中设置透视角度，首先在舞台上选择一个3D影片剪辑。对透视角度所做的更改在舞台上立即可见。

具体操作如下：

**1** 选择工具箱中的“矩形工具”，绘制一个如图5-25所示的立方体。

**2** 打开属性面板，按照图5-26所示的参数进行调整。

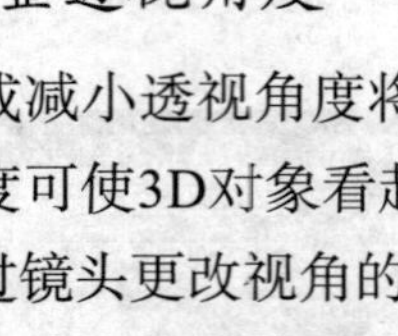
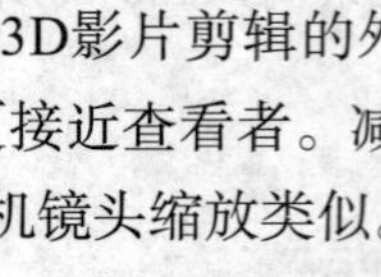

图5-25

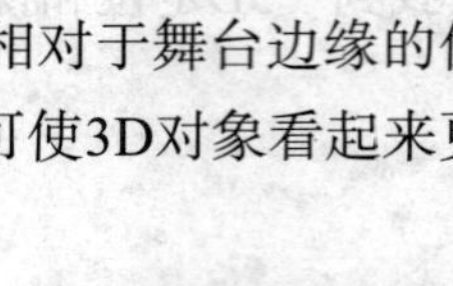
图5-26

这样就将一个立方体由平视调整为仰视效果了。

### 4. 调整消失点

Fla文件的消失点属性控制舞台上3D影片剪辑的z轴方向。FLA文件中所有3D影片剪辑的z轴都朝着消失点后退。

通过重新定位消失点，可以更改z轴平移对象的移动方向。通过调整消失点的位置，可以精确控制舞台上了3D对象的外观和动画。

例如，如果将消失点定位在舞台的左上角（0, 0），则增大影片剪辑的z属性值可使影片剪辑远离查看者并向着舞台的左上角移动。操作比较简单，读者朋友可以参照前面的操作试一试。

## 5.1.4 案例——绘制网页造型元素

网页设计中经常使用一些必要的修饰物为网页增色。

制作一个精美的网页造型元素，主要制作步骤如下：

1 选择工具箱中的“矩形工具”，绘制一个如图5-27所示的立方体。

2 为了能够自由编辑和修改，按F8键，将其类型转换为 “影片剪辑” 、“名称”为立方体的元件。

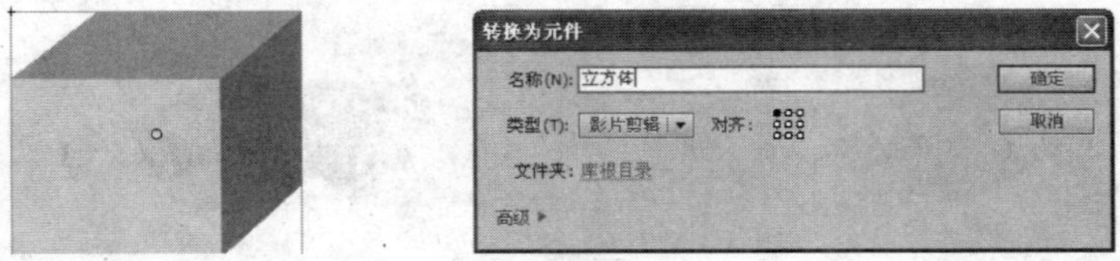


图5–27

3 按Alt键，并拖曳元件实例将其复制，打开属性面板，单击“样式”下拉列表，选择“颜色”项，将元件实例的颜色更改为粉色，如图5-28所示。

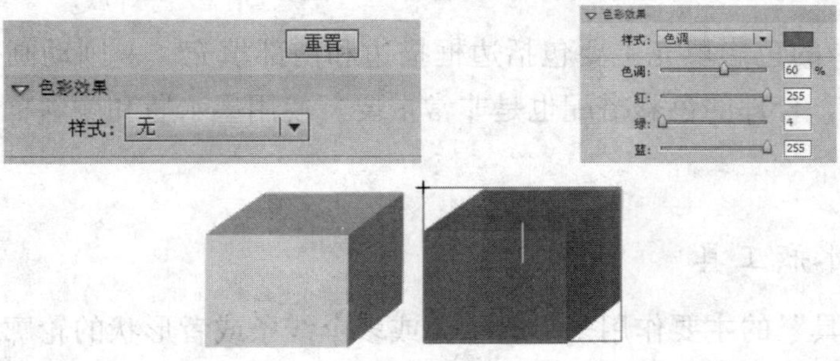


图5–28

4 选择工具箱中的“3D旋转工具”，将其沿z轴旋转30º，得到如图5-29所示的形状。

图5–29

**5** 再次利用“铅笔工具”绘制两个正方形，然后选择工具箱中的“部分选取工具”，拖曳锚点将其转换为如图5-30所示的形状。选择“油漆桶工具”为其着色。按Delete键，将边框删除；按F8键，将“类型”转换为“影片剪辑”元件。

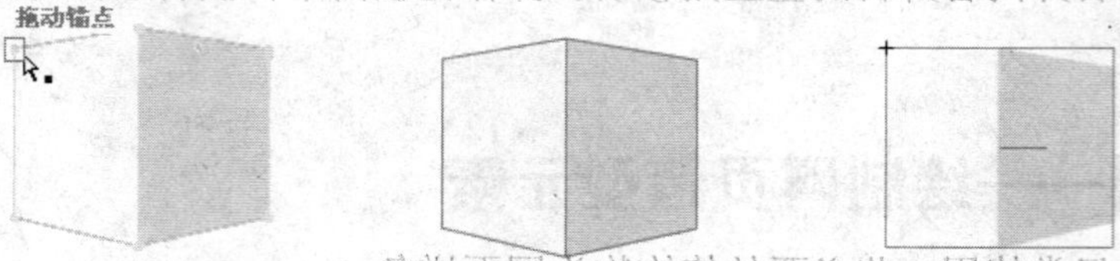


图5–30

**6** 选择工具箱中的“刷子工具”，在属性栏中设置笔刷的大小和样式绘制如图5-31所示的线条，选择“多角星形工具”，绘制出3个五角星形状作为修饰。完成后，在工具箱中选择“文本工具”T 输入“欢乐谷”。

图5–31

这样一个简单的网页造型元素就制作完成了。

## 5.1.5 使用填充工具

Flash CS5中的色彩填充主要包括边框描边和内部填充。一则动画效果不仅取决于动、光、闪、炫，合理的色彩搭配也是非常重要。使用墨水瓶和颜料桶工具可以很轻松地实现。

### 1. 使用墨水瓶工具

“墨水瓶工具”的主要作用是更改一个或多个线条或者形状的轮廓颜色、宽度和样式。选择一种笔触颜色后，在线条或轮廓边缘处单击即可。如果读者还想制作七彩渐变的边框效果，请打开墨水瓶工具的属性栏，单击“填充和笔触”选择适合的渐变色就可以了。如图5-32所示。

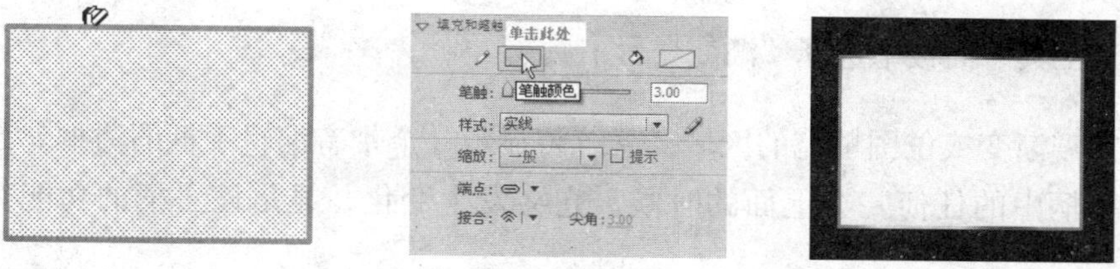


图5-32

## 2. 使用颜料桶工具

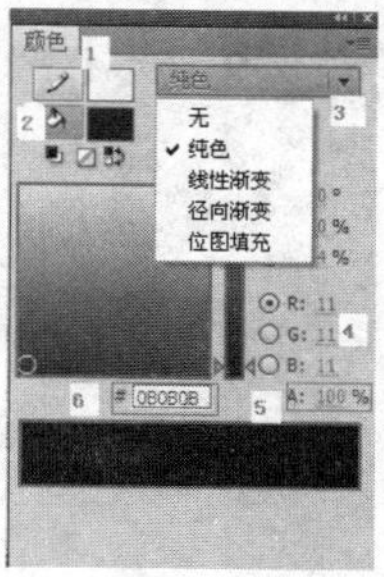


图5-33

"颜料桶工具"可以实现对所绘制对象进行单色、渐变、位图的填充或修改。如图5-33所示。

- 笔触颜色：更改图形对象的笔触或边框的颜色。
- 填充颜色：更改填充颜色。
- 颜色类型：更改填充样式。主要包括：无、纯色、线性渐变、放射状渐变、位图填充。
- RGB：可以更改填充的红、绿和蓝（RGB）的色密度。
- Alpha：可设置实心填充的不透明度，或者设置渐变填充的当前所选滑块的不透明度。如果Alpha值为0%，则创建透明效果；如果Alpha值为100%，则创建的填充不透明。
- 自定义颜色：用户可以自由定义所需要的精确颜色。

需要特别说明的是在系统默认的情况下，填充只对所绘制的封闭对象有效。如果对象没有形成完全封闭，读者可以在选择"颜料桶工具"后借助于"工具"面板的选项区域中的"空隙大小"按钮，然后在下拉菜单中选择适合的缝隙选项进行填充即可。如果单击"锁定填充"按钮则表示在绘图过程中，渐变或位图填充将扩充覆盖在舞台中涂色的对象上。如图5-34所示。

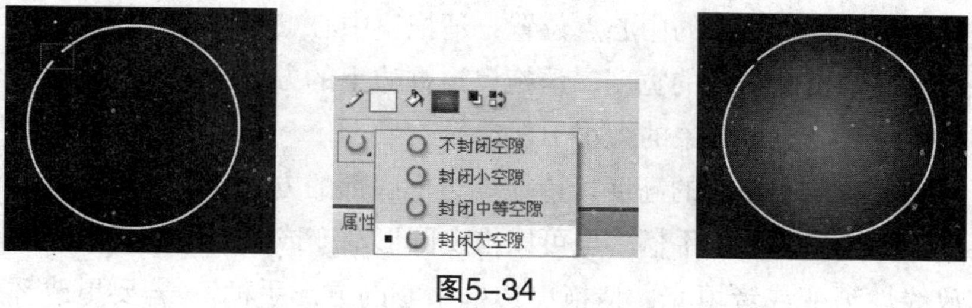


图5-34

## 3. 使用渐变工具及渐变变形工具

"渐变变形工具"用于调整渐变的颜色、填充对象及位图的尺寸、中心点和角度（前提是对象上已经使用过渐变填充）。

使用渐变和位图填充变形工具，通过调整填充的大小、方向或者中心，可以使渐变填充或位图填充变形。

具体操作如下：

1 从“工具”面板中选择“渐变变形工具”。

2 单击需渐变或位图填充的区域，系统将显示一个带有编辑手柄的边框。当指针在这些手柄中的任何一个上面的时候，它会发生变化，显示该手柄的功能。如图5-35所示。

- 中心点：中心点手柄的变换图标是一个四向箭头。
- 焦点：仅在选择放射状渐变时才显示焦点手柄。焦点手柄的变换图标是一个倒三角形。
- 大小：大小手柄的变换图标（边框边缘中间的手柄图标）是内部有一个箭头的圆圈。
- 旋转：调整渐变的旋转。旋转手柄的变换图标（边框边缘底部的手柄图标）组成一个圆形的四个箭头。
- 宽度：调整渐变的宽度。宽度手柄（方形手柄）的变换图标是一个双头箭头。

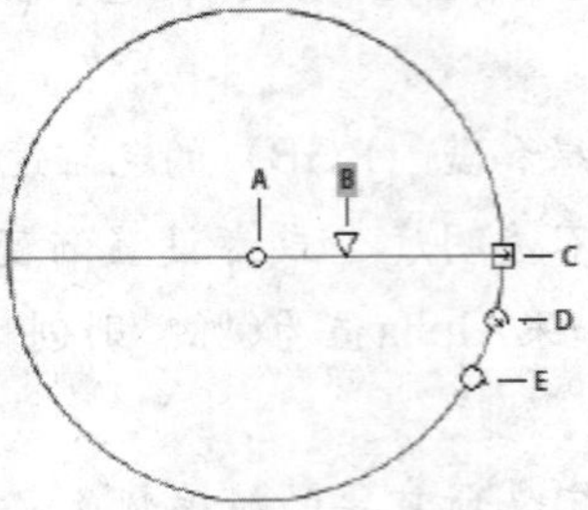


放射状渐变控件
A.中心点 B.宽度 C.旋转 D.大小 E.焦点

图5–35

如果按下Shift可以将线性渐变填充的方向限制为45° 的倍数。

### 4. 更改渐变或填充的形状

若要改变渐变或位图填充的中心点位置，请拖曳中心点。

若要更改渐变或位图填充的宽度，请拖曳边框边上的方形手柄（此选项只调整填充的大小，而不调整包含该填充对象的大小）。

若要更改渐变或位图填充的高度，请拖曳边框底部的方形手柄。若要旋转渐变或位图填充，请拖曳角上的圆形旋转手柄。也可以拖曳圆形渐变或填充边框最下方的手柄。

若要缩放线性渐变或者填充，请拖曳边框中心的方形手柄。 若要更改环形渐变的焦点，则应拖曳环形边框中间的圆形手柄。

### 5. 调整线性渐变

使用渐变工具，在颜色面板中选择“线性渐变”选项，单击需要进行渐变填充的对象，即为当前对象添加了渐变效果。选择工具箱中的“渐变变形工具”单击渐变填充效果即出现控制手柄：拖曳中心点即可更改渐变的中心位置；拖曳空心的方点可改变渐变的范围；拖曳空心圆点即可改变渐变的方向和角度。如图5-36所示。

图5-36

### 6. 调整放射状渐变

使用渐变工具，在颜色面板中选择“放射状渐变”选项，单击需要进行渐变填充的对象，即为当前对象添加渐变效果。选择工具箱中的“渐变变形工具”单击渐变填充效果即出现控制手柄。拖曳中心点即可更改渐变的中心位置。拖曳空心倒三角可改变渐变的方向和角度。拖曳方向朝右下角的箭头图标可改变渐变的范围及宽度。如图5-37所示。

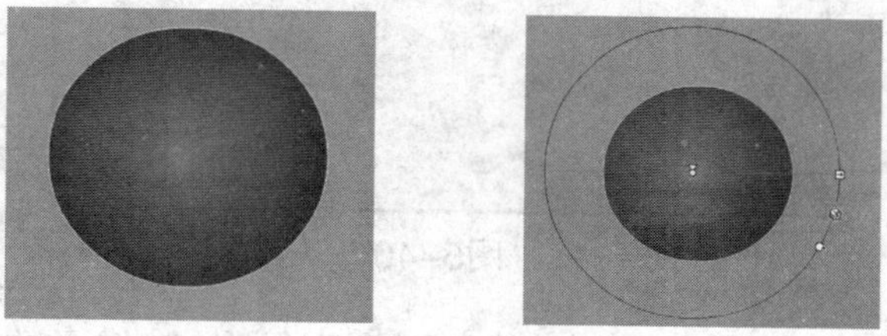

图5-37

### 7. 调整位图填充

使用渐变工具，在颜色面板中选择“位图填充”选项，单击需要进行渐变填充的对象，即为当前对象添加了位图填充效果。选择工具箱中的“渐变变形工具”，单击位图填充效果即出现控制手柄：拖曳中心点即可更改渐变的中心位置；拖曳上方和右边的空心四边形，可改变位图填充的倾斜角度。拖曳下方和左边的空心四边形，可分别改变位图填充的宽度和高度，右下角的空心圆点则表示同时改变位图填充的宽度和高度。如图5-38所示。

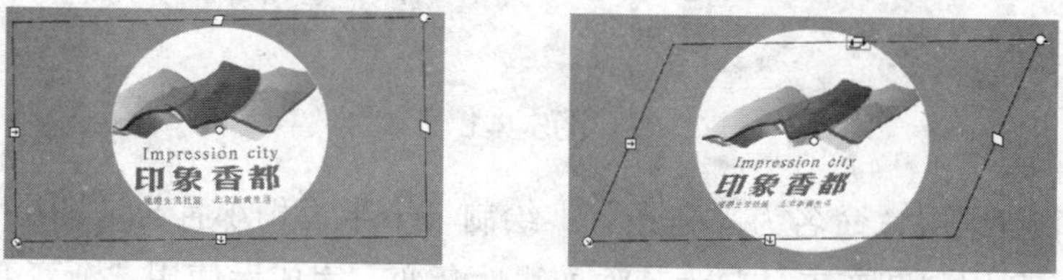


图5-38

如果希望更改填充所使用的位图，可单击“导入”按钮，重新选择所使用的位图，如图5-39所示。

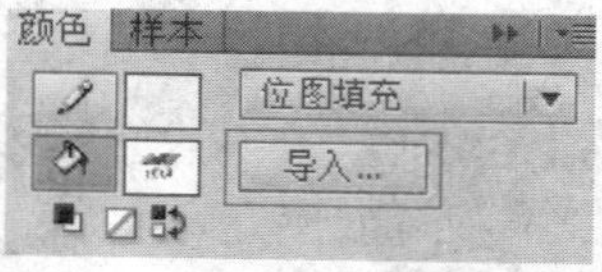


图5-39

在制作特别精细的渐变效果时，可以将渐变效果转换为影片剪辑，然后通过叠加来实现效果的制作。

## 5.1.6 案例——制作透明水泡

巧妙地利用渐变填充，不仅能够制作出色彩斑斓的造型颜色，而且还可以制作出具有透明效果的“水珠”效果。本节就利用渐变的相关知识制作一个透明的泡泡效果。

具体操作如下：

1 执行“文件”→“新建”命令，新建一个Flash文档，单击“属性”面板上的“编辑”按钮，在弹出的对话框中设置文档的尺寸，如图5-40所示。

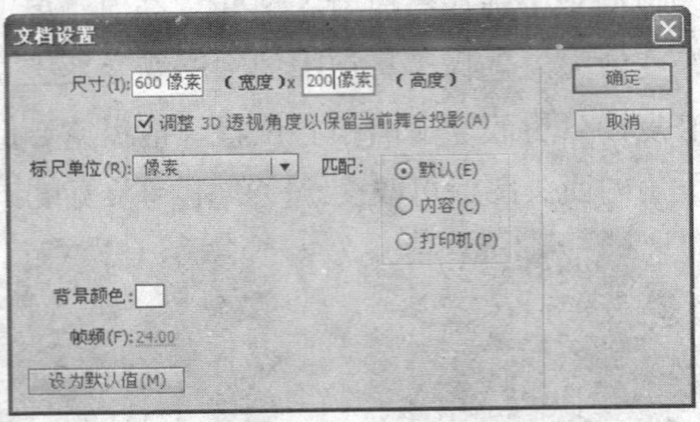


图5-40

2 选择工具箱中的“椭圆工具”，绘制一个直径为100像素的正圆，利用“填充工具”将其填充为放射状渐变并将高光位置在下方，其中设置填充放射状渐变色值为：#00C4F5、#008AF7、#0062E2。如图5-41所示。

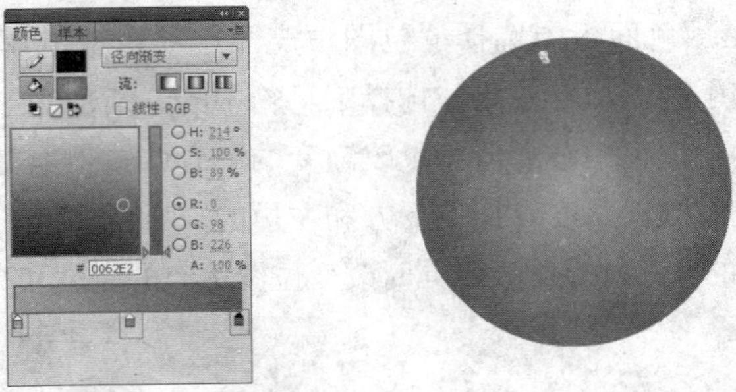


图5-41

3 创建一个新图层，命名为“亮光”。绘制一个半径稍小且与“图层1”圆相同的同心圆形，利用“渐变工具”为其添加线性渐变。完成后使用“渐变变形工具”调整高光位置由上至下分布，如图5-42所示。其填充线性渐变色值为：从白色到透明 。

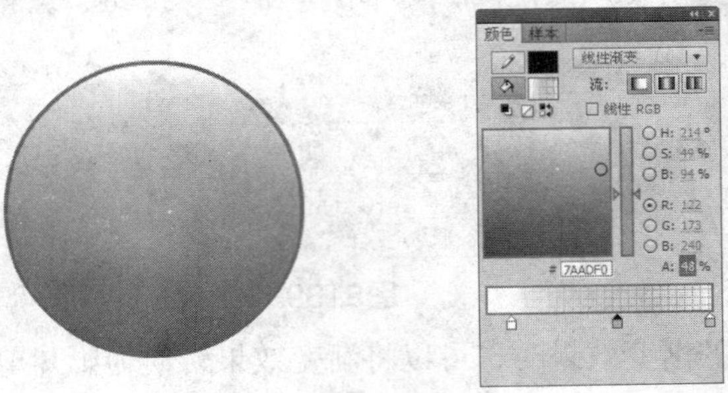


图5-42

**4** 再创建一个新图层，命名为“头部细节光”。使用“铅笔工具”在顶部绘制两条弧线，颜色为白色，如图5-43所示。

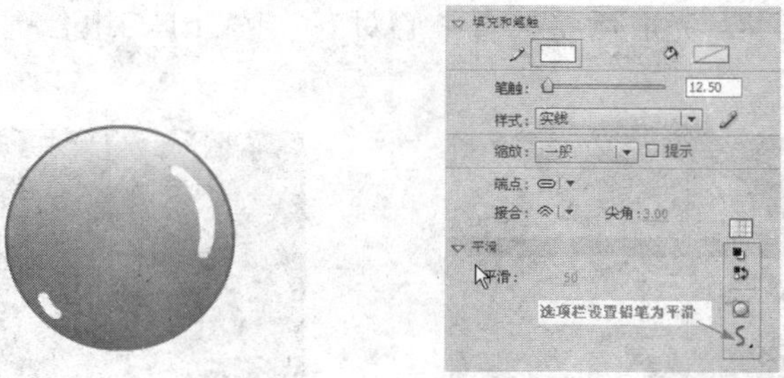


图5–43

本例主要使用“径向渐变”和“线性渐变”及铅笔制作了一个简单但晶莹剔透的水珠效果，使用同样的方法，如果读者将其转换为矩形或者圆角矩形，结合渐变变形修改，就可以绘制出具有同样效果的菜单按钮。如图5-44所示。

图5–44

## 5.1.7 技术拓展

渐变效果除了能够模拟透明的水珠效果以外，如果将渐变效果应用到几何变形操作，对渐变进行多方位、多角度的叠加，同样也可以制作出精美的网页视觉元素。通过制作不同效果的渐变，然后叠加来制作一个具有透明效果的下载按钮。

具体操作如下：

**1** 执行“文件”→“新建”命令，新建一个空白文件，为了更好地体现制作效果，将舞台的背景色设置为黑色。

**2** 选择工具箱中的“椭圆工具”，按下Shift键并拖曳鼠标绘制一个正圆。选择“颜料桶工具”进行线性渐变填充，填充色为#CCCCCC到#FFFFFF的垂直渐变效果。按下Alt键并拖曳鼠标，将其复制，更改渐变色为#666666到#FFFFFF的垂直渐变效果。选择“任意变形工具”，按下Shift键进行等比例缩小，完成后将二者中心对齐，按Ctrl+G组合键将形状组合如图5-45所示。

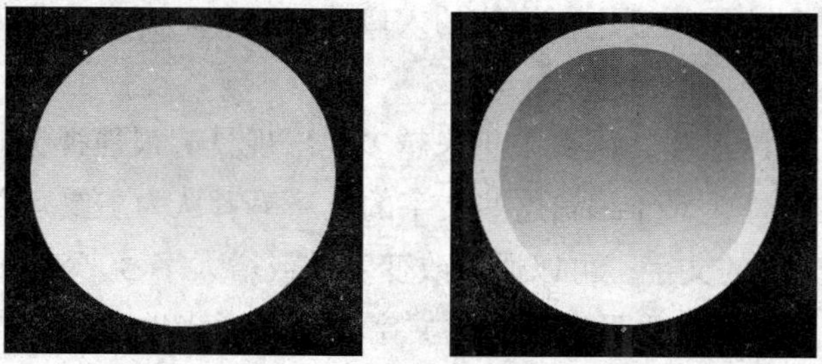

图5–45

3 再次绘制一个正圆，用颜色#993300进行填充，按下Alt键并拖曳鼠标，将其复制，更改渐变色为#FF3300到# B41715的径向渐变效果，选择“任意变形工具”，按下Shift键进行等比例缩小，完成后将二者中心对齐，按Ctrl+G组合键将形状组合，如图5-46所示。

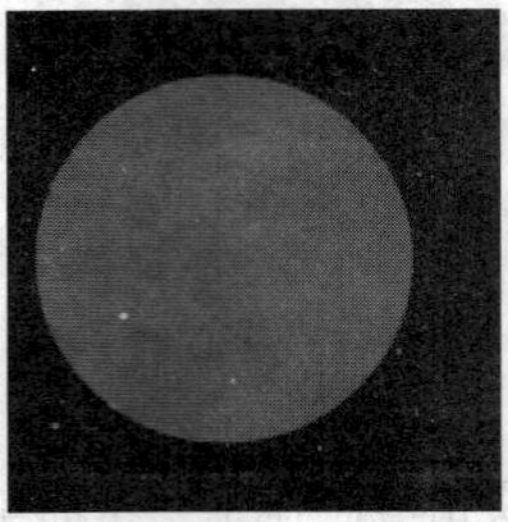

图5–46

4 调整先前所制作的组合与刚制作的组合进行叠加，保持中心对齐。绘制箭头标识并输入文本内容，完成最后的制作。如图5-47所示。

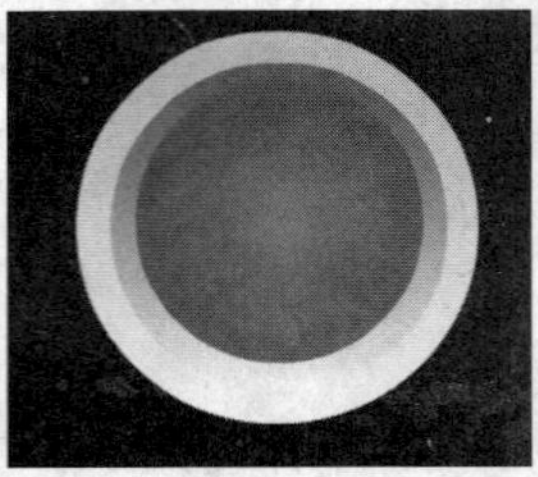

图5–47

# 5.2 编辑与修改网页动画中的文字

文字的设计和应用是网页传递信息的主要方式，几乎所有的网页都使用了文字制作的特效。本节主要为大家讲解如何在Flash CS5中实现对文本的控制。

在Flash CS5中可以创建3种传统类型的文本：静态文本、动态文本和输入文本。

静态文本包括固定文本块和可扩展文本块。两者的区别是前者当文本输入达到文本框的宽度时将自动换行，而后者则不会自动换行。

动态文本可以对文本信息及时更新，制作时通过为动态文本“命名名称”，然后通过“命名名称”这个变量动态实现文本的改变。

输入文本是一种对应用程序进行修改的入口，功能和动态文本类似，使用户能够输入表单或调查表的文本。

随着网络技术的不断进步，网页中越来越多地出现具有很强视觉效果的大字号中文字符和清秀美观的英文字体，对于编辑这些文字的技巧笔者认为主要有以下几点：

（1）对于特别突出的文字，可以通过改变字体或增大字号来实现。

（2）对于特别突出且需要强调说明的文字，可以适当地改变其样式，如改为粗体显示或倾斜显示。

（3）对于段落文字，除了设置首行文字缩进以外，还可以将行间距设置为1.5倍大小。

以上是Flash CS5中常见的3种文本类型，但是如果用户希望制作更为复杂和精美的动画效果，则需要将文本转换为图形。对于单个文本字符，直接执行“修改”→“分离”命令即可将单个文本字符转换为图形；对于多个字符则需要连续执行两次“修改”→“分离”命令才可以将文本字符转换为图形。将文字转换为形状，可避免出现字体丢失的情况。

下面是文本的主要编辑方法。

（1）对于多个字符，需要连续两次执行“修改”→“分离”命令后，再使用“墨水瓶工具”为文本改变边框的样式，如图5-48所示。

整体改变边框　　将填充移开　将边框的颜色有规律的填充

图5-48

（2）选择文本形状，使用工具箱中的“油漆桶工具”在文本形状上方拖曳，可制作渐变文字效果。如图5-49所示。

线性渐变　　径向渐变　　位图填充制作画中字

图5-49

（3）选择文本形状，使用“部分选择工具”在文本形状的边框节点上拖曳鼠标可改变其外观如图5-50所示。

图5-50

（4）选择文本形状，使用工具箱中的“橡皮擦工具”可以将文本的部分内容擦除，制作文字的移花接木效果。如图5-51所示。

图5-51

（5）选择文本形状，使用工具箱中的“任意变形工具”，对文本形状进行变形操作。如图5-52所示。

倾斜文本形状　　扭曲文本形状　　为文本形状添加封套

图5-52

（6）按F8键，将文本形状转换为影片剪辑元件，然后通过“属性”面板上的“滤镜”按钮实现为其追加滤镜效果或命名，然后实现动态引用如图5-53所示。

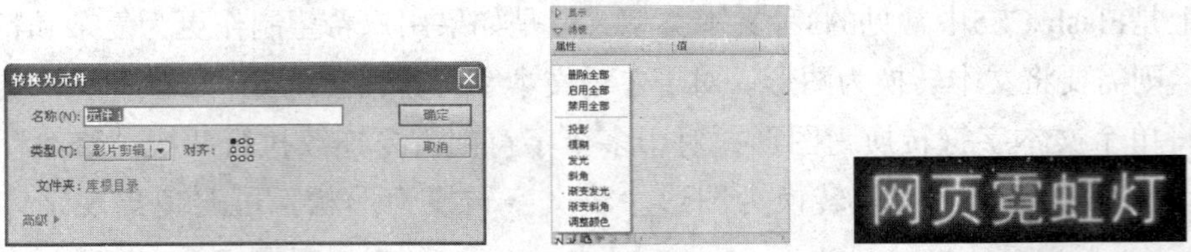

图5–53

（7）选择文本形状，执行“修改”→“分离”命令，然后单击鼠标右键，在弹出的快捷菜单中选择“分散到图层”命令，可以将文本形状依次分散到不同的图层上。如图5-54所示。

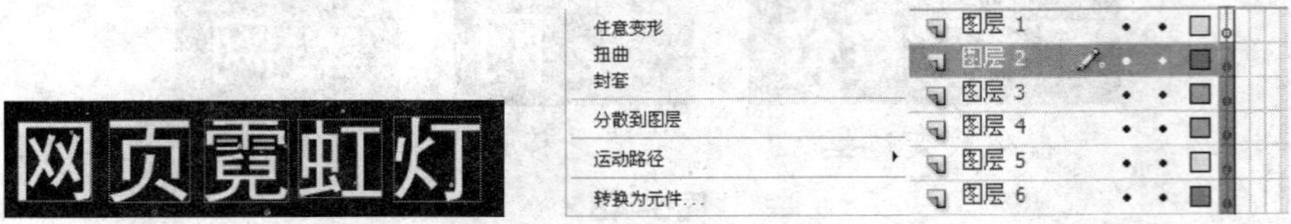

图5–54

此外，从Flash Professional CS5开始，还可以使用一种新文本——文本布局框架（TLF），它支持文本布局功能和对文本属性的精细控制。与传统文本相比，TLF文本提供了下列增强功能：

- 更多字符样式，包括行距、连字、加亮颜色、下划线、删除线、大小写、数字格式等操作。
- 更多段落样式，包括通过栏间距支持多列、末行对齐选项、边距、缩进、段落间距等操作。
- 新增加了包括直排内横排、标点挤压、避头尾法则类型和行距模型等操作。
- 可以为TLF文本应用3D旋转、色彩效果以及混合模式等属性，而无需将TLF文本放置在影片剪辑元件中。
- 支持双向文本，其中从右到左的文本可包含从左到右文本的元素

了解了这些文字的类型和特点，对于我们利用文字进行动画制作将有很大的帮助。

## 5.2.1 案例——制作倒影文字

倒影文字在网页动画中经常看到，就其原理来讲主要通过修改元件实例的透明度或者创建影片剪辑，然后为该影片剪辑添加模糊效果或直接为文字添加模糊效果来实现。利用倒影的好处是充分增加页面的立体感为页面创造更加真实的空间感。

提到文字效果的制作就不得不提Swishmax这款优秀的特效文字制作软件。它的操作和Flash相似，但是生成动画更简单。本节先为大家介绍如何在Flash中制作倒影文字效果，5.2.2节为大家介绍如何利用Swishmax快速制作具有3D效果的文字。

Flash中的具体操作如下：

**1** 执行“文件”→“新建”命令，新建一个空白文件。执行“文件”→“导入”→“导入到舞台”命令，导入素材图像。

**2** 新建“图层2”，在工具箱中选择“文本工具”，打开属性面板，将字体设置为黑体；字号设置为25点，颜色设置为黑色。输入“网络教室 网络教育”字样。选择该文本，按Ctrl+C组合键，将文本内容复制。

**3** 新建“图层3”，执行“编辑”→“粘贴到当前位置”命令，创建文字的副本。执行“修改”→“变形”→“垂直翻转”命令，将文字垂直翻转。利用选择工具调整翻转文字的位置。

**4** 选择翻转文字，打开属性面板，为文字添加模糊滤镜效果，如图5-55所示。

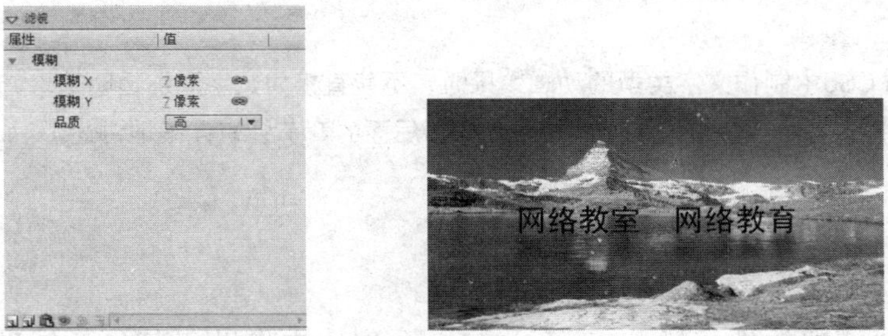


图5–55

下面为其制作动画效果。

**5** 用选择工具，分别在“图层1”、“图层2”、“图层3”的第45帧处单击，按F5键插入帧。

**6** 分别在“图层1”、“图层2”、“图层3”的第20帧处单击，按F6键插入帧。

**7** 选择“图层2”第1帧的文字，将文字垂直向上移动；选择“图层3”第1帧的文字，将倒影垂直向下移动。如图5-56所示。

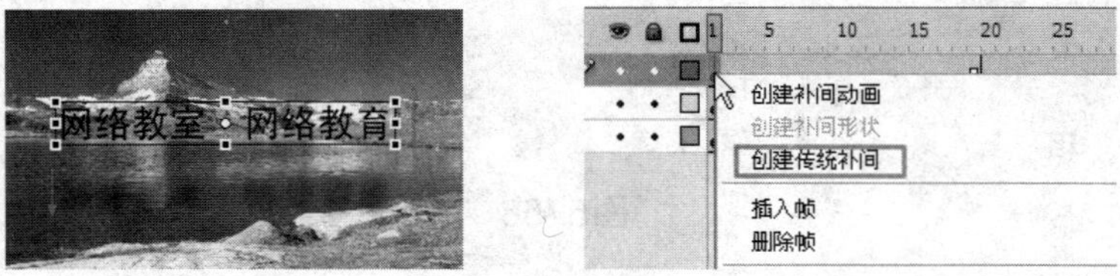


图5–56

**8** 分别在“图层2”、“图层1”的第20帧处单击鼠标右键，在弹出的快捷菜单中选择“创建传统补间”命令，为文字创建传统补间动画效果。这样一个简单的投影动画就完成了细节的修改。

**9** 分别选择文本和倒影：按F8键，在弹出的对话框中分别将其转换为名称为“元件1”、“元件2”的影片剪辑元件。

**10** 在第1帧处分别单击文本和倒影，打开属性面板，修改文字的透明度。如图5-57所示。

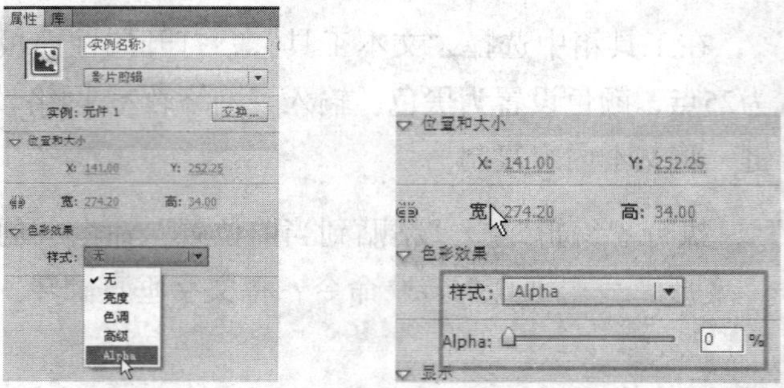

图5-57

这样一个精美的投影文字就制作完成了。

**说明** 在Flash CS5中制作文字类型的动画效果时，不能直接为文字添加透明效果，要调整透明效果，必须先将文本内容转换为元件（关于元件，后面的章节会有详细地讲述）。

## 5.2.2 案例——制作立体文字

与其他图像处理软件一样，Flash CS5也允许用户借助于其他的辅助工具来为文本制作特殊效果，这样不仅能提高制作效率，还可以拓宽设计视野。本节为大家介绍利用Swishmax（http://www.swishzone.com/）快速制作具有3D效果的文字动画。

**1** 启动Swishmax中文版，执行“文件”→“新建”命令，新建一个空白文件。在的工具箱中“选择文本工具”，然后在窗口左面的属性面板中设置文字的属性。如图5-58所示。

图5-58

**2** 执行“效果”→“核心效果”→“三维旋转”命令，为所输入的文字添加3D旋转效果。

**3** 完成后，用鼠标单击控制栏中的“播放”按钮，如图5-59所示，即可预览到所追加的效果。怎么样？利用这款小软件制作文字特效简单吧！

图5-59

4 执行“文件”→“导出”→“SWF”命令，将制作的动画效果导出为与Flash通用的swf格式动画，以便于在网页制作时进行直接应用。

如果读者朋友希望使用这款软件，可到华军软件园等相关的网站进行下载。

# 5.3 编辑图像与导入外部文件

动画制作时通常需要有图像作为陪衬，同时为了保证最终动画效果的显示还需要我们能够合理地使用图像、合理地选择图像格式。本节主要为大家讲解Flash CS5中图像的编辑与外部文件的导入。

Flash CS5支持对其他程序创建的图像素材提供了很好的支持，可以对导入的位图应用消除锯齿功能，平滑图像的边缘，也可以选择压缩选项以减小位图文件的大小，以便在网页中显示。

执行“文件”→“导入”→“导入到舞台”命令，即可将外部的图像导入到当前舞台上。

对图像的编辑与修改技巧有以下几点：

（1）按F11键打开库面板，选择一个位图，然后单击“库”面板底部的“属性”按钮，如图5-60所示。可以为位图设置“允许平滑”，以便位图在缩放时提高图像的品质。其中，“压缩”有两种形式最为常用：JPEG格式的压缩图像与PNG/GIF，无损压缩格式图像，如图5-61所示。

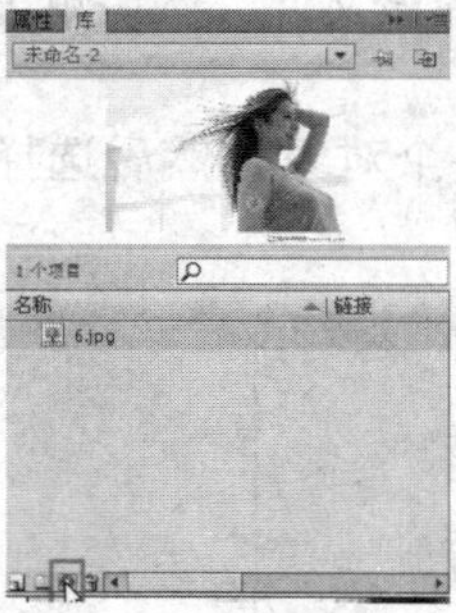


图5–60

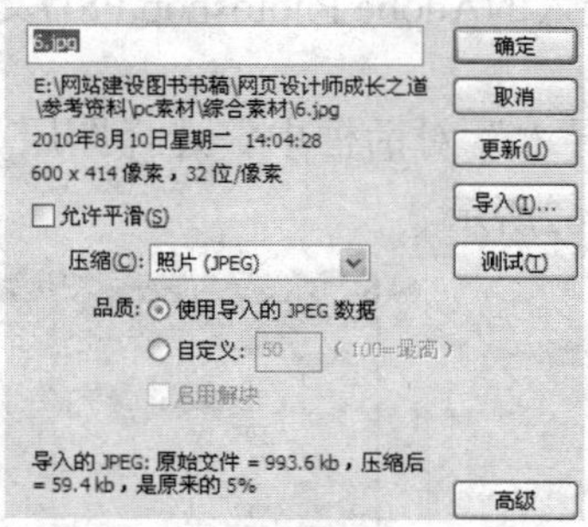


5–61

（2）执行“修改”→分离”命令，可以分离舞台上的位图，并将位图实例转换为形状。同时与库项目分离。

（3）执行“修改”→“位图”→“将位图转换为矢量图”命令，可以将位图转换为具有可编辑的离散颜色区域的矢量图形从而减小文件的大小。

（4）将位图分离或转换为矢量图以后，可以使用“魔棒工具”快速选择图像的部分区域。

（5）一次性导入了多幅位图图像，选择全部的位图，然后单击鼠标右键，在弹出的快捷菜单中选择“分散到图层”命令，则可以将位图分散到不同的图层上。

（6）选中导入的位图，按F8键，可以将导入的位图转换为元件以便重复使用。

在Flash CS5中经常导入的外部文件有以下类型。

### 1. 导入Photoshop文件

导入PSD文件时，Flash可以保留许多在Photoshop中应用的属性，并提供保持图像的视觉保真度以及进一步修改图像的选项。在将PSD文件导入Flash时，可以选择将每个Photoshop图层表示为Flash图层、单个的关键帧还是单独一个平面化图像。还可以将PSD文件封装为影片剪辑。

Flash PSD导入器提供了下列主要功能：

- 导入到Flash中的PSD文件，可以保持它们在Photoshop中的颜色保真度。
- 保留Flash和Photoshop共有的混合模式的可编辑性。
- 将PSD文件中的智能对象栅格化，并将其作为位图导入到Flash中，这样可保留对象透明度。
- 将PSD文件图层转换为单个Flash图层或关键帧，或将PSD文件作为单个位图图像导入，在这种情况下，Flash会将该文件栅格化。
- 从Photoshop中直接拖曳图像到Flash时，会调用PSD文件导入器，可选择如何导入Photoshop插图。

将Photoshop文件导入Flash CS5中的具体操作如下：

1 执行“文件”→“导入到舞台”或“导入到库”命令。

2 定位到要导入的Adobe Photoshop PSD文件，选择该文件，然后单击“确定”按钮。

3 在“PSD 导入”对话框中，选择图层、组和各个对象，然后选择如何导入每个项目，如图5-62所示。

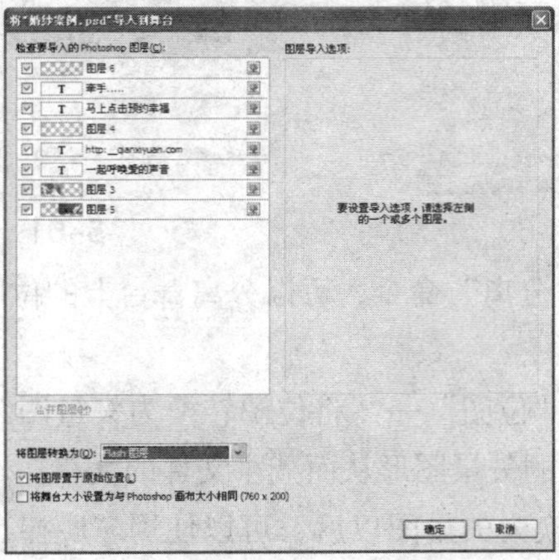

图5-62

- 将图层转换为-Flash图层：选择该项，“Photoshop图层”列表中的所有选定图层将置于其各自的图层上。Photoshop文件中的每个图层都标有图层名称。将Photoshop中的各个图层对象入“库”面板中，这些对象也具有在Photoshop中的图层名称。

- 将图层转换为-关键帧：选择该项，“Photoshop图层”列表中的所有选定图层将置于新图层的各个关键帧上。将重新命名Photoshop文件中的新图层（例如，myfile.psd）。Photoshop中的图层是位于各个关键帧上的对象，将其拖入“库”面板中，这些对象也具有在Photoshop 中的图层名称。
- 将图层置于原始位置：PSD文件的内容保持它们在Photoshop中的准确位置。例如，某对象在Photoshop中位于X=100、Y=50处，则在Flash舞台上也具有相同坐标，如果未选中此选项，则导入的Photoshop图层将位于舞台的中间位置。PSD文件中的项目在导入时将保持彼此的相对位置；然而，所有对象在当前视图中将作为一个块位于中间位置。如果放大舞台的某一区域，并为舞台的该区域导入特定对象，那么此功能会很有用。如果使用原始坐标导入了对象，则可能无法看到导入的对象，因为它可能被置于当前舞台视图之外（将PSD文件导入到Flash库中时，此选项不可用）。
- 将舞台大小设置为与Photoshop画布大小相同：Flash舞台大小调整为与创建PSD文件所用的Photoshop文档（或活动裁剪区域）相同的大小。默认情况下，此选项未选中。

### 2. 导入Illustrator AI 文件

在Flash中可导入IllustratorAI文件，并且在最大程度上保留插图的可编辑性和视觉保真度。AI导入器在确定Illustrator插图导入方式方面具有控制权，可指定如何将特定对象导入到AI文件中。

Flash AI导入器提供下列主要功能：

- 对最常用的Illustrator特效保留其可编辑性，并将其转换为Flash滤镜。
- 保留Flash和Illustrator共有的混合模式的可编辑性。
- 保留渐变填充的保真度和可编辑性。
- 保持RGB（红、绿、蓝）颜色的外观。
- 将Illustrator元件作为Flash元件导入。
- 保留贝赛尔控制点的数目和位置。
- 保留剪切蒙版的保真度。
- 保留图案描边和填充的保真度。
- 保留对象透明度。
- 将AI文件图层转换为单独的Flash图层、关键帧或单个Flash图层。还可以将AI文件作为单个位图图像导入，在这种情况下，Flash会平面化（栅格化）此文件。
- 提供Illustrator和Flash之间改进的复制和粘贴工作流程。复制和粘贴对话框提供了适用于将AI件粘贴到Flash舞台上的设置。

将Illustrator文件导入到Flash CS5中的具体操作如下：

**1** 选择“文件”→“导入到舞台”或“导入到库”命令。

2 找到要导入的AI文件，选择该文件，然后单击“确定”按钮。打开“将 Illustrator文档导入到舞台”或“将Illustrator文档导入到库”对话框，如图5-63所示。

3 当要导入的AI文件中存在和Flash不兼容的项目时，将会显示“不兼容性报告”按钮，如果单击该按钮，将生成AI文件中与Flash不兼容的内容列表。

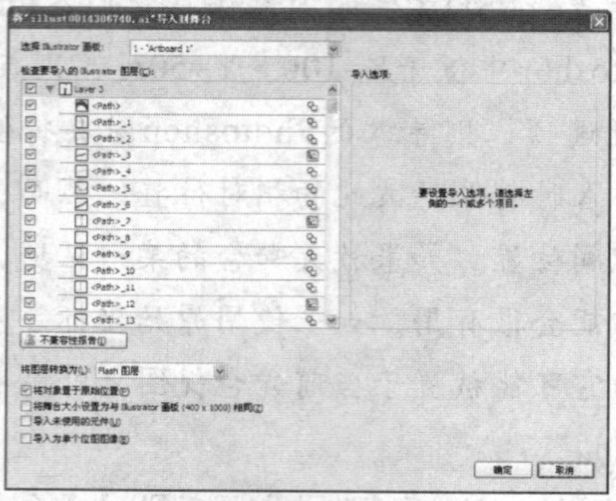

图5–63

- 将图层转换为-Flash图层：将导入文档中的每个图层转换为Flash文档中的图层。
- 将图层转换为-关键帧：将导入文档中的每个图层转换为Flash文档中的关键帧。
- 将图层转换为-单个Flash图层：将导入文档中的所有图层转换为Flash文档中的单个平面化图层。
- 将对象置于原始位置：AI 文件的内容保持它们在Illustrator中的准确位置。例如，如果某对象 Illustrator中位于X=100、Y=50处，那么在Flash舞台上也具有相同坐标。如果未选中此选项，则导入的Illustrator图层将位于当前视图的中心位置。AI文件中的项目在导入时将保持彼此的相对位置；然而，所有对象在当前视图中将作为一个块位于中间位置。如果放大舞台的某一区域，并为舞台的该区域导入特定对象，那么此功能会很有用。如果使用原始坐标导入了对象，则可能无法看到导入的对象，因为它可能被置于当前舞台视图之外。
- 将舞台大小设置为与Illustrator画板大小相同：Flash 舞台大小调整为与用于创建AI文件的Illustrator画板（或活动裁剪区域）相同的大小。默认情况下，此选项未选中。
- 导入未使用的元件：在画板上无实例的所有AI文件库元件都将导入到Flash库中。如果未选中此选项，则未用元件不会导入Flash。
- 导入为单个位图图像：将AI文件导入为单个位图图像，并禁用“AI 导入”对话框内的图层列表和导入选项。

4 选择希望导入的AI文件的层，然后单击“确定”按钮，即可实现在Flash CS5中导入AI文件。

### 3. 导入Fireworks文件

可以将Fireworks中制作的PNG文件作为平面化图像或可编辑对象导入到 Flash 中。将

PNG文件作为平面化图像导入时，整个文件（包括所有矢量插图）会栅格化或转换为位图图像。将PNG文件作为可编辑对象导入时，文件中的矢量插图保留为矢量格式。

具体操作如下：

1 执行“文件”→“导入”→“导入到舞台”或“导入到库”命令，打开文件导入对话框。

2 选择要导入的Fireworks图像，单击“打开”按钮，打开“导入Fireworks文档”对话框，在该对话框中可以为“位置”进行如下选择：

- 将所有页导入新场景：选择该项表示将PNG文件中的所有页导入影片剪辑作为场景，并且该影片剪辑元件内部的所有帧和图层都保持不变。
- 将一页导入当前图层：选择该项表示将所选PNG文件页（在“页名称”弹出菜单中确定）作为影片剪辑导入当前Flash文档的单个新图层。
- 所选页的内容导入为影片剪辑，其所有原始图层和帧结构都保持不变。如果页影片剪辑内部包含帧，则其中的每个帧本身就是影片剪辑。
- 页名称：指定要导入当前场景的Fireworks页。

3 为“文件结构”选择项做如下之一的选择：

- 导入为影片剪辑，并保留原有层：选择该项表示将PNG文件导入为影片剪辑，并且该影片剪辑元件内部的所有帧和图层都保持不变。
- 将页导入为新图层：选择该项表示将PNG文件导入到当前Flash文档中位于堆叠顺序顶部的单个新图层中。Fireworks图层会平面化为单个图层。Fireworks帧包含在该新图层中。

4 为“对象”选项做如下选择之一：

- 根据需要进行栅格化以保持外观：选择该项表示在Flash中保留 Fireworks 填充、笔触和特效。
- 保持所有的路径为可编辑状态：选择该项表示将所有对象保留为可编辑矢量路径。导入时会丢失某些 Fireworks 填充、笔触和特效。

## 5.3.1 案例——制作变形动画

形状补间中，在时间轴的一个特定帧上绘制一个矢量形状然后更改该形状，或在另一个特定帧上绘制另一个形状。然后，Flash 将内插中间帧的中间形状，创建一个形状变形为另一个形状的动画。简单地说就是一个形状“A”通过为其添加形状补间，使其变成形状“B”

补间形状最适合用于简单形状，还可以对补间形状内的形状的位置和颜色进行补间。

对于形状的变化，在制作类似动画效果时，如果选择需要变形的两个或多个对象，其外形最好具有一定的相似性，这样，在制作形状补间动画时，其效果的过渡将更加平滑和逼真。

如果变形动画的形状转变比较复杂且难于控制，在制作时，可执行“修改”→“形状”→“添加形状提示”命令，最大限度地保持变形的平滑性。

按照所介绍的思路，下面来制作一则网页中的形状补间动画。具体操作如下：

1 执行“文件”→“新建”命令，新建一个空白文档。

2 打开控制面板，单击“背景颜色”拾色窗口，将舞台的背景颜色用#ffffcc色进行填充。

3 单击时间轴上的“新建图层”按钮，依次创建“图层2”、“图层3”、“图层4”、“图层5”、“图层6”、“图层7”、“图层8”。

4 选择“图层1”的第1帧，利用“椭圆工具”在舞台中绘制一个花朵形状。单击第15帧，按F6键插入关键帧并为其添加传统补间动画，选择第1帧，打开属性面板，将“花朵”的透明度设置为0，如图5-64所示。

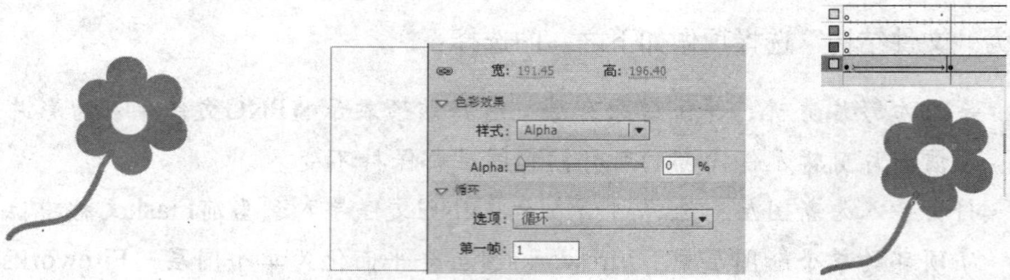


图5–64

5 单击“图层2”的第24帧，按F6插入关键帧，利用“铅笔工具”绘制一个菱形，并将其移动至舞台外面。单击第34帧，插入关键帧，并将菱形移动到花朵的“茎”上。选择第24帧单击鼠标右键创建传统补间动画效果。如图5-65所示。

图5–65

6 选择菱形，按Ctrl+C组合键，将其复制。单击“图层3”的第34帧，插入关键帧，执行“编辑”→“粘贴到当前位置”命令，将菱形粘贴。按Ctrl+B组合键，将其打散（注意：创建变形动画必须要将形状打散），选择第44帧，插入关键帧，按Delete键删除菱形，选择工具箱中的“椭圆工具”绘制一片花朵的叶子，并调整位置。如图5-66所示。

图5–66

**7** 选择“图层3”的第34帧，单击鼠标右键，在弹出的快捷菜单选择“补间形状”命令。这样就创建了形状飞进舞台，然后迅速成长的动画效果。

**8** 利用相类似的操作依次完成其他变形动画的制作。最终效果如图5-67所示。

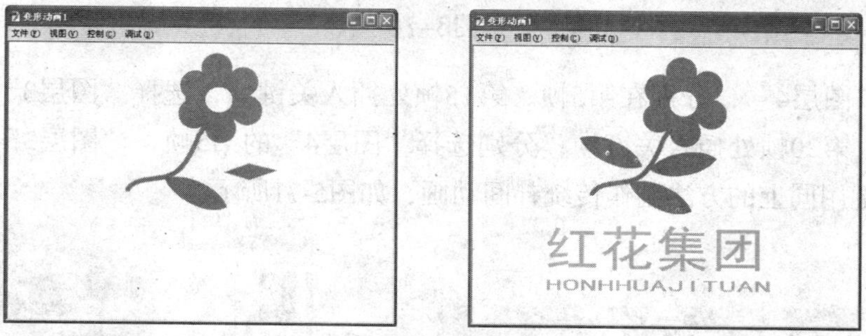


图5–67

## 5.3.2 案例——导入PSD图像制作动画

从Flash CS3开始，就允许用户将Photoshop所制作的PSD源文件进行导入，这意味着Flash和其他姊妹软件之间的协作更加紧密了，同时也更加有利于我们制作网页动画。

（1）制作思路：由于Photoshop是基于层对对象进行操作的，所以将PSD文件导入到Flash中以后，我们可以借助于各图层之间相互保持独立的特点来进行设计，在此，将按照时间轴播放的先后顺序制作一个衔接紧凑的瑜伽美容类网页动画。

（2）制作过程：

**1** 新建一个Flash文档，单击“属性”面板上的“编辑”按钮，在弹出的对话框中设置文档的尺寸和播放频率，如图5-68所示。执行“文件”→“导入”→“导入到舞台”命令，在弹出的对话框中选择光盘目录下的“素材\第5章\瑜伽健身.psd”文件，将其导入到舞台中，并按层进行分布，如图5-69所示。

**2** 将鼠标移动到第130帧，拖曳鼠标，选择所有图层，按F5键为所有图层插入帧。依次选择各图层对象，按F8键，将各对象转换为“图形元件”（为了保持背景的固定，在此将背景层对象锁定）。选择“图层5”，分别在第1帧、10帧处插入关键帧；选择第1帧，单击鼠标右键，在弹出的快捷菜单中选择“创建传统补间”；打开属性面板，设置元件第1帧的Alpha值设置为0%，如图5-70所示。

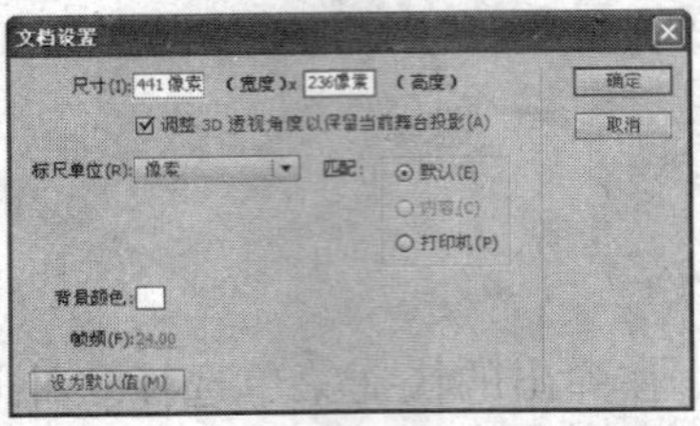


图5-68

图5-69

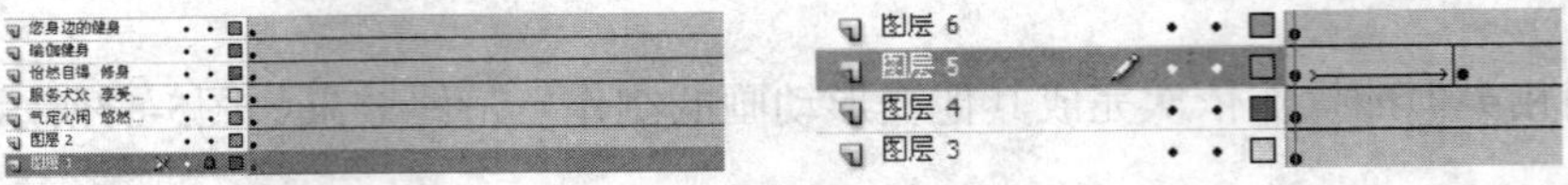


图5-70

**3** 选择“图层4”，分别在第5帧、第15帧处插入关键帧，选择“图层3”，分别在第10帧、第20帧处插入关键帧；分别选择“图层4”的第5帧、“图层3”的第10帧，单击鼠标右键用同上的方法制作传统补间动画，如图5-71所示。

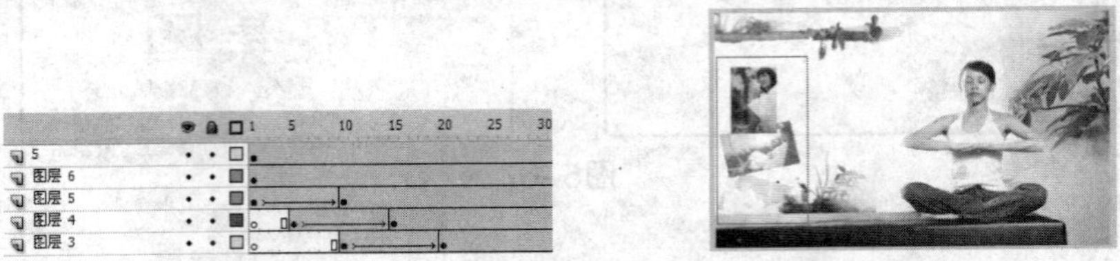

图5-71

**4** 分别选择“瑜伽健身”层的第20帧、第28帧插入关键帧；择第20帧，单击鼠标右键，在弹出的快捷菜单中选择“创建传统补间”。打开属性面板，设置元件第20帧的Alpha值设置为0。用同样的方法选择其他文字图层，创建传统补间动画，如图5-72所示。

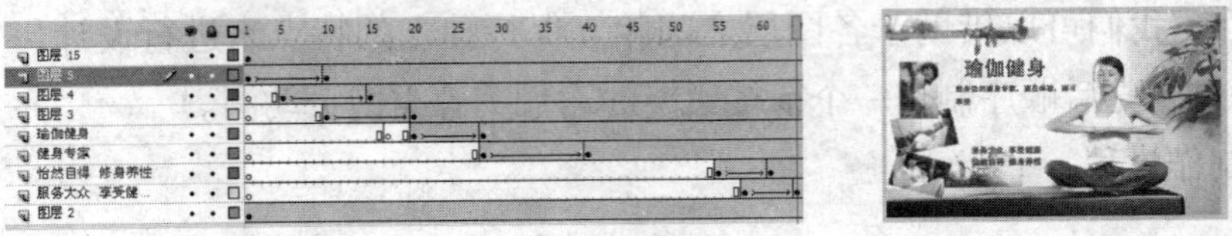

图5-72

**5** 选择“图层6”第36帧、第40帧，创建类似的传统补间动画。选择数字“5”所在层，分别在第40帧、第42帧、第44帧、第46帧、第48帧、第50帧、第52帧处插入关键帧，打开属性面板，设置元件“5”的第40帧、第44帧、第48帧、第50帧的Alpha值为0%，制作文字反复闪烁的效果。用同样的方法制作“折”字的反复闪烁效果，如图5-73所示。

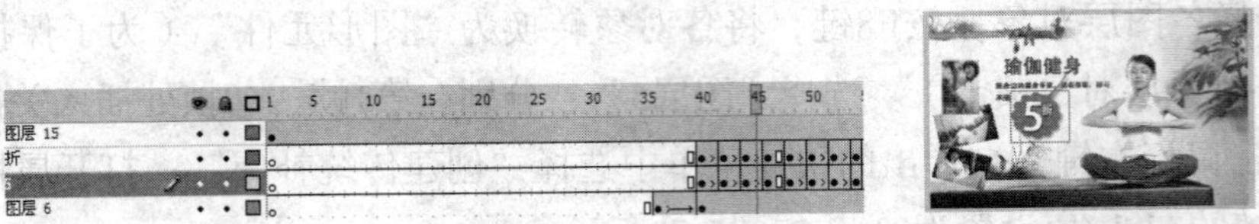

图5-73

**6** 新建“图层15”，执行“插入”→“新建元件”命令，在弹出的对话框中设置元件的类型为“影片剪辑”。单击“确定”按钮，进入影片剪辑编辑状态，选择“图层1”第1帧，在工具箱中选择“文本工具”，打开属性面板进行如图5-74所示的设置，然后在舞台中心位置输入“24小时服务热线：029-12345678”。

**7** 分别选择第5帧、10帧、15帧插入关键帧并创建传统补间动画。用鼠标在第50帧处单击，按下F5键插入帧，这样就为动画制作了延迟效果。

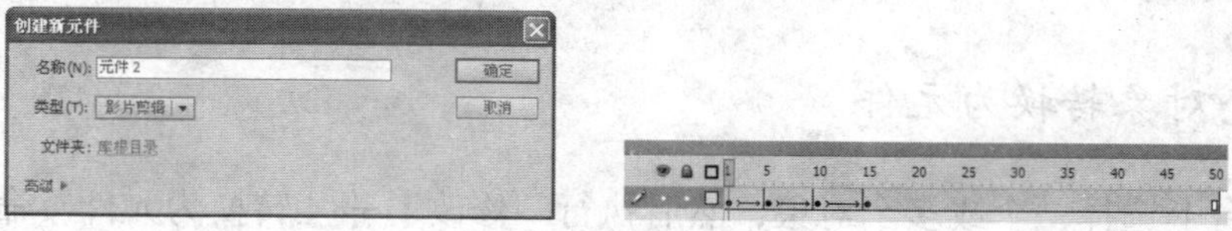


图5–74

**8** 单击“场景1”，回到主场景，按下F11键，打开“库”，将制作的文字动画拖曳到背景文件的右上方，完成最终的制作，如图5-75所示。

图5–75

这则网页动画在制作时，遵循了各个对象从左到右，从上到下依次播放的原则，这样的制作原则也符合大众阅读信息的视线移动习惯。希望读者朋友多加练习掌握其中的技巧，制作出更加完美的效果。

# 5.4 Flash CS5的元件和实例

元件是指在Flash创作环境中或使用Button（AS 2.0）、SimpleButton（AS 3.0）和MovieClip 类创建过一次的图形、按钮或影片剪辑。然后，可以在整个文档或其他文档中重复使用该元件。元件可以包含从其他应用程序中导入的对象。

实例是指位于舞台上或嵌套在另一个元件内的元件副本。实例可以与其父元件在颜色、大小和功能方面有差别。编辑元件会更新它的所有实例，但对元件的一个实例应用效果则不会影响元件原来的属性。在文档中使用元件可以显著减小文件的大小；保存一个元件的几个实例比保存该元件内容的多个副本占用的存储空间小。另外，使用元件还可以加快SWF 文件的播放速度，因为元件只需下载到播放器中一次。

在Flash中元件主要有3种类型：图形元件、按钮元件、影片剪辑元件。

## 5.4.1 图形元件的特点和编辑

元件是Flash动画制作中重要概念之一，3种类型之间既有相同点又有区别。三者在编辑上的相同点主要有以下内容。

### 1. 转换为元件

用户根据需要，可以将主场景时间轴上的内容转换为影片剪辑。

### 2. 静态对象转换为元件

1 在舞台上选择一个或多个对象，然后执行“修改”→“转换为元件”命令，或按F8键，在弹出的对话框中进行设置。

2 在“名称”框中直接输入元件的名称，在“类型”下拉菜单中选择元件的类型，在“对齐”中通过单击鼠标，设置元件的注册点。

### 3. 一段动画转换为元件

1 拖曳鼠标，选择时间轴上的所有帧，然后执行“修改”→“转换为元件”命令，或按F8键，在弹出的对话框中进行具体设置。

2 在“名称”框中输入元件的名称，在“类型”下拉菜单中选择元件的类型，在“对齐”中通过单击鼠标，设置元件的注册点。

说明：如果需要转换的动画是遮罩动画，首先需要解除遮罩层及被遮罩层的锁定，然后再按照上面的操作步骤进行转换。

### 4. 在当前位置编辑元件

选择舞台上的某个元件实例，双击鼠标即可进入该元件的编辑模式。此时，其他对象将以灰度方式显示，这样便于所编辑的元件与主场景中的对象进行区分。同时也便于借助辅助线与主场景中的对象进行对齐。正在编辑的原件名称将显示在舞台上方的编辑栏中。如果用户结束编辑，单击“场景n”（n为数字）即可返回到主场景中。

### 5. 在新窗口中编辑元件

所谓在新窗口中编辑元件，其实就是在一个单独的窗口中编辑元件。在这种编辑状态下，用户只能看到元件的内容和时间轴，舞台上的其他元素是无法看到的。与“在当前位置编辑元件”一样，正在编辑的原件名称将显示在舞台上方的编辑栏中。如果用户结束编辑，单击“场景n”（n为数字）即可返回到主场景中。如图5-76所示。

图5-76

具体操作如下：

1 在舞台上选择要进行编辑的实例，单击鼠标右键，在弹出的快捷菜单中选择“在新窗口中编辑”命令即可。

2 除此以外，按F11键，打开库面板，在预览窗口中直接双击该元件也可以进入新窗口编辑模式。

### 6. 在库面板中编辑元件

（1）元件重命名

打开库面板，选择需要更改名称的原件，单击鼠标右键，在弹出的快捷菜单中选择“重命名”命令即可。

（2）直接复制元件

在制作动画时，为了提高工作效率可通过复制元件来实现。比如飞行的小元件，在外观、大小、颜色、动作等方面都十分相似，此时就可以通过直接复制元件的方式来制作动画。

（3）改变元件的类型

每个元件都有自己的特点和属性，有时为了制作的需要而改变元件的类型。例如，若希望为原件实例添加滤镜效果，就必须将图形元件转换为影片剪辑元件。

具体操作如下：

打开库面板，选择需要更改类型的原件，单击鼠标右键，在弹出的快捷菜单中选择“属性”命令，然后再弹出的快捷菜单中选择需要的元件类型即可。

图形元件的特点：

图形元件可视为一个静态图像或一段动画，在应用时不能为其添加交内容和音乐。它没有自己独立的时间轴，所有播放都依赖于主影片的进度。这一点与影片剪辑文件有着很大的区别。

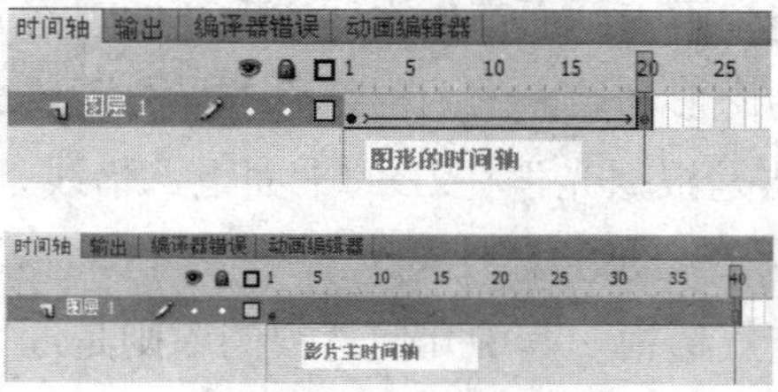


图5–77

我们发现图形元件本身是一段20帧的传统补间动画，但场景中的主时间轴却安排了40帧的播放空间，这样就意味着图形元件的实例刚好循环播放2次。拖曳主时间轴上的播放头即可预览所制作的效果。

另外，交互式控件和声音在图形元件的动画序列中不起作用。

图形元件可根据用户需要自由指定实例的播放方式，例如循环播放、播放一次、从指定的帧开始播放等。

图形文件在主场景或Flash编辑状态中是可查看其内容的；而影片剪辑元件无法在主场景查看完整的内容，只有当用户输出为SWF动画或预览状态时才可以看到完整的效果。

图形实例的编辑：

选择舞台上的图形元件，打开属性面板可实现对图形实例的属性设置，通过“实例类型”下拉菜单，可设置元件在舞台上的表现类型。具体设置技巧如下：

- 交换：可以为实例重新指定不同类型的原件。
- 位置：通过设置X或Y的具体数值来更改实例在水平或垂直方向的位置。
- 大小：通过设置宽和高的具体数值来更改实例的大小，当呈现链接状态时，表示同时修改宽度和高度值。
- 色彩效果：主要改变舞台上实例的色彩效果。在“样式”下拉菜单中可设置实例的“亮度”、“色调”、“透明度（Alpha）”等。
- 循环：循环是图形元件特有的属性。如果选择“循环”，则表示让实例跟随动画同时循环播放；如果选择“播放一次”则表示实例从指定的帧开始播放动画序列，直到动画结束。“第一帧”用于输入指定的帧数；“单帧”用于显示动画序列的一帧，具体的数值可以在“第一帧”中指定。如图5-78所示。

图5-78

## 5.4.2 案例——制作网页动画中的场景

在Flash中制作动画，必须先准备所要用到的素材。素材的来源有外部导入和利用Flash系统自带的绘画和绘制工具进行制作。本节讲解如何利用常用的工具绘制网页动画中的场景。

所谓透视，指的就是能让平面画面产生立体空间感的观察方法和创作方法。它的基本制作思路是：通过将前面的图形和后面的图形产生差异，而造成的一种近似现实中的空间立体感觉。比较专业的说法是根据光学在2D的平面上，借线条来表现出原本3D世界物体的相关空间位置、外形轮廓等等的方式。

透视包括几何透视和空气透视。其中几何透视的原则是近大远小；空气透视的原则是近暖远冷、近纯远灰。另外还有两个概念需要了解。

- 地平线：也可称为视平线，就是我们眼睛遥看远方时的视线尽头，如图5-79所示。

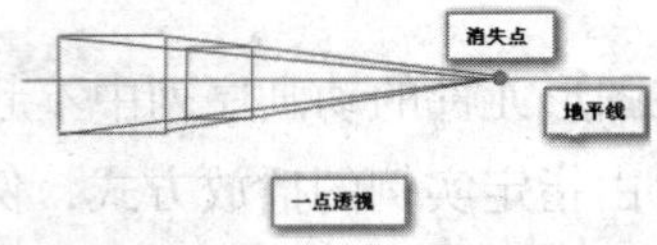


图5-79

● 消失点：就是与画面不平行的成角物体，在透视中伸远到视平线心点两旁的消失点。

根据消失点的不同又分有“一点透视”、“两点透视”、“三点透视”，如图5-80所示。

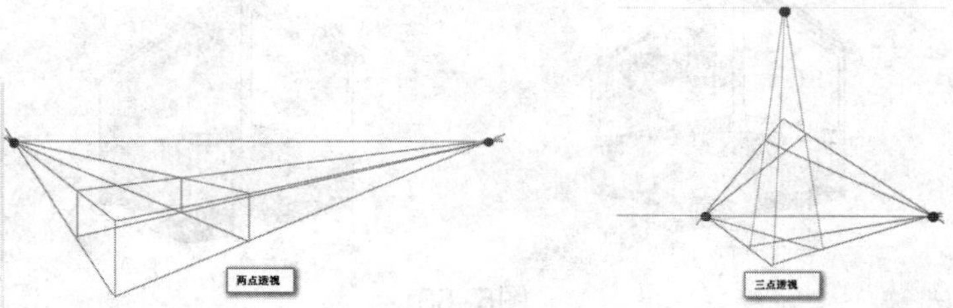


图5-80

由此可以看出，一点透视在引导阅读者的视线方向非常有用，以此让画面产生空间的深度感。两点透视是参照两个消失点来营造景物的稳定度。三点透视是利用两点透视来架构物体的立体度，再加上一个注视的焦点，使画面产生方向的深度感，因此三点透视常用在表现构图的高大与深远。

结合透视的原理，下面我们来制作一个简单的“场景”效果。

1 新建“图层1”，“图层2”两个空白图层。

2 选择“图层2”，使用工具箱中的“直线工具”，将笔触的粗细设置为1像素，颜色设置为黑色，然后绘制出如图5-81所示的形状。这样地平线和两个消失点就确定了。

3 利用同样的方法绘制建筑物的房檐及其他细节部位。

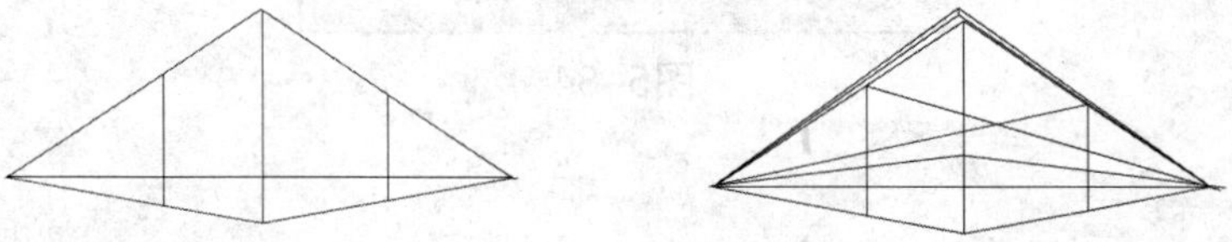

图5-81

4 删除多余的线条，对主要部分进行填色。选择工具箱中的深灰色填充透视图的下部分，保持灰度不变，调整亮度，然后填充透视图的上部分。完成后如图5-82所示。

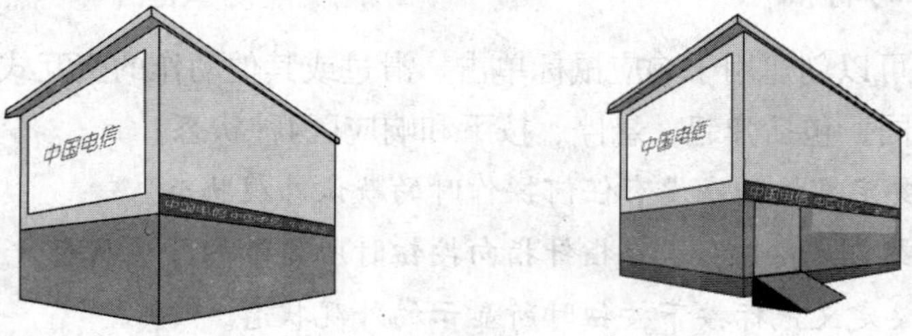


图5-82

5 在空余位置添加玻璃窗。选择“矩形工具”，绘制如图5-83所示的矩形，然后进行复制并对齐。选择工具箱中“任意变形工具”，在选项栏中选择“扭曲”，对形状进行扭曲操作。执行“修改”→“组合”命令，将所绘制的形状进行组合。

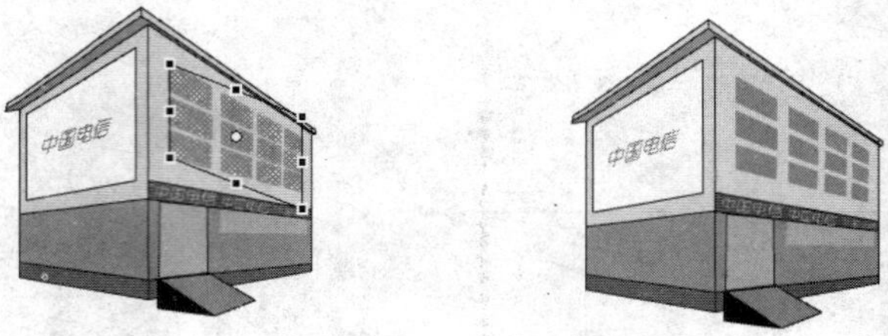

图5–83

6 选择工具箱中的“任意变形工具”，将其调整为符合透视的状态。

这样一个具有透视效果的建筑物就绘制完成了，虽然不是特别的标准，但是只要读者朋友能理解这种绘制的技巧慢慢练习，一定会制作的更加完美。

7 建筑物绘制完成后需要添加一些环境元素。打开光盘目录下的“素材\第5章\环境.jpg”文件，将其导入到场景中，放置在第1层的第1帧处，最终效果如图5-84所示。

图5–84

## 5.4.3 按钮元件的特点和编辑

学习和了解了图形元件的特点和编辑技巧，本节，我们开学习按钮元件的特点和编辑技巧。

### 1. 按钮元件的特点

使用按钮元件可以创建用于响应鼠标单击、滑过或其他动作的交互式按钮。按钮的时间轴与主时间轴不同，包括弹起、悬停、按下和响应区4种状态。

- 弹起：主要定义按钮在没有任何操作时的默认外观状态。
- 悬停：主要定义按钮在鼠标指针指向按钮时所显示的外观状态。
- 按下：主要定义鼠标按下按钮时所显示的外观状态。
- 响应：主要用来定义按钮响应鼠标的感应范围。

在按钮的这4个关键帧中，前3种状态都支持“空”状态，也就是说在每一种状态下，为了制作特殊效果都可以不添加任何元素来记录按钮的状态；对于最后一帧，有时为了制作特殊的按钮响应，可以修改相应区域的大小（在默认状态下，按钮的响应区域范围就是按钮本身的范围）。

### 2. 编辑按钮元件

按钮可以看做一种只有4个帧的特殊的影片剪辑，它可以感知用户的鼠标操作。按钮元件实例与影片剪辑类似，也可以为它添加滤镜和混合模式，缓存为位图，还可以对鼠标事件进行响应，具有交互功能。

“音轨”选项是按钮的特殊属性，用来控制鼠标事件的分配，主要包括“音轨作为按钮”和“音轨作为菜单项”两个选项。如图5-85所示。

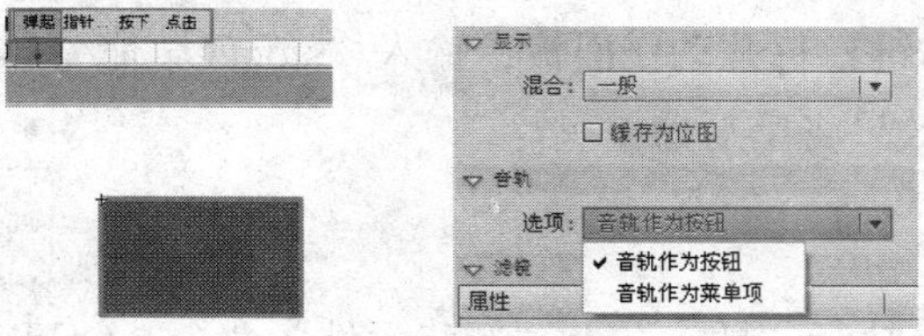


图5–85

## 5.4.4 案例——设计按钮导航

按钮的设计分为3部分，第1部分:制作影片剪辑，作为鼠标经过按钮时的动画相应效果；第2部分:制作按钮的各个状态，也就是按钮的基本外观；第3部分:为按钮添加相应的AS脚本命令，实现和用户的交互相应。

影片剪辑特效的主要制作步骤如下：

1 执行“插入”→“新建元件”→“影片剪辑”命令，新建一个名称为“特效”的影片剪辑。

2 选择“矩形工具”，在“图层1”的第1帧绘制一个三角形，再选择“油漆桶工具”，用# FFFFCC将其填充，在第10帧插入关键帧，将三角形更改为矩形，完成后为其添加“补间形状动画”。如图5-86所示。

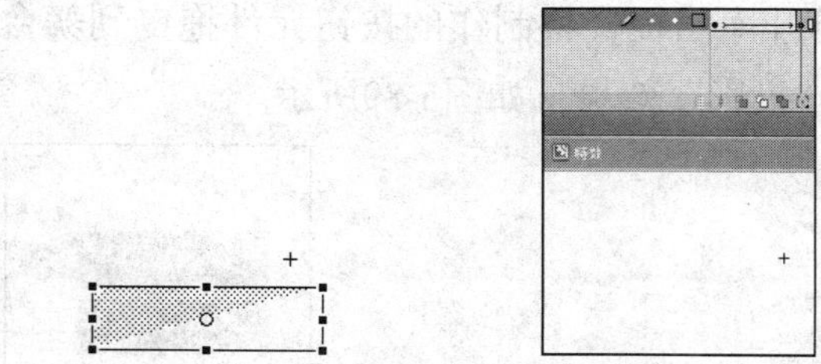

图5–86

3 新建“图层2”，选中第1帧，使用“文本工具”，设置字体为黑体，设置字号为14点，输入“网站首页”，单击第10帧，插入关键帧并创建文本由大到小变化的“传统补间动画”。

**4** 新建“图层3”，用类似的方法创建文本由小到大变化的“传统补间动画”。

**5** 新建“图层4”，执行“文件”→“导入”→“导入到舞台”命令，将光盘目录下的“素材\第5章\奖章.gif”文件导入到场景中。单击第10帧，插入关键帧并创建奖章由不透明到完整显示的渐入“传统补间动画”。如图5-87所示。

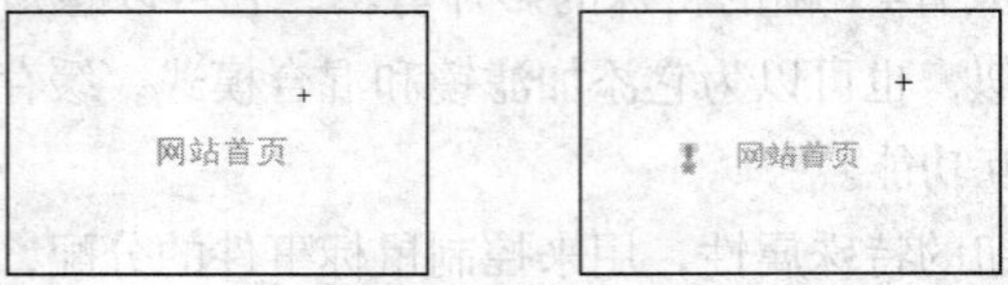

图5–87

**6** 选择第1帧，按F9键，打开动作面板，输入“stop();”命令。这一步一定不能省略，否则最终的按钮效果将反复播放。

按钮的制作：

**7** 单击“场景 1”，执行“插入”→“新建元件”命令，创建一个名称为“元件1”的按钮。

**8** 在“弹起”状态插入关键帧，用“矩形工具”绘制一个矩形，选择“油漆桶工具”，用# AD105D将其填充。

**9** 在“指针经过”状态插入关键帧，打开库面板，将“特效”影片剪辑拖曳到舞台中并保持与“弹起”状态的矩形对齐。如图5-88所示。

图5–88

**10** 单击“场景1”，打开库面板，将制作的按钮元件拖曳到舞台的适合位置，打开属性面板，为其添加“投影”效果，如图5-89所示。

图5–89

**11** 选择按钮实例，按F9键，打开动作面板，为其添加如下代码：

```
on (release {
    getURL "http://www.web369.net");
}
```

**12** 为了使动画播放的更加流畅，可以将动画播放的帧频在属性面板中更改为36帧/秒。这样的动感效果会更加明显。

## 5.4.5 影片剪辑元件的特点和编辑

学习了图形和按钮元件，接下来我们继续学习影片剪辑元件。影片剪辑是用途和功能最多的元件，它支持ActionScript、声音及与其他影片剪辑嵌套，具有强大的交互功能。影片剪辑具有和主时间轴上一样的独立的时间轴，它的播放可以不与主时间轴同步。

影片剪辑本身就可以是一段独立的动画片段。

### 1. 编辑影片剪辑元件

影片剪辑实例除了可以设置“亮度”、“色调”、“透明度（Alpha）”等属性以外还可以进行“3D定位和查看”、“滤镜”、“混合”及鼠标事件响应等内容，影片剪辑最大的特点就是具有交互性。

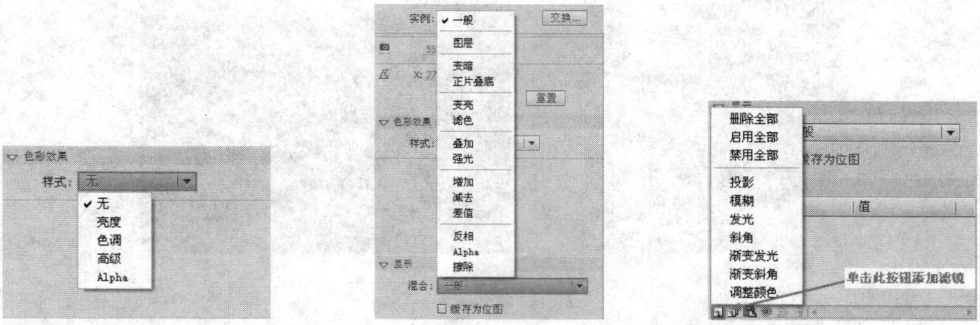


图5-90

## 5.4.6 案例——淡雅的网页片头动画

学习了3种元件的特点和编辑技巧，接下来通过一则网页片头动画案例来强化对元件的认识。

在制作淡雅的Flash动画效果时，如果对象是影片剪辑，一定要注意影片剪辑的颜色不要太强烈，要能很好地与场景的整体环境完美的融合。否则颜色设置强烈，就失去了淡雅的效果。

制作思路：制作素雅性的动画效果，主要是对影片剪辑的透明度、模糊进行调整。本例就是按照这样的思路，通过将不同效果的动画进行串联得到最终效果。

制作步骤：

**1** 执行“文件”→“新建”命令，新建一个空白文件，打开属性面板，将文档的尺寸设置为宽353像素，高507像素；动画的播放频率更改为24帧/秒，如图5-91所示。

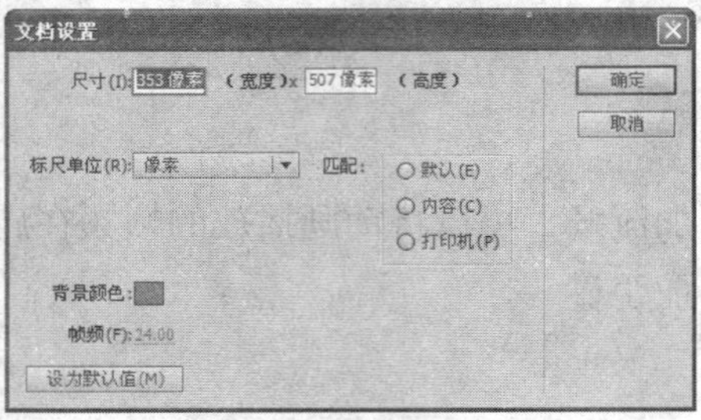


图5–91

**2** 执行“插入”→“新建元件”命令，创建一个名称为“漂浮”的影片剪辑。选择工具箱中的“椭圆工具”，绘制一个直径为10像素的正圆并用白色进行填充。完成后单击“场景1”回到主场景中。

**3** 执行“插入”→“新建元件”命令，创建一个名称为“路径引导”的影片剪辑。打开库面板，将“漂浮”元件拖曳到舞台，分别在第1帧、第50帧、第50帧插入关键帧，然后分别为其创建传统补间动画。分别选择第1帧、第50帧，打开属性面板，将透明度更改为0，如图5-92所示。

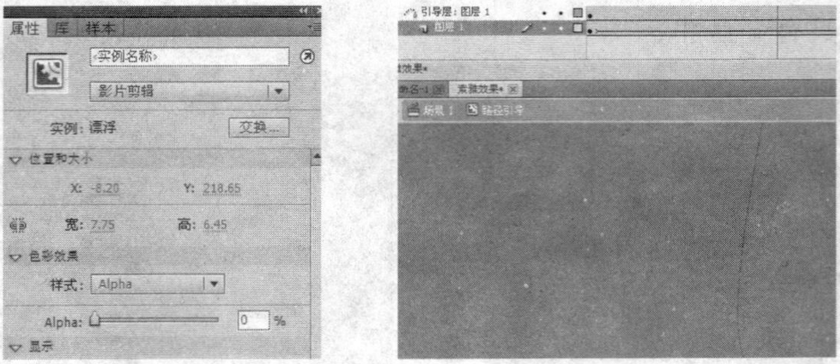


图5–92

**4** 在“图层1”的名称上单击鼠标右键为其添加“传统运动引导层”，然后选择工具箱中的“铅笔工具”绘制一条曲线路径。分别选择第1帧、第50帧，将“浮动”与曲线路径的开始中心点和结束中心点进行对齐，如图5-93所示。

图5–93

**5** 为了避免漂浮引导物过于单一，新建“图层2”，用同样的方法，再次创建一个路径引导动画。

**6** 单击“场景1”回到主场景中，执行“文件”→“导入”→“导入到舞台”命令，将光盘“素材\第5章\淡雅片头”目录下的素材文件导入到主场景中。在素材文件上单击鼠标右键，在弹出的快捷菜单中选择“分散到图层”命令将素材分散到“图层1”和“图层2”。

**7** 分别选择“图层1”和“图层2”中的素材，按F8键将其转换为名称为“元件1”和“元件2”的影片剪辑元件。

**8** 选择“图层1”，分别在第1帧、第30帧、第55帧、第95帧、第195帧、第220帧处插入关键帧并为其创建传统补间动画。依次选择第1帧、第55帧、第220帧、打开属性面板，将透明度更改为0，如图5-94所示。

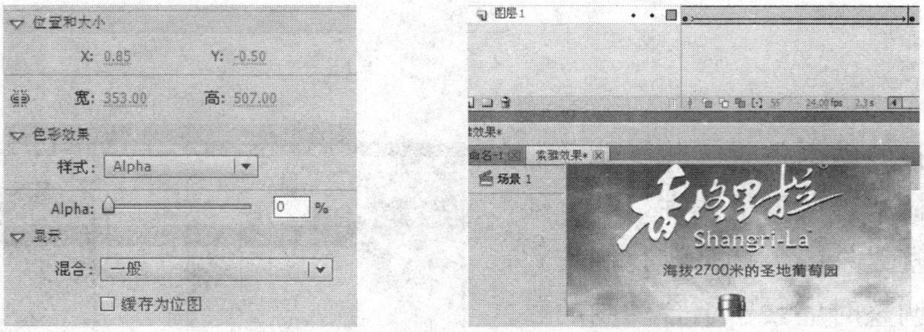


图5–94

**9** 将“图层2”的第1帧移动到第95帧处，然后分别在第95帧、第120帧、第195帧、第220帧处插入关键帧，选择第95帧，打开属性面板为其添加“模糊”滤镜效果，然后将透明度更改为0，如图5-95所示。

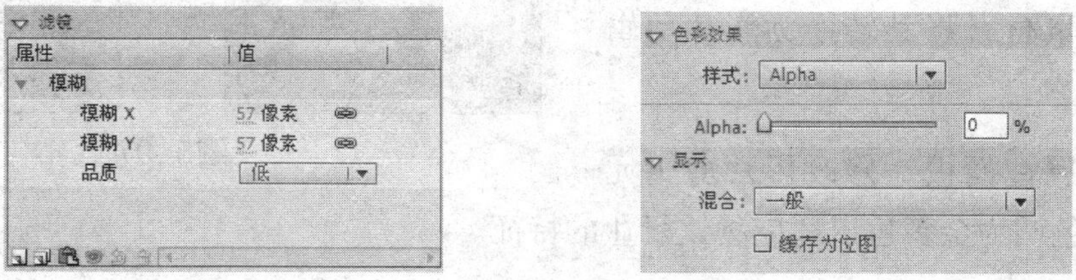


图5–95

**10** 选择第120帧，将“模糊”滤镜删除，同时将透明度更改为100%。用同样的方法将第220帧的透明度也更改为0%。

**11** 新建“图层3”和“图层4”，用类似的方法创建文本效果的渐隐动画效果。

**12** 新建“图层5”，按F11键打开库面板，将“路径引导”元件拖曳到舞台中并调整位置。为避免效果单一，再次将“路径引导”元件拖曳到舞台中并调整位置，这样整体的效果就比较丰富了。

**13** 将文件保存，按Ctrl+Enter组合键预览动画效果，最终效果如图5-96所示。

图5–96

## 5.4.7 技术拓展

制作素雅的动画效果，除了调整制作对象的模糊、透明度等属性以外，还可以通过调整元件的色调来进行制作。在进行色调调整时应紧密结合动画的整体色调，例如在不改变图像亮度的基础上修改图像的色调也可以制作出比较素雅的动画效果。如图5-97所示。

图5–97

下面给出主要的制作步骤：

**1** 导入素材，将其转换为影片剪辑元件。

**2** 打开属性面板，修改影片剪辑元件的色调为金黄色以适应餐饮行业的特征。

**3** 创建漂浮的引导动画效果。

**4** 创建文本的动画效果（参见5.2.1节中利用Swishmax制作文本特效）。

# 5.5 网页中常见动画的制作

Flash动画只包含两种基本的动画制作方式，即补间动画和逐帧动画。但是随着软件技术不断更新及对于Flash动画更加深入研究，在进行网页设计中，将Flash动画的类型和制作方式进行了更加精细的划分，即逐帧动画、运动补间动画、形状补间动画、路径动画、遮罩动画、IK骨骼动画。本节我们将逐一学习各种类型动画的特点和制作技巧。

## 5.5.1 认识帧和时间轴

在Flash中制作动画主要是通过操作帧及时间轴和层来进行的，因此，认识和了解各种帧和时间轴，是我们高效制作不同类型动画的基础。

那么，我们该如何理解帧这个概念呢？

所谓帧，就是进行Flash动画制作的最基本单位，每一个完整的Flash动画都是由很多个帧构成，在时间轴上的每一帧都可以包含需要显示的所有内容：图形、声音、各种素材和其他多种对象。

### 1. 关于帧频

帧频是动画播放的速度，以每秒播放的帧数为度量单位。帧频太慢会使动画看起来一顿一顿的，帧频太快会使动画的细节变得模糊。24帧/秒的帧速率是新Flash文档的默认设置，通常在Web上提供最佳效果。标准的动画速率也是24帧/秒。

Flash通过在包含内容的每个帧中显示不同的指示符来区分时间轴中的逐帧动画和补间动画。

Flash中的帧主要有一下几种：

- 关键帧：顾名思义，有关键内容的帧。用来定义动画变化、更改状态的帧，即可对舞台上存在的实例对象进行编辑的帧。
- 空白关键帧：空白关键帧是没有包含舞台上的实例内容的关键帧。
- 普通帧：在时间轴上能显示实例对象，但不能对实例对象进行编辑操作的帧

下列帧内容指示符显示在时间轴中：

- ：一段具有蓝色背景的帧表示补间动画。范围的第1帧中的黑点表示补间范围分配有目标对象。黑色菱形表示最后一个帧和任何其他属性关键帧。
- ：第1帧中的空心点表示补间动画的目标对象已删除。补间范围仍包含其属性关键帧，并可应用新的目标对象。
- ：一段具有绿色背景的帧表示反向运动（IK）姿势图层。姿势图层包含IK骨架和姿势。每个姿势在时间轴中显示为黑色菱形。

Flash 在姿势之间内插帧中骨架的位置。

- 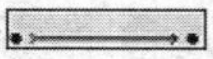：带有黑色箭头和蓝色背景的起始关键帧处的黑色圆点表示传统补间。
- ：虚线表示传统补间是断开或不完整的，例如，在最后的关键帧已丢失时。
- 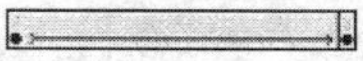：带有黑色箭头和淡绿色背景的起始关键帧处的黑色圆点表示补间形状。
- ：一个黑色圆点表示一个关键帧。单个关键帧后面的浅灰色帧包

含无变化的相同内容。这些帧带有垂直的黑色线条，而在整个范围的最后一帧还有一个空心矩形。

- ：如出现一个小a，则表示已使用“动作”面板为该帧分配了一个帧动作。
- 

：红色的小旗表示该帧包含一个标签。
- 

：绿色的双斜杠表示该帧包含注释。
- 

：金色的锚记表明该帧是一个命名锚记。

#### 2. 关于动画中的图层

Flash 文档中的每一个场景都可以包含任意数量的时间轴图层。使用图层和图层文件夹可组织动画序列的内容和分隔动画对象。在图层和文件夹中组织它们可防止其在重叠时相互擦除、连接或分段。若要创建一次包含多个元件或文本字段的补间移动动画，应将每个对象放置在不同的图层中。可以将一个图层用作背景图层来包含静态插图，并使用其他图层包含单独的动画对象。

在创建补间动画时，Flash 将包含选择要进行补间的对象的图层转换为补间图层。补间图层有一个补间图标，位于时间轴中的图层名称旁。

如果其他对象与补间对象在相同的图层中，Flash 将根据需要在原始图层上方或下方添加新图层。位于原始图层中的补间对象下方的任何对象，将移至原始图层下方的新图层中。位于原始图层中的补间对象上方的任何对象，将移至原始图层上方的新图层中。在时间轴中，Flash可在任何预先存在的图层之间插入新图层。这样，Flash可保留舞台上所有图形对象的原始堆叠顺序。

补间图层只能包含补间范围（包含补间的连续的帧组）、静态帧、空白关键帧或空帧。每个补间范围只能包含一个目标对象及其可选运动路径。由于无法在补间图层中进行绘制，所以应在其他图层中创建补间或静态帧，然后将它们拖到补间图层。

若要将帧脚本放置到补间图层上，应在另一个图层上创建它们，然后将它们拖到补间图层。帧脚本只能驻留在补间动画范围本身的外部的帧中。最好将所有帧脚本保留在仅包含 ActionScript 的单独图层上。

#### 3. 将对象分层以应用补间动画

在将补间动画应用于对象时，Flash自动地将该对象移动到其补间图层。但是，也可以自己将对象分散到其各自的图层。

例如，在组织内容时，可以选择自己分散对象。对于将动画应用于对象时维持这些对象从一个图层移动到另一个图层的方式的精确控制，手动分散也是非常有用的。

### 5.5.2 补间动画的特点和制作

补间是通过为一个帧中的对象属性指定一个值，并为另一个帧中的该相同属性指定另一个值创建的动画。

可补间的对象类型包括影片剪辑、图形元件和按钮元件以及文本字段。可补间的对象的属性包括：

- 2D：X和Y位置。
- 3D：Z位置（仅限影片剪辑）。
- 2D：旋转（绕z轴）。
- 3D：X、Y和Z旋转（仅限影片剪辑）。
- 倾斜X和Y。
- 缩放X和Y。
- 颜色效果：包括Alpha（透明度）、亮度、色调和高级颜色设置。只能在元件上添加补间颜色效果。若要在文本上补间颜色效果，必须首先将文本转换为元件。
- 滤镜属性：不包括应用于图形元件的滤镜。

说明　从Flash Professional CS4开始，“关键帧”是指时间轴中其元件实例首次出现在舞台上的帧，而“属性关键帧”是指在补间动画中的特定时间或帧中定义的属性值。

### 1. 创建补间动画

补间应用于元件实例和文本字段。元件实例可包含嵌套元件，这些元件可在独立的时间轴上进行补间。补间图层中的补间范围只能包含一个元件实例。如果将其他元件添加到补间范围将会替换补间中的原始元件。

### 2. 使用传统补间

动画中的变化是在关键帧中定义的。在补间动画中，可以在动画的重要位置定义关键帧，Flash会创建关键帧之间的帧内容。

在传统补间中，只有关键帧是可编辑的。可以查看补间帧，但无法直接编辑它们。若要编辑补间帧，需在起始和结束关键帧之间插入一个新的关键帧。这一点大家一定要注意。

### 3. 补间动画和传统补间之间的区别

- 传统补间使用关键帧。关键帧是其中显示对象的新实例的帧。补间动画只能具有一个与之关联的对象实例，并使用属性关键帧而不是关键帧。
- 补间动画在整个补间范围上由一个目标对象组成。
- 补间动画和传统补间都只允许对特定类型的对象进行补间。若应用补间动画，则在创建补间时会将所有不允许的对象类型转换为影片剪辑。而应用传统补间会将这些对象类型转换为图形元件。
- 补间动画会将文本视为可补间的类型，而不会将文本对象转换为影片剪辑。传统补间会将文本对象转换为图形元件。

- 在补间动画范围上不允许帧脚本。传统补间允许帧脚本。
- 补间目标上的任何对象脚本都无法在补间动画范围的过程中更改。
- 可以在时间轴中对补间动画范围进行拉伸和调整大小，并将它们视为单个对象。传统补间包括时间轴中可分别选择的帧的组。
- 若要在补间动画范围中选择单个帧，必须按住Ctrl键并单击帧。
- 对于传统补间，缓动可应用于补间内关键帧之间的帧组。对于补间动画，缓动可应用于补间动画范围的整个长度。若要仅对补间动画的特定帧应用缓动，则需要创建自定义缓动曲线。
- 利用传统补间，可以在两种不同的色彩效果（如色调和Alpha透明度）之间创建动画。补间动画可以对每个补间应用一种色彩效果。
- 只可以使用补间动画来为3D对象创建动画效果。无法使用传统补间为3D对象创建动画效果。
- 只有补间动画才能保存为动画预设。
- 对于补间动画，无法交换元件或设置属性关键帧中显示图形元件的帧数。应用了这些技术的动画要求使用传统补间。

此外补间动画还包括形状补间和缓动补间。在形状补间中，在时间轴中的一个特定帧上绘制一个矢量形状然后更改该形状，或在另一个特定帧上绘制另一个形状。然后，Flash 将内插中间的帧的中间形状，创建成一个形状变形为另一个形状的动画。

如果希望变形动作实现的比较平滑，那么可以使用形状提示来告诉Flash起始形状上的哪些点应与结束形状上的特定点对应。也可以对补间形状内的形状的位置和颜色进行补间。若要对组、实例或位图图像应用形状补间，应分离这些元素。若要对文本应用形状补间，应将文本分离两次，从而将文本转换为对象。

若要控制更加复杂或罕见的形状变化，也可以使用形状提示。形状提示会标识起始形状和结束形状中的相对应的点。

缓动补间动画中，“缓动”是用于修改Flash计算补间中属性关键帧之间的属性值的方法。如果不使用缓动，Flash在计算这些值时，会使对值的更改在每一帧中都一样。如果使用缓动，则可以调整对每个值的更改程度，从而实现更自然、更复杂的动画。缓动是应用于补间属性值的数学曲线。补间的最终效果是补间和缓动曲线中属性值范围组合的结果。关于缓动动画效果，应用最多的就是制作加速度或减速度的动画效果。

### 5.5.3 案例——制作网页补间动画

设计思路：补间动画及传统补间动画在制作时如果仅仅制作单一的开始效果和结束效果，动画势必会显得格外单调，为此，首先利用层设计若干个独立的动画片段，然后让每段补间动画前后紧密衔接进行有规律的播放，这样就可以达到比较好的效果。

1. 传统补间动画案例

案例制作过程：

**1** 执行“文件”→“新建”命令，新建一个Flash文档，单击“属性”面板上的“编辑”按钮，在弹出的对话框中设置文档的尺寸和播放频率，如图5-98所示。

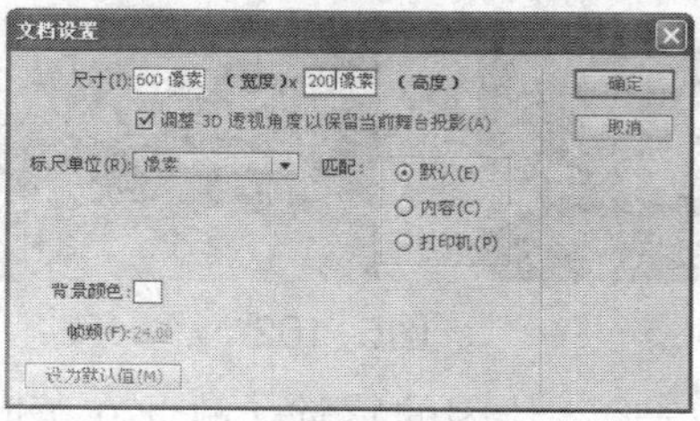


图5–98

**2** 执行“文件”→“导入”→“导入到舞台”命令，将光盘目录下的“素材\第5章\淡出A.jpg”文件导入到场景中，然后按F8键将其转换成名称为“风景1”的“图形”元件。此时在图像的四周出现了一个蓝色的边框。如图5-99所示。

图5–99

**3** 分别在第20帧、第50帧、第70帧单击鼠标依次按F6键插入关键帧，分别设置第1帧、第50帧，单击鼠标右键，在弹出的快捷菜单中选择“创建传统补间”。分别设置元件第1帧、第70帧的Alpha值设置为0，在第100帧处单击鼠标按F5键插入帧，如图5-100所示。

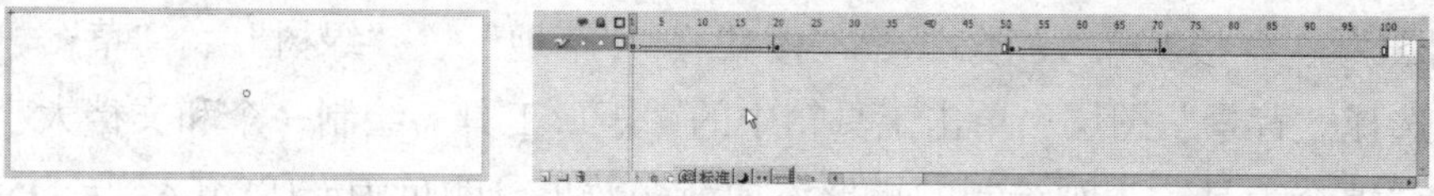

图5–100

**4** 在时间轴上单击“新建图层”按钮，新建“图层2”，执行“文件”→“导入”→“导入到舞台”命令，将光盘目录下的“素材\第5章\淡出B.jpg”文件导入到场景中，然后按F8键将其转换成名称为“风景2”的“图形”元件，如图5-101所示。

图5–101

**5** 用同样的方法分别在第20帧、第50帧、第70帧单击鼠标依次按F6键插入关键帧，打开属性面板，分别设置第1帧、第50帧的补间类型为“传统补间”。分别设置元件第1帧、第70帧的Alpha值设置为100%，第20帧、第50帧的Alpha值设置为0，在第100帧处

单击鼠标按F5键插入帧

这样，一个淡入淡出动画就制作完成了。细心的读者已经发现了，这种效果其实就是在第一层和第二层分别设置相同的帧数量、相同的“传统补间动画”，而在效果制作上通过设置完全相反的属性参数来实现的。

类似的网页效果如图5-102所示。

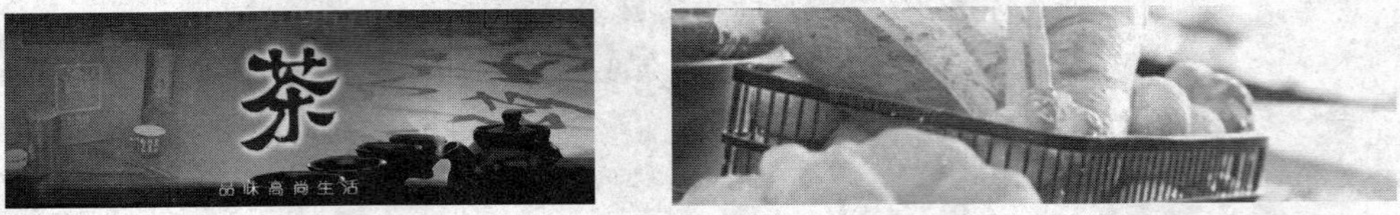


图5-102

这种效果有一种平静、安逸、休闲的感觉，故此在茶叶、餐饮类网站banner中应用较多。

## 2. 形状补间动画案例

设计思路：

本例通过制作一个银行广告来学习变形动画的制作.首先通过变形动画制作草坪、高楼的变形动画，然后利用影片剪辑制作出其他动画效果，最后添加文本内容完成整个动画的制作。

制作步骤：

1 执行“文件”→“新建”命令，新建一个Flash文档，单击“属性”面板上的“编辑”按钮，在弹出的对话框中设置文档的尺寸和播放频率，如图5-103所示。

2 单击时间轴面板上的“新建图层”按钮，依次创建名称为“背景”、“云彩”、“楼1”、“楼2”、“楼3”、“楼4”、“草地”、“绿树”、“草”、“文字”的图层。选择“背景”图层，单击工具箱中的“矩形工具”绘制一个和文档大小相等的矩形，选择“填充工具”为刚绘制的矩形添加渐变效果，颜色为# 1884FA到# D5FCF5的渐变。完成后如图5-104所示。

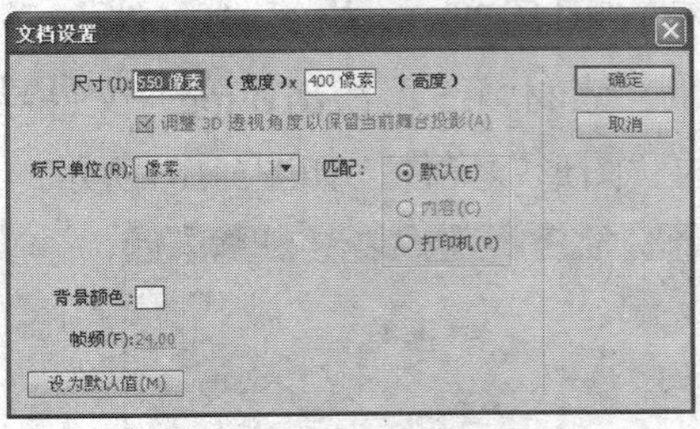


图5-103

图5-104

3 选择“云彩”图层，执行“插入”→“新建元件”命令，创建一个名称为“白云”的影片剪辑元件。单击工具箱中的“钢笔工具”绘制一个云朵的形状，再次使用“渐变工具”为云彩添加白色到# C5EDFF的垂直线性渐变效果。

4 单击时间轴第600帧，按F6键，插入关键帧，为云彩制作从右到左的传统补间动画效果。如图5-105所示。

图5–105

5 单击“场景1”回到主场景中，选择工具箱中的“Deco工具”，打开属性面板，在“绘制效果”下拉列表中选择“建筑物刷子”，在高级选项中依次选择摩天大楼1～摩天大楼4，分别在拖曳鼠标绘制摩天大楼。

6 按Ctrl+B组合键将其打散，调整其在时间轴上的位置分别为第80帧、第85帧、第90帧、第95帧，依次选择“楼1”第65帧、“楼2”第60帧、“楼3”第55帧、“楼4”第50帧。用同样的方法绘制宽40像素，高40像素的高楼大厦，分别在不同的楼层上单击鼠标右键，创建补间形状动画效果。如图5-106所示。

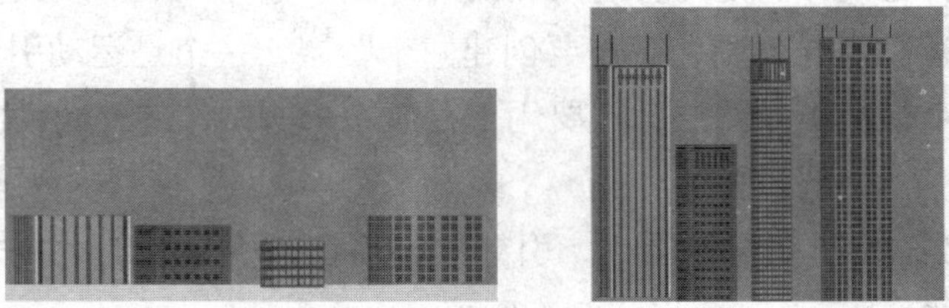

图5–106

7 选择“草”层，执行“插入”→“新建元件”命令，创建一个名称为“草”的图形元件。选择工具箱中的“铅笔工具”，绘制出如图5-107所示的形状。单击“场景1”回到主场景中，选择第40帧，按F6键插入关键帧，按F11键，打开库面板，将制作的“草”拖入场景，选择第50帧，按F6键插入关键帧，创建小草的透明度从0%~100%的传统补间动画。用类似的方法制作“树木”层的传统补间动画，如图5-108所示。

图5–107

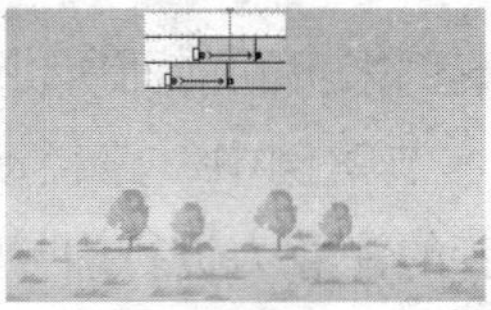

图5–108

8 执行“插入”→“新建元件”命令，创建一个名称为“文字”的影片剪辑元件。选择工具箱中的“文本工具”，输入文本，单击时间轴第20帧、第40帧插入关键帧，创建文本从小到大从左到右的补间动画效果。

9 单击时间轴面板上的“新建图层”按钮，创建一个新的图层，用类似的方法创建文本从大到小，从透明度0%～100%的透明动画效果。单击“场景1”回到主场景中，将制作的文本元件拖曳在“文字”层第100帧处适合的位置。

10 选择所有图层的第240帧，按F5键插入延迟帧完成最终的制作，按Ctrl+Enter组合键预览，效果如图5-109所示。

图5-109

## 5.5.4 路径动画的特点和制作

对于传统的运动引导动画而言，就是在运动引导层绘制非闭合的引导线，然后设置某个元素沿该路径进行运动，它是对补间动画的延伸。

要创建传统的运动引导动画，必需要创建两个图层，一个是运动引导层，主要用来放置引导路径；另一个是被引导图层，主要用来存放用户所制作的补间动画。

制作技巧：

（1）引导线必需绘制在引导层中，引导层必须在被引导层的上方，在一个引导层中可以绘制多条引导线。

（2）在绘制环形引导线时，可先使用“椭圆工具”在引导层绘制一个椭圆，然后利用“橡皮擦工具”将椭圆某一点进行擦除，这样就可以确定引导路径的开始点和结束点。

（3）若使用“钢笔工具”在引导层绘制引导路径，请在“钢笔工具”选项栏中选择“贴紧至对象”选项，这样有利于运动对象和引导路径进行迅速的匹配。

## 5.5.5 案例——制作网页路径动画

本节通过一则案例来巩固前面所讲解的理论知识。

制作思路：在本节案例中，路径动画的主要作用是起着引导视线的作用，通过该引导，一方面将浏览者的注意力进行引导，另一方面则根据引导方向将动画中重点需要表述的内容展现出来。

制作过程：

1 执行“文件”→“新建”命令，新建一个空白文件。打开属性面板，对文档的尺寸等属性进行设置，如图5-110所示。

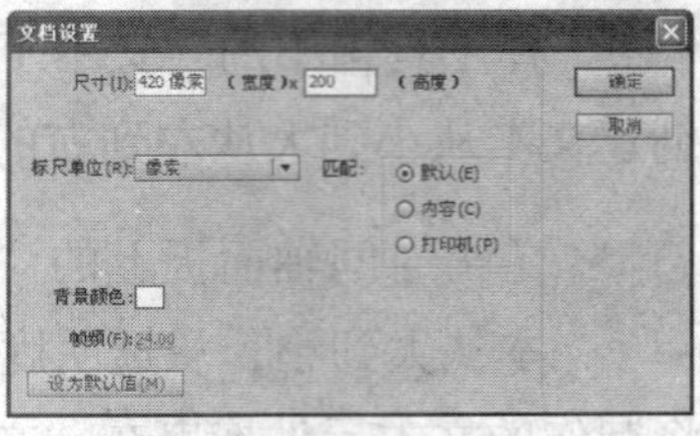


图5-110

2 执行“文件”→“导入”→“导入到舞台”命令，将光盘目录下的“素材\第5章\path.jpg”文件导入到主场景中并调整位置。

3 新建“图层2”，选择“文本工具”，打开属性面板将字体设置为黑体，字号设置12点，颜色设置为黄色，然后输入“股票”。单击第125帧，插入关键帧，最后对文本内容进行水平移动。

4 选择第1帧，单击鼠标右键为文本内容创建传统补间动画。

5 在“图层2”名称上单击鼠标右键，在弹出的快捷菜单中选择“添加传统运动引导层”命令，这样就为”图层2“制定了运动引导层。

6 选择工具箱中的“铅笔工具”，沿图像中的曲折线形状绘制一条曲线路径。选择第1帧中的文本内容将其中心点与路径的开始点进行对齐。用同样的方法将最后一帧文本内容的中心点与路径的结束点进行对齐。如图5-111所示。

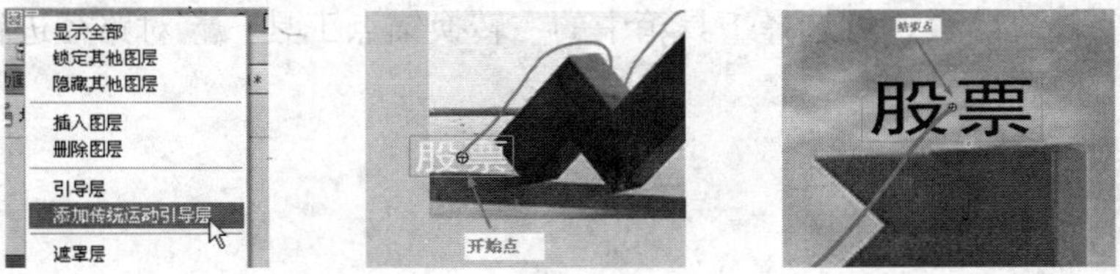


图5-111

7 分别在第12帧、第13帧、第26帧、第27帧、第30帧、第31帧、第44帧、第45帧、第51帧、第52帧、第75帧、第76帧、第82帧、第83帧、第104帧处插入关键帧，然后单击鼠标右键，在弹出的快捷菜单中将多余的补间动画效果删除，如图5-112所示。

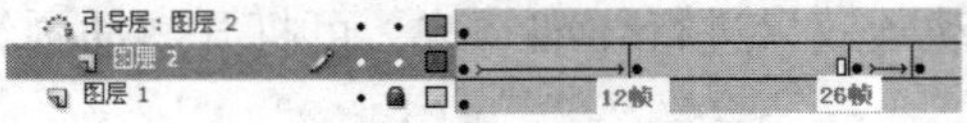


图5-112

8 新建“图层3”，执行“插入”→“新建元件”命令，创建一个名称为“涨”的影片剪辑。选择“文本工具”，在属性面板中设置字体为黑体，字号为47点，颜色为红色，然后输入“涨”字。

9 在第10帧处插入关键帧。选择第1帧，单击鼠标右键为文本添加传统补间动画效果，打开属性面板，将第1帧文本的透明度更改为0。

10 新建“图层2”，用类似的方法制作星星下落的动画效果。

11 回到主场景中，打开库面板将元件“涨”拖曳到舞台中适合的位置。选择“文本工具”输入其他的文本内容完成最终效果的制作。

## 5.5.6 技术拓展

在本书中，笔者为大家介绍的主要是制作传统的路径引导动画效果。其实，在Flash

CS5中读者在制作完一段“补间”动画后，可以直接为其添加“引导层”。

主要制作方法如下：

1. 为舞台中指定的影片剪辑对象创建“补间动画”效果，然后在图层名称上单击鼠标右键，在弹出的快捷菜单中选择“引导层”命令。

2. 这样就使补间动画自动具有引导层的特点，当需要为动画指定路径时，可直接选择该对象并插入关键帧，然后修改对象的运动方向即可，如图5-113所示。

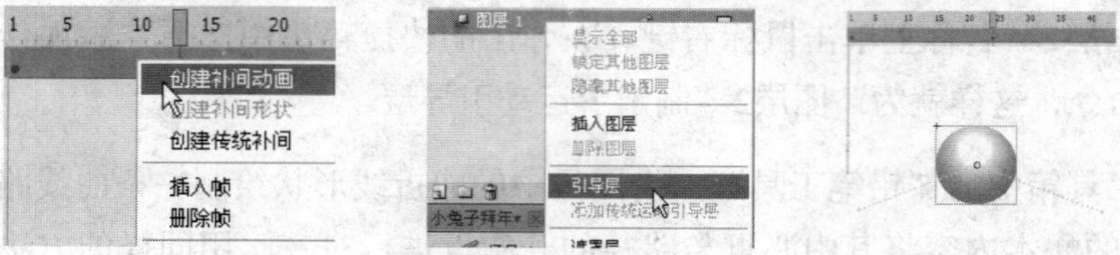


图5-113

3. 如果需要修改路径，可选择工具箱中的“转换锚点工具”对路径进行修改。如图5-114所示。

图5-114

4. 如果还需要对路径动画效果进行详细修改，可打开“动画编辑器”进行修改，如图5-115所示。

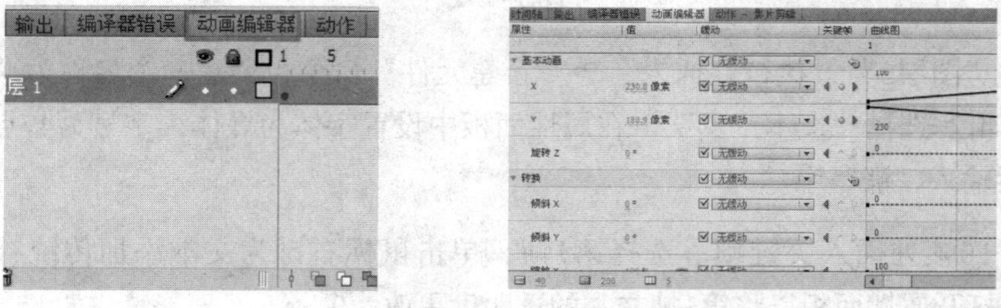


图5-115

## 5.5.7 遮罩动画的特点和制作

遮罩动画也是补间动画的一种特殊形式，在遮罩动画制作时，只有被隐藏的对象在动画播放时才被显示；而制作时没有被遮盖的区域，则动画在播放时将被隐藏。

可以作为遮罩的元素包括填充的形状、文字对象、图形元件的实例或影片剪辑。 也可以将多个图层组织在一个遮罩层下作为被遮罩层，从而创建复杂的效果。

制作遮罩动画的技巧和注意事项：

（1）遮罩动画必须由遮罩层和被遮罩层构成，并且遮罩层位于被遮罩层的上方。

（2）遮罩层的对象比较灵活，可以是静态的对象，也可以是一段运动的补间动画。

（3）被遮罩层可以是静态的对象或是一段运动的补间动画。

（4）当使用影片剪辑实例作为遮罩时，可以让遮罩沿着运动路径运动。

（5）一个遮罩层只能包含一个遮罩项目并且遮罩层不能在按钮内部，也不能将一个遮罩应用于另一个遮罩。

（6）不能对遮罩层上的对象使用3D工具，包含3D对象的图层也不能用作遮罩层

（7）若要从影片剪辑创建遮罩层，应使用ActionScript。用ActionScript创建的遮罩层只能应用于另一个影片剪辑。

## 5.5.8 案例——幻灯片效果的切换

幻灯片切换效果，主要就是利用遮罩技术，通过制作遮罩作为前后切换的方式来实现最终的效果。制作时要注意遮罩的应用位置及先后顺序。

### 1. 导入静态图像

1 执行“文件”→“新建”命令，新建一个Flash文档，单击“属性”面板上的“编辑”按钮，在弹出的对话框中设置文档的尺寸和播放频率，如图5-116所示。

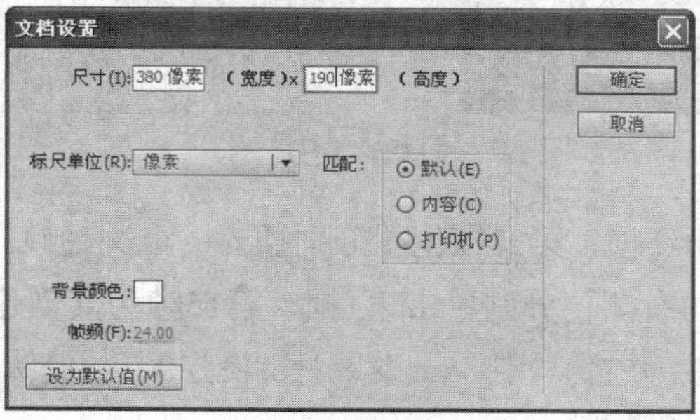


图5–116

2 执行“文件”→“导入”命令，将随书光盘“素材\第5章\8”目录下的3幅图像素材文件导入到库。按F8键，将其转换为“图形”原件。

### 2. 制作遮罩动画

1 选择时间轴上的第10帧，按F6键插入关键帧，按F11键，打开库面板，用鼠标“PC1.jpg”拖曳到舞台上，按F8键，将其转换为名称为“元件1”的图形元件。在时间轴上的第190帧处按F5键，插入帧以确定动画的长度。

2 新建“图层2”，在第10帧位置按F6键插入关键帧，选择工具箱中的“矩形工具”，同时将油漆桶颜色设置为灰黑色，然后绘制一个如图5-117所示的矩形，选择矩形，按F8键，将其转换名称为“矩形遮罩1”的图形元件。

图5-117

3 在时间轴第30帧位置按F6键插入一个关键帧，选择“任意变形工具”在图形元件上单击，按下Alt键拖曳矩形元件使其覆盖“图层1”上的图像内容。选择第15帧，单击鼠标右键创建一个“传统补间动画”。在第31帧处插入一个空白关键帧，并将“图层2”设置为“图层1”的遮罩层。如图5-118所示。

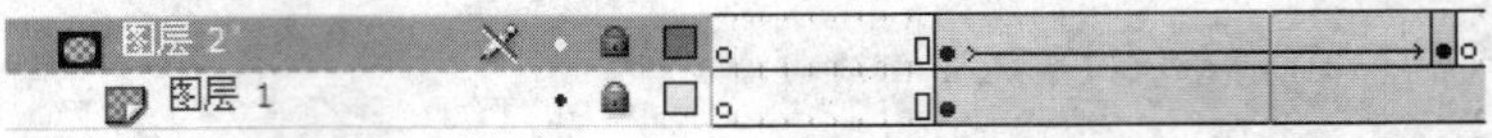


图5-118

4 新建“图层3”，打开库面板，再次将“PC1.jpg”图形元件导入到舞台中，在时间轴的第40帧位置插入一个空白关键帧。新建“图层4”，使用“矩形工具”绘制如图5-119所示的矩形效果，选择矩形对象，按F8将其转换名称为“矩形遮罩2”的图形元件。

图5-119

5 选择“图层4”的第15帧、第30帧位置分别插入一个关键帧，然后移动矩形遮罩图形“元件2”到舞台的右侧，分别单击第1帧、第15帧为其创建传统补间动画。在第31帧处插入一个空白关键帧，并将“图层4”设置为“图层3”的遮罩层。如图5-120所示。

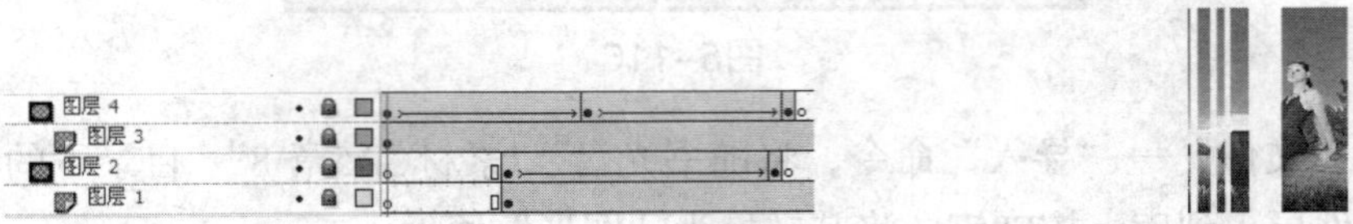


图5-120

6 用同样的方法在第55～第85帧之间、第100～第125帧之间创建类似的遮罩效果，这样一个流畅的幻灯片切换动画效果就完成了。最后的效果如图5-121所示。

图5-121

本例主要运用了遮罩叠加，并且利用上层遮罩和下层遮罩之间的时间差来实现了幻灯片切换的制作效果。希望读者朋友能够通过本例理解遮罩动画制作的技巧。

## 5.5.9 案例——制作网页菜单

设计思路：正常情况没办法在Flash中制作透明的遮罩效果，但是利用ActionScript脚本就可实现。本例就利用影片剪辑的mask属性来制作具有投影效果的菜单。

制作步骤：

**1** 执行“文件”→“新建”命令，新建一个ActionScript 2.0文档，单击“属性”面板上的“编辑”按钮，在弹出的对话框中设置文档的尺寸和播放频率，如图5-122所示。

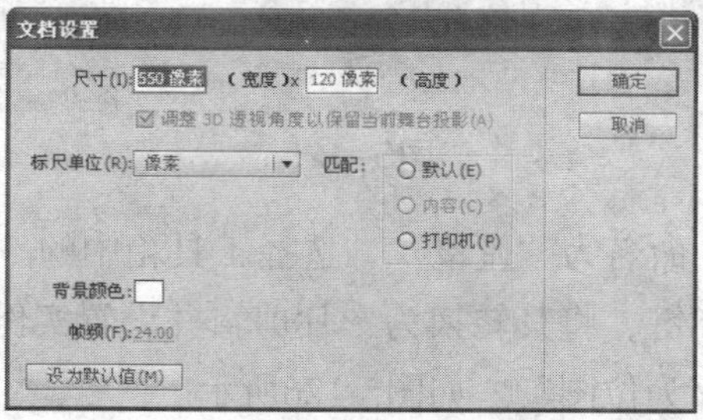


图5-122

**2** 时间轴面板上的“新建图层”按钮，新建一个“背景”图层，选择工具箱中的“矩形工具”绘制一个和文档大小相等的矩形，再选择“填充工具”为刚绘制的矩形添加垂直方向的渐变效果，颜色为# 1884FA到# D5FCF5的渐变。完成后如图5-123所示。

图5-123

创建菜单影片剪辑元件：

**3** 执行“插入”→“新建元件”命令，制作一个名称为“首页”的影片剪辑元件。选择工具箱中的“矩形工具”绘制一个宽75像素、高35像素的形状。选择“填充工具”为刚绘制的矩形添加垂直方向的渐变效果，颜色为# FFD45F到# C29370的渐变。选择工具箱中的“挑选工具”，在矩形边框上双击选择边框，选择“墨水瓶工具 ”，将边框颜色更改为#FFCC66色。如图5-124所示。

图5-124

**4** 选择矩形中的内部区域，将其颜色更改为#FFD45F到#C26907的渐变。选择“文本工具”输入“网站首页”调整大小和位置，如图5-125所示。

**5** 单击“场景1”回到主场景中，新建一个图层，命名为“倒影”，打开库面板，将制作的矩形元件拖曳到主场景中调整位置，并命名为“bt_mc”，同时在属性面板中勾选“缓存为位图”。

图5-125

**6** 再次新建一个图层，命名为“遮罩”，选择工具箱中的“矩形工具”，绘制一个透明的矩形渐变，按F8键，将其转换为影片剪辑并设置实例名称为“mask_mc”。在属性面板中同样勾选“缓存为位图”。如图5-126所示。

图5-126

**7** 再次新建一个图层，命名为“动作”，按F9键，打开动作面板，输入如下代码：

```
bt_mc setMask(mask_mc
```

这样一个简单的具有半透明效果的遮罩就制作完成了。最终效果如图5-127所示。

5-127

**说明**

本例所创建的Flash文档是Actionscrit 2.0版本，如果是3.0版本，那么相对应的脚本应该为：

```
bt_mc mask=mask_mc
```

如果在制作影片剪辑时没有勾选“缓存为位图”选项，那么脚本应为：

```
mask_mc cacheAsBitmap=true;
bt_mc cacheAsBitmap=true;
bt_mc mask=mask_mc;
```

## 5.5.10 补间动画、路径动画和遮罩动画的综合应用

前面我们学习了常见动画的制作技巧，本节通过一个综合案例来巩固和提高所学习的

内容。

设计思路：本案例为一个中秋节的恭贺广告。首先通过制作传统补间动画来制作图像的渐入动画，然后继续通过传统补间动画制作模拟3D动画的旋转效果，然后通过路径引导动画来制作嫦娥奔月的动画。最后应用遮罩为文字添加一个简单的遮罩效果。

制作过程：

1 执行“文件”→“新建”命令，新建一个ActionScript 2.0文档，单击“属性”面板上的“编辑”按钮，在弹出的对话框中设置文档的尺寸和播放频率，如图5-128所示。

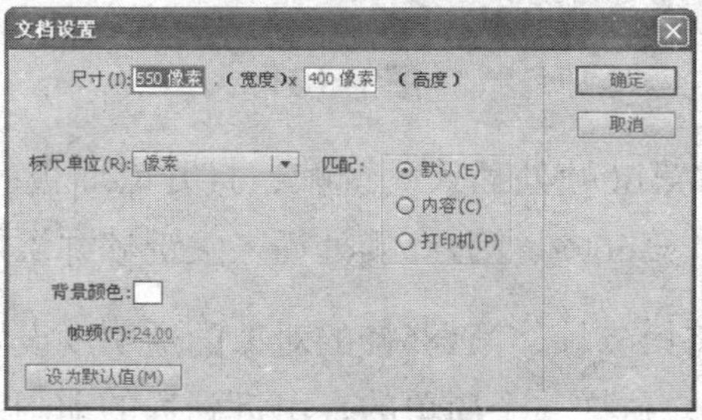


图5–128

2 执行“文件”→“导入”→“导入到库”命令，将光盘目录下的“素材\第5章\中秋”中的素材文件导入到库中。

3 单击时间轴面板上的“新建图层”按钮，新建“图层1”、“图层2”两个图层。选择“图层2”，按F11键，打开库面板，将“A.jpg”文件拖曳到舞台，在属性面板中修改其宽度为510像素，高度为210像素，在第10帧处插入关键帧并创建传统补间动画，选择第1帧，打开属性面板，将A.jpg的透明度更改为0。如图5-129所示。

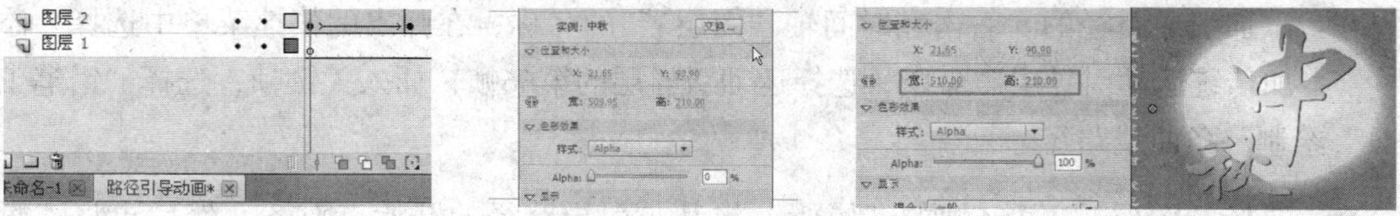


图5–129

4 选择“图层1”，打开库面板，将B.jpg拖曳到舞台，分别在“图层1”、“图层2”的第20帧处插入关键帧，选择工具箱中的“任意变形工具”将两幅图像分别调整为如图5-130所示的形状，单击鼠标右键为其添加“传统补间动画”。

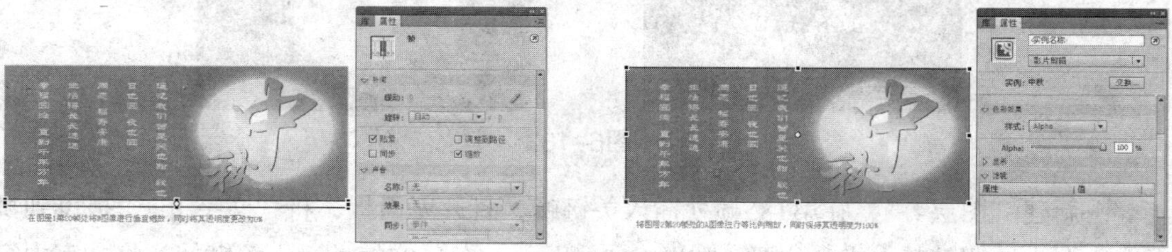

图5–130

**5** 用同样的方法，分别在“图层1”和“图层2”的第60帧处插入关键帧，选择工具箱中的“任意变形工具”将两幅图像分别调整为如图5-131所示的形状。单击鼠标右键为其添加“传统补间动画”。这样一个模拟三维旋转的动画就完成了。

图5–131

**6** 新建“图层3”，在第60帧处插入关键帧，打开库面板，将“嫦娥.png”拖曳到舞台，分别在第65帧、第66帧、第185帧处插入关键帧并添加传统补间动画。

**7** 打开库面板，分别将第65帧、第185帧的对象的透明度设置为0，如图5-132，同时缩小第185帧处的对象，这样一个简单的，由近到远的动画效果就制作完成了。

图5–132

**8** 添加引导路径的。右击在时间轴“图层3”的名称，在弹出的快捷菜单中选择“添加传统运动引导层”命令。选择运动引导层的第66帧，插入关键帧，选择“铅笔工具”绘制一条曲线路径。

**9** 选择“图层3”第66帧的“嫦娥”将其与引导路径的开始点对齐，然后再将“嫦娥”与引导路径的结束点进行对齐。如图5-133所示。

图5–133

**10** 新建“图层4”，在第185帧处插入关键帧，打开库面板，将“文字.jpg”拖曳到舞台中并调整其大小和位置。如图5-134所示。在第195帧处插入关键帧，将文字内容垂直向上移动并添加传统补间动画。

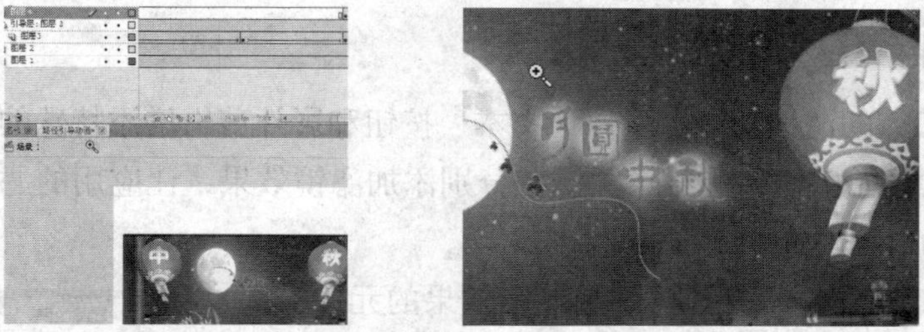

图5-134

11 新建“图层5”，在第225帧处插入关键帧，打开库面板，再次将“文字”元件拖曳到舞台中，利用“任意变形工具”调整文件大小和位置。

12 新建“图层6”，在第225帧、第255帧处插入关键帧，选择工具箱中的“矩形工具”，在第225帧处绘制一个矩形，再在第255帧处绘制如图5-135所示的形状并创建传统形状补间动画。

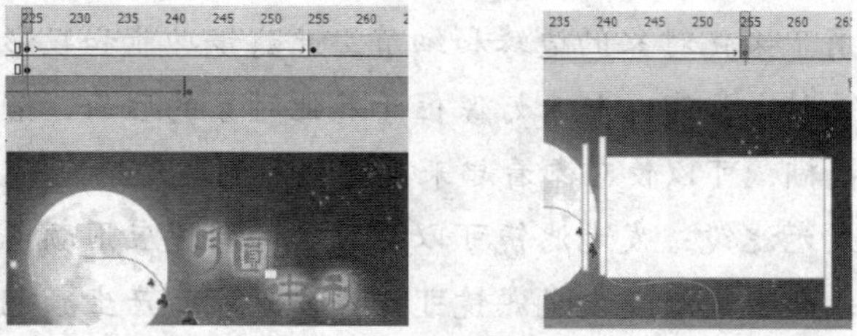

图5-135

13 在“图层6”缩略图处单击鼠标右键，为补间形状动画添加遮罩效果。

14 新建“图层7”，在第210帧处插入关键帧，选择“矩形工具”，在窗口中绘制一个如图5-136所示的矩形，并用红色到黑色的径向渐变进行填充。

图5-136

15 在第242帧处插入关键帧，将矩块水平向右移动，选择第210帧并添加“传统补间动画”完成最终效果的制作，如图5-137所示。按Cttl+Enter组合键可进行预览。

图5-137

# 5.6 为元件追加滤镜效果

使用Flash CS5的滤镜功能，可以为文本、按钮和影片剪辑增添特殊的视觉效果，还可以为补间动画的开始关键帧和结束关键帧分别添加滤镜效果，让应用的滤镜动起来。本节主要学习如何为Flash中的元件添加滤镜效果。

启动Flash CS5软件，打开要添加滤镜效果的元件对象，在属性面板的下方即可出现滤镜操作面板。如图5-138所示。

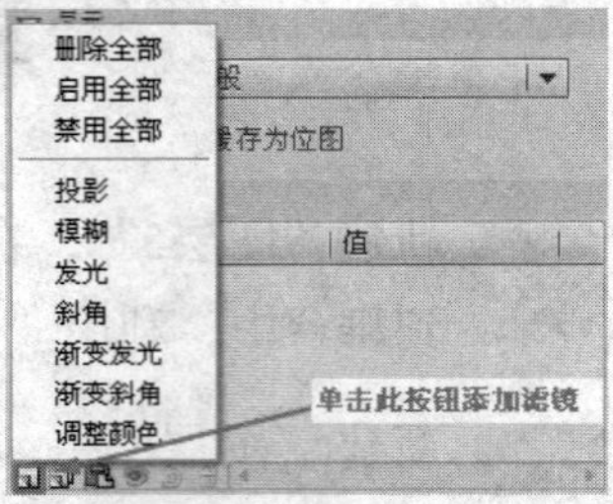


图5–138

下面介绍常用滤镜的特点及应用技巧。

- 投影滤镜：模拟对象投影到表面的效果。需要说明的是：此滤镜只允许为文本、按钮或影片剪辑以模糊的方式添加水平方向和垂直方向上的投影效果。使用时拖曳相关滑杆可分别调整投影的模糊程度、投影的强度、投影的颜色、投影的品质、投影的角度等效果。
- 模糊滤镜：用于柔化对象的边缘和细节。此滤镜功能和投影滤镜功能相似，将模糊应用于对象时，让它看起来好像位于其他对象的后面，若只为对象添加水平或垂直方向的模糊，可以使对象看起来具有强烈的运动感。
- 发光和渐变发光滤镜：发光滤镜可以为对象的周边应用颜色，使当前对象具有柔和的光晕感；而应用渐变发光滤镜可以在发光表面产生颜色渐变的发光效果（若使用渐变发光滤镜，则渐变开始处颜色的Alpha值为0）。
- 斜角和渐变斜角滤镜：应用斜角就是向对象应用加亮效果，使其看起来凸出于背景表面；而用渐变斜角可以产生一种凸起效果，使得对象看起来好像从背景上凸起，且斜角表面有渐变颜色。渐变斜角要求渐变的中间一种颜色的Alpha值为0。
- 调整颜色滤镜：此滤镜主要通过为对象设置不同的亮度、色相、饱和度及对比度来调整对象的色调。

滤镜的使用技巧：有时为了强调对象的细节效果或明显的特殊效果，在使用滤镜功能时常常只选择滤镜功能参数的参数值为1~2像素即可；如果特别需要强调明显的效果，通常可将各滤镜的功能参数设置为最大值。如图5-139所示，在具有背景的网页banner中，如果为对象添加一点投影效果，而增强了导航文字的可读性，又显示了制作者对细节的追求。

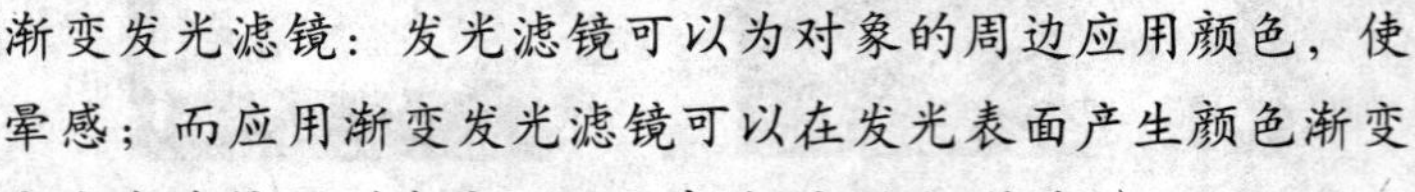


文本没有添加投影效果　　文本添加了模糊、距离为1像素的投影

图5–139

## 5.6.1 为文字和影片剪辑元件追加滤镜效果

设计思路：为文本和影片剪辑添加滤镜效果可以起到突出主题，明确传达对象的目

的。本例主要应用投影和外发光效果，制作方式以传统补间动画为主。

制作过程：

**1** 新建一个空白文档，打开属性面板，设置舞台的大小为宽550像素，高220像素，帧频为24帧/秒，如图5-140所示。

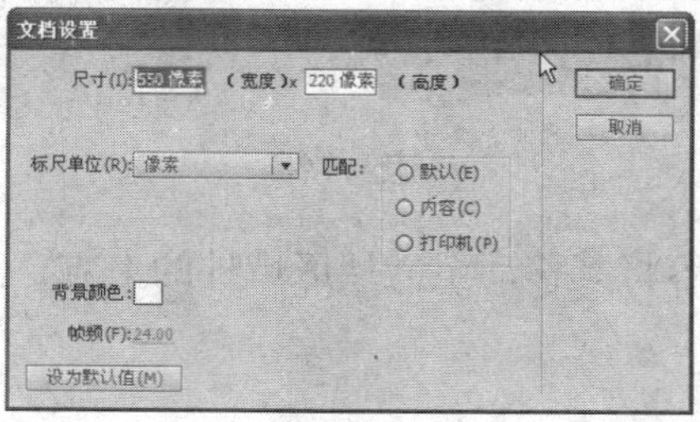


图5–140

**2** 执行“文件”→“导入”→“导入到舞台”命令，将光盘目录下的“素材\第5章\手机底纹.jpg”文件导入到舞台中。

**3** 在时间轴面板中依次创建“图层2”、“图层3”、“图层4”、“图层5”、“图层6”5个图层。选择“图层2”第1帧，按F11键打开库面板，将“PC1.png”拖曳到舞台的适当位置，按F8键将其转换为图形元件，

**4** 在“图层2”的第15帧、第25帧、第35帧、第36帧、第37帧处分别插入关键帧。选择“PC1”元件，将其移动至文档外的下方位置，在第1帧至第15帧之间创建传统补间动画。选择第25帧，将“PC1元件”缩放到适合的尺寸，在第15帧至第25帧之间创建传统补间动画，如图5-141所示。

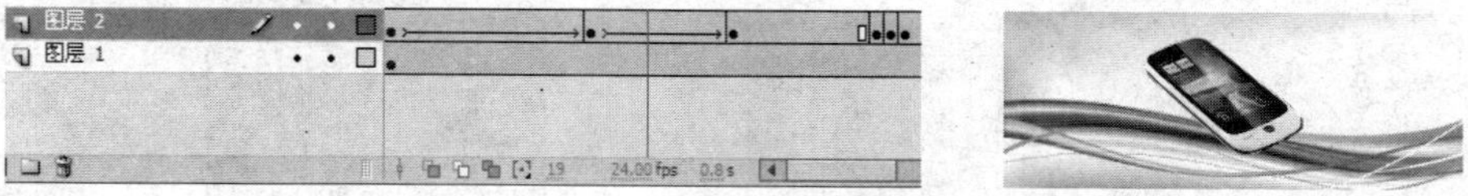


图5–141

**5** 选择“图层2”的第36帧，打开属性面板，设置“亮度”为100%，这样可以产生闪动的效果。选择第50帧，调整图像的水平位置，如图5-142所示，完成后在第37帧至第50帧之间创建传统补间动画。

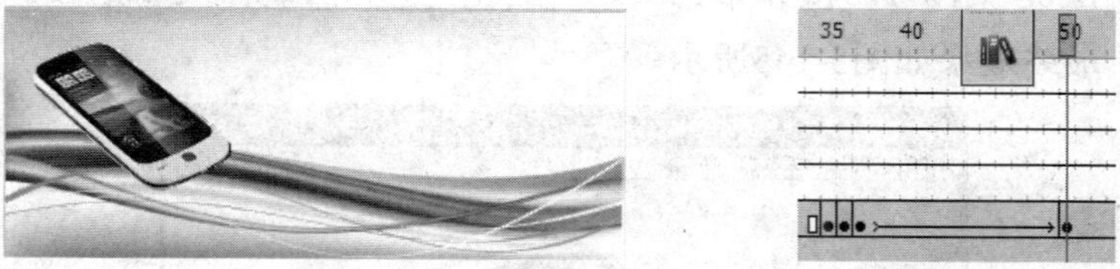


图5–142

**6** 选择“图层3”的第51帧并插入关键帧，选择工具箱中的“文本工具”，设置字体为“黑体”，“大小”为30，颜色为白色，然后输入文本“小巧灵便随时记录生活的经典片段”。

**7** 选择第51帧文本内容，打开属性面板，在属性面板的左下角位置为文本添加模糊效果，参数设置如图5-143所示。选择“图层3”的第65帧并插入关键帧，用同样的方法分别为文本添加投影和发光效果。

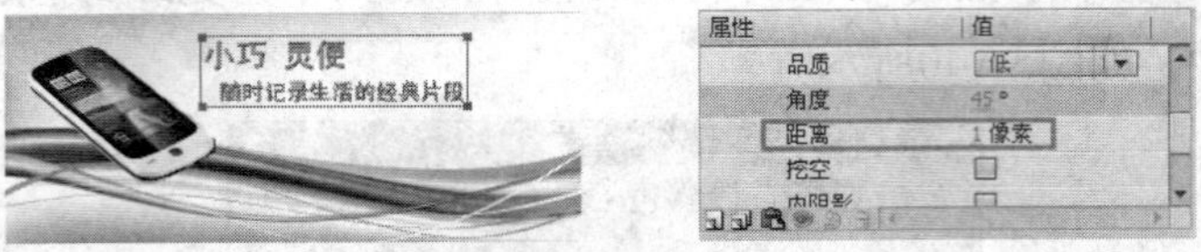


图5–143

**8** 选择第51帧的文本内容将其移动至文档区域外的上方，然后创建第51帧至第65帧之间的传统补间动画。

**9** 用类似的方法创建“图层4”的第80帧至第90帧、第100帧至第110帧之间的文字动画效果，这样就将广告所要宣传的主体品牌的名称完整地显示在浏览者的面前了。

**10** 回到主场景中，选择“图层5”的第110帧并插入关键帧，打开库面板，将“PC1”元件拖曳到舞台的适当位置，按F8键，将其转换为“影片剪辑”元件。

**11** 选择第125帧，插入关键帧并创建第110帧至第125帧之间的传统补间动画。

**12** 选择第110帧，打开库面板设置“透明度”为0，选择“任意变形工具”，将“PC1”的“旋转”设置为155°，选择第125帧设置影片剪辑的滤镜效果为“外发光”，具体参数设置如图5-144所示。

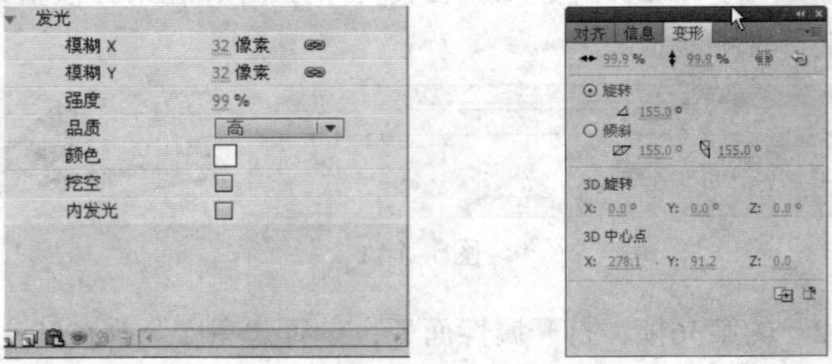


图5–144

**13** 选择“图层6”的第115帧和第125帧，参照上述方法制作文本的投影效果和传统补间动画，最终效果如图5-145所示。

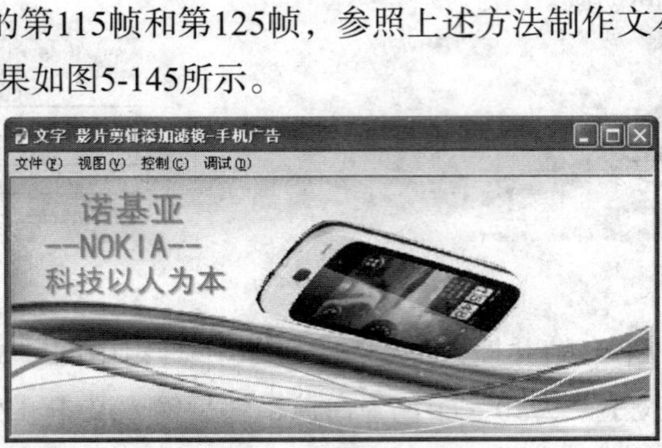


图5–145

## 5.6.2 案例——动感的婚纱广告

动感效果能够体现出青春的活力和奔放的热情。突出动感的方式有很多，在制作时可以采用以下方式进行。

（1）添加具有激情的网络音乐作为动画的背景音乐以突出动感效果。

（2）多运用页面特效，增加页面的节奏，可以增强动感效果。

（3）运用时尚的颜色，配合时尚的图像来增加页面的动感效果。

本例通过制作一则婚纱广告来介绍动感效果的制作技巧。

制作思路：

本案例主要运用节奏感强烈的淡入、飞入、模糊、旋转等方式，通过调整动画的播放频率及增加各元素之间的层次感来达到最终的目的。在制作过程中主要运用了传统补间动画。

制作过程：

### 1. 制作基本场景

**1** 新建一个空白文档，打开属性面板，设置舞台的大小为宽550像素，高400像素，帧频为48帧/秒，如图5-146所示。

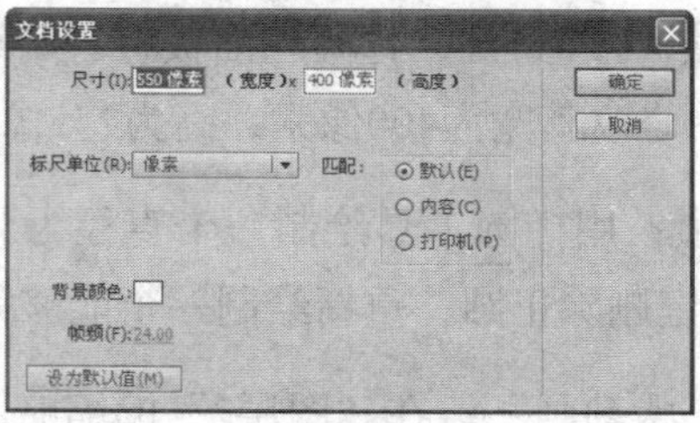


图5-146

**2** 选择工具箱中的“矩形工具”，绘制一个矩形网格，在上面的小网格中分别用粉色和橘红色进行填充。依次选择所填充的色块，按F8键，将其转换为名称为“1”和“2”图形元件，完成后，将舞台中的实例删除，这样，所绘制的色块就保存在库中了，如图5-147所示。

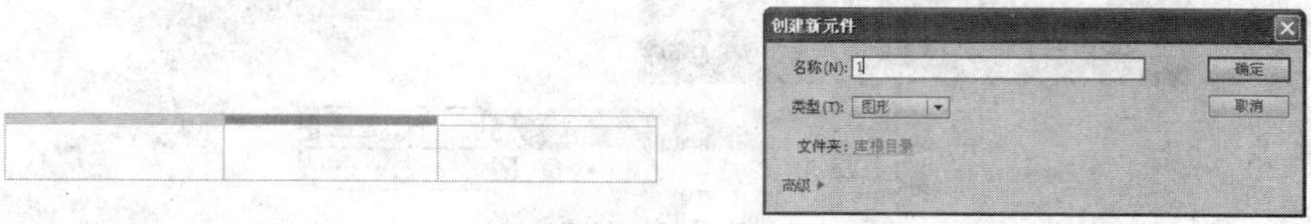


图5-147

**3** 执行“文件”→“导入”→“导入到舞台”命令，将光盘目录中的“素材\第5章\动感婚纱”中的2张素材导入到舞台中。

**4** 在时间轴面板中依次创建“图层2”、“图层3”2个图层。选择“图层2”的第1帧，执行“插入”→“新建”→“元件”→“影片剪辑”命令，创建名称为

"PC1"的影片剪辑。

## 2. 制作动画效果

**1** 选择"图层1"的第2帧，按F11键，打开库面板，将原件"1"拖曳到舞台的适当位置。选择第10帧，按F6键插入关键帧并创建传统补间动画。选择第2帧，将原件"1"进行缩小变形。如图5-148所示。

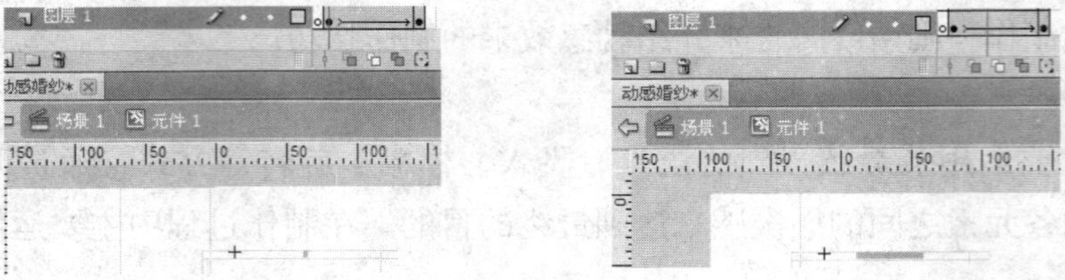

图5-148

**2** 选择"图层2"的第2帧，用"矩形工具"绘制一个矩形，并用橘红色填充。选择第2帧和第10帧，分别插入关键帧，创建矩形由低到高的运动效果。

**3** 新建"图层3"，选择第2帧并插入关键帧，执行"插入"→"新建元件"→"影片剪辑"命令，创建名称为"pc1"的影片剪辑。

**4** 选择"图层1"的第5帧，按F11键，打开库面板将"婚纱1"图像拖曳到舞台中，选择图像，在属性面板中修改其宽为400像素，高为235像素。

**5** 选择"图层2"的第5帧，用椭圆工具绘制一个直径为5像素的正圆。选择第10帧，插入关键帧，按Delete键删除正圆，重新绘制一个能够完全遮盖婚纱图像的大圆。

**6** 右击鼠标创建"补间形状动画"。在"图层2"的缩略图上右击，将"图层2"设置为"遮罩层"，如图5-149所示。

图5-149

**7** 选择"图层2"第10帧，按F9键，打开动作面板，输入命令"stop();"，完成后再次按F9键，退出动作面板。

**8** 新建"图层3"，选择第1帧，绘制一个直径为5像素的正圆，并用橘红色填充。选择第10帧，插入关键帧，将小圆移动至遮罩圆的正中央位置，这样一段具有引导效果的遮罩动画就制作完成了。

9 单击“元件1”，回到影片剪辑“元件1”编辑状态，新建“图层4”，选择第2帧，插入关键帧，选择“文本工具”将字号设置为14点，颜色为粉色，字体为宋体，输入如图5-150所示的文本内容。选择第10帧，插入关键帧，将输入的文本内容上移到适当的位置，然后为其添加传统补间动画效果。

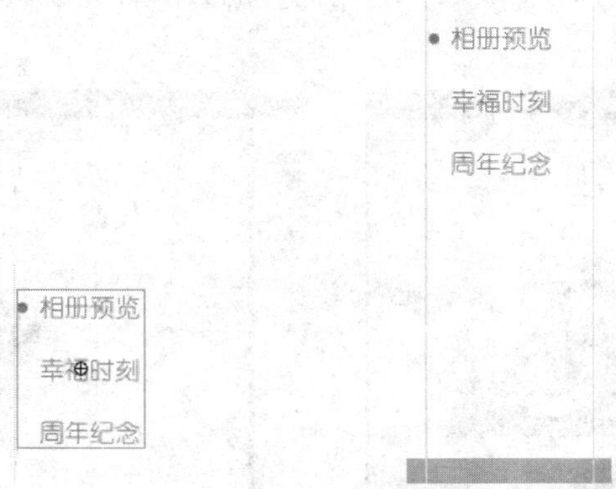


图5–150

10 新建“图层5”，选择第2帧并插入关键帧，选择工具箱中的“线条工具”，绘制一条粗细为1像素的粉色垂直线，选择“任意变形工具”，将线条缩短。选择第10帧，插入关键帧再次将线条等比例拉长，完成后为其添加传统补间动画效果。

11 新建“图层6”，选择第1帧，插入关键帧，按F9键，打开动作面板，输入“stop();”。选择第2帧，插入关键帧，打开属性面板，为其添加标签“start”。如图5-151所示。

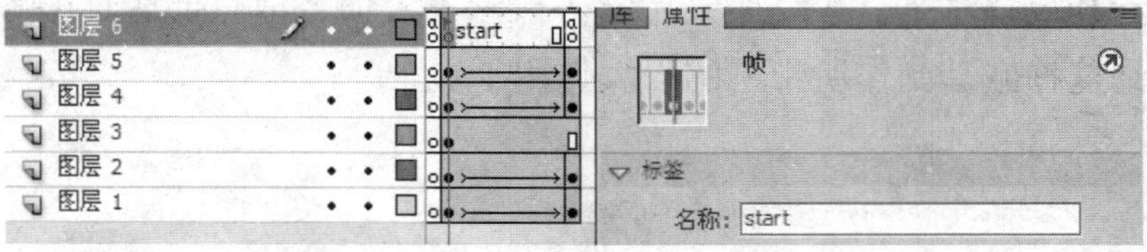


图5–151

12 用同样的方法，在第10帧位置处插入关键帧，并添加“stop();”命令。

13 新建“图层7”，命名为“button”，执行“插入”→“新建”→“元件”→“按钮”命令，创建一个名称为“button1”的按钮，如图5-152所示。

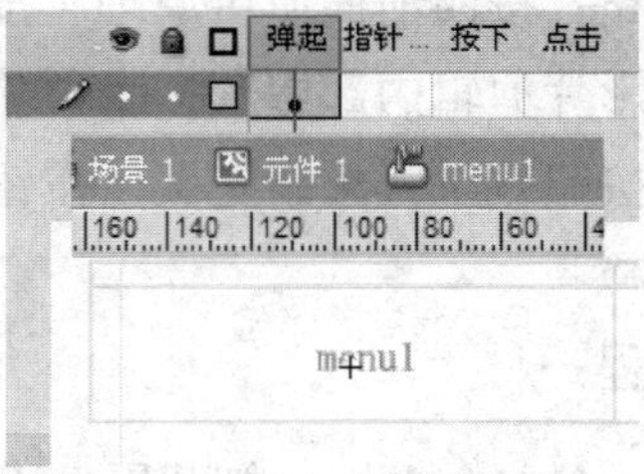


图5–152

14 单击“场景1”按钮，回到主场景中，选择按钮“menu”，按F9键打开动作面板，输入代码如下：

```
on (rollover  {gotoAndPlay("start" ;
}
on (rollOut  {gotoAndPlay(1 ;
}
```

至此，婚纱效果具有了动感效果，利用同样的方法，完成其他效果的制作。最终效果如图5-153所示。

图5-153

## 5.6.3 嵌套元件

元件的实例除了不能置身于自己的内部这一约束以外，能够灵活地存在于其他类型的元件中，元件的这种嵌套功能为制作复杂的、精美的网页动画提供了捷径。无论是影片剪辑中嵌套按钮，还是按钮中嵌套影片剪辑都是可以的，而且嵌套的层次越多越能够代表设计师的设计素养和设计水平。也许刚开始学习大家不习惯，但只要认真思考，多练习，慢慢地就能体会到这种嵌套制作所带来的强大作用了。

## 5.6.4 案例——制作复合动画

“复合”的概念很简单，就是在元件的内部有一个动画效果，然后把这个元件拿到场景里制作另一个动画效果，在预览动画的时候这两种效果可以重叠在一起。本节为大家制作一款模拟“建站之星”网站的动感菜单效果。

制作思路：按照前面所讲原理（按钮嵌套影片剪辑），首先制作一个用于按钮特效的动画，在该影片剪辑内部嵌套一个菜单提示的动画效果。然后输入按钮中的文本内容，同时为了强化按钮效果，重新定义了按钮的相应区域。最后利用多层遮罩为按钮添加一个引导效果。

制作过程：

1 新建一个空白文档，打开属性面板，设置舞台的大小为宽550像素，高400像素，帧频为48帧/秒，如图5-154所示。

2 选择工具箱中的“矩形工具”，打开属性面板，将矩形的边角半径值设置为5像素，然后绘制一个如图5-155所示的矩形并用浅灰色进行填充。

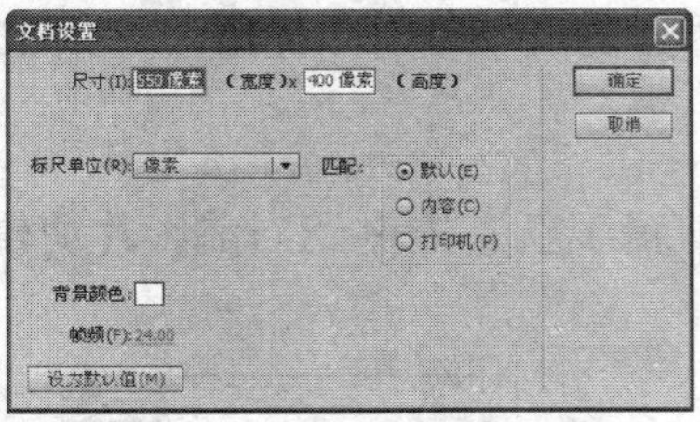


图5–154

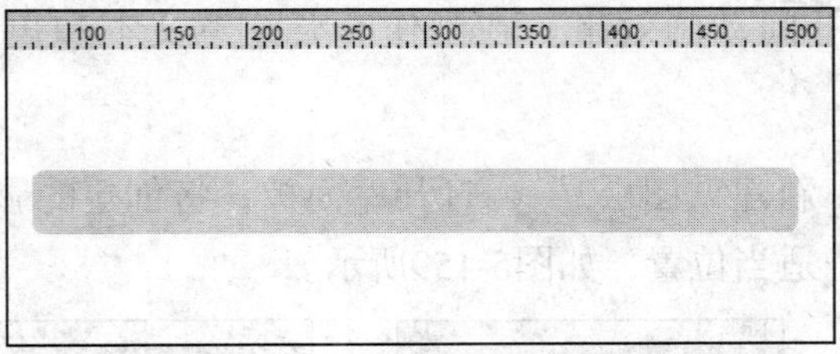


图5–155

3 按钮默认状态下的文字进入特效制作。执行“插入”→“新建元件”命令，创建一个名称为“btn3”的影片剪辑。选择“文本工具”，打开属性面板，设置颜色为蓝色，字体为黑体，字号为12点，输入“企业建站”。

4 单击第5帧，按F6插入关键帧并创建文本由下向上运动的传统补间动画效果。选择第5帧，按F9键打开动作面板，输入“stop();”。

5 制作鼠标经过按钮时的提示动画。执行“插入”→“新建元件”命令，创建一个名称为“新”的影片剪辑。选择“矩形工具”绘制一个如图5-156所示的形状。

6 再选择“颜色填充工具”，用红色将其填充，然后选择“文本工具”，打开属性面板设置颜色为黄色，字体为黑体，字号为8点，输入“新”字。

图5–156

7 单击第4帧、第7帧分别插入关键帧并创建传统补间动画。选择第4帧，打开属性面板将其透明度更改为0。

8 鼠标指针经过时的动画效果。执行“插入”→“新建元件”命令，创建一个名称为“btn2”的影片剪辑。选择“矩形工具”，打开属性面板，设置边角半径值为5像素，然后绘制一个如图5-157所示的矩形并用灰白渐变进行填充。

图5–157

9 单击第5帧，按F6键插入关键帧并创建矩形由上向下的运动动画。选择第5帧，按F9键，打开动作面板，输入“stop();”。

**10** 新建“图层2”，选择“文本工具”，设置字体为黑体，字号为12点，颜色为蓝色，输入“企业建站”。单击第5帧，按F6插入关键帧并创建文本由上向下运动的传统补间动画效果。在制作时要注意文本和矩形动画的开始和结束位置。如图5-158所示。

**11** 新建“图层3”，打开库面板，将创建的影片剪辑“新”拖曳到当前影片剪辑中的适当位置，如图5-159所示。

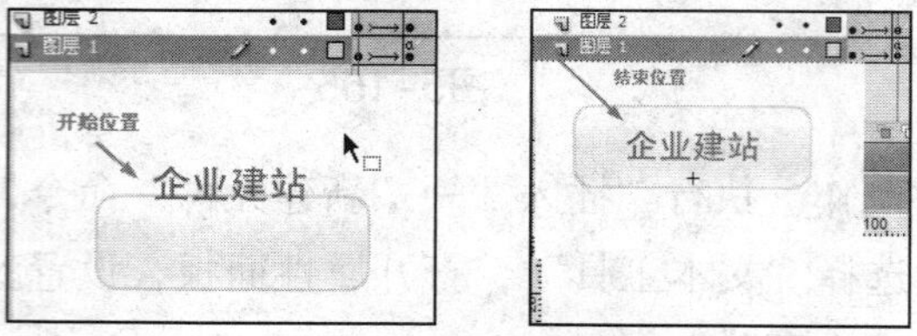


图5-158

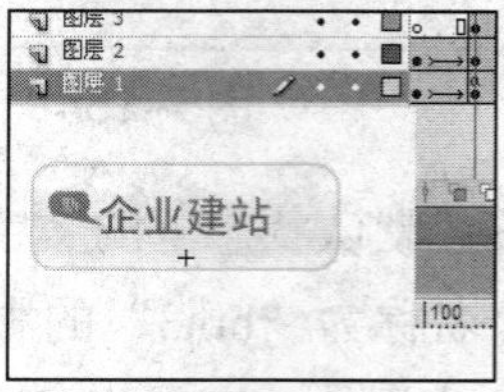


图5-159

**12** 按钮的制作。执行“插入”→“新建元件”命令，创建一个名称为“btn”的按钮元件。选择“弹起”帧并插入关键帧，打开库面板，将制作的“btn3”元件拖曳到舞台中并调整位置（如果有困难，可执行“视图”→“标尺”命令，显示标尺，然后借助于辅助线进行对齐）如图5-160所示。

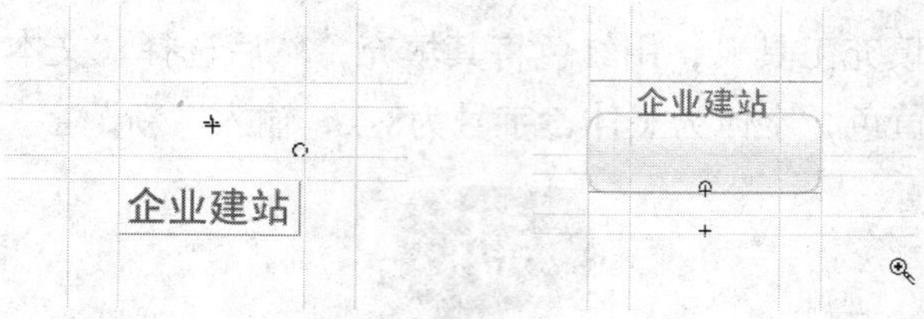


图5-160

**13** 单击“鼠标滑过”帧并插入关键帧，用同样的方法将“btn2”元件拖曳到舞台中适当的位置。

**14** 由于按钮的初始状态只有文字，这样用户单击时不容易获取响应位置，因此需要重定义按钮的响应区域。选择“点击”帧并插入关键帧，选择工具箱中的“矩形工具”绘制一个矩形区域。

**15** 重新调整“btn2”元件位置。如图5-161所示。这样一个按钮效果就完成了，利用同样的方法可制作其他按钮效果。

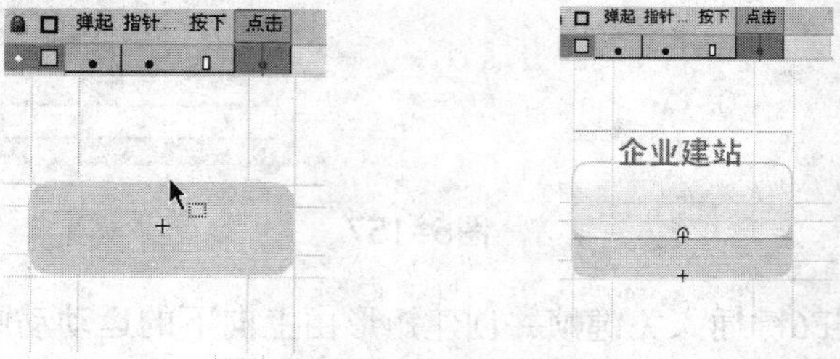


图5-161

**16** 回到主场景中，新建“图层2”，打开库面板，将刚创建的按钮“btn”拖曳到舞台中适当的位置。新建“图层3”，用“钢笔工具”绘制一个五边形（矩形+三角形）并用黄色填充。单击第10帧并插入关键帧，将该形状向右水平移动至完全遮盖按钮内容的区域。如图5-162所示。

**17** 选择第1帧并添加传统补间动画。选择第10帧，打开动作面板输入“stop();”。

**18** 在“图层3”名称上单击鼠标，从弹出的快捷菜单中选择“遮罩层”命令。将“图层1”垂直向上拖曳，直到出现一个小圆圈时松开鼠标，完成后将“图层1”的锁定，这样就创建了多层遮罩效果。

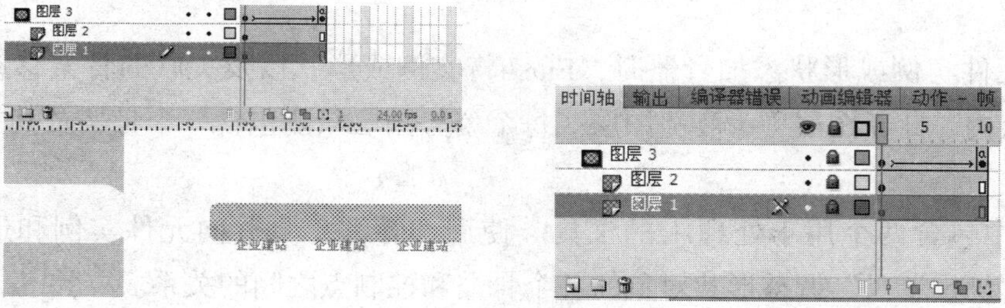

图5-162

**19** 按Ctrl+Enter组合键预览效果。如果读者发现遮罩引导速度稍快，可将第10帧向后顺延即可。如果读者希望为按钮添加超链接，按照5.3.4节所讲授方法进行添加即可，在此就不赘述了。

# 5.7 骨骼动画

骨骼动画技术是一种基于反向运动学原理建立的，应用于计算机动画的新技术。利用骨骼动画制作技术能够模拟各种动物、机械的复杂运动，从而使制作的动画效果更加逼真。本节主要介绍骨骼动画的特点和制作、编辑技巧。

## 1. 关于反向运动

反向运动（IK）是一种使用骨骼的有关节结构，对一个对象或彼此相关的一组对象进行动画处理的方法。使用骨骼，元件实例和形状对象，只需做很少的设计工作，就能让对象按复杂而自然的方式移动。例如，通过反向运动可以更加轻松地创建人物动画，如胳膊、腿和面部表情。

可以向单独的元件实例或单个形状内部添加骨骼。在一个骨骼移动时，与启动运动的骨骼相关的其他连接骨骼也会移动。使用反向运动进行动画处理时，只需指定对象的开始位置和结束位置即可。通过反向运动，可以更加轻松地创建自然的运动。

骨骼链称为骨架。在父子层次结构中，骨架中的骨骼彼此相连。骨架可以是线性的或分支的。源于同一骨骼的骨架分支称为同级。骨骼之间的连接点称为关节。

### 2. 向元件添加骨骼

在Flash中可以按两种方式使用IK。第一种方式是，通过添加将每个实例与其他实例连接在一起的骨骼，用关节连接一系列的元件实例。骨骼允许元件实例链一起移动。例如，连有一组影片剪辑，其中的每个影片剪辑都表示人体的不同部分。通过将躯干、上臂、下臂和手链接在一起，可以创建逼真移动的胳膊。可以创建一个分支骨架以包括两个胳膊、两条腿和头。

使用IK的第二种方式是向形状对象的内部添加骨架。可以在合并绘制模式或对象绘制模式中创建形状。通过骨骼，可以移动形状的各个部分并对其进行动画处理，而无需绘制形状的不同版本或创建补间形状。例如，向简单的蛇图形添加骨骼，以使蛇逼真地移动和弯曲。

在向元件实例或形状添加骨骼时，Flash将实例或形状以及关联的骨架移动到时间轴中的新图层内，此新图层称为姿势图层。每个姿势图层只能包含一个骨架及其关联的实例或形状。

Flash中包含两个用于处理IK的工具。使用“骨骼工具”向元件实例和形状添加骨骼。使用“绑定工具”调整形状对象的各个骨骼和控制点之间的关系。

### 3. 编辑骨骼

创建骨骼后，可以运用不同的方法编辑它们。例如，重新定位骨骼及其关联的对象、在对象内移动骨骼、变换骨骼的长度、删除骨骼等。

进行骨架编辑时，只能在第一个帧中的仅包含初始姿势的姿势图层中编辑IK骨架。如果在姿势图层的后续帧中重新定了位骨架，那么将无法对骨骼结构进行修改。此时，如果要编辑骨架，必须从时间轴中删除位于骨架的第一个帧之后的任何附加姿势。

### 4. 选择骨骼和关联对象

使用工具箱中的“选择工具”，单击骨骼，即可选择单个骨骼。此时，在属面板中将显示骨骼属性。如果要选择多个骨骼，按住Shift单击即可。

在属性检查器中单击“父级”、“子级”、“下一个同级”或“上一个同级”按钮，可将所选内容移动到相邻骨骼，如图5-163所示。

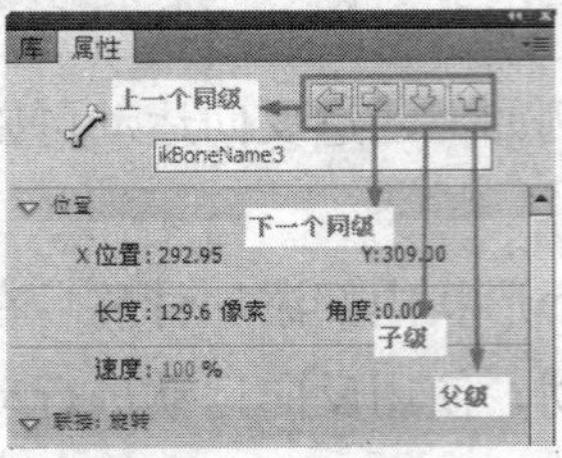


图5-163

直接双击某个骨骼，可选择骨架中的所有骨骼。此时，打开的属性面板，将显示所有骨骼的属性。

如果单击姿势图层中包含骨架的帧，可以选择整个骨架并显示骨架的属性及其姿势图层；如果直接单击指定的IK形状，可选择IK形状，此时，属性面板中将显示IK形状属性。

如果要选择连接到骨骼的元件实例，直接单击该实例即可。属性检查器中将显示实例属性。

### 5. 重定位骨骼和关联对象

如果直接拖曳骨架中的任何骨骼，可以重新定位线性骨架。

如果骨架已连接到元件实例，不仅可以拖曳实例，还可以相对于骨骼旋转实例。

### 6. 删除骨骼

单击骨骼，将其选择，然后按Delete键即可删除单个骨骼及其所有子级；如果按Shift键选择了多个骨骼，那么按Delete键将删除多个骨骼。

若要从某个IK形状或元件骨架中删除所有骨骼，可以选择该形状或该骨架中的任何元件实例，然后执行“修改”→“分离”命令，将IK形状将还原为正常形状。

### 7. 将骨骼绑定到形状点

根据IK形状的配置，你可能会发现，在移动骨架时形状的笔触并没有按令人满意的方式扭曲。

默认情况下，形状的控制点连接到离它们最近的骨骼。使用“绑定工具”，可以编辑单个骨骼和形状控制点之间的连接，控制在每个骨骼移动时笔触扭曲的方式以获得满意的结果。

可以将多个控制点绑定到一个骨骼，以及将多个骨骼绑定到一个控制点。使用“绑定工具”单击控制点或骨骼，将显示骨骼和控制点之间的连接，然后可以按各种方式更改连接。

若要加亮显示已连接到骨骼的控制点，应使用“绑定工具”单击该骨骼。

已连接的点以黄色加亮显示，而选定的骨骼以红色加亮显示。仅连接到一个骨骼的控制点显示为方形，连接到多个骨骼的控制点显示为三角形。

若要向选定的骨骼添加控制点，请按住Shift单击未加亮显示的控制点。也可以通过按住Shift拖曳多个控制点到选定的骨骼。若要从骨骼中删除控制点，只需按住Ctrl键单击以黄色加亮显示的控制点即可。

### 8. 调整 IK 运动约束

通过控制特定骨骼的运动自由度，可以创建IK骨架的更多逼真运动。例如，通过约束手臂和肩的两个骨骼，使肘部按照正确的方向进行弯曲。

默认情况下，创建骨骼时会为每个IK骨骼分配固定的长度。骨骼可以围绕其父连接，旋转以及沿x和y轴旋转，但是它们无法以要求更改其父级骨骼长度的方式移动。

可以启用、禁用和约束骨骼的旋转及其沿x或y轴的运动。默认情况下，启用骨骼旋转，而禁用x和y轴运动。启用x或y轴运动时，骨骼可以不限度数地沿x或y轴移动，而父级骨骼的长度将随之改变以适应运动。如图5-164所示。

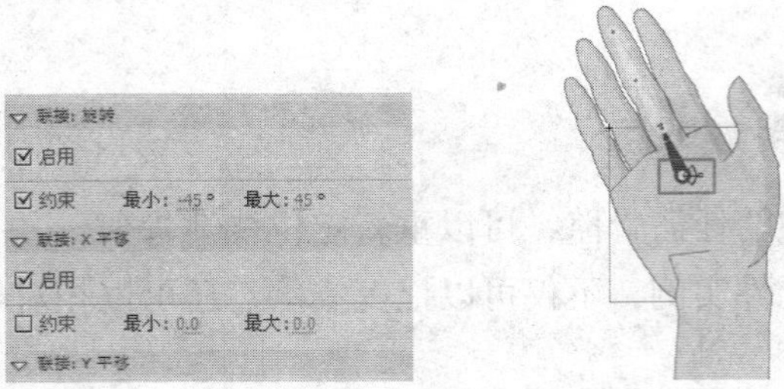


图5–164

也可以限制骨骼的运动速度，在骨骼中创建粗细效果。

选定一个或多个骨骼时，在属性检查器中设置其属性。如图5-165所示。

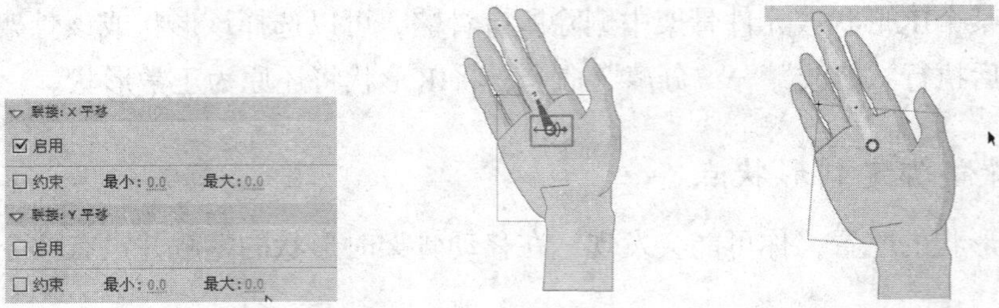


图5–165

若要使选定的骨骼可以沿x或y轴移动，并更改其父级骨骼的长度，请在属性检查器的“连接: X 平移”或“连接: Y 平移”项中选择“启用”。显示一个垂直于连接上骨骼的双向箭头，指示已启用 x 轴运动；显示一个平行于连接上骨骼的双向箭头，指示已启用y轴运动。如果对骨骼同时启用了x平移和y平移，那么对该骨骼禁用旋转时定位它更为容易。

若要限制沿x或y轴启用的运动量，应在属性检查器的“连接: X 平移”或“连接: Y 平移”项中选择“约束”，然后输入骨骼可以行进的最小距离和最大距离。

若要禁用选定骨骼绕连接的旋转，应在属性检查器的“连接: 旋转”项中取消选中“启用”复选框。默认情况下是选中此复选框。

若要约束骨骼的旋转，应在属性检查器的“连接: 旋转”项中输入旋转的最小度数和最大度数。旋转度数相对于父级骨骼，在骨骼连接的顶部将显示一个指示旋转自由度的弧形。

若要使选定的骨骼相对于其父级骨骼是固定的，应禁用旋转以及x和y轴平移。骨骼将变得不能弯曲，并跟随其父级的运动。

若要限制选定骨骼的运动速度，应在属性检查器的“连接速度”字段中输入一个值。连接速度为骨骼提供了粗细效果，最大值100% 表示对速度没有限制。

### 9. 在骨骼中添加弹簧属性

骨骼的“强度”和“阻尼”属性将动态物体集成到骨骼IK系统中，使IK骨骼体现真实的物体移动效果。借助这些属性，可以更轻松地创建更逼真的动画。

“强度”和“阻尼”属性可使骨骼动画效果逼真，并且动画效果具有很高地可配置性。最好是在向姿势图层添加姿势之前设置这些属性。如图5-166所示。

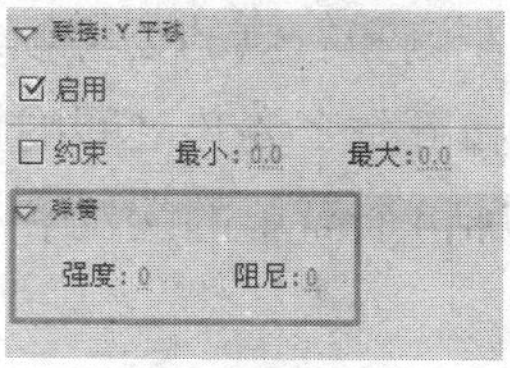


图5-166

- 强度：弹簧强度。值越高，创建的弹簧效果越强。
- 阻尼：弹簧效果的衰减速率。值越高，弹簧属性减小得越快。如果值为 0，那么弹簧属性在姿势图层的所有帧中保持其最大强度。

对IK骨架进行动画处理的方式与Flash中的其他对象不同。对于骨架，只需向姿势图层添加帧，并在舞台上重新定位骨架即可创建关键帧。姿势图层中的关键帧称为姿势。由于IK骨架通常用于动画目的，因此每个姿势图层都自动充当补间图层。如图5-167所示。

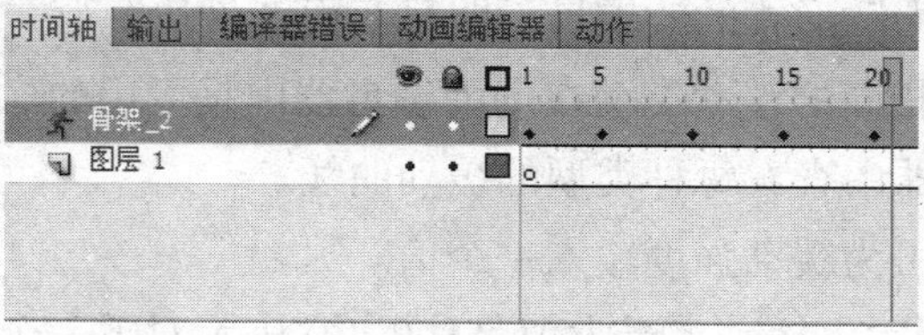


图5-167

但是，IK姿势图层又不同于补间图层，因为无法在姿势图层中对除骨骼位置以外的属性进行补间。若要对IK对象的其他属性（如位置、变形、色彩效果或滤镜）进行补间，应将骨架及其关联的对象包含在影片剪辑或图形元件中。然后执行“插入”→“补间动画”命令，或者打开“动画编辑器”面板，对元件的属性进行动画处理。如图5-168所示。

图5-168

### 10. 向IK动画添加缓动

使用姿势向IK骨架添加动画时，可以调整帧中围绕每个姿势的动画速度。通过调整速度，可以创建更为逼真的运动。控制姿势帧附近运动的加速度称为缓动。

例如，移动胳膊时，在运动开始和结束时胳膊会加速和减速，通过在时间轴中向 IK 姿势图层添加缓动，可以在每个姿势帧前后使骨架加速或减速。

要为姿势图层中的帧添加缓动，应单击姿势图层中两个姿势帧之间的帧。

应用缓动时，它会影响选定帧左侧和右侧的姿势帧之间的帧。如果选择某个姿势帧，那么缓动将影响图层中选定的姿势和下一个姿势之间的帧。

在属性面板中，缓动的类型包括4个简单的缓动和4个停止并启动的缓动。如图5-169所示。

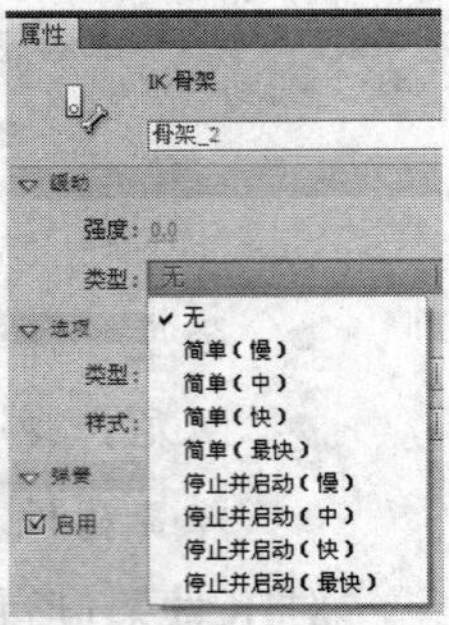

图5–169

- 缓动的强度：控制哪些帧进行缓动，以及缓动的影响程度。
- 简单：缓动将降低紧邻上一个姿势帧之后的帧中运动的加速度，或紧邻下一个姿势帧之前的帧中运动的加速度。
- 停止并启动：减缓紧邻之前姿势帧后面的帧，以及紧邻图层中下一个姿势帧之前的帧中的运动。

“简单”的缓动与“停止并启动”的缓动都具有“慢”、“中”、“快”和“最快”的形式。其中，“慢”形式的效果最不明显，而“最快”形式的效果最明显。

使用补间动画时，相同的缓动类型在动画编辑器中是可用的。在时间轴中选定补间动画时，可以在动画编辑器中查看每种类型的缓动曲线。

在属性检查器中，可为缓动强度输入一个值。

默认强度是0，即表示无缓动。最大值是100，它表示对下一个姿势帧之前的帧应用最明显的缓动效果。最小值是-100，它表示对上一个姿势帧之后的帧应用最明显的缓动效果。

完成后，在已应用缓动的两个姿势帧之间清理时间轴中的播放头，以便在舞台上预览已缓动的动画。

## 5.7.1 使用“骨骼工具”为形状添加骨骼

对于形状，可以向单个形状的内部添加多个骨骼。也可以向“对象绘制”模式下创建的形状添加骨骼。

无论向单个形状或一组形状添加骨骼，在添加第一个骨骼之前必须选择所有形状，当骨骼添加到所选内容后，Flash将所有的形状和骨骼转换为IK形状对象，并将该对象移动到新的姿势图层，如图5-170所示。

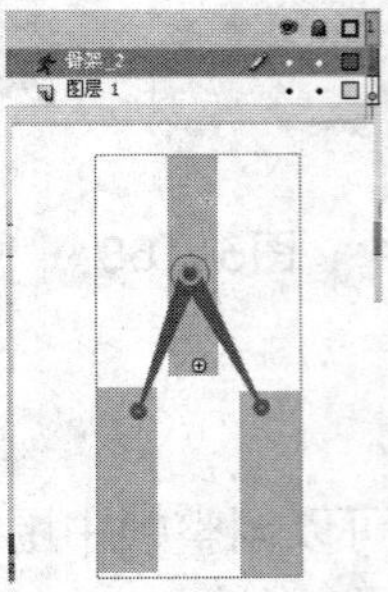

图5–170

选择“工具”面板中的“骨骼工具”，在形状内单击并拖曳到形状内的其他位置（在拖曳时，将显示骨骼），释放鼠标后，在单击点和释放鼠标点之间显示一个实心的骨骼。每个骨骼都具有头部、圆端和尾部（尖端）。骨架中的第一个骨骼是根骨骼，它显示为一个圆围绕骨骼头部。如图5-171所示。

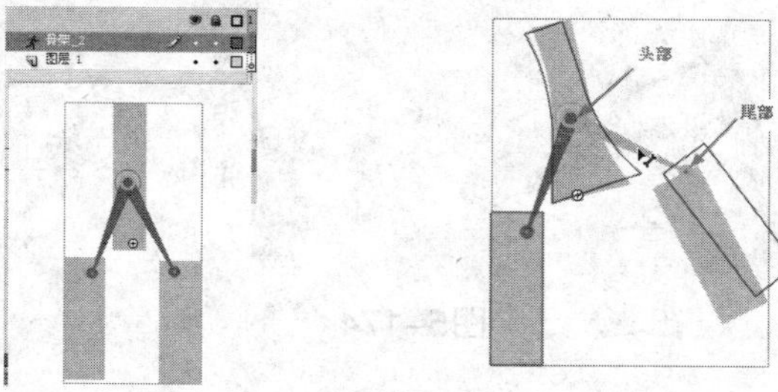


图5-171

添加第一个骨骼时，Flash将形状转换为IK形状对象，并将其移动到时间轴中的新图层内。新图层称为姿势图层。与给定骨架关联的所有骨骼和IK形状对象都驻留在姿势图层中，每个姿势图层只能包含一个骨架。Flash向时间轴中现有的图层之间添加新的姿势图层，并保持舞台上对象的以前堆叠顺序。

该形状变为IK形状后，就无法再向其添加新笔触，仍可以向形状的现有笔触添加控制点或从中删除控制点。

若要添加其他骨骼，可以从第一个骨骼的尾部拖曳到形状内的其他位置，指针在经过现有骨骼的头部或尾部时会发生改变，。第二个骨骼将成为根骨骼的子级。按照要创建的父子关系的顺序，将形状的各区域与骨骼链接在一起。如图5-172所示。

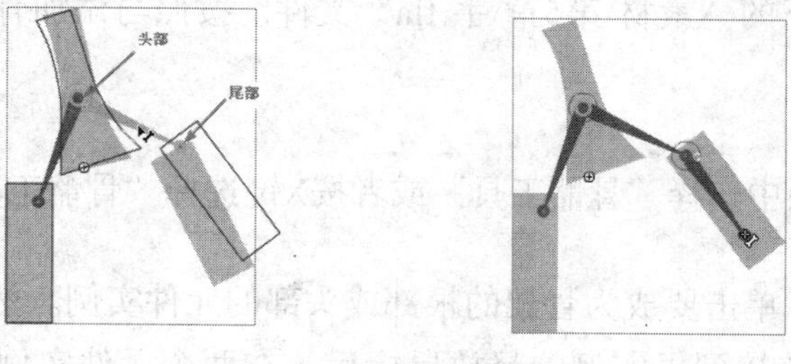


图5-172

若要创建分支骨架，应单击希望分支开始的现有骨骼的头部，然后进行拖曳以创建新分支的第一个骨骼。骨架可以具有所需数量的分支。如图5-173所示。

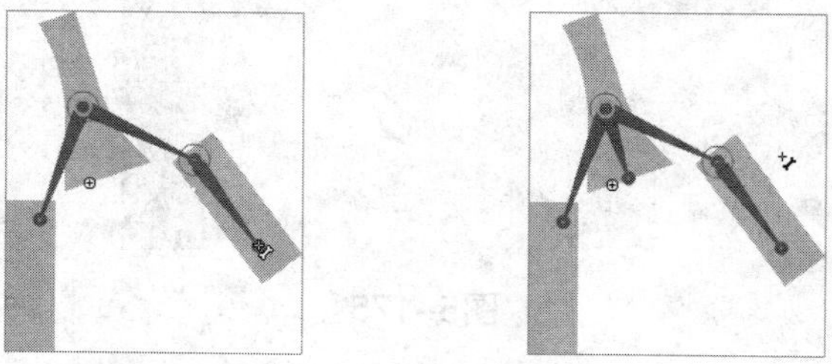

图5-173

注意：分支不能连接到其他分支（其根部除外）。

若要移动骨架，应使用“选取工具”选择IK形状对象，然后拖曳它们。如图5-174所示。

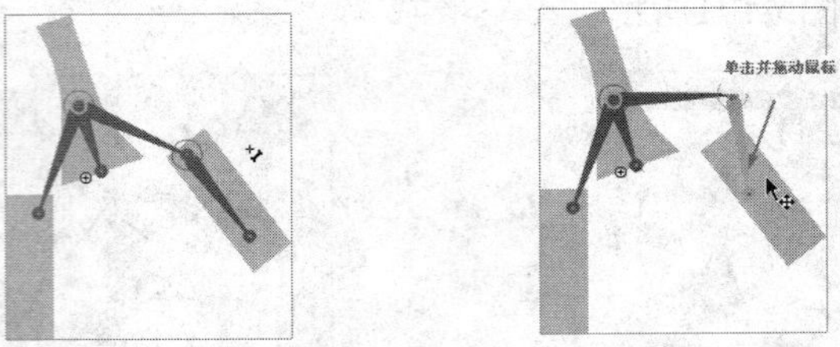


图5–174

## 5.7.2 使用“骨骼工具”为元件添加骨骼

可以向影片剪辑、图形和按钮实例添加IK骨骼。若要使用文本，需要先将其转换为元件，或将文本拆分（“修改”→“分离”）为单独的形状，并对各形状使用骨骼。

为元件实例添加骨骼时，会创建一个链接实例链。这不同于对形状使用骨骼，其中形状变为骨骼的容器。根据制作的需要，元件实例的链接链可以是一个简单的线性链或分支结构。例如，蛇的特征仅需要线性链，而人体图形将需要包含四肢分支的结构。

按照与向其添加骨骼之前所需，近似地配置，在舞台上排列元件实例。在添加骨骼之前，元件实例可以在不同的图层上，添加骨骼时，Flash将它们移动到新图层。

具体操作如下：

1 打开光盘目录下的“素材\第5章\手.fla”文件。按照与添加骨骼之前所需的空间配置排列实例。

2 从“工具”面板中选择“骨骼工具”或者按X键选择“骨骼工具”。

3 使用骨骼工具，单击要成为骨架的根部或头部的元件实例。然后拖曳到单独的元件实例，以将其链接到根实例。释放鼠标后，在两个元件实例之间将显示实心的骨骼，如图5-175所示。

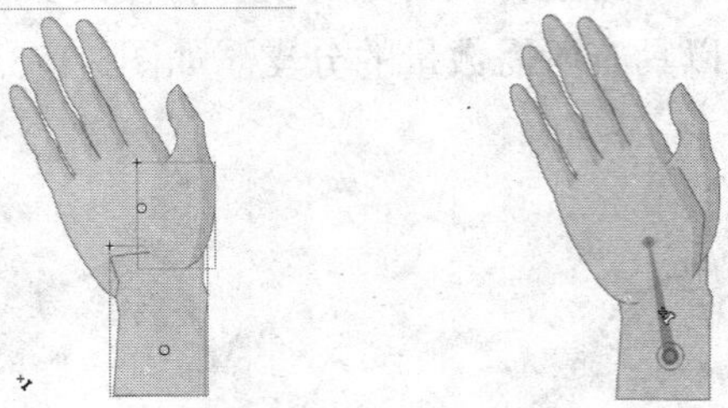

图5–175

4 从一个实例拖曳到另一个实例以创建骨骼时，单击要将骨骼附加到实例的特定点上的第一个实例，经过要附加骨骼的第二个实例的特定点释放鼠标。骨架中的第一个骨骼是根骨骼，它显示为一个圆围绕骨骼头部。

**5** 默认情况下，Flash将每个元件实例的变形点移动到由每个骨骼的连接位置。对于根骨骼，变形点移动到骨骼头部。对于分支中的最后一个骨骼，变形点移动到骨骼的尾部。

若要添加其他骨骼，请从第一个骨骼的尾部拖曳到要添加到骨架的下一个元件实例。

指针在经过现有骨骼的头部或尾部时会发生改变。这样，按照要创建的父子关系的顺序，将对象与骨骼连接在一起。如图5-176所示。

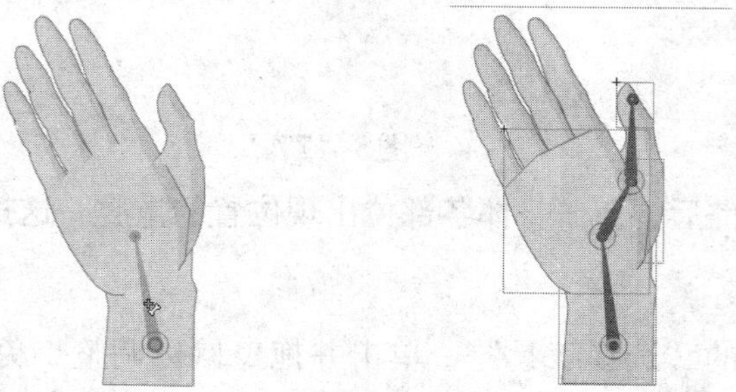

图5-176

如果要要创建分支骨架，可以单击希望分支开始的现有骨骼的头部，然后进行拖曳以创建新分支的第一个骨骼。

骨架可以具有所需数量的分支。但是，分支不能连接到其他分支（其根部除外）。

创建IK骨架后，可以在骨架中拖曳骨骼或元件实例以重新定位实例。拖曳骨骼会移动其关联的实例，但不允许它相对于其骨骼旋转。拖曳实例允许它移动以及相对于其骨骼旋转。拖曳分支中间的实例可导致父级骨骼通过连接旋转而相连。子级骨骼在移动时没有连接旋转。

创建骨架且其所有的关联元件实例都移动到姿势图层后，仍可以将新实例从其他图层添加到骨架。在将新骨骼拖曳到新实例后，Flash会将该实例移动到骨架的姿势图层。

## 5.7.3 案例——制作网页“骨骼”动画

前面为大家讲解了骨骼的相关知识，有了骨骼工具，对于我们制作网页中的一些特定的与骨骼有关的动画效果具有很大的帮助。本节利用“骨骼工具”，结合传统补间动画制作一则小兔子拜年的网络宣传动画。

主要制作思路：首先利用骨骼工具为小兔子添加骨架姿势，然后重新调整各部位形状的层次顺序，接着，利用选择工具调整骨骼的姿势并在时间轴中插入关键帧来实现骨骼动画的形成，最后将制作的骨骼动画转换为逐帧动画，利用逐帧动画结合传统补间动画完成最终效果的制作。

制作过程：

**1** 执行“文件”→“打开”命令，将光盘目录下的“素材\第5章\小兔子拜年start.fla”打开。

**2** 选择工具箱中的“骨骼工具”，在小兔子的脚部向上拖曳鼠标拖出第一个骨骼，这样就将小兔子的身体和腿连接在了一起。接着从骨骼的尾部（小兔子的中心位置）继续拖曳鼠标创建其他骨骼，直到完成小兔子的其他主要骨骼。如图5-177所示。

图5-177

如果在绘制完骨骼后，兔子身体各部位出现位置的重叠，这执行“修改”→“排列”命令进行重新调整。

**3** 选择工具箱中的“选择工具”，单击并拖曳鼠标调整小兔子的手臂，然后右击第25帧，在弹出的快捷菜单中选择“插入姿势”命令。这样就为小兔子创建了第一个动作。

**4** 为了保证动画效果的流畅，再次利用“选择工具”将小兔子的头部进行调整，如图5-178所示。

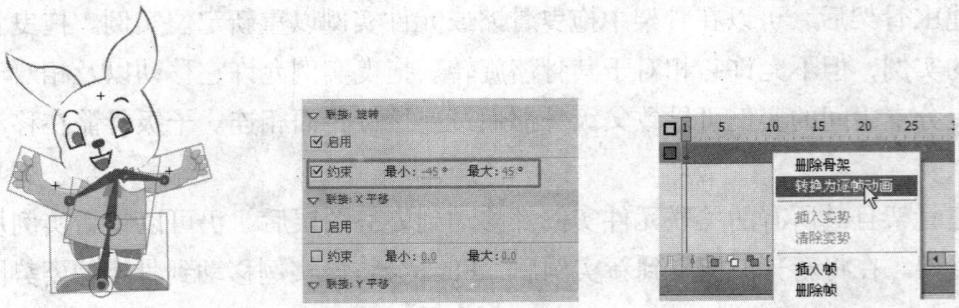


图5-178

利用同样的方法可添加其他的动作。

**5** 打开属性面板，将“连接：旋转”选项中的“约束”勾选，并设置响应的角度，这样可以避免小兔子的胳膊出现太大的旋转。

**6** 选择时间轴中的骨骼姿势，单击鼠标右键，从弹出的菜单中选择“转换为逐帧动画”。

这样就脱离了骨骼的控制，从而能够实现与其他类型的动画的综合应用。

**7** 选择时间轴上的所有帧，单击鼠标右键选择“剪切帧”命令，执行“插入”→“新建元件”命令，创建一个名称为“骨骼兔子”的影片剪辑元件，选择第1帧，单击鼠标右键，选择“粘贴帧”命令，这样就将由骨骼动画所转变而来的逐帧动画转换成了影片剪辑。

8 单击“场景 1”回到主场景中，执行“文件”→“导入”→“导入到舞台”命令，将光盘目录下的“素材\第5章\兔子拜年.psd”文件导入到舞台中。单击第30帧并插入关键帧，选择第1帧，单击鼠标右键在弹出的快捷菜单中选择“创建传统补间”命令，打开属性面板，将透明度设置为0，这样就创建了渐隐动画。

9 新建“图层2”，打开库面板，将“骨骼兔子”拖曳到舞台中，调整大小及位置，用同样的方法为其制作逐渐显示的动画效果。

10 新建“图层3”，用上述方法创建文本的动画效果。将文件保存，按Ctrl+Enter组合键预览动画效果，如图5-179所示。

图5–179

# 5.8 ActionScript的应用

利用Flash软件，不仅能够制作优秀的网页矢量动画，而且还可以利用ActionScript语言编写具有交互功能的网页动画和其他多媒体动画。从Flash CS3开始，ActionScript语言已经正式升级为面向对象的编程语言了（ActionScript 3.0），这一点相对于ActionScript 2.0来说确实是一个很大的进步。但是对于许多没有编程能力的初学者而言ActionScript 2.0似乎更好理解，虽然并不是真正的面向对象的编程。因此，在本节的学习过程中，一方面为大家讲解ActionScript 2.0中在网页动画制作中常用的脚本；另一方面也为大家详细讲解ActionScript 3.0的特点和应用，这样便于大家利用不同的方法制作动画使用果。

## 5.8.1 网页制作中常用的ActionScript 2.0方法和脚本

网页制作中常用的ActionScript 2.0方法和脚本主要包括控制时间轴播放、加载URL文档、加载与卸载外部文件、复制与删除等方法。下面为大家详细讲解这些方法的使用。

1. gotoAndPlay()和gotoAndStop()

gotoAndPlay()方法表示将播放头跳移到指定场景中的指定帧处进行播放，书写方法为gotoAndPlay("场景名称",帧)。若是当前场景，则场景名称可以省略；与之相反，gotoAndStop()方法表示将播放头跳移到指定场景中的指定帧处停止播放。

例如：

```
//表示当鼠标单击对象时，播放头跳移到场景2中的第10帧处进行播放
on press(){
gotoAndPlay(”场景 2”, 10)
}
```

而在ActionScript 3.0当中，由于对所有情况都需要首先应用addEventListener()对事件进行侦听。

所以同样的语句，其写法有所区别。例如在ActionScript3.0中实现上述同样的操作，写法如下：

```
my_btn.addEventListener(MouseEvent.CLICK,play_my;
function play_my(me:MouseEvent){
this.gotoAndPlay(“场景 2”,10);
}
```

## 2. getUrl()

getUrl()主要用于将特定的URL文档加载到窗口中，或将变量传递到位于所定义的URL的另一个应用程序中。其语法格式如下：

```
getUrl(url:string,[window:String,[mdthod:string]])
```

其中：

- ur：字符型变量，主要用来指定要加载的URL文档。
- window：字符型变量，此变量为可选变量，主要用来指定应将文档加载到其中的窗口或HTML帧中，可指定的位置包括_self（当前窗口中的当前帧）、_blank（指定一个新窗口）、_parenr（当前帧的父级）、_top（当前窗口的顶级帧）。
- mdthod：字符型变量，此变量为可选变量，主要用于确定发送变量的方法，包括GET和POST方法。

例如：

```
//当单击名称为my_btn的按钮时，将为webmaster@123.com发送邮件
my_btn.onRelease=function(){
getUrl("mailto:webmaster@123.com");
}
```

## 3. LoadMovie()和unLoadMovie()

LoadMovie()和unLoadMovie()通常用于载入外部影片和卸载影片。

其语法格式如下：

```
loadMovie(url:string,target:object, method:string]):void
```

其中：

- url：用来指定要加载的文件的存放位置，若为当前目录可省略。
- target：确定加载完成后的文件新名称，类型包括SWF文件或JPG图像文件。

当加载到影片剪辑时，SWF文件或JPG图像文件会继承该影片剪辑的相关属性，如位置、旋转、缩放等。

unLoadMovie()功能和loadMovie相反，主要用于删除和卸载所加载的SWF文件或JPG图像文件。

例如：

```
//加载img/img1 jpg，然后重新命名为mig jpg
my btn onRelease=function ){
}
loadMovie "img/img1 jpg,mig jpg")
```

### 4. attachMovie()和dumplicateMovieClip()

attachMovie()用来将库中设置了链接属性的影片剪辑贴加到场景中。

其语法格式如下：

```
attachMovie("linkname,newname,depth")
```

其中：

- Linkname：确定要被加载的影片剪辑的链接标识符名称。
- Newname：贴加的影片剪辑的实例名称。
- Depth：确定贴加的影片剪辑的深度。

例如：

```
//将链接标识符名称为pic的影片剪辑实例贴加到场景中，并命名为pic1，所获取的深度级别为100
this  attachMovie "pic,pic1,100")
```

dumplicateMovieClip()主要用来实现对影片剪辑的复制。

其语法格式如下：

```
dumplicateMovieClip("newname,depth")
```

其中：

- Newname：为所复制的影片剪辑实例命名。
- Depth：为复制出的影片剪辑实例指定的深度。

例如：

```
//将影片剪辑实例Myclip复制为youclip的影片剪辑实例，同时为其指定深度为10
Myclip  dumplicateMovieClip(“youclip,10”
```

说明

Depth深度级别，简称深度，它表示SWF文件中影片剪辑在顺序空间中的堆叠次序，其次序类似于图层，高图层的对象显示在低图层的对象之上。同理，深度高的影片剪辑显示在深度级别低的影片剪辑之上。但不同于图层的是：每个深度级别只能放置一个影片剪辑，当一个深度已经存在影片剪辑，若重新复制一个影片剪辑到当前深度，则原来的影片剪辑将被新的影片剪辑所取代。

每个影片剪辑实例内部都具有一个独立的深度，并且与其他影片剪辑的深度互不干扰。

注意，在ActionScript 3.0当中，已经取消了attachMovie()和dumplicateMovieClip()等方法。如果需要应用类似的效果，首先需要建立要附加的实体，然后再利用addChild()或addChildAt()方法附加该实体。

例如：

```
myObj=new Object( ;
//表示构建物体myObj，并将其加载到影片剪辑“my_rclip”当中
my_rclip  addChild(myObj ;
myObj=new Object( ;
//表示构建物体myObj，并将其加载到影片剪辑“my_rclip”的层级5当中
my_rclip  addChildAt(myObj,5 ;
```

### 5. removMovieClip()

removMovieClip()主要用来删除所复制的影片剪辑实例对象

注意，在ActionScript 3.0中，应用removeChild()或removeChildAt()方法将加入到影片剪辑中的子元件移除。

例如：

```
//表示移除影片剪辑“my_rclip”中的子元件“subobject”
my_rclip emoveChild(subobject ;
//表示移除影片剪辑“my_rclip”中位于层级2的子元件
my_rclip removeChildAt(5 ;
```

### 6. swapDepths()

swapDepths()用来交换两个影片剪辑的深度，实现影片剪辑在空间顺序上交换。

两种用法如下：

```
Myclip  swapDepths depth);
Myclip  swapDepths target);
```

其中depth标识深度，target表示影片剪辑实例。第一句表示Myclip和位于depth深度上的影片剪辑实例交换深度；第二句表示Myclip实例和target实例互换深度。

使用该语句之前，首先应该使用Myclip.getDepth()获取影片剪辑的深度；或使用Myclip.getInstansAtDepth(depth)获取指定深度上的影片剪辑实例

例如：

```
//获取影片剪辑实例Myclip的深度
Myclip getDepth )
//获取Myclip内部深度depth上的影片剪辑实例，如果Myclip内部深度上不存在影片剪辑实例，则返回undefined
Myclip getInstansAtDepth depth)
```

在ActionScript 3.0中，应用getChildAt()、getChildIdex()、swapChildren()、swapChildrenAt()等方法来实现对影片剪辑子元件层级的控制。

其中，getChildAt()方法将按照指定的层级返回影片剪辑的子元件实体；getChildIdex()将会返回影片剪辑中指定子元件的层级索引。

swapChildren()和swapChildrenAt()方法可用于交换影片剪辑中子元件的层级。区别在于前者以子元件为参数，后者以子元件所在位置的层级索引为参数。

### 5.8.2 为关键帧添加动作

将ActionScript代码添加到动画中的关键帧上，当时间轴播放到这一添加代码的关键帧处时便执行其中的代码。

例如，实现天空中雪花的飘落效果，其主要操作步骤及代码如下：

1 新建一个空白文件，执行“插入”→“新建元件”→“影片剪辑”命令，创建一个名称为“snow”的影片剪辑。

2 选择主时间轴第1帧，插入空白关键帧，按F9键，打开动作面板，输入以下代码：

```
var i=1;
snow _visible=false;
onMouseDown=function ){
snow duplicateMovieClip "snow"+i,i);
with _root["snow"+i]){
```

```
  x= root  xmouse;
  y= root  ymouse;
 }
 i++;
 };
```

3 按Ctrl+Enter组合键测试动画，当鼠标在舞台中任意位置单击将出现雪花的飘落，随着鼠标单击的次数增加“雪”将越下越大。

以上代码虽然简单，但其重复使用率较高，读者朋友可以将雪花元件任意更改为自己所希望的原件，从而制作出更多绚丽的效果。

## 5.8.3 为按钮实例添加动作

单纯的按钮和一般的图形符号没有什么区别，只有当我们在按钮的不同状态帧中添加了ActionScript 2.0代码时，按钮才真正具有某种交互式控制功能。

在ActionScript 2.0中为按钮添加脚本，一定要先选择指定的按钮元件，然后再打开动作面板输入代码。作为初学者往往忽略这一点而出现不应有的失误。

例如：当单击窗口中的名称为“全屏播放”按钮时，还将外部的一个SWF文件加载了进来。

主要代码如下：

```
on (release  {
    fscommand "fullscreen", "true");
    loadMovie "新年快乐 swf", 2);
}
```

## 5.8.4 为影片剪辑元件添加动作

影片剪辑是Flash中最为强大的对象之一，我们可以通过为影片剪辑实例命名，然后在添加ActionScript 2.0代码时通过不同的方式（如影片剪辑被加载）触发影片剪辑中的ActionScript 2.0代码。

例如，如下代码实现了动态对图像透明度的控制。

1 在Flash中创建一个名称为pc的影片剪辑，然后导入1张风景图像到元件的第1帧中。

2 将pc元件拖曳到舞台，将实例命名为fengjing。

3 选择时间轴第一帧，按F9打开动作面板，输入如图所示的代码（具体代码请参阅源文件）。

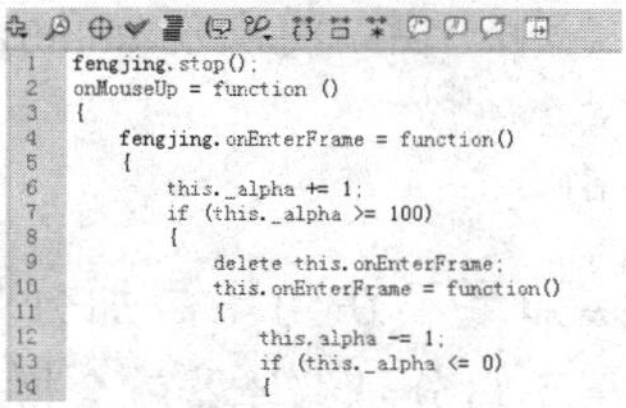

```
fengjing.stop();
onMouseUp = function ()
{
    fengjing.onEnterFrame = function()
    {
        this._alpha += 1;
        if (this._alpha >= 100)
        {
            delete this.onEnterFrame;
            this.onEnterFrame = function()
            {
                this.alpha -= 1;
                if (this._alpha <= 0)
                {
```

这样，当用户单击该风景图像时图像逐渐消失，当松开鼠标后，图像又逐渐显示。

## 5.8.5 用ActionScript 3.0制作高级交互动画

ActionScript 3.0与ActionScript 2.0、ActionScript 1.0有本质上的不同。它是一门功能强大、符合业界标准的、面向对象的编程语言。它在Flash编程语言中有着里程碑的作用。

最初在Flash中引入ActionScript，是为了实现对Flash影片的播放控制。而ActionScript发展到今天，其强大的功能已经广泛的应用到了诸多领域，从而实现丰富的应用功能。

ActionScript 3.0最基本的应用与创作工具Adobe Flash CS3及以上版本结合，可以创建各种不同的应用特效，实现网络中丰富多彩的动画效果，使Flash创建的动画更加人性化、更具有亲和力。

### 1. ActionScript 3.0中的语句是区分大小写的

在ActionScript 3.0中是区分大小写的，大小写不同的标识符会被视为不同，例如：

```
var n Number;
var N Number;
```

n和N可以看做两个变量，又如我们在动画制作中经常用到的影片剪辑：

```
var myclip MoveClicp;
var myClip MoveClicp;
```

明白这一点，对于我们及时发现和纠正程序代码中出现的错误有很大大帮助。

下面通过一个简单的例子来验证一下。

选择时间轴第1帧，按F9键打开动作面板，输入如下语句：

```
Name="Sanbos";
name="假博士";
trace(Name ;
```

按Ctrl+Enter键测试影片，输出窗口将出现Sanbos，这就很明确地说明了Name和name的不同。而如果重新输入：

```
Name="student";
Name="学生";
trace(name ;
```

按Ctrl+Enter组合键测试影片，输出窗口将出现:undefined。

### 2. 分号通常用来结束语句

在ActionScript 2.0的时候如果不在句尾添加分号，还可以被原谅。但是，在ActionScript 3.0严格模式下，如果不写分号编译器就会报错，另外经常写分号会让程序的可读性更高。

分号使用方法如下：

```
stop );
var a Numbert=100;
gotoAndPlay 10);
```

我们应该养成一个好地习惯,在每一个语句结束时,输入一个分号结尾。

### 3. 点语法

在ActionScript中，应使用点“.”来访问对象的属性和方法。例如，在舞台上有一个名称为myclip_mc的影片剪辑元件，我们要访问它的属性和方法，在对象的名称后面输入一个“.”，然后输入其属性和方法的名称。

例如：

```
myclip_mc._rotation= myclip_mc._rotation+10
```

点的另一个作用是相当于路径，就相当于文件系统，如：c:/windows/…中的“/”。比如我们一个动画，主时间轴或者说舞台，在ActionScript2.O中被写为_root，舞台上有一影片剪辑元件my_mc，如果要写my_mc的_x属性，就应该这样写：

```
root my mc  x
```

### 4. 注释

ActionScript中注释用来解释和说明语句的作用，而注释本身是不被执行的。注释有两种：一种是单行注释，另一种是多行注释，单行注释是以//开始到本行末尾。

如:

trace("单行注释");//这是单行注释

双斜杠“//”以后的内容都不会被执行。

另一种注释方式是多行注释，它是以/*开头，以*/结束的。如:

/*这是多行注释

在这个注释范围内的语句

都不会被执行*/

trace("多行注释");

### 5. ActionScript 3.0中常用的数据类型

在ActionScript中有多种不同类型的数据。下面介绍几种主要的数据类型。

（1）基元数据类型

- Number：数字数据类型。
- int：整数。
- String：字符或者叫文本，String数据类型常常用引号括起来。

如：

Mystring="abc"

- Boolean：布尔值，它只有两个值true、false，分别表示逻辑的真或假。
- Void：该数据类型的变量只有一个值，即undefined，用来表示无类型的变量Void变量只能用作函数的返回类型。

（2）核心数据类型

除了以上常用的数据类型以外，ActionScript还提供了一些复杂的数据类型，这些数据类型是ActionScript的核心数据类型。主要包括Object（对象）、Array（数组）、Date（日期）、Error（错误对象）、Function（函数）、RegRxp（正则表达式）、XML（可扩充的语言标记对象）、XMLList（可扩充的语言标记对象列表）等。在这些核心数据中最常用的是Object。

（3）内置数据类型

ActionScript中常用的内置数据的类型有：

- MovieClip：影片剪辑元件。
- TextField：输入文本字段或动态文本字段。
- SimpleButton：按钮元件。
- Date：日期或时间。

### 6. 变量

变量是用来存放数据的，是一小块内存空间的编号，它的语法是:

var 变量名称：数据类型。

例如:

```
var a Number
```

这就声明了一个变量a，它的数据类型是数值。运行下面的代码：

```
var a Number;
a= 10;
trace(a ;
```

按Ctrl+Enter键测试程序，输出面板将显示10。

而如果将程序代码更改为:

```
var a Number;
a= b;
trace a);
```

此时，输出面板将显示:undefined。

这是未知的类型。因为事前声明的变量a是数值类型，而给它赋值却是b，b不是数值，所以输出结果显示“undefined”了。

变量根据使用范围，可以分为全局变量和局部变量。

全局变量是指在程序代码的所有区域中都可以使用的变量。全局变量在所有类或函数的外部声明，它可以被同一个程序中的任何代码引用。

局部变量是指仅在程序的某一部分所定义的变量，它的作用范围是有限的，即超出变量指定的作用域，该变量将无法被引用。

### 7. 常用运算符

主要运算符：包括那些用来创Array和Object字面值、对表达式进行分组、调用函数、实例化类实例以及访问属性的运算符，表5-1所示。

**表5-1 常用运算符**

| 运算符 | 执行的运算 |
|---|---|
| [] | 初始化数组 |
| {x:y} | 初始化对象 |
| () | 对表达式进行分组 |
| f(x) | 调用函数 |
| new | 调用构造函数 |
| x.y x[y] | 访问属性 |
| <></> | 初始化XMLList 对象（E4X） |

（1）按位移位运算符

按移位运算符有两个操作数，将第一个操作数的各位按第二个操作数指定的长度移位。表5-2列出了所有按移位运算符，它们具有相同的优先级。

**表5-2 按移位运算符**

| 运算符 | 执行的运算 |
|---|---|
| << | 按位左移位 |
| >> | 按位右移位 |
| >>> | 按位无符号右移位 |

（2）关系运算符

关系运算符有两个操作数，它比较两个操作数的值，然后返回一个布尔值。表5-3列出了所有关系运算符，它们具有相同的优先级。

**表5–3 关系运算符**

| 运算符 | 执行的运算 |
|---|---|
| < | 小于 |
| > | 大于 |
| <= | 小于或等于 |
| >= | 大于或等于 |

（3）条件运算符

条件运算符是一个三元运算符，也就是说它有三个操作数。条件运算符是应用 if..else 条件语句的一种简化方式，表5-4所示。

**表5–4 条件运算符**

| 运算符 | 执行的运算 |
|---|---|
| ?: | 条件 |

（4）赋值运算符

赋值运算符有两个操作数，它根据一个操作数的值对另一个操作数进行赋值。常见的赋值运算符就是“=”，用于为声明的变量或常量赋值。

例如：

```
var classmate:String="0807 "
```

表5-5列出了所有，它们具有相同的优先级。

**表5–5 赋值运算符**

| 运算符 | 执行的运算 |
|---|---|
| = | 赋值 |
| *= | 乘法赋值 |
| /= | 除法赋值 |
| %= | 求模赋值 |
| += | 加法赋值 |
| “→ “= | 减法赋值 |
| <<= | 按位左移位赋值 |
| >>= | 按位右移位赋值 |
| >>>= | 按位无符号右移位赋值 |
| &= | 按位“与”赋值 |
| ^= | 按位“异或”赋值 |
| \|= | 按位“或”赋值 |

8. 条件语句

if…else语句：其主要作用为“如果满足条件，就执行结果1，否则就执行结果2”。

格式:

```
if(条件表达式){
要执行的语句
}
else {
要执行的语句
}
```

例:

```
a=7;
b=2;
if(a <=b){
trace("a比b小或一样大");
} else {
trace("a比b大");
}
```

### 9. Switch…case语句

该语句不是不是对指定的条件进行判断得到布尔值，而是对表达式进行求值并根据已经预设的结果来判断要执行的程序语句。

格式:

```
switch(表达式){
case 表达式的值:
要执行的语句
break;
case 表达式的值:
要执行的语句
break;

…
default:
要执行的语句
}
```

### 10. for循环语句

使用for循环可以循环访问某个变量以获得特定范围的值。使用时必须在for语句中提

供3个表达式：初始值、用于确定循环何时结束的条件语句以及一个在每次循环中都更改变量值的表达式。例如

```
var i:int;
for (i = 0; i < 5; i++)
{
trace(i);
}
```

### 11. for…in

for…in循环访问对象属性或数组元素。例如，可以使用for…in循环来循环访问通用对象的属性（不按任何特定的顺序来保存对象的属性，因此属性可能以看似随机的顺序出现）。

例如：

```
var myObj:Object = {x:20, y:30};
for (var i:String in myObj)
{
trace(i + ": " + myObj[i]);
}
while
```

while循环与if语句相似，只要条件为true，就会反复执行。例如：

```
var i:int = 0;
while (i < 5)
{
trace(i);
i++;
}
```

使用while循环（而非 for 循环）的一个缺点是，编写while循环更容易导致无限循环。如果遗漏递增计数器变量的表达式，则for循环示例代码将无法编译；而while循环示例代码将能够编译。若没有用来递增i的表达式，循环将成为无限循环。

例如，下面的代码就是是一个死循环（请读者不要测试，以避免出现死机）。

```
var a=0;
while(a<10){
trace(a);
}
```

### 12. do…while

do…while 循环是一种while循环，但却是先执行一次语句，然后再检测条件语句，而while循环是先检测条件语句再执行大括号内的语句。

其语法格式如下：

```
do{
要执行的语句
计数语句
}while(条件表达式);
```

例如：

```
var i:int = 5;
do
{
trace(i);
i++;
} while (i < 5);
```

### 13. 函数

函数是程序当中可以重复调用的一个快。其组成格式如下：

```
Function 函数名称（参数1，参数2…）函数返回的数据类型{
语句
返回值“→”“→”“→”“→”“→”“→”“→”“→”“→”//如果函数没有返回值，该语句可以省略。
}
```

函数表达式的使用。

函数表达式的赋值语句以var开头，后面紧跟函数名、“：”、Function类名、“=”（赋值运算符）及函数表达式即：

```
var FunctionName:Function=function(参数){
语句
}
```

### 14. 事件

（1）事件的基本结构

不论在什么情况下，处理事件的ActionScript都会包含3个重要元素：事件源、事件、响应，并且遵循以下基本结构：

```
function eventResponse(eventObject:EventType):void
{
//为响应事件而执行的程序代码
}
eventTarget.addEventListener (EventType.EVENT_NAME, eventResponse);
```

此代码完成两项任务。首先，它定义一个函数，这是指定为响应事件而执行的动作的方法。接下来，调用源对象的addEventListener()方法，以便当该事件发生时，执行该函数的操作。

（2）事件对象

在ActionScript 3.0中，每个事件都由一个事件对象表示。事件对象是Event类或某个子类的实例，它不但存储有关特定事件的信息内容，还包含操作事件对象的方法。例如当Flash播放器检测到鼠标的某一操作时，它就会创建一个事件对象（MouseEvent类的实例）用来表示该鼠标操作的某个事件。

（3）事件侦听器

事件侦听器也叫事件处理函数，是Flash播放器为响应特定事件而执行的函数。

要添加事件侦听器，首先为Flash播放器创建一个为响应事件而执行的类方法或函数，然后，通过调用事件源对象的addEventListener ()方法，在事件目标中注册侦听器函数。

所用具有事件的对象都一并具有addEventListener ()方法。该方法包含2个参数：

```
addEventListener (EventType.EVENT_NAME, eventResponse)
```

- EventType.EVENT_NAME：表示希望响应的特定事件的名称。
- eventResponse：事件响应的函数名称。如果将函数名称作为参数进行传递。那么在书写函数名称时，不需要使用括号。

例如：要实现通过按钮对时间轴播放的控制的主要代码可以采用如下写法：

```
function plandstop(event: MousentEvent){
this.play();
}
this.play_bt. addEventListener (MouseEvent.CLICK, plandstop);
```

这样，当用户单击舞台中名称为play_bt的按钮时就会调用plandstop函数，从而实现对时间轴的控制。

## 15. 常见的事件

Flash中常用的事件包括键盘事件和鼠标事件。键盘事件包括键的按下与释放；鼠标事件主要包括单击、双击、鼠标按下、鼠标悬停等。

## 5.8.6 案例——网页广告中的旋转效果

在一些网页动画中我们经常能看到一些没有一定规律的旋转，例如，图像的旋转、文字的旋转线条的旋转等；合理的使用这些辅助动画，对于提升整体的动画效果具有很大的帮助，本节为大家介绍如何实现对象的旋转。

主要制作步骤如下：

1 执行“文件”→“新建”命令，创建一个ActionScript 3.0的空白文件。

2 执行“文件”→“导入”→“导入到舞台”命令，将一张静态素材图像导入到舞台中，双击将“图层1”的名称，将其命名为背景。

3 执行“插入”→“新建元件”命令，创建一个名称为“曲线”的影片剪辑。选择工具箱中的“铅笔工具”，绘制两条交叉的曲线。

4 单击“场景1”，回到主场景中，按F11键，打开库面板，将影片剪辑“曲线”拖曳到舞台中，打开库面板，将实例命名为“xzh_mc”。

5 选择“xzh_mc”，在属性面板中为曲线添加“模糊”滤镜效果，模糊值为5像素。

6 选择第1帧，打开动作面板，输入以下动作语句：

```
var n:Number=5;
function it_rotation(e:Event):void {
  xzh_mc.rotationX+=n;
  xzh_mc.rotationY+=n;
  xzh_mc.rotationZ+=n;
  n++;
}
addEventListener(Event.enter_frame, it_rotation);
```

按Ctrl＋Enter组合键测试动画，即可看到柔美的曲线在进行没有固定规律的旋转。

## 5.8.7 案例——可调节方向的滚动广告条

本例为大家介绍一种能够调节和控制滚动图像的速度和方向的交互动画的制作方法。此方法通过对影片剪辑的横坐标的控制来实现。

主要制作步骤做如下：

1 执行“文件”→“新建”命令，创建一个ActionScript 3.0的空白文件。执行“插入”→“新建元件”命令创建一个名称为“元件1”的影片剪辑，如图5-180所示。

图5-180

2 将影片剪辑“元件1”拖曳到舞台，将其实例命名为“adv_mc”。按F6键插入一个关键帧。

3 新建“图层2”，分别在第1帧、第2帧处插入空白关键帧，选择第1帧，按F9键打开动作面板，输入如图5-181所示的代码：

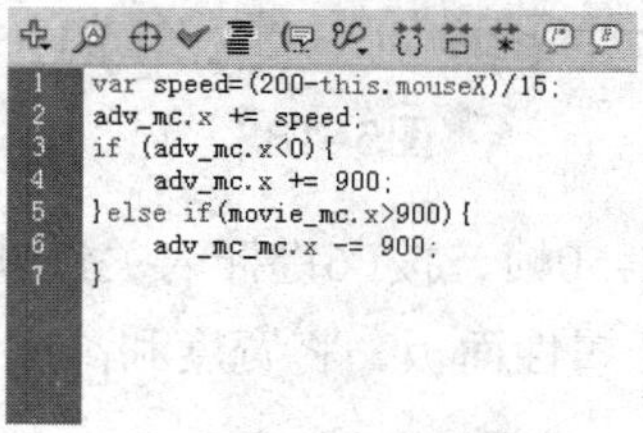


图5-181

4 选择第2帧，按F9键打开动作面板，输入如下代码：

```
this.gotoAndplay(1);
```

5 将文件保存，按Ctrl+Enter组合键即可预览效果。

## 5.8.8 案例——网页动画中的跟随效果

在本实例中主要讲解如何通过脚本控制“影片剪辑”元件来实现鼠标跟随的效果。通过本节学习，读者要了解通过脚本控制元件的方法，在掌握本实例的基础上做到举一反三。

主要制作步骤如下：

1 执行“文件“→”新建“命令，创建一个ActionScript 3.0的空白文件，打开属性面板，将文档的尺寸更改为宽230像素，高340像素，如图5-182所示。

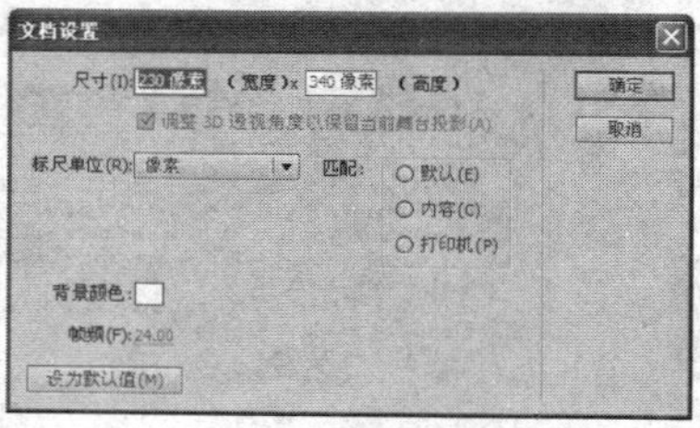


图5-182

2 执行“文件”→“导入”→“导入到舞台”命令，将光盘目录下的“素材\第5章\鼠标跟随\金鱼.psd”文件导入到舞台中。

**3** 依次选择“金鱼”和“水泡”，按F8键将其转换为名称为“Fish”和“水泡”的影片剪辑元件。

**4** 双击“水泡”元件，进入元件编辑状态，右击“水泡”图层的名称，在弹出的快捷菜单中选择“传统运动引导层”命令。如图5-183所示。

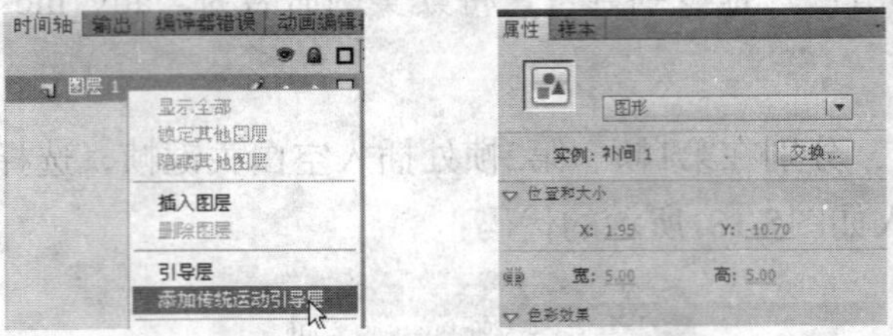


图5-183

**5** 选择“图层1”第35帧、第50帧，按F6键插入关键帧，并为其添加“传统补间”动画效果。选择第1帧，打开属性面板，将宽度和高度更改为5像素；选择第50帧，打开属性面板，将透明度更改为0。

**6** 选择“引导层”第1帧，利用“铅笔工具”绘制一条引导曲线，选择“图层1”第1帧和第50帧，并将水泡与路径的开始点与结束点分别对齐。如图5-184所示。

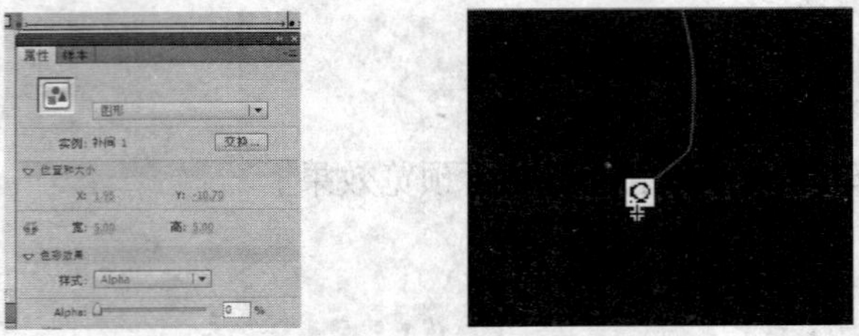

图5-184

**7** 单击“场景1”回到主场景，打开库面板将制作的“水泡”拖曳到舞台中并调整位置和大小。

**8** 选择“金鱼”实例，打开属性面板，将其命名为“flsh_mc”。

**9** 新建一个图层，命名为“as”，单击第1帧，按F9键，打开动作面板，输入如图5-185所示的脚本代码。

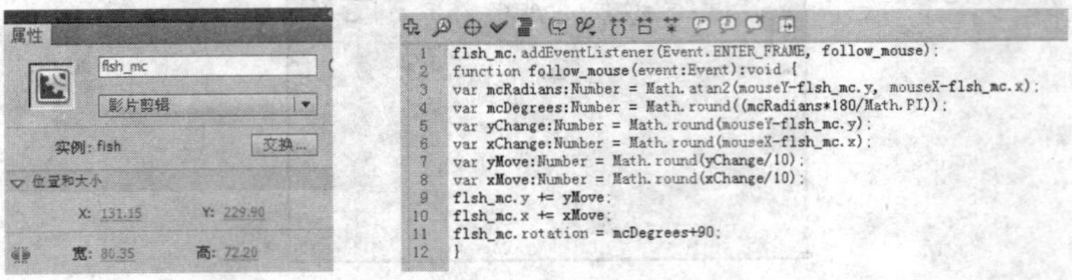


图5-185

**10** 将文件保存，按Ctrl+Enter组合键即可预览动画效果。

### 5.8.9 技术拓展

在前面3节的学习中，主要通过应用影片剪辑的一些相关属性来实现相关特效的制作。在ActionScript 3.0中影片剪辑的一些属性与2.0相比没有太大的变化，例如透明度、旋转、X、Y、缩放等，只是又添加了一些新的属性，例如5.8.6节中的“Z”属性。

灵活应用这些属性，可以制作出更多的效果，例如：如下代码实现了名称为“dog_mc”的影片剪辑实例由远及近的运动效果。

```
//定义可移动的距离
var s =this height"→ "dog_mc height;
this addEventListener "enterFrame",moveDog);
function moveDog  me Event){
    if  girl_mc y<s){
//定义名称为"dog_mc"的影片剪辑的相对宽度和高度
        dog_mc height +=  dog_mc c height/100);
        dog_mc width +=  dog_mc width/100);
        dog_mc y +=  dog_mc height/100);
    }else{
        dog_mc stop );
    }
  }
```

# 5.9 发布与导出网络动画

为了更实现Flash和其他应用软件之间的结合，动画制作完成后，需要将其导出。本节主要为大家讲解如何将制作完的动画进行中却导出。

### 5.9.1 导出为SWF影片

为了增加导出影片的安全性，在导出电影之前可先对影片的发布进行相关的设置。执行“文件”→“发布设置”命令，在弹出的“发布设置”对话框中选择“Flash”选项，出现如下的内容，具体设置如图5-186所示。

执行“文件”→“导出”→“导出影片”命令，在弹出的对话框中选择“保存类型”为“swf影片”，然后单击“保存”按钮，即可将影片进行导出。这样既可避免电影文件被编辑。

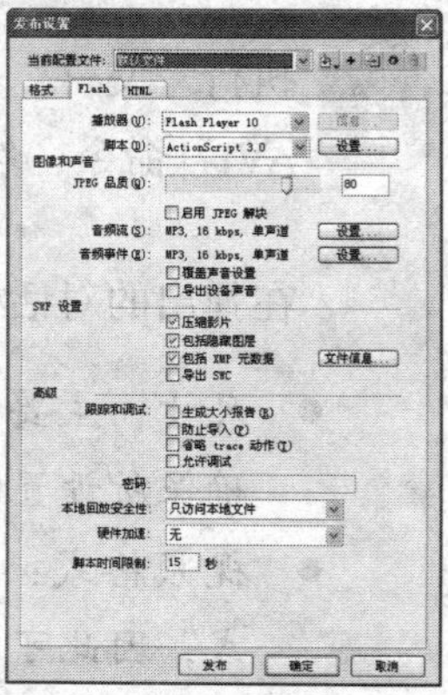

图5-186

## 5.9.2 导出为GIF动画

SWF格式的动画文件虽然可以非常适合于网络中播放，但是SWF文件在进行测试时却会占用大量计算机的内存资源和CPU资源；同时许多防火墙也会对SWF文件进行拦截，这样将导致许多浏览者不能正常的浏览动画效果。所以在Flash中制作动画后还可以导出为GIF动画。

具体操作过程如下：

1 打开已经制作完整的动画文件。

2 执行“文件”→“导出”→“导出影片”命令，在弹出的对话框中选择“保存类型为”、“动画.gif”。

3 单击“保存”按钮，在弹出的对话框中对动画进行详细设置，如图5-187所示。

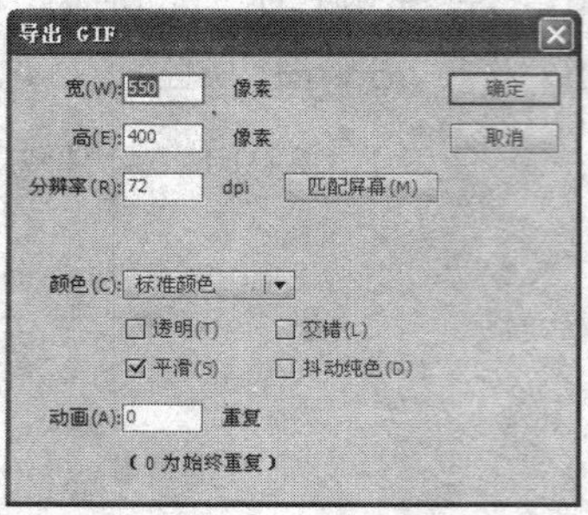


图5-187

在此允许对GIF动画设置大小尺寸、动画的分辨率、颜色、动画是否“重复播放”等。

## 5.9.3 导出为AVI视频

AVI格式是Windows标准的影片格式，它是一种在非线性视频编辑软件中能够打开并进行编辑的一种文件格式。如果希望将制作的Flash动画应用于非线性软件中进行广告合成，可以选择此项。

1 执行“文件”→“导出”→“导出影片”命令，在弹出的对话框中选择“Windows AVI”命令，然后单击“保存”按钮。

2 在弹出的对话框中可以对AVI影片进行详细设置。

- 尺寸：主要用来确定AVI影片的尺寸，如果启用了“保持宽高比”复选框，可以确保所设置的尺寸与原始图片保持相同的宽高比。
- 视频格式：选择颜色的位深度。某些应用软件不支持Weindows 32位的图像格式，因此可以选择较早一些，并且支持大多数应用软件的24位。
- 压缩视频：勾选该项表示对视频启用标准的AVI压缩选项。

- 平滑：勾选该项表示对输出的视频进行消除锯齿处理。

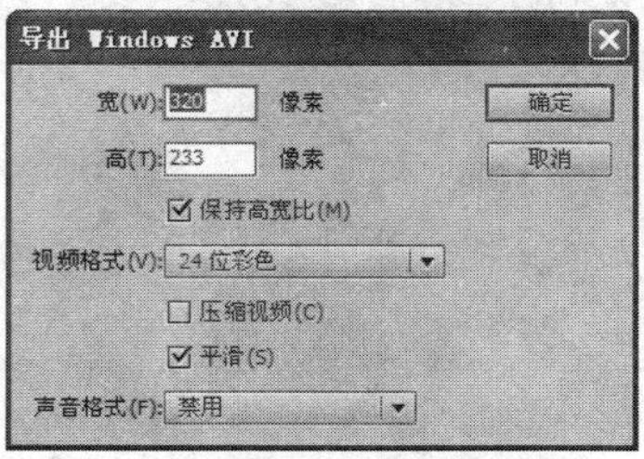


图5–178

- 声音格式：如果视频中包含了声音可以使用该选项。主要用来设置音轨的采样比率、大小等格式。采样越小所生成的视频文件中的声音质量越差。

本章主要为大家讲解了Flash网络动画的制作技巧。通过本章学习，大家应该掌握Flash中常用工具的应用技巧、掌握常见的补间动画、变形动画、路径引导动画、遮罩动画、外部素材导入及3种元件的用法。掌握3种元件的用法，对于我们提高动画制作水品具有很大的帮助。除此之外还为大家讲解了Flash中常用的ActionScript脚本命令。由于技术飞速发展，在本章中一并为大家介绍了ActionScript 2.0和ActionScript 3.0当中的一些语句的应用技巧。希望大家能以此为基础，不断地实践和总结快速提升网络动画的制作水平。

# 读书笔记

第6章
06
# 用DIV+CSS技术实现网页布局

D V是XHTML语言中的一个标签。在网页设计中 可以将一个D V看作是一个盒子 一个可以随时随地调整和编辑的盒子 在这个盒子里包含了网页中所有的内容。

CSS全称为层叠样式表 是由万维网联盟的CSS工作组创建和维护的 它不需要编译 是直接由浏览器执行的一种标记性语言。

### 本章的重要知识点包括

- 盒子模型的正确理解
- 盒子模型尺寸的正确计算
- CSS的基本语法
- 如何利用Dreamweaver CS5进行CSS样式的定义
- 常见的网页布局及技巧
- 浮动与浮动的清除
- 如何实现网页精确布局
- 综合案例的制作

## 6.1 理解盒子模型

盒子模型是DIV+CSS网页布局中一个重要部分，只有充分理解了盒子模型的特点和概念才能利用盒子为网页布局服务。以前，网页布局方式多采用表格模式进行布局，而现在采用DIV+CSS模式来组成布局。

盒子模型有两种情况（如图6-1所示），一种是IE的盒子模型，另外一种是W3C的盒子模型，而标准盒子模型。这两种概念的盒子既有相同点又有不同之处。相同点是二者的盒子模型都由外边距、边框、内边距和内容填充区（即margin、border、padding和content）组成；不同之处在于，IE盒子模型的内容填充部分包含了边框和内边距（即包含了border和padding的宽度），而W3C的盒子模型的内容填充部分没有包含其他部分。

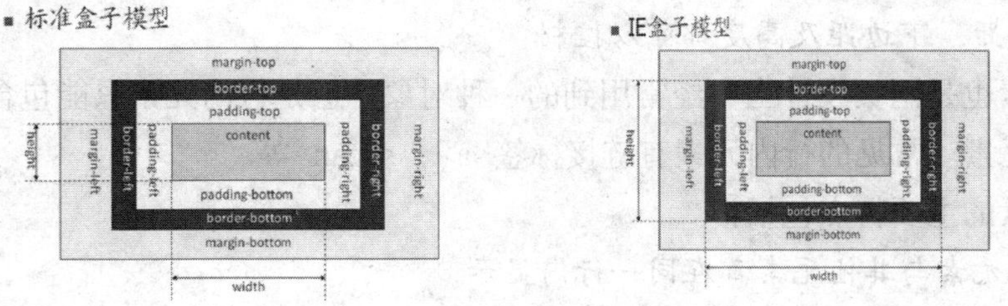


图6-1

了解了盒子模型的特点，将为正确计算盒子的尺寸，进行网页布局奠定了基础。

要运用DIV与CSS进行网页布局，首先需要了解运用DIV与CSS进行网页布局的优点有哪些？为什么要利用DIV与CSS进行网页布局？

CSS具有如下的优点：

（1）修饰页面的文本、图像等元素，避免使用多余的HTML标签。

（2）能更好地控制页面的布局和结构。

（3）CSS文件可以使用任何文本工具编写，并保存在独立的文件中，这样更有利于对网页表现的修改。

（4）可以提高工作效率和减少维护成本。

使用DIV+CSS技术进行网页布局和制作具有非常多的优点，主要表现在：

（1）实现网页结构和表现的分离。在制作网页时HTML只负责创建网页的结构和文本内容；而在具体涉及网页表现时，将设计部分单独存放在一个CSS样式文件中。

（2）结构清晰，语义明确，网页内容极容易被搜索引擎搜索到，只要简单地修改几个CSS文件就能重新设计一个有成百上千页面的站点。

（3）加快了网页下载和浏览的速度。使用CSS修饰的文档中CSS文件只需下载一次即可，避免了传统表格布局中出现大量重复代码下载的局面。

### 6.1.1 精确计算盒子尺寸

了解了盒子特点，下面来学习盒子尺寸的精确计算。

图6-1，其实就是一个四方的模型，只不过在进行网页布局时，将其进行了更加细密的划分。可以这样说：在HTML标签中，所有块状元素、行内元素及当某个元素被定义为浮动显示时，都被认为具有盒子模型的特点。在精确计算盒子模型的尺寸之前，先要了解一下块状元素和行内元素。

所谓块，顾名思义就是方方正正，同时又能包含其他元素的容器。对于块元素，在进行网页设计时，都是以一个崭新的行开始，其内部可以包含块状元素及其他行内元素。常见的块元素有段落标签<p>、<blockquote>等。在没有为这些块元素特别设置CSS样式时，它们将按照一定的顺序，以每次另起一行的方式一直排列下去。

块元素的特点主要包括：

- 总是在新的一行上开始。
- 在没有设置其宽度的情况下，宽度的默认值按照100%的比例显示。
- 上边距、下边距及高度都可以控制。

行内元素也是网页设计当中经常用到的一种对象，但是行内元素只能包含文本内容及其他的行内元素。常见的行内元素有链接标签<a>、<span>等。

行内元素的主要特点包括：

- 行内元素与其他元素都在同一行内显示。
- 行内元素的宽度在默认情况下就是其自身的宽度。
- 行内元素的高度及行高度、上边距、下边距在默认情况下都不可改变。

块元素与行内元素各有特点，是网页设计中不可或缺的重要元素，但是有时为了设计的需要，可以将块状元素与行内元素进行强行的切换。行内元素在默认情况下的显示属性为display:inline；块状元素在默认情况下的显示属性为display:block，如果需要将行内元素强行显示为块状元素只需将display:inline更改为display:block即可，是不是很方便呢！

接下来学习如何对盒模型进行精确的尺寸计算。

首先，给出计算盒子尺寸的公式：

宽度=自身宽度+左内边距+右内边距+左边框+右边框+左外边距+右外边距

高度=自身高度+上内边距+下内边距+上边框+下边框+上外边距+下外边距

- 自身宽度：就是指盒模型内部所包含的内容，内容可以是文本、图像、动画、视频。这些内容结合在一起形成盒子的自身宽度，它位于盒子的正中心。
- 内边距：是指盒子内的内容部分与盒子边缘之间的距离，它的英文名称为padding。
- 边框：而边界，它位于内边距的外部，外边距的内部。它的英文名称为border。
- 外边距：是指一个盒子对象与另一个盒子对象之间的距离，它的英文名称为marign。

例如，我们定义页面中一个DIV标签元素的高度为100像素，上下内边距为15像素，上下边框的值为5像素，上下外边距为10像素，那么依照上面的计算公式，该DIV标签元素的盒模型总高度就是：

100+15+15+5+5+10+10=160像素

用同样的方法也可以计算其总宽度。

需要指出的是由于块状元素与行内元素的区别，因此，在面对默认情况下的行内元素时，不能直接应用外边距来调节和控制行内元素与其他对象的位置关系，仅能调整行内元素之间的距离。如果需要强行调整，必须将其转换为块状元素。

为了大家以后在网页设计中灵活应用各种元素，下面给出了HTML中常用的块状元素和行内元素（关于这些元素标签的详细功能，请读者参看本书第7章中的相关内容），见表6-1和表6-2。

**表6-1 主要的块状元素**

| | |
|---|---|
| address - 地址 | blockquote - 块引用 |
| center - 居中对齐块 | dir - 目录列表 |
| div - 常用块，也是css layout的主要标签 | dl - 定义列表 |
| fieldset - form控制组 | form - 交互表单（只能用来容纳其他块元素） |
| h1 - 大标题 | h2 - 副标题 |
| h3 - 3级标题 | h4 - 4级标题 |
| h5 - 5级标题 | h6 - 6级标题 |
| hr - 水平分隔线 | isindex - input prompt |
| menu - 菜单列表 | noframes - frames可选内容，（对于不支持frame的浏览器显示此区块内容） |
| noscript - 可选脚本内容（对于不支持script的浏览器显示此内容） | ol - 排序表单 |
| p - 段落 | pre - 格式化文本 |
| table - 表格 | ul - 非排序列表 |

表6-2 主要的行内元素

| | |
|---|---|
| a - 锚点 | abbr - 缩写 |
| acronym - 首字 | b - 粗体（不推荐） |
| bdo - bidi override | big - 大字体 |
| br - 换行 | cite - 引用 |
| code - 计算机代码（在引用源码的时候需要） | dfn - 定义字段 |
| em - 强调 | font - 字体设定（不推荐） |
| i - 斜体 | img - 图片 |
| input - 输入框 | kbd - 定义键盘文本 |
| label - 表格标签 | q - 短引用 |
| s - 中划线（不推荐） | samp - 定义范例计算机代码 |
| select - 项目选择 | small - 小字体文本 |
| span - 常用内联容器，定义文本内区块 | strike - 中划线 |
| strong - 粗体强调 | sub - 下标 |
| sup - 上标 | textarea - 多行文本输入框 |
| tt - 电传文本 | u - 下划线 |
| var - 定义变量 | |

## 6.1.2 准确显示盒子尺寸

为了使盒子的尺寸能准确地显示，现在来看一个关于盒子的小实验。

首先定义一个DIV，设置它的边框为2像素。宽高均为200像素。

```
#box{
border 2px solid #C5D5E3;          /*定义边框的宽度、样式、颜色*/
width 200px;                       /*定义box的宽度*/
height 200px;                      /*定义box的高度*/
}
```

按照正常的解释，这是一个宽高均为200 像素，边框为2像素的盒子。根据IE盒子模型和W3C盒子模型的区别，盒子的实际计算方法如下：

IE盒子模型的宽度为：200像素+2像素+2像素（200像素盒子宽度+2像素左边框宽度+2像素右边框宽度）。

标准盒子模型的宽度为：200像素（196像素内容宽度+2像素左边框宽度+2像素右边框宽度）。

面对IE盒子产生的BUG，该怎么处理呢？可以在HTML文档的DOCTYPE声明中添加一段声明。这样，所有浏览器都会按照标准盒子模型去处理，客户使用不同浏览器访问网页时的效果也就一致了。如果不添声明，IE就会按照它所理解的模型进行处理，而FF浏览器就会按照标准盒子模型进行处理。

<!DOCTYPE html PUBLIC "-//W3C//DTD XHTML 1.0 Transitional//EN" "http://www.w3.org/TR/xhtml1/DTD/xhtml1-transitional.dtd">

/*以上声明按照标准的盒子模型进行解释*/

# 6.2 CSS样式表——控制网页的表现

运用CSS控制网页元素，不仅能够很好地做到表现与结构分开，同时也可以提高网页制作和维护的效率。作为一名网页设计师有必要掌握CSS样式表的应用技巧，本节就为大家详细讲解关于CSS样式表的应用。

## 6.2.1 CSS基本语法和类型

在网页中使用CSS控制网页的表现，它不需要编译，也不需要做特别的处理，使用起来非常方便。一个CSS样式的语法由3部分构成：Selector（选择符），属性（Property），属性值（Value）。

- 选择符：主要负责告知浏览器当前样式主要应用于网页中的哪些对象。
- 属性：CSS提供的样式选项，用户在使用时可灵活指定。
- 属性值：用于显示属性效果的参数，由关键字、数值和单位组成。

属性和属性值联合在一起也被称作声明，主要告诉浏览器如何去渲染选择符指定的对象。

比如，要修改页面整体文字颜色为红色，可定义以下CSS代码：

```
body{
color:red;                                  /*定义文本的颜色*/
font-size:12px;                             /*定义文本的字号大小*/
}
```

在这个简单的例子中：

- body：选择符（整体页面的意思）。
- color：属性（颜色）。
- red：属性值（红色）。
- font-size：属性（字号）。
- 12px：属性值（字号大小）。

因此，将整句CSS代码翻译下来就是将整体颜色设置成红色，字号的大小设置为12像素。所以，在书写CSS代码时一定要注意以下几点：

- 属性必须包含在成对的“{}”之间。
- 元素的属性和属性值之间用“：”分隔。
- 当需要设置多个属性时，一定要用“；”加以区分。

除此之外。如果出现一个属性有多个属性值时，每个属性值之间用空格分隔即可。

如：

```
body {
  font-family: Arial, Helvetica, sans-serif;     /*定义页面的默认字体*/
}
```

常见样式表的类型主要包括：

- 可以应用于任何HTML标签的类样式（class）。
- 仅应用于某一个HTML元素的ID样式。
- 重新定义HTML元素的标签样式。
- 伪类。

下面分别介绍各自的特点

类样式（class）：使用类选择符可以使不同的元素显示出统一的外观效果，也可以精确控制网页中某个指定的元素对象，而不用考虑此对象是什么类型的HTML标签。类样式是网页设计中使用频率最多的选择符之一。类的名称可以是HTML标签元素，也可以由用户自定义。当自定义类名称时一定要注意，类名称开头必须是点“.”开头，首字符必须以字母开头，字母是区分大小写的。

例如：

```
.underline{
text-decoration:underline;               /*为定义文本添加下划线效果*/
color:red;                               /*定义文本的颜色为红色*/
}
```

ID样式：在网页设计中，ID常用来标识元素身份的唯一性，使用ID选择符只能够在页面中出现一次，这样，为制作更为复杂的类样式提供了灵活性。通常情况下，可以使用ID选择符来定义网页的框架结构。ID样式的名称必须以“#”开头，然后是ID名称。

例如：

```
#container{
margin:0 auto;                              /*定义元素居中显示*/
width:880px;                                /*定义元素的宽度*/
background:url(110XC.jpg) no-repeat;        /*定义元素的背景图像*/
}
```

重定义标签样式：

HTML为每个元素定义了默认的显示外观，在设计时，为了特别的设计需要，可以重新定义标签的属性。重定义了标签样式以后，该样式将影响页面中所有的同名元素，所以使用时一定要多加注意。

例如：

```
body{
margin:0;                                   /*定义元素的外边距宽度*/
padding:0;                                  /*定义元素的内边距宽度*/
font-size:12px;                               /*定义字号*/
font-family: "宋体";                          /*定义字体*/
}
```

这样就将body标签进行了重定义，清除了页面的边距，重新将字体和字号进行了定义。

伪类：伪类是为特殊的组合标签定义CSS，这样，可以让用户在使用页面的过程中获得更多的交互效果，而不必完全依赖JavaScript来完成。例如，以下为锚点元素a的几种状态：

```
a:link{color:#D9EBFD;}                            /*定义设定正常状态下的链接样式*/
a:hover{color:#FFFFFF; font-weight:bold;}    /*设置鼠标悬停在链接上时的连接外观*/
a:visited{font-weight:bold; text-decoration:none;}      /*设置鼠标访问过的连接外观*/
```

有时也会出现多个标签应用相同的样式属性，为了提高代码的输入效率，可采用群选择器定义，每个标签之间用逗号分隔。

例如：

```
p, li { padding-left:5px;font-size:14px;color:red;}
```

如果希望更精确地对元素定义CSS，还可以使用选择器嵌套。也就是说为标签定义子标签样式。

例如：以下CSS样式定义了只有span标签嵌套在li标签内部时，字号才以蓝色、12号显示。

```
li span{
font-size:12pt;
color:blue;
}
```

特殊应用时，还可以使用同配选择符定义样式。

## 6.2.2 解决CSS的冲突问题

在网页设计的过程中，对于同一个元素有时会出现多个样式对其进行重复定义，在这种情况下，浏览器应该按照那种方式进行解析，当重复定义的样式出现冲突时又该如何处理呢？本节为大家介绍处理CSS冲突的几种方法。

在这里我们给出如下的处理方法：

（1）内嵌样式优于内部样式。

例如：定义如下的CSS样式代码同样应用于<P>标签。

```
<!DOCTYPE html PUBLIC "-//W3C//DTD XHTML 1.0 Transitional//EN"
"http://www.w3.org/TR/xhtml1/DTD/xhtml1-transitional.dtd">
<html xmlns="http://www.w3.org/1999/xhtml">
<head>
<meta http-equiv="Content-Type" content="text/html;
charset=utf-8" />
<title>样式优先级测试</title>
<style type="text/css">
p {
    font-size:14px;
    }
</style>
</head>

<body>
<p style="font-size:24px";>这段文字是p标签应用了内嵌样式</p>
<p>这段文字是<p>标签没有应用内嵌样式</p>
</body>
</html>
```

将文件保存，在浏览器中预览效果如图6-2所示。

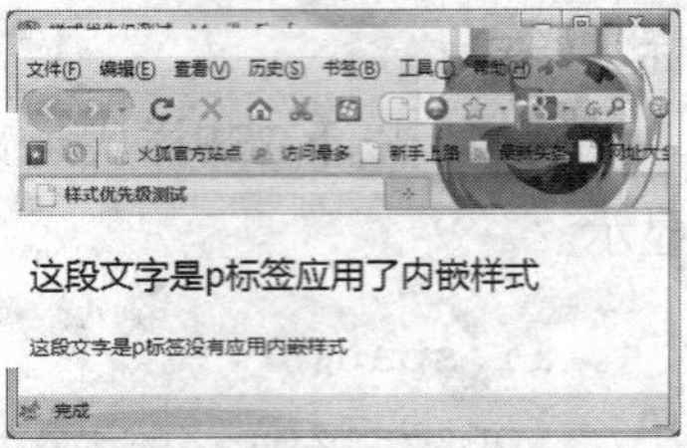

图6–2

由此可见，为网页中所有的<p>标签定义的字号大小为14像素，而在网页中的另一个<p>标签又应用了内嵌样式，同时定义其字号大小为24像素，那么浏览器进行解释时，优先级别是明显不同的。以此类推内部样式优先于外部样式。具体案例在此就不再演示了。

（2）ID选择符优先于类型选择符。

下面的CSS代码定义了一个p标签的类型选择符，同时又定义了一个ID选择符，很显然，二者在应用中产生了冲突。

```
<!DOCTYPE html PUBLIC "-//W3C//DTD XHTML 1.0 Transitional//EN"
"http://www.w3.org/TR/xhtml1/DTD/xhtml1-transitional.dtd">
<html xmlns="http://www.w3.org/1999/xhtml">
<head>
```

```
    <meta  http-equiv="Content-Type"  content="text/html;
charset=utf-8" />
    <title>样式优先级测试</title>
    <style type="text/css">
    p {
        font-size:18px;
        text-align:right;
        text-indent:24px;
        }
    #dl {
        font-size:12px;
        text-align:left;
        text-indent:24px;
    }
    </style>
    </head>

    <body>
    <p id="dl">这段文字是p标签应用了ID样式</p>
    <p>这段文字是p标签应用了类型选择符样式</p>
    </body>
    </html>
```

将文件保存，浏览器的解释结果如图6-3所示。

图6–3

很显然应用了ID选择符样式的文字以左对齐显示，而应用了类型选择符样式的文字则以右对齐显示。以此类推，当应用了类（class）选择符的标签与应用了类型选择符样式的内容产生冲突时，类（class）选择符的优先级别将优先于类型选择符。

（3）ID选择符优先于class选择符。

如果页面中定义的ID样式与类（class）样式产生冲突时，浏览器该如何解释呢？下面的案例给出了明确的解答。

```
    <!DOCTYPE html PUBLIC "-//W3C//DTD XHTML 1.0 Transitional//EN"
"http://www.w3.org/TR/xhtml1/DTD/xhtml1-transitional.dtd">
    <html xmlns="http://www.w3.org/1999/xhtml">
    <head>
```

```
<meta http-equiv="Content-Type" content="text/html;
charset=utf-8" />
<title>样式优先级测试</title>
<style type="text/css">
.dl1{
     font-size:18px;
     text-align:right;
     }
#dl2 {
     font-size:12px;
     text-align:left;
     }
</style>
</head>
<body>
<p id="dl1">这段文字是p标签应用了ID样式</p>
<p class="dl2">这段文字是p标签应用了类选择符样式</p>
</body>
</html>
```

由以上代码文件可以看到，分别为p标签定义了id与class两个样式，并且都定义了不同的属性内容，这样在应用时将产生冲突。根据前面所介绍的优先级别，所以最终显示效果为文本左对齐，字号大小为12像素。预览效果如图6-4所示。

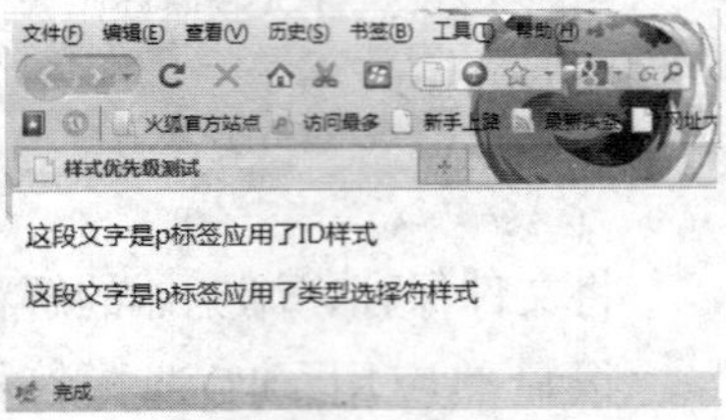


图6-4

（4）当样式层叠在一起时，后定义的样式优先于先定义的样式。

所谓层叠，就是指CSS对同一个元素或同一个页面应用多个样式或样式表能力。例如：

```
<!DOCTYPE html PUBLIC "-//W3C//DTD XHTML 1.0 Transitional//EN"
"http://www.w3.org/TR/xhtml1/DTD/xhtml1-transitional.dtd">
<html xmlns="http://www.w3.org/1999/xhtml">
<head>
<meta http-equiv="Content-Type" content="text/html;
charset=utf-8" />
<title>样式优先级测试</title>
<style type="text/css">
```

```
p{
    font-size:18px;
    text-align:left;
    text-indent:24px;
    border-bottom:dotted
    }
p {
    font-size:12px;
    text-align:right;
    text-indent:24px;
}
</style>
</head>

<body>
<p >这段文字是先定义并应用了样式</p>
<p >这段文字是后定义的内容</p>
</body>
</html>
```

很明显，两次定义了<P>的类型选择符，第一次定义样式与第二次定义的样式有很大的区别，此时产生的冲突浏览器在解释时该如何处理呢？将文件保存，进行预览，效果如图6-5所示。

图6–5

显然，同一类型的选择符在产生冲突时，后定义的样式优先于先定义的样式。

而对于优先级不同的选择符在层叠定义时可以通过!important关键字来改变代码的优先权。

（5）如果还需要定义优先级更加高的样式,那么对样式文件可以用关键字!important进行标注，这样标注的样式在所有样式文件中具有最高级的优先级。

例如：如下代码，在利用class（类）进行样式定义时；对字体的大小属性进行了重复定义。

```
.dl{
font-size:14px;
```

```
font-size:24px;
}
```

在没有应用!important关键字进行标注时，根据前面介绍的后定义的样式优先于先定义的样式的原则，浏览器预览效果如图6-6所示。

如果将以上CSS代码用!important进行标注，将文件保存，浏览器的预览效果如图6-7所示。

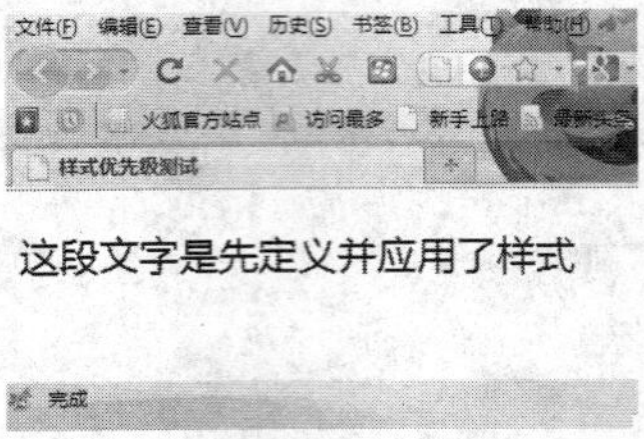


图6–6

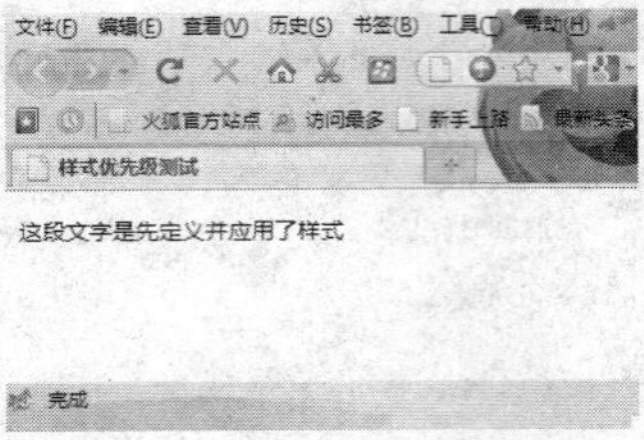


图6–7

```
.dl{
font-size:14px; !important
font-size:24px;
}
```

这里特别需要说明一下important关键字中分号“；”的书写位置，如果将其放置在!important的前面，那么多数浏览器能够识别；如果将其放置在!important的后面，那么在IE6.0等浏览器中将不能被正确识别。

（6）除此之外，浏览器在解析设计师定义的样式、用户定义的样式、浏览器默认的样式时同样存在优先级的问题，即设计师定义的样式优先级最高，其次是用户定义的样式，最后是浏览器默认的样式。所谓的“设计师定义样式”就是网页设计师运用各种方法将自定义样式应用于当前页面；而所谓“用户定义样式”就是用户通过修改浏览器设置来改变页面的显示样式；“浏览器默认样式”就是在没有设计师定义样式与用户定义样式的时候而采用浏览器本身默认的显示样式。由于平时所应用的案例多是自定义样式，所以，演示效果在此就不再列举。

（7）如果某个指定的样式选择符是由多个样式选择符组合定义的，那么可以暂且为每一个选择符指定一个权值，这样该组群选择符的优先级就是各个样式选择符的“权值”之和，在应用时群选择符的优先级将高于各个单独定义的样式选择符。

例如：

```
<!DOCTYPE html PUBLIC "-//W3C//DTD XHTML 1.0 Transitional//EN"
"http://www.w3.org/TR/xhtml1/DTD/xhtml1-transitional.dtd">
<html xmlns="http://www.w3.org/1999/xhtml">
<head>
```

```
    <meta http equiv="Content Type" content="text/html;
charset=utf 8" />
    <title>样式优先级测试</title>
    <style type="text/css">
    p {
        font size:12px;
        font weight:bold;
    }
    p span {
        font size:24px;
        font style:italic;
        font weight:bolder;
    }
    </style>
    </head>
    <body>
    <p>段文字是先定义并应用了样式，但是 如果需要定义其为最高优先级，那么就需
要使用关键字<span> imporant</span><p>
    </body>
    </html>
```

将文件保存，在浏览器中预览效果，如图6-8所示。

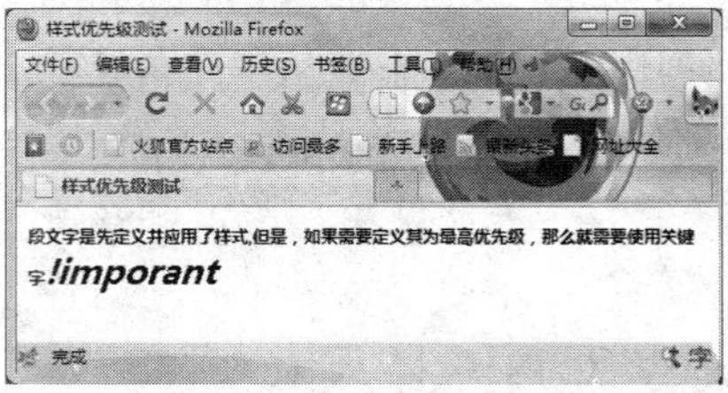


图6–8

在上面的html文件中，首先定义了一个p元素的“类型选择符”，通过该类型选择符来控制页面中所有的p元素的相同属性，随后又定义了一个“基于选择内容”的指定选择符“p span”，这样，根据前面的定义，它的权值之和将高于单一的类型选择符“p”，所以浏览器在解释时将出现不同的显示结果。

## 6.2.3 将CSS应用到网页中

6.2.2节，学习了CSS的语法及类型，但要想在浏览器中显示出所设计的效果，就需要被浏览器识别并调用。将CSS样式引入到HTML中的方法，常见地有以下4种：

- 链入外表样式表。
- 内部样式表。
- 导入外表样式表。
- 行内样式。

### 1. 链入外部样式表

链入外部样式表就是先把样式表保存为一个单独的样式表文件，当页面需要链入时，在页面中用 <link>标记链接到这个样式表文件。切记，<link>标记必须放到页面的 head>区内，例如：

```
<link rel="stylesheet" type="text/" href="mystyle css"/>
```

rel="stylesheet"是指在页面中使用这个外部的样式表。type="text/"是指文件的类型是样式表文本。href="mystyle.css"是指所链接的CSS文件所在的位置。

使用外部链入CSS样式文件，将一个外部样式表文件应用于多个页面。当修改这个样式表文件时，与之链接的所有页面的样式都随之而改变。这样不仅有利于提高工作效率，而且做到了表现和结构分离，非常有利于以后的修改、编辑。

另外，在Dreamweaver CS5中，也可以通过CSS面板中的相关命令来实现对外部文件的导入。具体操作如下：

1 选择“窗口”→“CSS 样式”命令或者按Shift+F11组合键，打开CSS样式面板。

2 在“CSS 样式”面板中，单击“附加样式表”按钮（该按钮位于面板的右下角）。然后执行下列操作：

- 单击“浏览”，浏览到外部 CSS 样式表。
- 在“文件/URL”框中键入该样式表的路径。
- 在“添加为”中选择其中的一个选项。

若要创建当前文档和外部样式表之间的链接，可选择“链接”。需要注意的是，不能使用链接标签添加从一个外部样式表到另一个外部样式表的引用。如果要嵌套样式表，必须使用导入（@import）指令。

- 在“媒体”弹出菜单中，指定样式表的目标媒体。

### 2. 内部样式表

内部样式表是将样式表代码在页面的<style></style>标签之间编写，这样有利于页面减少对服务器的HTTP请求，当页面访问量非常大时可采用此方式引入CSS。

```
<style type="text/">
    hr {color red}
    p {margin-left 14px}
    body {background-image url("images/mybground gif")}
    < /style>
```

### 3. 导入外部样式表

导入外部样式表类似于外联样式表，是指在内部样式表的 style></style>里导入一个外部样式表，导入时用@import，例如：

```
    <style type="text/css">
@import  url("css/mystyle css")
    </style>
```

在上面的举例中@import url（"css/mystyle.css"）表示导入mystyle.css样式表，使用导入样式表的方式，好处在于，可以在一个样式文件中能再次导入其他的样式表，降低网页代码的复杂程度。但是特别要注意：导入外部样式表必须在样式表的开始部分，在其他内部样式表上面，否则它们可能出现无法正常运行。

### 4. 行内样式

行内样式是混合在HTML标签里使用的。用这种方法，可以简单地对某个元素单独定义样式。但是适用范围非常有限，不利于真正实现表现和结构的分离，所以建议大家不要使用。例如：

```
<p style="color  sienna; margin left 20px">使用行内样式，不利于表现和结构分离</p>
```

以上是将CSS样式引入到HTML中的方法，在网页制作经常用到，希望读者能够深刻理解并能熟练掌握。

## 6.3 定义CSS样式

在Dreamweaver CS5中，定义CSS样式主要在CSS面板中进行。当然还可以利用其他的CSS编写工具进行编写，本书中都是利用Dreamweaver CS5中CSS定义方式实现的。

要进行CSS样式的定义，首先启动Dreamweaver CS5软件，打开CSS样式控制面板，创建样式规则，然后确定选择器的类型，选择完成后将CSS文件进行保存，最后就可以按照设计的需要进行CSS样式的具体定义了。

具体操作如下：

1 执行“窗口”→“CSS样式”命令，打开Dreamweaver CS5的样式面板，如图6-9所示。

2 单击创建新样式按钮，打开“新建样式规则”面板，在“选择器类型”选项中，为CSS规则选择上下文选择器，如图6-10所示。在“选择器名称”中选择或输入选择器名称，再确定规则定义的位置。

3 单击“确定”按钮，将CSS文件单独保存，如图6-11所示。

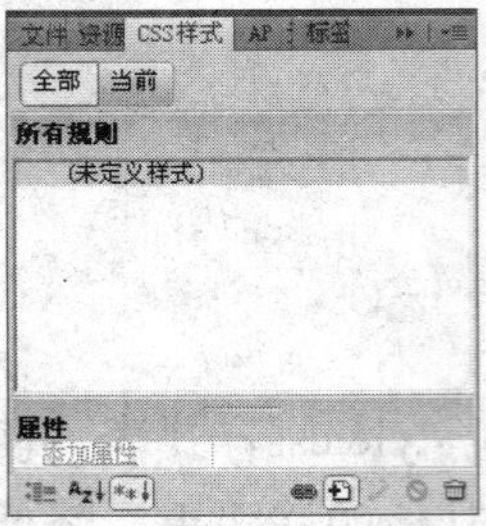


图6-9

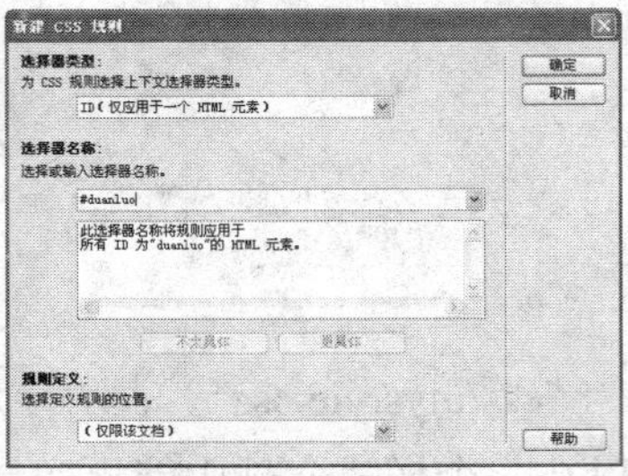


图6-10

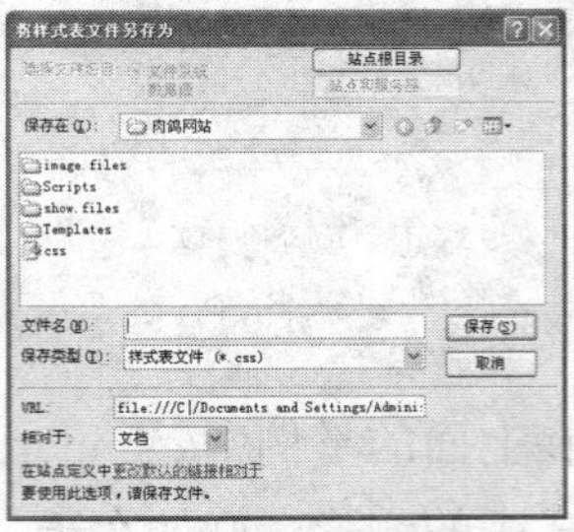


图6-11

## 6.3.1 定义文本样式

合理地设置页面文本，不仅可以增加文本的易读性，还可以通过不同的字体、颜色、字号之间的结合来消除页面由单一文本所造成的枯燥感。

- Font-family：为样式设置字体或多组字体。为了能够兼容各种版本和类型的浏览器，建议大家在选择字体时尽量选择通用字体。
- Font-size：定义文本大小。可以通过数字和度量单位选择特定的大小，也可以选择相对大小。
- Font-style：主要用于确定文本的显示样式，包括“正常”、“斜体”或“偏斜体”，默认设置是“正常”。
- Line-height：设置文本所在行的高度。可选择“正常”或输入一个确切的值，并选择一种度量单位来指定文本的行高度。
- Text-decoration：向文本中添加下划线、上划线或删除线，或使文本闪烁。
- Font-weight：对字体应用特定或相对的粗体量。
- Font-variant：设置文本的小型大写字母变体。
- Text-transform：将所选内容中的每个单词的首字母大写或将文本设置为全部大写或小写。
- 颜色：设置文本颜色。

当然，除了以上的属性设置以外，用户还可以使用系统自带的“标题1~标题6”的默认样式效果来增加页面内容在网络中的易搜索性。特别指出，在网页字号大小和行距大小的设置数值根据以往的制作经验，建议各位读者采用以下公式来进行计算。

行距=字号 × 1.5

也就是说行距的大小设置为字号的1.5倍左右为最佳。

## 6.3.2 利用<P>标签和<span>标签修饰文本

<p>标签主要用来确定网页的段落，<span>标签主要用来确定行内元素，二者合理的结合可以制作出更加符合语义的网页效果。下面通过一个案例来体验这两个标签对文本的修饰。

主要CSS代码设计如下：

```
p {
    font family: "宋体";
    font size:13px;
    line height:150%;
    color:#666;
    text decoration:none;
}
```

执行结果如图6-12所示。

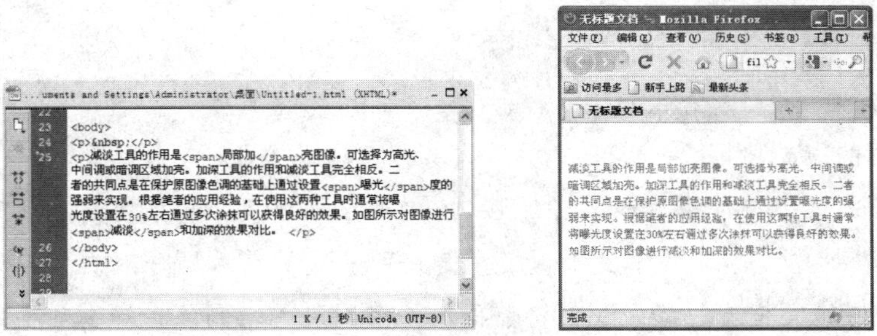

图6-12

如果为了增加文字和浏览器边缘的距离，可将CSS代码修改为：

```
p {
    font-family: "宋体";
    font-size:13px;
    line-height:150%;
    color:#666;
    text-decoration:none;
    margin-right 20px;//为段落内容增加左右边距
    margin-left:20px;
}
```

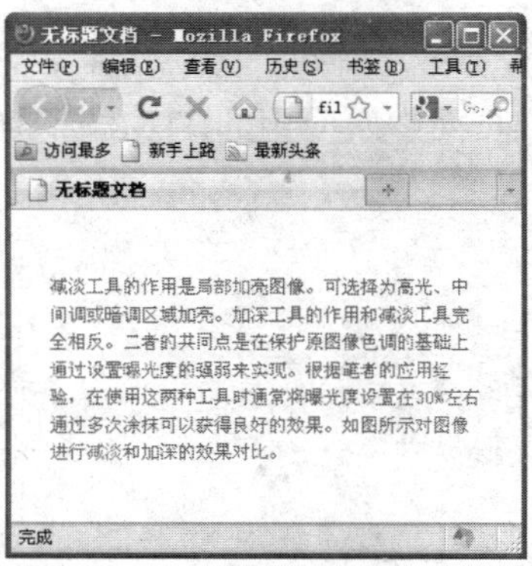


图6-13

将文件保存，在浏览器进行预览，效果如图6-13所示。

希望通过此案例一方面熟悉段落文本的编排，另一方面也增加读者对盒子概念的理解。

### 6.3.3 案例——编辑秀美的博客文章

每一个网页元素都有其本身默认的CSS样式，但是为了设计的需要，用户常常通过重新定义样式来替代原有的效果。本案例主要讲解标签重定义及字号、行间距、字体样式等元素的综合应用，希望通过本案例的学习读者能掌握其中的技巧。

主要设计技巧如下，首先为页面内容编写结构代码。

主要结构代码如下：

```
<body>
<div id="blog">
<h4>网页的布局技巧</h4>
<h5>浮动的产生与清除<span>2010-12-1</span></h5>
<p>网页设计中，默认的情况下盒模型是按照一定的前后顺序对页面各元素进行排列的，也就是所谓的文档流。如果我们将前面的一个网页元素删除，那么后面的元素将自动进行补缺。但是，在设计中往往因为设计的需要，而打破这种常规的形式。浮动布局的原理和我们平时在液体中漂浮物体的形式很相似。假设有3个物体以垂直排列的形式悬浮在水中，那么当第一个物体被移开，后面的物体将立即上浮，假设第一个物体向左侧移动，那么后面的物体就会马上占据第一块物体空出来的空间。所以在制作网页时，经常定义盒模型向左浮动或右浮动，以便更加方便地进行网页布局。如果我们不希望元素当某一元素左浮动或右浮动之后产生的右边空间或左边空间被其他元素占据，那么，清除浮动就势在必行。这样当为浮动元素添加清除浮动以后，其后面的元素将被强制转移到其下面显示。
</p>
<i>版权所有:网络教室http://wwwweb369.net</i>
</div>
```

定义了页面的HTML结构，然后，按照具体的需要进行CSS代码的编写。

主要CSS代码如下：

1 根据设计的需要，重定义页面中所使用的HTML标签的外观。

```
body {
    font-size:12px;
    line-height:18px;
}
span {
    font-style:oblique;
```

```
    padding-left:30px;
}
h4 {
    font-size:16px;
    color:#EBF1B1;
    background-repeat:no-repeat;
    text-align:center;
    font-weight:bolder;
}
```

**2** 具体定义页面文章中所使用的ID、CLASS等内容。

```
#blog {
    background image:url   /bg11 jpg);
    background color:#000;
    color:#FFF;
    padding:10px;
    width:400px;
}
#blog h5 {
    font size:12px;
    background image:url   /3 gif);
    background repeat:no repeat;
    background position:left center;
    padding left:20px;
}

#blog p {
    text align:left;
    text indent:24px;
    padding:15px;
}
i {
    font size:9px;
    margin:auto;
    text align:left;
```

```
    color:#F00;
}//          定义文章最后的版权信息部分的显示。
```

最终效果如图6-14所示。

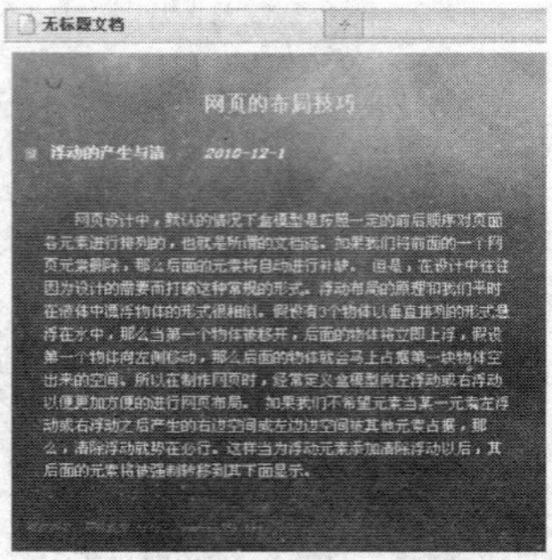


图6–14

## 6.3.4 定义背景样式

网页背景的设置主要有两种：一种是使用颜色设置背景，另外一种就是使用图像作为背景。在使用图像做背景时，一定要注意不能因为背景的设置而影响了页面内容的正常阅读。

打开CSS样式面板，选择“背景”选项，然后即可实现对背景的定义。

- background-color：设置元素的背景颜色。
- background-image：设置元素的背景图像。
- Background Repeat：确定是否以及如何重复背景图像。
- “不重复”只在元素开始处显示一次图像。
- “重复”在元素的后面水平和垂直平铺图像。
- “横向重复”和“纵向重复”分别显示图像的水平带区和垂直带区。图像被剪辑以适合元素的边界。
- Background Attachment：确定背景图像是固定在其原始位置，还是随内容一起滚动。
- Background Position：主要用于设置背景图像在水平或垂直方向上的位置。可以选择位置，也可以设置数值和单位结合的位置。

例如，以下CSS定义了一个带有标识的导航菜单。

主要设计技巧如下，首先为页面内容编写出结构代码。

主要结构代码：

```
<body>
<div id="menu">
<span>网站首页</span>
<span>关于我们</span>
<span>成功案例</span>
```

```
<span>合作伙伴</span>
</div>
</body>
```

定义了页面的HTML结构，然后，按照具体的需要进行CSS代码的编写。

主要CSS代码如下：

```
#menu {
    background-image:url(../99_34.gif);
    background-repeat:repeat;
    height:55px;
    width:450px;
}
#menu span {
    background-image:url(../99_03.gif);
    background-repeat:no-repeat;
    background-position:left top;
    width:82px;
    height:25px;
    padding:15px;
    display:block;
    float:left;
}
```

最终效果如图6-15所示。

图6–15

## 6.3.5 案例——制作自动延伸的网页背景效果

网页中经常出现渐变的网页背景效果，那是如何实现的呢？只要我们定义一个垂直渐变的颜色条，且渐变颜色为指定颜色到网页背景默认颜色的渐变条，然后利用CSS即可实现。

首先为页面内容编写结构代码。

```
//重定义body标签
body {
    font-family:"宋体";
```

```
    font-size:13px;
    line-height:150%;
    color:#000
    text-decoration:none;
    margin-right:20px;
    margin-left:20px;
padding-top:10px; // 为段落内容增加顶部内边距
padding-right:10px;// 为段落内容增加左右内边距
    padding-left:10px;
background-image:url(../90/bj.jpg;//垂直方向上渐变的细颜色条图像
    background-repeat:repeat-x;//设置背景图像水平重复
        }
```

然后将文件进行保存.在浏览器中打开制作的文件，一个背景能够自动延伸的网页就显示在眼前了，如图6-16所示。如果希望网页背景不随滚动条的移动而发生变化，可采用以下方式。

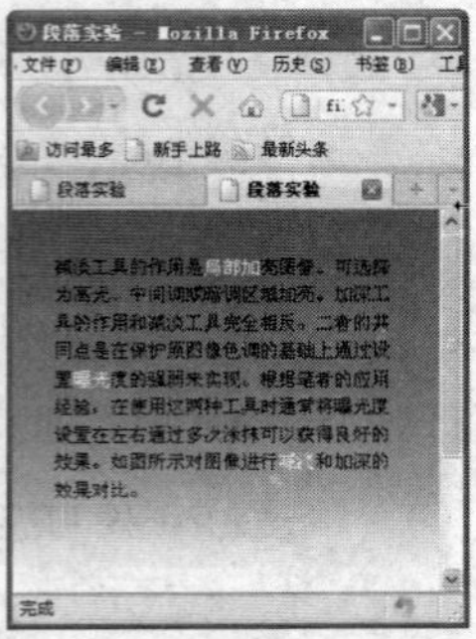

图6–16

CSS代码：

```
body {
    background-image:url(../banner.jpg);
    background-attachment:fixed; //定义背景图像显示
    background-repeat:no-repeat;
}
```

使用这种方法制作网页渐变背景，要依赖于网页默认的背景颜色，此外，也可以使用滤镜，自定义渐变来制作网页渐变背景效果。关于滤镜的应用，读者可参看其他相关书籍。

## 6.3.6 定义边框样式

通过定义边框样式，可以为对象设置边框的样式、颜色和宽度。在设置时具有很强的自由性，用户可以选择“全部相同”来为对象设置统一的边框样式，也可以取消选择“全部相同”来设置元素各个边的边框样式。在网页设计中经常单独定义边框的某种样式来获得特殊效果。

- 样式：设置边框的样式外观。主要包括无、虚线、点划线、实线、双线、槽状、脊状、凹陷、突出等。样式的显示方式取决于用户所使用的浏览器。
- 宽度：设置元素边框的粗细。对于宽度的单位可选择相对值：细、中、粗；也可以根据需要选择数值和单位。
- 颜色：设置边框的颜色。也可以分别设置每条边的颜色。

在定义有关边框边距等样式时，应当注意边框设置的顺序：上-右-下-左，即逆时针设置边框样式的顺序；如果需要简写，则可以按照“上下-左右”的形式进行书写。

例如设置边框的外边距：

```
margin:0px; auto; 0px; auto;
margin:0px; auto;
```

两种写法虽然有所不同，但是都表示边框的上下外边距为0像素，左右外边距为auto。有助于我们理解和阅读单纯的CSS代码文件。

### 6.3.7 案例——让表单走进美容院

表单的制作在后面章节进行详细的讲解，在此主要是为大家介绍如何利用CSS为所设计的表单进行美化和修饰。本例讲解如何重定义表单元素的默认显示边框及背景和内部间距等来实现表单的最终“美容”。

最终实现效果如图6-17所示。

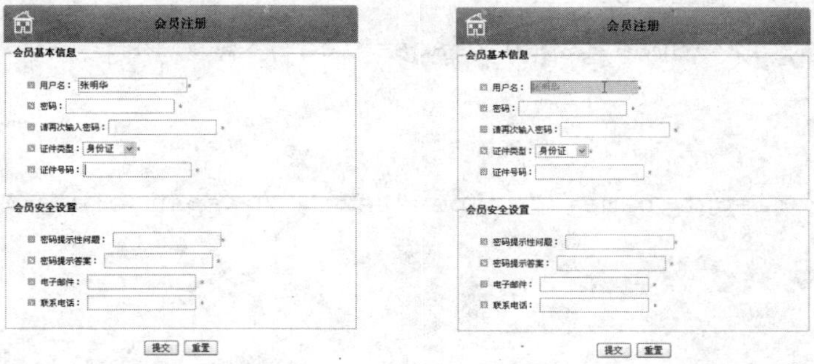


显示效果　　　　鼠标悬停时的提示效果

图6-17

结合6.3.6所学的对于边框样式的定义，下面，学习表单效果的制作。

首先为页面内容编写出结构代码。主要结构代码如下：

```
<div id="main"><div id="header"><h2>会员注册</h2>
</div>
<div id="login">
<fieldset><legend>会员基本信息</legend>//------------------为注册信息部分添加标签
<ul>
    <li>用户名： <span><input name="" type="text" /></span><span class="red">*</span>
   </li>
   <li>
  密码：<span><input name="" type="password" /></span> <span
```

```
密码：<span><input name="" type="password" /></span> <span
class="red">*</span> </li>
    <li>
  请再次输入密码：<span><input name="" type="password" /></span>
<span class="red">*</span></li>
  <li>证件类型：<span><select name="">
    <optgroup label="常用证件"> </optgroup>
    <option>身份证</option>
    <option>学生证</option>
    <option>军官证</option>
    <optgroup label="其他证件"></optgroup>
    <option>工作证</option>
    <option>档案证</option>
    <option>居住证</option>
     </select></span><span class="red">*</span>
  </li>
    <li>
  证件号码：<input name="" type="text" /><span class="red"> * </
span></li>
  </ul>
  </fieldset>
  <fieldset>
   <legend>会员安全设置</legend>
  <ul>
   <li>密码提示性问题： <span>
    <input name="" type="text" /></span><span class="red">*</
span>
   </li>
    <li>
  密码提示答案：<span>
  <input name="" type="password" /></span> <span class="red">*
</span></li>
    <li>
  电子邮件：<span>
  <input name="" type="password" /></span> <span class="red">*</
span></li>
```

```
        联系电话：
          <input name="" type="text" /> <span class="red">*</span>
</li>
   </ul>
   </fieldset>
   <p id="center"><input name="" type="submit" value="提交" />
   <input name="input" type="reset" value="重置" /></p>
   </div>
   </div>
```

以上这段HTML代码定义了表单的默认外观，除了运用label标签实现对表单元素的绑定外，还对表单采用了列表的编排形式，这样不仅能够为表单添加修饰物，还能曾加表单的条理性。下面，是根据上面的结构代码，写出的用于控制页面表现效果的CSS样式代码。

1 根据实际需要重定义表单中出现的各个HTML标签的外观。

```
body{
    font-size:12px;
    font-style:normal;
    color:#000;
    padding:0px;
    text-align:left;
    line-height:2.5em;//定义各个表单之间的行间距
}
li {
    list-style-image:url(../99_03.gif);//--自定义项目符号
}
optgroup {
    color:#06F;
    font-style:normal;
}
legend {
    font-size:14px;
    font-weight:bolder;//-----定义标签文字的大小和加粗显示
}
input:hover {
    border-width:1px;
```

```
    border-style:solid;
    border-top-color:#333;
    border-right-color:#CCC;
    border-bottom-color:#CCC;
    border-left-color:#333;
    background-color:#CDCDCD;
    color:#F00;
}//-----------定义伪类，当鼠标移动至文本域上方时改变表单的边框和背景及字体颜色，从而起到一种提示的作用
```

**2** 根据设计需要编写出表单的公用效果、表单头部、登录区域的CSS样式代码。

```
#header {
    background-image:url(../header.jpg);
    background-repeat:no-repeat;
    margin:0px;
    padding:0px;
    height:53px;
    width:500px;
    text-align:center;
    line-height:53px;
    color:#000;
}
#main {
    width:500px;
    color:#000;
}//----------定义表但的宽度和颜色。
#main #login #center {
    text-align:center;
}//-----------定义按钮居中
.red {
    color:red;
}//-----------利用类定义必填项目的红色提示
```

这样，用于控制表单外观的CSS代码就编写完成了。将文件保存，打开浏览器，即可预览到图6-17所示的效果。

本案例巧妙地将边框颜色、边框样式、背景颜色等属性与伪类“:hover”相结合，实

现了当鼠标指针悬停于表单元素之上时表单背景等发生改变的效果。通过本案例的学习希望读者能掌握其运用技巧，进而做到举一反三。

## 6.3.8 定义列表样式

使用列表，不仅增加了内容排列的层次感和顺序感，而且通过CSS改变列表的类型有助于实现美化页面的效果。

- 类型：设置项目符号或编号的外观。可以通过下拉菜单选择圆点、圆圈、方块、数字、大小写罗马数字和大小写字母及无项目符号。
- 项目符号图像：使用用户自定义的图像作为特殊的项目符号，图像格式支持Gif、Jpg及Png。
- 位置：设置列表项文本是否换行并缩进（外部）或者文本是否换行到左边距（内部）。

## 6.3.9 案例——制作横向菜单和新闻列表

在网页中使用列表制作横向菜和新闻列表单是常见到的，其原理是：先用列表将各个菜单项或新闻标题列出，然后强行定义每个列表项左浮动，接着为在每个列表项嵌套标签或添加背景图像，最后制作出最终的效果。

根据以上分析，我们来制作横向菜单效果。在本例中，为了提高制作的效率，将整个菜单需要用到的背景图像统一放置在一个文件中，在制作时通过调整背景图像的垂直坐标位置来实现预计效果，如图6-18所示。

图6-18

首先为页面内容编写出结构代码。

主要结构代码如下：

```
<div id="menu">
  <ul>
 <li><span>关于我们</span></li>
 <li><span>网站首页</span></li>
 <li><span>新品上市</span></li>
 <li><span>在线服务</span></li>
 <li><span>客户留言</span></li>
  </ul>
</div>
```

上面的HTML结构代码主要用列表标签<li>定义了一个默认的列表。接下来，运用CSS样式改变其显示外观，同时为其添加背景效果。

**1** 更改列表的默认外观。

```
*{margin:0;
padding:0;
}/
ul{list-style:none}//清除默认的小圆点符号
li{float:left;
margin-left:10px;
}//添加菜单水平排列的间距
```

**2** 为菜单添加其他样式。由于是将背景文件放置在同一个文件中，所以在编写CSS代码时一定要注意图像背景的具体坐标位置。在本例中外套标签<li>的背景图像的坐标为（0，0），而内嵌标签<span>的背景图像的坐标为（0，36）。

```
li{
    margin-left:10px;
    background-image:url(../navmenu.gif);
    background-repeat:no-repeat;
    background-position:0px 0px;
    height:36px;
}
span {
    background-image:url(../navmenu.gif);
    background-position:0px 36px;
    display: block;//强行将行内元素更改为块状显示
    height:36px;
    line-height:36px;
    padding-right:10px;
    padding-left:10px;
    color:#FF0;
}
```

最终效果如图6-19所示。这样，利用标签的嵌套所制作的横向菜单就可以灵活的伸缩了。

图6-19

此外，利用标签的嵌套效果还可以制作新闻列表的效果，其设计思路与菜单的设计思路相同。首先编写出页面所需要的HTML结构代码，主要HTML代码如下：

```
<div id="main">
<h1>新闻动态<em>更多  </em></h1>
  <ul>
   <li><img src="  /素材/pclist jpg" width="105" height="87"
/></li>
  <li>新闻标题新闻标题新题<i>2010-11-4</i></li>
  <li>新闻标题新闻标题新题<i>2010-11-4</i></li>
  <li>新闻标题新闻标题新题<i>2010-11-4</i></li>
  <li>新闻标题新闻标题新题<i>2010-11-4</i></li>
  <li>新闻标题新闻标题新题<i>2010-11-4</i></li>
  </ul>
</div>
```

在这段结构代码中，具体的列表项内容有别于传统的文字列表项，那就是列表项混合应用了图像和文字。不要担心页面会出现混乱，我们要做的就是合理的使用CSS代码来重新改变列表的显示，从而制作出更加漂亮的列表效果。好了，下面我们一起来见证具体的实现过程。

**1** 根据设计需要编写出主体部分的CSS样式代码。

```
#main {
    width:400px;
    height:100%;
    background image:url(  /99_34 gif ;
    background repeat:repeat x;
}
```

以上代码定义了一个用于容纳列表标题与列表内容的容器。

**2** 根据实际需要重定义表单中出现的各个HTML标签的外观。

```
body {
    font size:12px;
    color:#000;
}
ul {
    list style type:none;
    margin:0px;
```

```
    padding:0px;
}
li {
    padding top:5px;
    padding left:10px;
    display:block;
    float:left;//设置左浮动实现内容列表的左移
    padding right:10px;
}
h1 {
    font size:14px;
    padding left:35px;
    background image:url   /99_03 gif);
    background repeat:no repeat;
    line height:25px;//设置行高度以便保证内容在垂直方向上居中显示
    background position:15px;
}
em {
    padding left:200px;//设置左边距以避免和主标题产生拥挤。
    font size:9px;
    font weight:bold;
    color:#F00;
}

i {
    padding left:50px; //设置左边距以避免和主标题产生拥挤。
}
```

以上CSS代码主要通过重新定义html标题标签<h1>，为其添加背景，改变显示效果，然后重定义列表标签<li>为左浮动显示，当图像左浮动以后所留下的空隙就由后面的其他列表项自动填充，从而实现了在列表内图像、文本混合排列的效果。不过这种编排方式存在一定的不足，它不适合新闻列表内容比较多的页面制作。

图6–20

将文件保存，打开浏览器，最终效果如图6-20所示。

## 6.3.10 定义区块样式

除了将元素作为特殊方式显示以外，区块样式中的各个属性多用来实现对段落文本的控制和修饰。恰当地设置各个属性，有利于制作外观风格更加统一的页面效果。

- 单词间距：设置字词的间距。可指定间距的大小和单位。数值可以指定负值，但显示方式取决于浏览器。
- 字母间距：增加或减小字母或字符的间距。若要减小字符间距，可以指定一个负值。
- 垂直对齐：指定应用此属性的元素的垂直对齐方式。Dreamweaver仅在将该属性应用于<img>标签时，才在“文档”窗口中显示它。
- 文本对齐：设置文本在元素内的水平对齐方式。
- 文字缩进：指定第一行文本缩进的程度。也可以指定负值创建文本凸出效果，但显示方式取决于浏览器。在进行中文排版时常使用此项来实现段落文本的首行缩进。特别注意，设置的缩进值要和字号的值相统一，例如，字号设置为12点，则首行缩进2个文字应设置为24点。
- 空格：确定如何处理元素中的空格。从3个选项中进行选择：“正常”、收缩空白和“保留”，其处理方式与文本被括在pre标签中一样（即保留所有空白，包括空格、制表符和回车）；“不换行”指定仅当遇到br标签时文本才换行。
- 显示：指定是否以及如何显示元素。在网页设计时经常将某些行内元素（例如<span>）强行显示为块状元素（block）来制作特殊的效果。常用到的显示形式主要包括以下选项。
- block：选择此项，元素将显示为块级元素，其结果是在属性值设为block的对象后面添加新行。
- none：此元素将不被显示。
- inline：将对象强制作为内联元素，元素前后没有换行符。其结果是从属性值设为inline 的对象中删除一行。

除了以上属性可以实现对段落的控制以外，还可以使用系统自带的“段落”默认样式设置。

## 6.3.11 应用案例——制作像杂志内页一样的网页

在阅读页面信息时，如果将单个字符看作是一个点，那么一行文本就是一条线，而整个段落及整篇文章就是一个或若干个面。如何保持各个段落之间关系才能更加符合用户的浏览习惯呢？笔者认为首先要注意各个块之间的间距，合理的设置间距能有效地避免段落之间的拥挤。另外，就是在文章块中对开头或结尾的地方适当添加有效提示；标题和正文在使用字体和字号时要有一定的区分，避免因页面形式的单调造成阅读的枯燥。

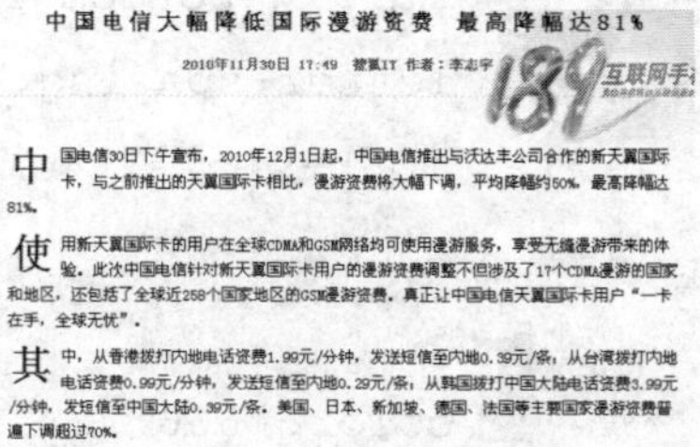
中国电信大幅降低国际漫游资费　最高降幅达81%

2010年11月30日 17:49　搜狐IT 作者：李志宇

中国电信30日下午宣布，2010年12月1日起，中国电信推出与沃达丰公司合作的新天翼国际卡，与之前推出的天翼国际卡相比，漫游资费将大幅下调，平均降幅约50%，最高降幅达81%。

使用新天翼国际卡的用户在全球CDMA和GSM网络均可使用漫游服务，享受无缝漫游带来的体验。此次中国电信针对新天翼国际卡用户的漫游资费调整不但涉及了17个CDMA漫游的国家和地区，还包括了全球近258个国家地区的GSM漫游资费。真正让中国电信天翼国际卡用户“一卡在手，全球无忧”。

其中，从香港拨打内地电话资费1.99元/分钟，发送短信至内地0.39元/条，从台湾拨打内地电话资费0.99元/分钟，发送短信至内地0.29元/条，从韩国拨打中国大陆电话资费3.99元/分钟，发短信至中国大陆0.39元/条。美国、日本、新加坡、德国、法国等主要国家漫游资费普遍下调超过70%。



图6-21

本节制作一个类似杂志内页的排版效果，如图6-21所示。

首先为页面内容编写出结构代码。

```
<body>
<div id="news">
<div id="title"><h3>中国电信大幅降低国际漫游资费 最高降幅达81%</h3></
div>
<div id="pageheader"></div>
<div id="page"><p class="first"> </p>
<p class="first"></p>
<p class="first"> </p>
</div>
<div id="footer"></div>
</div>
</body>
```

通过以上的代码，可以清晰地看到一篇文章的组织结构组成：外围框<new>、标题<title>、发布时间<pageheader>和结尾部分<footer>。

下面我们根据结构写出CSS代码。

**1** 根据设计的实际需要重定义文章中所用到的HTML标签的外观。

```
body {
    background #FFC;
    color #000;
    font-size 0 875em;
    font-family "新宋体", Arial, Helvetica, sans-serif;
}
h3 {
    text-align center;
    margin-bottom 1em;
    letter-spacing:0 2em;
    font-size 1 4em;
}
h5 {
    color:#666;
    text-decoration:noline;
    text-align:center;
}
```

```
p {
    margin 10px;
    line-height 1 6em;
}
```

2 根据设计需要编写出文章的公用效果、文章头部、文章正文区域、文章结尾部分的CSS样式代码。

```
#news {
    background image:url ../%E7%B4%A0%E6%9D%90/shouji.png);
    background position:right top;
    background repeat:no repeat;
}
#news #pageheader {
    border bottom style:dashed;
    border bottom width:1px;
    border bottom color:#CCC;
}
#news #page {
    margin top:3em;
}

#news #footer i {
    font size:10px;
}
#news #footer span {
    font weight:bolder;
    font size:10px;
}
#news #footer {
    padding left:70%;
}
}
 first first letter {//使用伪类定义文字的首字下沉特殊效果
    font size:36px;
    float:left;
```

```
    margin right:6px;
    padding:2px;
    font weight:bold;
    line height:1em;
    color:#000;
}
```

之所以使用伪类定义文字的首字下沉效果，是因为IE浏览器无法通过包含选择器来定义首字下沉效果。除此之外，读者朋友还可以使用CSS中的“区块”定义文本“首行缩进”，这样也可以实现清晰的段落效果。至于具体的设置值，可以根据读者所设置的字号大小，例如设置的字号大小为12px，根据段落首行缩进2个文字的常识，那么就需要设置“text-indent:24px;”。

# 6.4 网页中的浮动布局

利用CSS实现网页布局主要包括两个关键的属性即float（浮动）属性和position（位置）属性。这两个属性有着很大的不同，因此，在实现具体的布局操作时也有所不同。本节主要讲解float（浮动）布局，及由float（浮动）所衍生出来的关于浮动的清除等内容。

## 6.4.1 浮动布局的基本属性

- 宽和高：设置元素的宽度和高度。
- 浮动：主要设置文本对象的环绕效果。包括right、left、none等3种情形。浮动在布局中经常用到，当选择“right”时，则表示文本等内容在另一侧环绕对象；当选择“left”时，则表示文本等内容在另一侧环绕对象；当选择“none”则表示取消环绕。

一个对象设置浮动，主要是用来约束与之相邻的元素如何实现环绕，而与对象本身无关。

- 清除：主要规定对象的一侧不允许出现环绕。可选择“left”或“right”来指定不允许出现浮动的一侧。如果在清除浮动的一侧有对象存在，则将自动移动至下一行；若选择“both”，则表示对象的两侧都不允许出现浮动；若选择“none”则表示对浮动没有限制。关于“清除”的应用，在后面有详细讲解。
- 填充：指定元素内容与元素边框之间的间距（如果没有边框，则为边距）。如果用户只设置对象的某一个方向上的填充距离时，可取消对“全部相同”选项的勾选。
- 边距：指定一个元素的边框与另一个元素之间的间距（如果没有边框，则为填充）。仅当该属性应用于块级元素（段落、标题、列表等）时，Dreamweaver才会在“文档” 窗口中显示它。

## 6.4.2 两列页面布局

浮动布局是网页设计中的重要布局方式，所以在使用浮动之前先要了解一下浮动的特点。浮动的本意是要将插入到页面中的元素向左或者向右浮动，使元素下方的文字自动环绕在它的周围，从而使元素的左边或者右边不会出现大区域的空白。浮动主要有两种形式：左浮动和右浮动。不管哪种形式的浮动，当它们的外边缘碰到包含框或另一个浮动框的边缘时将暂停浮动，因为浮动框不在文档的普通流中，这一点和我们在文字处理软件中实现图文混合排列时的效果十分相似。

### 1. 固定宽度的两列布局

固定宽度的两列布局相对比较简单。设计时一般是将次要内容区域如用户登录、站点导航等排列在页面的左边，而将主要页面内容排列在页面右面的区域。在实现时只要设置主要内容区域右浮动，然后在宽度设计时适当保留一定的间隔区域即可，这样既可以避免页面拥挤，也可以缓解由于浏览器的解析而使右列下移的问题。图6-22展示了两列布局中各个模块的具体组成。

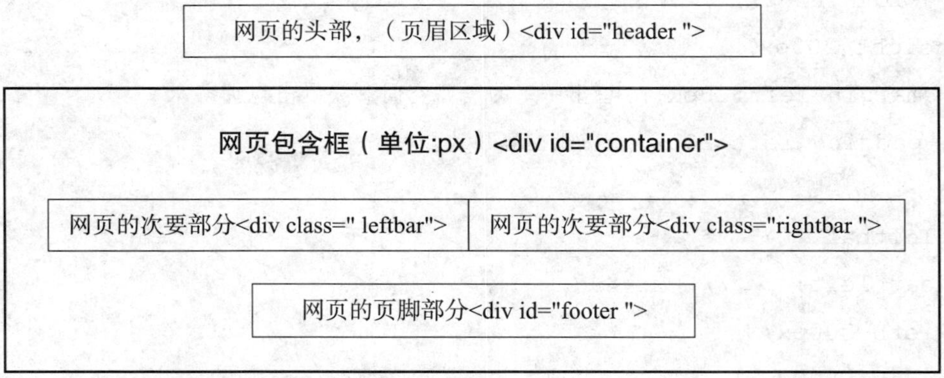


图6–22

下面，根据布局结构图编写出主要的布局代码。

```
<body>
    <divid="header"></div>
    <div id="container">
    <div class="rightbar"> </div>
    <div class="leftbar"></div>
    <div class="clear"></div>
    <div id="footer"></div>
    </div>
</body>
```

接下来，按照布局代码自上而下，由外到内的原则，分别定义各个模块的CSS样式代码。

```
#header {//此处定义的是页眉区的布局结构代码，读者可根据实际需要灵活调整高度
background color #999;
height 80px;
width 960px;
margin bottom 5px;
margin top 5px;
}
#container {height auto;width 960px;}
 rightbar {
  background color:#FF0;
  float:right; //向右浮动
  width:620px; //内容宽度
height 200px;
  margin left:20px;//留出一定的隔离空间  放置出现拥挤
  padding left:20px;//防止内容顶边显示
}
 leftbar {
float left;    //向左浮动
width 300px;
height 200px;
background color #F93;
}
 clear {clear both;}//清除浮动
#footer {//此处定义的是页脚区的布局结构代码，读者可根据实际需要灵活调整高度
background color #999;
height 80px;
width 960px;
margin bottom 5px;
margin top 5px;
}
```

设计完成后，将文件保存，打开浏览器，最终解析结果如图6-23所示。

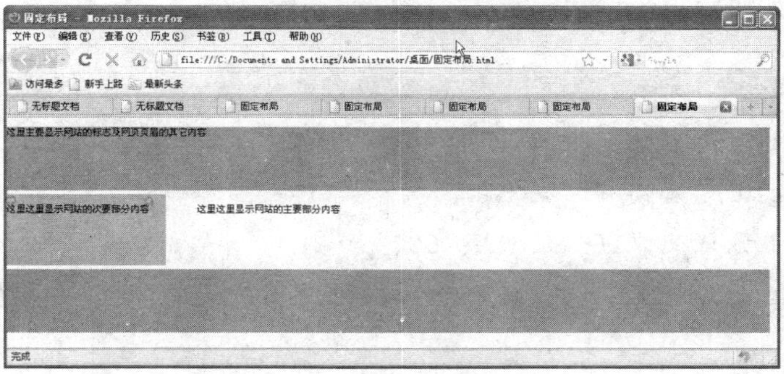


图6–23

如果希望实现两列固定宽度居中的布局效果只需将

```
#container {height:auto;width:960px;}
```

修改为：#container {height:auto;width:960px;margin0px;auto; }即可。

如果希望实现左列固定不动，而右列根据浏览器窗口大小自动适应只需将

```
.rightbar {
  background-color:#FF0;
  float:right; //向右浮动
  width:620px; //内容宽度
  margin-left:20px;//留出一定的隔离空间，放置出现拥挤
  padding-left:20px;//防止内容顶边显示
}
```

修改为：

```
.rightbar {//将定义宽度的“width: 620px;”属性清除
  background-color:#FF0;
  margin-left:20px;//留出一定的隔离空间，放置出现拥挤
  padding-left:20px;//防止内容顶边显示
}
```

即可实现。

## 2. 宽度与高度的自适应布局

我们知道，设置布局的CSS属性时，有绝对单位如：pt、mm、cm、in等；相对单位如：px（像素：相对于屏幕的分辨率）、em（em，元素的字体高度）、ex（x-height，字母“x”的高度）。所以，如果在布局中希望实现自适应效果就需要在CSS属性单位的设置上找到解决方案。

（1）两列宽度自适应布局

对于宽度自适应的页面布局，可以通过更改宽度的百分比来实现。例如，修改上面的

CSS代码。

```
.rightbar {
  background-color:#FF0;
  float:right; //向右浮动
width: 620px; 更改为: width: 60%
  max-width:620px; // 设置或检索对象的最大宽度，避免无限度的扩张出现布局的混乱
height:200px;
  margin-left:20px;//留出一定的隔离空间，放置出现拥挤
  padding-left:20px;//防止内容顶边显示
}
.leftbar {
float:left;
width: 300px; 更改为: width:30%
max-width:300px;// 设置或检索对象的最大宽度，避免无限度的扩张出现布局的混乱
height:200px;
background-color:#F93;
}
```

通过对以上代码的修改，我们发现，只要将容器的宽度单位由原来的固定值（px）更改为相对值（%）即可轻松实现两列宽度自适应布局。

（2）高度自适应

由此及彼，很多读者可能会说，只要将高度的绝对单位更改为相对单位就可以了，但实际上浏览器在解析时，单凭简单的设置“height:100%;”是不会显示效果的。这是因为采用百分比设置，所参照的是其父对象，而在默认情况下浏览器并没有给body一个高度属性，所以除了设置“height:100%;”以外，必须为body父对象也设置一个100%高度，这样，它的子级对象才可能得到合理的参照从而顺利实现高度自适应。

完整的高度自适应CSS代码如下：

```
html, body{//这里使用了群组选择器，表示同时对html，body设置相同的属性内容
   margin:0px; height:100%;}
  .rightbar {
   background-color:#FF0;
   float:right;//向右浮动
   width:620px; //内容宽度
height:100%;
```

```
  margin-left:20px;//留出一定的隔离空间，放置出现拥挤
  padding-left:20px;//防止内容顶边显示
 }
 .leftbar {
 float:left;
 width:300px;
 height:100%;
 background-color:#F93;
 }
```

## 6.4.3 三列及多列页面布局

三列布局及多列布局实际都可以在两列布局的基础之上进行变化，本节主要介绍三列布局的实现方法。只要在右列中按照两列布局的方式再次进行排列，然后稍加修改即可灵活实现三列布局的效果（上一节，定义左栏宽度时我们使用的是类“class”，现在其优势就体现出来了）。

两列布局改三列布局的结构图，如图6-24所示。

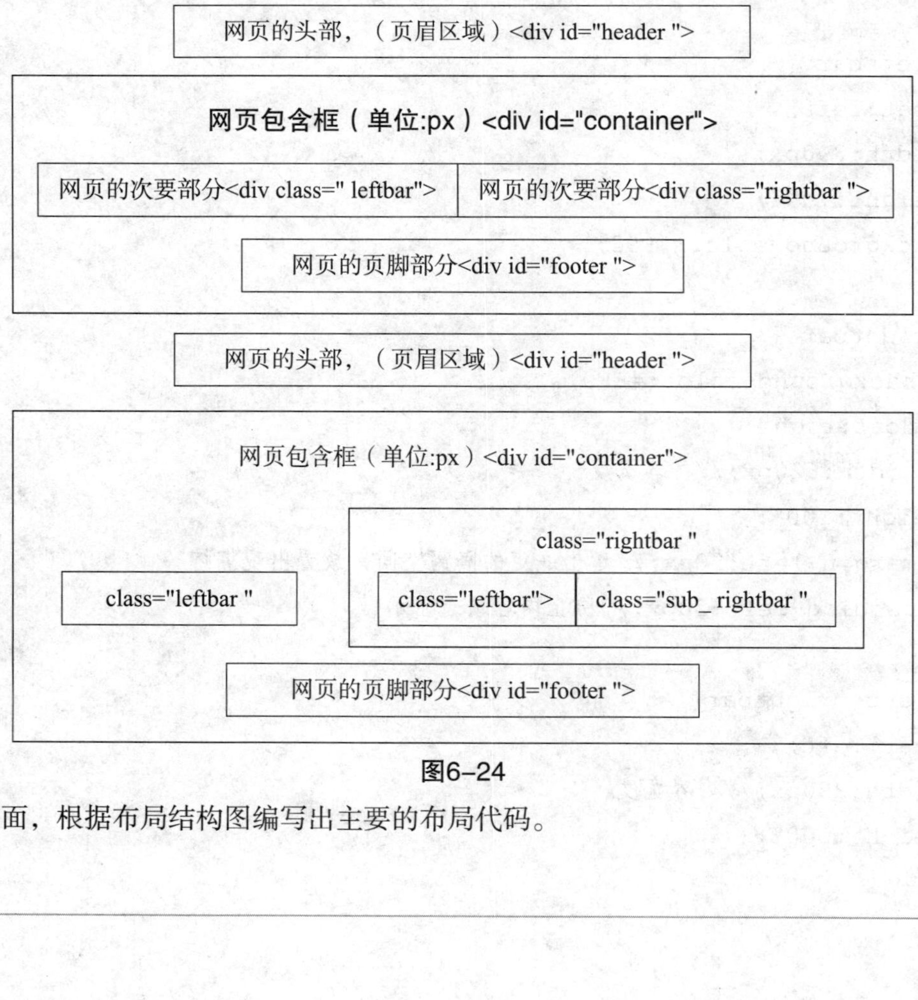


图6–24

下面，根据布局结构图编写出主要的布局代码。

```
<body>
<div id="header"></div>
<div id="container">
<div class="leftbar"></div>
<div class="rightbar">
<div class="leftbar"></div>
<div class="sub_ rightbar "></div>
</div>
<div class="clear"></div>
<div id="footer"></div>
</div>
</body>
```

接下来，按照布局代码自上而下，由外到内的原则，分别定义各个模块的CSS样式代码。

```
html,body{//这里使用了群组选择器，表示同时对html，body设置相同的属性内容
  margin:0px; height:100%;
}
.leftbar {
float:left;
width:300px;
height:100%;
background-color:#F93;
}
.rightbar {
  background-color:#FF0;
  float:right;
  width:620px;//内容宽度
height:100%;
  margin-left:20px;//留出一定的隔离空间，放置出现拥挤
  padding-left:20px;//防止内容顶边显示
}
. sub_ rightbar{
float:left;
width:290px;//内容宽度
height:100%;
```

```
margin-left:10px;//留出一定的隔离空间，放置出现拥挤
background-color:#F93;
}
.clear{clear:both}
```

在这段CSS样式代码中我们发现，其实三列布局就是对两列布局的一个嵌套应用。在编写CSS代码时，首先定义一个浮动式的两列布局，然后在右列布局的内部再次进行同样的两列浮动布局，这样就实现了三列布局的网页效果。对于三列布局及多列布局在博客及门户网站、电子商务类网站应用较多。当然如果运用CSS 3.0来实现三列布局将更加容易，直接将页面划分为3栏即可轻松实现。对于CSS 3.0的学习，参见本书（6.7 CSS 3.0的应用）其他章节的具体讲解。

## 6.4.4 清除浮动

### 1. 浮动的产生

网页设计中，默认的情况下盒模型是按照一定的前后顺序对页面各元素进行排列的，也就是我们平时所说的文档流。如果将前面的一个网页元素删除，那么后面的元素将自动进行补缺。

但是，在设计中往往因为设计的需要而打破这种常规的形式。浮动布局的原理和我们平时在液体瓶子中漂浮物体的形式很相似。假设有3个物体以垂直排列的形式悬浮在水中，那么当第一个物体被移开，后面的物体将立即上浮，假设第一个物体向左侧移动，那么后面的物体就会马上占据第一块物体空出来的空间。所以在制作网页时，经常定义盒模型向左浮动或右浮动以便更加方便的进行网页布局。

如果不希望当某一元素左浮动或右浮动之后产生的右边空间或左边空间被其他元素占据，那么，清除浮动就势在必行。这样当为浮动元素添加清除浮动属性以后，其后面的元素将被强制转移到其下面显示。

清除浮动属性在网页布局中经常出现，下面学习关于清除浮动的几种方法。

### 2. 使用空标签清除浮动

浮动布局虽然应用范围非常广，但是在某些情况下网页也会因为浮动的存在而造成布局的混乱，因此，必须要将浮动适时的清除。通常清除浮动的方法是在需要清除浮动的位置插入一个空白DIV，然后定义一个类来实现对浮动的清除。当然，也可以利用P标签或<hr>。

例如：

```
<style type="text/css">
<!-
```

```
   *{
margin:0;
padding:0;
}
body{
fon-size:16px;
color:#red;
text-align:center;}
#box{background:#FF7;}
#left{
float:left;
width:20%;
height:180px;
background:#DDD;
line-height:30px;
}
#right{
float:right;
width:70%;
height:100px;
background:#DDD;
line-height:26px;
}
.clear{clear:both;}
</style>
<div id="layout ">
   <div id="left ">左边部分的内容</div>
   <div id="right ">右边部分的内容</div>
   <pclass="clear ">
</div>
```

这种清除浮动的方式是在需要清除浮动的父级元素内部的所有浮动元素后添加这样一个标签清除浮动，并为其定义类：.clear{clear:both;}。但此方法的不足在于增加了无意义的结构元素。

### 3. 使用overflow属性清除浮动

使用overflow属性清除浮动，可保持HTML的结构而避免出现无意义的代码。使用时只需在要清除浮动的元素中定义“overflow:auto;”即可。

例如：

```
<style type="text/css">
<!-
*{
margin:0;
padding:0;
}
   body{
font:16px normal;
color:#F00;
text-align:center;
}
#box{
background:#FF7;
overflow:auto;zoom:1;                    /*解决浏览器的兼容*/
}
#left{
float:left;
width:20%;
height:180px;
background:#DDD;
line-height:26px;
}
#right{float:right;
width:70%;height:100px;
background:#DDD;
line-height:26px;}
->
</style>
<div id="box ">
   <div id="left ">左边部分的内容</div>
   <div id="right ">右边部分的内容</div>
</div>
```

以上案例中通过定义“overflow:auto;”实现了对浮动元素的清除，但由于此种方法在IE6中会出现问题，所以为了适应和兼容兼容IE6还需增加“zoom:1”。

### 4. 使用after伪对象清楚浮动

使用after伪对象清楚浮动只适用于标准浏览器。

例如：

```
<style type="text/css">
<!-
  *{
margin:0;
padding:0;
}
  body{font:16px normal;
text-align:center;
}
  #box{background:#FF7;}
  #box:after{
content: "";                                /*定义内容为空*/
display:block;
height:0;
clear:both;
visibility:hidden;
}
  #left{
float:left;
width:20%;height:180px;
background:#ccc;
line-height:26px;
}
  #right{
float:right;
width:70%;
height:100px;
background:#f00;
line-height:26px;
}
</style>
<div id="box ">
  <div id="leftv>左边部分的内容</div>
```

```
    <div id="right ">右边部分的内容</div>
</div>
```

由于这种清除浮动的方法对于IE浏览器不支持。因此在使用时需注意两点。①必须为需要清除浮动元素的伪对象中设置“height:0”，否则该元素会比实际高出若干像素；②设置content为空。

# 6.5 网页精确布局

除了使用浮动布局进行网页设计以外，还可以使用CSS中的另外一个关于布局的重要属性：position（位置）来实现页面的精确布局。精确的网页布局可以实现浮动布局所无法实现的一些特殊应用。

## 6.5.1 网页精确布局的概念

- 位置：在布局中就是指用于确定网页元素的坐标。例如，Dreamweaver中可以在页面的左上方插入一个<div>以用来放置网站的标识，这其实就是对position属性的一个简单应用。位置的属性主要有绝对（absolute）、相对（relative）、固定（fixed）、静态（static）4个。
- 绝对定位（absolute）：和绝对单位相类似，当我们为元素使用“定位”为绝对时，将把元素内容从正常的文档流中拖离出来，然后根据某个参照物来固定它的显示位置，也就是相对于最近的绝对或相对定位上级元素的坐标（如果不存在绝对或相对定位的上级元素，则为相对于页面左上角的坐标）来放置内容。而当元素出现层叠时可通过z-index属性定义，z-index值为无单位的整数，大的在最上面，可以有负值。
- 相对定位：元素将按照静态定位时的位置进行调整，在静态定位中分配给元素的空间仍然会被它占据，它周围的元素不会向它移动并填充那个空间，但它们也不会从元素的新位置被挤走。
- 固定定位：元素被设置在浏览器的一个固定位置上，不会随其他元素滚动
- 静态定位：如果我们没有为指定的元素设置position属性，那么缺省就是static。此时CSS中的top、left、bottom、right等属性是无效的。下面分别举例说明。

使用绝对定位的好处是在进行网页布局时，可按照设计的需要，精确控制任何元素的位置。同时，被应用了绝对定位的元素会不留痕迹地从常规文档流中完全移除，这样也不会给其他元素带来任何的影响。

下面就利用绝对定位的方法来体验一下它在网页布局中的应用。

假设，我们在页面中要实现如图6-25所示的3列布局。

图6–25

在这个三栏的布局中，内容需要居中显示，然后左栏部分用于显示用户登录、网站公告等内容；中间部分是主体内容栏，用来放置网站的主要内容；右栏部分用于显示合作伙伴、友情链接等内容。

首先，为它先添加一个父容器，然后，设置父容器的对齐方式为居中显示，设置定位方式为相对定位（position: relative）。接着分别设置其包含对象：左栏、主体部分、右栏，其中右栏的定位方式为绝对定位，设置它们的top和left值都相同，这样，三栏的位置就会基于父容器的左上角的位置来计算，进而可以实现我们设计要求。

下面，根据布局结构图编写出主要的布局代码。

```
<body>
<div id="main">
<div id="left"></div>
<div id="middle"></div>
<div id="right"></div>
</div>
```

完成了结构代码的定义，然后按照由外到内，由左到右的先后顺序，编写出用于实现定位布局的结构代码。

```
#main {
    margin-right:auto;
    margin-left:auto;
    width:960px;
    height:500px;
    style:solid;
    position:relative;
    border:1px solid #00F;
    }
#left {
    position:absolute;
    height:490px;
    width:240px;
    left:5px;
    top:5px;
    background-color:#666;
```

```
}
#middle {
    position:absolute;
        background-color:#333;
    width:480px;
    height:490px;
    left:250px;
    top:5px;
}
#right {
    position:absolute;
    height:490px;
    width:220px;
    left:735px;
    top:5px;
    background-color:#FC3;
}
```

将文件保存，打开浏览器，最终预览效果如图6-26所示。

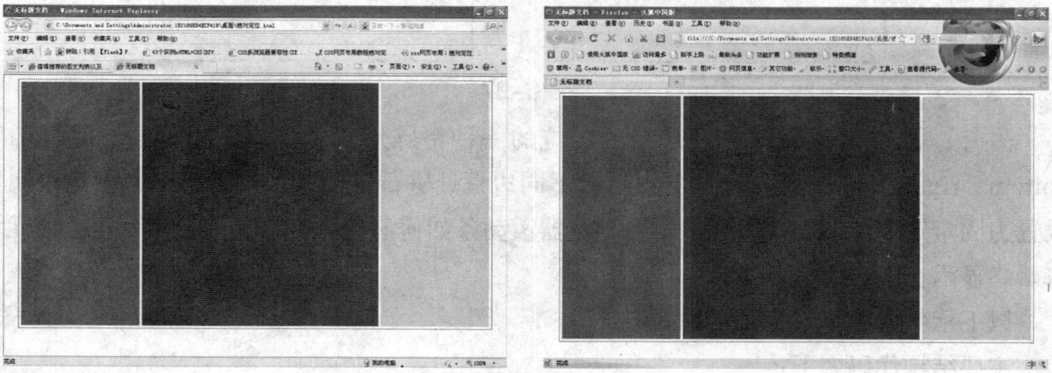

图6-26

与绝对定位不同，相对定位是通过设定元素离父容器各边距的距离来进行定位的，也就是说相对定位的容器的top（顶部）、right（右边）bottom（底部）和left（左边）属性参照对象是其父容器的4条边。

以下示例说明了网页元素的相对定位。

主要结构代码如下：

```
<body>
<h2>这里是正常的位置</h2>
<p class=" left">这里的内容相对于其正常位置向左移动</p>
```

```
<p class="right">这里的内容相对于其正常位置向右移动</p>
</body>
主要CSS代码如下:
p  left{
position relative;
left -20px;//通过定义负值实现对象的偏移
}
p  right{
position relative;
left 20px;
}
```

将文件保存，打开浏览器，最终预览结果如图6-27所示。很明显向左移动的文本超出了浏览器的窗口。

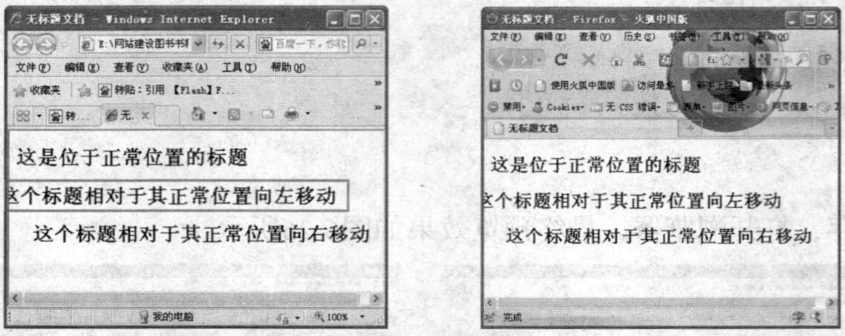


图6–27

另外，固定定位可以看做是绝对定位的一种特殊形式，它也可以通过top、left、bottom、right等4个属性从浏览器窗口的不同边框处进行定位。如果将某个元素定位属性设置为固定定位（fixed），那么不管浏览器滚动条如何滚动，窗口如何发生变化，该元素将始终显示在固定的位置。

以下示例说明了网页元素的固定定位。

主要结构代码如下：

```
<div id="banner"> <img src="  /  /  /第11章/index/images/images/imgad jpg" /></div>
```

<div id="box">固定定位可以看做是绝对定位的一种特殊形式，它也可以通过top、left、bottom、right等4个属性从浏览器窗口的不同边框处来进行定位。

</div>

主要CSS代码如下：

```
#banner {
    position: fixed;//定义banner条为固定定位
```

```
    width:auto;
    left:0px;
    top:0px;
    right:0px;
    bottom:0px;
}
#box {
    height:1100px;
    width:728px;
    background color:#FAD898;
    margin top:80px;//定义外边距，放置文字内容被覆盖
}
```

将文件保存，在浏览器中预览效果如图6-28所示。

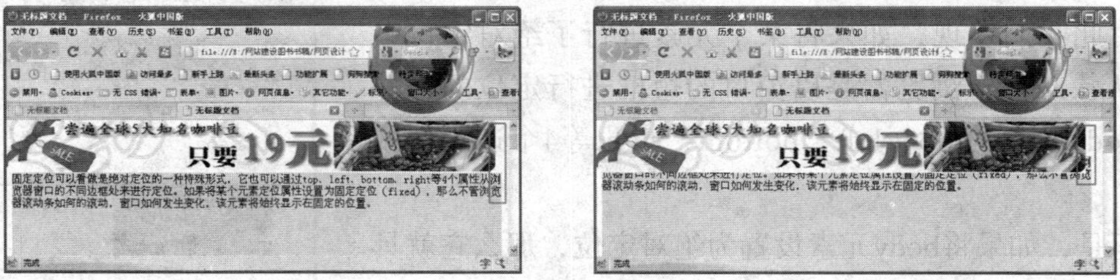

图6-28

由此，不难理解，如果将某个元素定位属性设置为固定定位（fixed），那么不管浏览器滚动条如何的滚动，窗口如何发生变化，该元素将始终显示在固定的位置。

此外，网页中的各元素在HTML文档流中应有的位置就是静态的，浏览器在接受和解析网页信息时是按照从上到下、从前到后的顺寻来实现的。所以网页元素在网页中的位置决定了它们被接收被解析的顺序。在此就不在举例说明了。

## 6.5.2 网页精确布局中的参照物

对于绝对定位的参照物，如果将某个元素定义为了绝对定位，那么，该元素就具备了定位参照物的特征。

下面通过实例证明。

例如，有如下结构代码：

```
<body>
<div>
<img src="pc jpg" width="196" height="169" />
</div>
</body>
```

如下CSS控制代码：

```
body {
    margin:50px;
    padding:50px;
}
img {
    position:absolute;
    left:50px;//定义图像的水平坐标值
    top:50px; //定义图像的垂直坐标值
    height:169px;
    width:196px;
}
```

将文件保存，在浏览器中预览效果如图6-29所示。

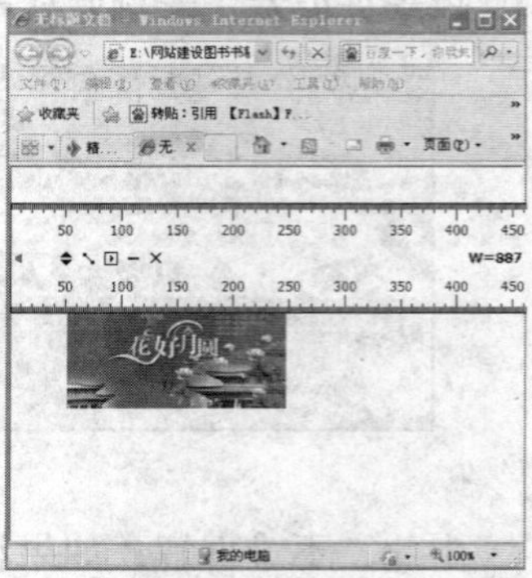

图6-29

由此我们发现，如果将某个元素进行了绝对定位，在默认状态下，浏览器是以窗口的边框进行定位的，并不受body元素的top、left、bottom、right等4个边距值的影响。

但是，如果将body元素设置为绝对定位，那么它就具备了定位参照物的特征。例如，将前面的CSS代码更改为如下代码：

```
body {
position absolute;
    margin:50px;
    padding:50px;
     }
div {
     left 50px;
    top:50px;
    height:169px;
    width:196px;
}
```

图6-30

将文件保存，在浏览器中预览效果如图6-30所示。

很明显，经过重新设置定位属性以后页面中的div块受到了页面边距的影响。

## 6.5.3 网页精确布局中的重叠化

网页中的内容，除了在平面上展示以外，还可以在垂直于平面的空间上进行扩展。这一特征有点类似Photoshop中的层，虽然在视觉上看不到，但实际上却又是客观存在的。在CSS中通过设置标签的z-index属性控制标签在垂直方向Z轴的次序。如果要将某个标签显示在其他标签的上面，只要将它的Z-index属性值设置的比其他标签的属性值大就可以了。在CSS中z-index的用法如下：

格式：

```
z-index: 数值
```

属性值在不同的浏览器中解析的结果是有区别的，在IE浏览器中，默认值为：z-index:0，而firefox浏览器中则缺省为：z-index:auto。

如果设置为auto，表示该标签与其父标签同处在一个层面；如果是用户自定义数值，那么该数值可灵活设置为一个无单位的整数，该整数可以是正值也可以是负值。

适用范围：

z-index属性相对于标签元素的定位属性值设置为相对定位、绝对定位、固定定位时才有效；不会作用于类似<select>表单标签。

例如：如下代码，在默认情况下，标签将按照在页面中先后出现的顺序进行覆盖叠加，靠后的标签覆盖前面的标签。

主要结构代码如下：

```
<body>
<div id="a">A</div>
<div id="b">B</div>
<div id="c">C</div>
</body>
```

主要CSS代码如下：

```
div {
    height:100px;
    width:100px;
    border:1px solid #666;
    position:relative;
}
#a {
    background color:#F00;
}
#b {
```

```
        left:10px;
        top: 80px;
        background color:#FF0;
    }
    #c {
        top: 150px;
        left:30px;
        background color:#F0C;
    }
```

将文件保存，预览结果如图6-31所示。

如果将CSS控制代码修改为如下：

```
    #c {
        top:-150px;
        left:30px;
        background-color:#F0C;
          z-index -1;
    }
```

将文件保存，再次预览效果，我们看到方框C相对于当前方框向后移动了1层。如图6-32所示。

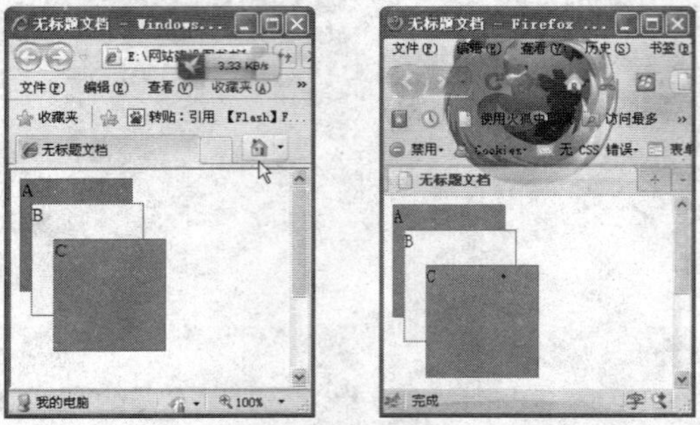

图6-31

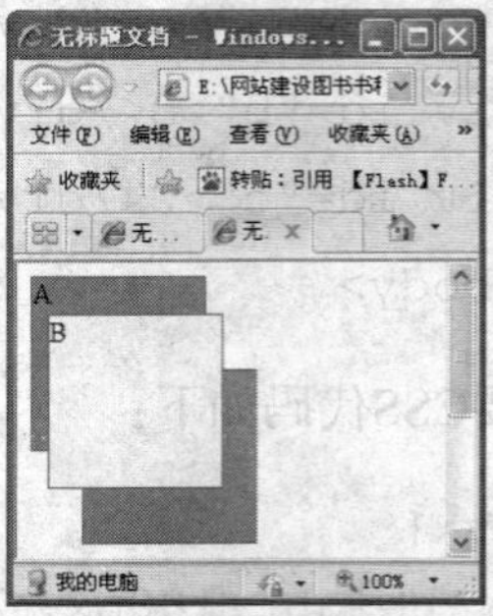

图6-32

## 6.5.4 综合案例的制作

在应用CSS进行网页排版过程中，定位是一个难点，但困难不能阻挡我们成为优秀网页设计师的理想。遇到困难解决困难，当我们熟练掌握CSS的应用时，回过头就会发现，原来我们已经成为了优秀的设计师

本节主要运用定位的各种技巧，制作一则网页中经常看到的“电影排行榜”榜单。其效果是当用户将鼠标悬停在该影片名称之上时，影片的剧情介绍就会跟随在鼠标的后面显示出来；当鼠标离开时，剧情介绍自动隐藏。

首先根据设计的需要编写出页面的结构代码，主要代码内容如下：

```
<body>
<h4>2010年热门电影排行榜</h4>
<ul>
<li><a href="#"hidefocus="true">1、唐山大地震<div><img src="dz.jpg" width="93" height="136" />
<dl>
<dd><span>导演:</span>冯小刚</dd>
<dd><span>主演:</span>徐帆等</dd>
<dd><span>内容简介:</span>著名导演冯小刚真情再现唐山大地震，震撼的画面令每一位观众潸然泪下.....</dd>
</dl></div></a></li>
<li><a href="#"hidefocus="true">2、剑雨<div><img src="jy.jpg" width="85" height="114" />
<dl>
<dd><span>导演:</span>吴宇森</dd>
<dd><span>主演:</span>杨紫琼 徐熙媛</dd>
<dd><span>内容简介:</span>一位武功高强的女杀手（杨紫琼饰）金盆洗手，易容后过起了平民百姓的生活，她在小镇上结识了纯朴乐观的送信男子（郑雨盛饰）并结为夫妻......</dd>
</dl></div></a></li>
<li><a href="#"hidefocus="true">3、大笑江湖<div><img src="dxjh.jpg" width="85" height="114" />
<dl>
<dd><span>导演:</span>朱延平</dd>
<dd><span>主演:</span>赵本山 小沈阳</dd>
<dd><span>介绍:</span>小鞋匠是小沈阳，他常强出头，由不懂武功的菜鸟变成武林第一高手；赵本山则是个武功高强的大盗，被不会武功的小沈阳打败.....</dd>
</dl></div></a></li>
<li><a href="#"hidefocus="true">4、赵氏孤儿<div><img src="zshger.jpg" width="85" height="114" />
<dl>
<dd><span>导演:</span>陈凯歌</dd>
<dd><span>歌手:</span>葛优</dd>
<dd><span>介绍:</span>2500年前的春秋时期，随着战功赫赫的赵氏家族的权利和威望不断壮大，国王晋灵公都恐惧不已。而（王学圻饰）的将军屠岸贾一直都受到赵氏
```

```
的排挤，于是在国王的默许下...<</dd>
    </dl></div></a></li>
    <li><a href="#"hidefocus="true">5、让子弹飞<div><img src="zdf.
jpg" width="85" height="114" />
    <dl>
    <dd><span>导演:</span>姜文</dd>
    <dd><span>主演:</span>周润发 葛优</dd>
    <dd><span>介绍:</span>片方昨日接受采访时证实剧组的确邀请马克•恩德桑乔出
演，不过只是客串性质，只有一两场戏。因为奥巴马当选美国第一位黑人总统，2002年就
已经来深圳定居的马克•恩德桑乔也一举成名，他和奥巴马同父异母兄弟的身份让他成为中
国媒体关注的焦点。</dd>
    </dl></div></a></li>
    </ul>
    </body>
```

分析代码的结构我们不难发现，这些代码首先定义了一个无序列表"<ul><li></li></ul>"，然后在该结构的每一个列表项标签"<li>…<li>"之内嵌套了一个用来存放的文本和图像的"<div>…</div>"标签，这样做的目的是便于实现当鼠标悬停时显示相应的内容。而接着又在"<a>…</a>"标签中又嵌套了另一个定义列表" <dl><dd>… </dd><dl>"，这样做的目的是使文本内容更加具有条理性。至于代码中增加的hidefocus="true"属性则表示取消鼠标单击链接时周围出现的虚线框。

分析完了结构代码，下面写出用来控制效果显示的CSS代码，主要代码如下：

```
*{
margin:0px;
padding:0px;
}
body {
margin:15px;
font-size:10pt;
}
a:link,a:visited,a:hover{
color:#777;
text-decoration:none;//去除链接下划线
}
h4 {
    color:#FF0;
```

```
    background-color:#C3F;
    width:150px;
    padding:3px;
    display:block;
}
ul {
width:300px;
border-top:1px solid #C3F;//为标题下面添加下划线
}
ul li {
    border-bottom:1px solid #CCC;
    list-style:none;//清除项目列表。
    padding-top:5px;
    padding-right:5px;
    padding-bottom:5px;
    padding-left:20px;
    background-image:url(bj.gif);//定义列表前面的引导小动画
    background-repeat:no-repeat;
    background-position:left center;
}
a {
position:relative;//设置为相对定位，以便于所嵌套内容能够相对它进行定位
display:block;//强制以块状显示
}
a div {
display: none;//定义所嵌套的不显示
}
a:hover div {
    position:absolute;
    padding:10px;
    display:block;
    width:240px;定义信息显示块区域的宽度，高度则自适应
    left:10px;//相对父级a的定位
    top:20px;
    border:1px solid #F18DEC;
    background-color:#F8C7F5;
```

```
    z-index:100;//定义信息显示区域的Z轴层次以避免出现重叠
    color:#96F;
}
a img {
width:80px;
height:120px;
border:none;                                         /*取消图像的边框*/
display:block;
position:absolute;                                   /*使图像实现绝对定位*/
top:5px;
left:5px;
}
dl {
width:160px;
float:right;
color:#BF32F5;
line-height:20px;
overflow:hidden;                                     /*隐藏溢出部分的内容*/
}
dl dd span {
font-weight:bold;
color:#FFF;
}
```

在以上的CSS代码中，首先重新定义了HTML标签的外观，然后运用相对定位与绝对定位的原理定义了伪类效果，这样就实现了当鼠标经过时的效果。另外还使用了overflow:hidden;来约束列表中内容的溢出。将文件保存，打开浏览器，最终效果如图6-33所示。

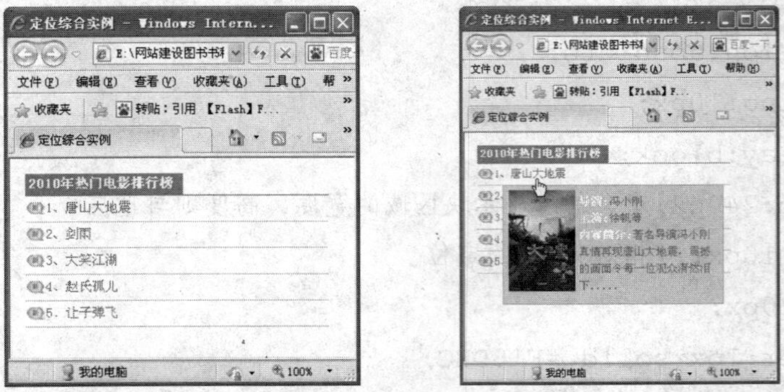


图6-33

# 6.7 CSS 3.0的应用

通过前面的学习，我们掌握了不少CSS2.0的应用技巧，但是CSS 2.0本身也存在许多的不足，例如：没有很好地解决文本、图像等元素的投影，就不能制作具有立体效果的内容；没有很好地解决制作圆角的表格；也没提供如何利用多个图像作为背景等问题。而CSS 3.0的出现，为用户解决这些问题提供了条件。

CSS 3.0是CSS 2.0和CSS 2.1的下一个版本，用于描述预计的工作内容，之后又经过了不断的讨论和修订。CSS 3.0与以前的版本相比，最大的不同就是采用了模块化设计，将文本显示、视觉效果等子项区分开来，这样使得各浏览器厂商在标准制定过程中能够部分支持新版本的一些功能成为现实。例如，Firefox 2及以上版本、Safari 3及以上版本、Mozilla，包括微软发布的IE 9.0等浏览器都已经开始支持CSS 3.0了。

下面就为大家介绍一下这些全新效果的应用。

### 1. 阴影效果

box-shadow：该属性主要用来为方框添加一个或多个的阴影效果。每一个阴影通过设置水平偏移量、垂直偏移量、模糊半径和颜色值来确定。其中偏移量的数值可以是正值，也可以是负值。但是该阴影效果仅影响边框，而对文档流没有任何影响。

例如，为一个方框（其ID值为boxShadow）定义以下CSS代码：

```
#boxShadow{
 border:3px solid #333;
 -webkit-box-shadow:3px 3px 5px #888;
 -webkit-border-bottom-right-radius:10px;
 padding:15px 25px;
 height:inherit;
 width:600px;
}
```

在指定的浏览器中预，将出现如图6-34所示的效果。

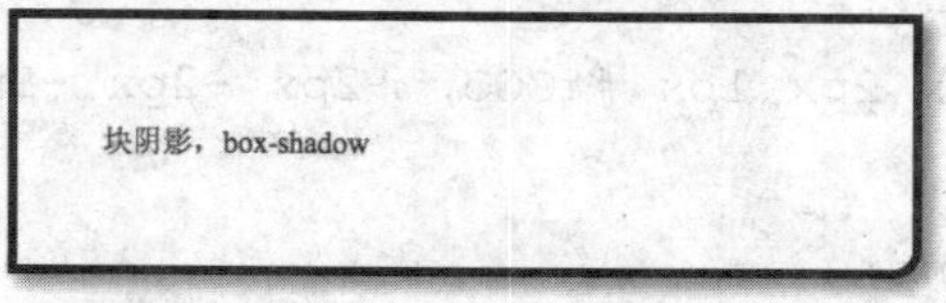


图6–34

各主流浏览器对该属性的兼容如下：

× FireFox (3.0.5) - [FireFox (3.1 PreAlpha) 兼容]

√ Google Chrome (2.0.156.)

× Internet Explorer (IE7/ IE8 RC1)

× Opera (9.6)

√ Safari (3.2.1, Windows)

由上可以看出IE浏览器并不支持boxShadow属性，因为微软有自己的过滤器机制来实现阴影及其他效果。

text- shadow：该属性与box-shadow属性相似，但是它可以对任何元素中的文本内容添加一个或多个阴影效果。阴影效果的添加同样是通过设置水平偏移量、垂直偏移量、模糊半径和颜色值来确定。

例如，为p标签中的文本内容添加投影效果，主要CSS代码如下：

```
p {
 font-size:12pt;
 color:#FFF;
 text-shadow:2px 2px 1px ##CCC;
text-align:right;
 }
```

将文件保存在指定的浏览器中进行效果预览，如图6-35所示。

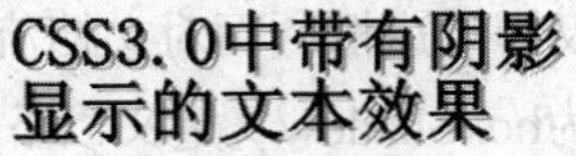


图6–35

利用CSS为文本添加阴影效果，避免了在用Photoshop等图像处理软件进行处理的烦恼。

text-shadow属性除了能够制作单一的投影效果外，还可以制作多重阴影的效果。如果要制作多重阴影效果，在设置其属性值时只要利用“，”将阴影列表分割开来就可以了。例如，将上面的CSS代码更改为：

```
p {
 font-size:12pt;
 color:#FFF;
background-color:
 text-shadow:2px 2px 1px ##CCC, -2px -2px -1px #666;        /*定
义多冲阴影*/
 text-align:right;
 }
```

这样就实现了文本的多重阴影效果，有兴趣的读者可以亲自试验一下。

各主流浏览器对该属性的兼容如下：

× FireFox (3.0.5) - [FireFox (3.1 PreAlpha) 兼容]

√ Google Chrome (2.0.156.)(支持不是太好)

× Internet Explorer (IE7/ IE8 RC1)

√ Opera (9.6)

√ Safari (3.2.1, Windows)

### 2. 制作多重背景

在以往的网页中我们看到的页面背景都是单一的现实效果，这种情况随着CSS 3.0的出现将发生变化。

例如，要制作一个模拟九宫格模型的多背景页面效果，其主要CSS代码如下：

```
Mulbk{
background-image: url(img/a.jpg),                /*定义多重背景*/
url(img/ b.jpg),
url(c.jpg);
background-position:left top, -320px bottom, -640px top; /*定义背
景的位置*/
background-repeat:no-repeat, no-repeat, repeat-y;
width:260px;
padding:20px;
}
```

这样就实现了方框内的多重图像作为背景的效果，将文件保存在指定的浏览器中进行效果预览，如图6-36所示。

图6-36

各主流浏览器对该属性的兼容如下：

× Firefox(3.05+…)

√ Google Chrome(1.0.154+…)

√ Google Chrome(2.0.156+…)

× Internet Explorer(IE7, IE8 RC1 )

× Opera(9.6+…)

√ Safari(3.2.1+ windows…)

### 3. 制作圆角表格

border-radius：该属性允许用户通过设置两个数值（在水平和垂直方向上）来指定圆角的半径值。如果省略第二个数值，则它等于第一个值，这时这个角就是一个四分之一圆角。如果任意一个值为0，则这个角是矩形，注意该数值不允许是负值。

例如，如下代码制作了一个圆角效果的导航菜单按钮。

```
.menu{
height:20px;                                /*设置导航菜单的高度*/
```

```
width:80px;                                   /*设置导航菜单的宽度*/
    line-height:20px;                         /*设置导航菜单的行高度*/
    text-align:center;                        /*设置文本的对齐方式*/
    border:1px solid #dedede;                 /*设置边框的样式*/
    -moz-border-radius:15px;                  /*设置圆角半径*/
    -webkit-border-radius:15px;
    padding:5px;                              /*设置内间距*/
    background-image:url(webhover.jpg);       /*设置多重背景*/
    background-repeat:repeat-x;
    background-position:center center;
    color:#FFF;
}
```

将文件保存，在指定的浏览器中预览效果，如图6-37所示。

各主流浏览器对该属性的兼容如下：

√ Firefox(3.05+…)

√ Google Chrome(1.0.154+…)

√ Google Chrome(2.0.156+…)

× Internet Explorer(IE7, IE8)

× Opera 9.6

√ Safari(3.2.1+ windows)

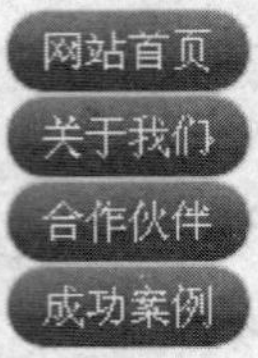

图6–37

### 4. 控制透明度

Opacity属性：该属性的属性值可以由用户根据需要指定一个数值，但不可为负值，用于设置一个元素的透明度，当取值为1，表示该元素是完全不透明的，反之，取值为0是完全透明的。0 ~ 1之间的任何值都表示该元素的透明程度。该属性是浏览器（除IE浏览器）支持CSS 3.0属性

例如，如下代码控制了图像的透明效果。主要CSS代码如下：

```
#opacity1 { opacity:0.25;}
#opacity2 {opacity:0.50;}
#opacity3 { opacity:0.75;}
```

将文件保存，在指定的浏览器中预览效果如图6-38所示。

各主流浏览器对该属性的兼容如下：

√ Firefox(3.05+…)

√ Google Chrome(1.0.154+…)

√ Google Chrome(2.0.156+…)

图6–38

× Internet Explorer(IE7, IE8 RC1 )

√ Opera(9.6+…)

√ Safari(3.2.1+ windows…)

## 5. RGBA

RGB色彩模式是工业界的一种颜色标准，是通过对红（R）、绿（G）、蓝（B）3个颜色通道的变化以及它们相互之间的叠加来得到各式各样的颜色的,这个标准几乎包括了人类视力所能感知的所有颜色，是目前运用最广的颜色系统之一。RGBAcolor属性允许用户在控制颜色的基础上再通过控制alpha透明度的参数来控制颜色的透明度。其中，R、G、B三个参数可取值的区间为：0 ~ 255。如果某个设置值超出了指定的范围，那么该数值将被截至其最接近的取值极限。透明度控制参数可取值范围为：0 ~ 1，并且不允许使用负值。

例如，如下代码控制了网页中背景色彩的透明度。主要CSS代码如下：

```
#rgba{
    background:rgba(0,0,255,0 2 ;          /*背景用色为蓝色20%*/
height 300px;                             /*设置盒子容器的高度*/
    width:240px;              /*设置盒子容器的宽度*/
    line height:24px;         /*设置行高度*/
    font size:10pt;           /*设置字号的大小*/
 }
```

将文件保存，在指定的浏览器中预览效果如图6-39所示。

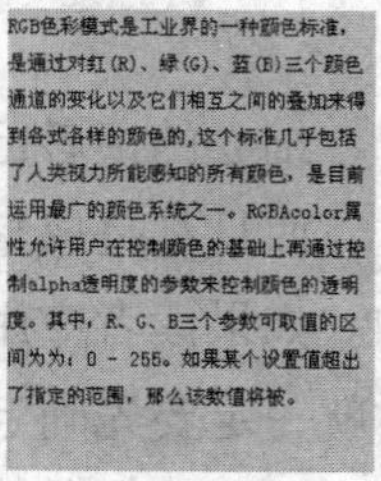


图6–39

各主流浏览器对该属性的兼容如下：

√ Firefox(3.05+…)

√ Google Chrome(1.0.154+…)

√ Google Chrome(2.0.156+…)

× Internet Explorer(IE7, IE8 RC1 )

× Opera(9.6+…)

√ Safari(3.2.1+ windows…)

## 6. 制作多列

CSS 3.0中有实现多列的属性，但设计该属性的初衷不是用于页面布局，而是用于文本内部的文本及段落块。要实现对文本内容的多列编排，可以通过设置以下属性来实现。

- Column-count属性：通过设置该属性可以确定用来划分的列数，其取值为正整数。
- column-width属性：通过设置该属性，可以确定每列的显示宽度（各列的宽度相等），如果在应用时没有指定宽度值，那么浏览器将根据所设定的列的数目自动调整。

- column-gap属性：该属性主要用来确定各列之间的间隔宽度。
- column-rule属性：该属性主要用来为各列之间添加一条列分割线。

在具体应用时，用户可以单独应用column-count属性。

例如，如下代码实现了将段落文本划分为3列显示，并且在格列之间用一条垂直的线段进行分割。主要CSS代码如下：

```
#multiColumn {
 text align left;                       /*设置文本左对齐*/
  moz column count 3;                   /*兼容不同版本的浏览器*/
  webkit column count 3;                /*兼容不同版本的浏览器*/
  moz column width 20em;                /*兼容不同版本的浏览器*/
 moz column gap 2em;                    /*兼容不同版本的浏览器*/
  webkit column width 20em;             /*兼容不同版本的浏览器*/
  webkit column gap 2em;                /*兼容不同版本的浏览器*/
  font size 1em;
}
```

将文件保存，在指定的浏览器中预览效果如图6-39所示。

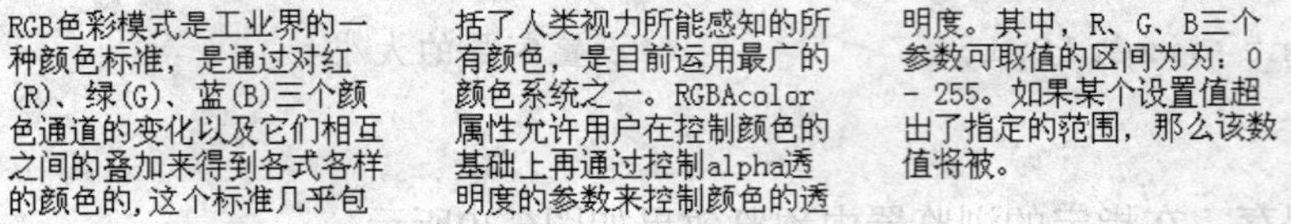


图6-39

细心的读者已经发现了，在本例中笔者在设置字号大小的时候使用的单位都是相对单位，而且都是成整倍数的相对单位。这样做的优点是可以避免因为单位不统一所带来的影响。如果读者应用的列宽是绝对单位，并且是将文本内容嵌套在一个wrap内，那么在应用时就一定要先确定wrap的总宽度。

各主流浏览器对该属性的兼容如下：

√ Firefox(3.05+…)

√ Google Chrome(1.0.154+…)

√ Google Chrome(2.0.156+…)

× Internet Explorer(IE7, IE8 RC1 )

× Opera(9.6+…)

√ Safari(3.2.1+ windows…)

以上就是笔者为大家介绍的关于CSS 3.0中的一些新特性。希望大家多多练习。通过本节内容我们发现IE家族的浏览器对CSS 3.0的支持似乎“不感兴趣”，那么有没有一种方法可以让IE系列浏览器部分或全部的支持CSS 3.0中的一些属性呢？回答当然是肯定的，具体解决办法如下：

读者首先到http://fetchak.com/ie-css3/下载ie-css3.htc脚本，然后在在CSS中加入behavior:url(ie-css3.htc);即可。

特别说明：behavior:url(ie-css3.htc) 中的ie-css3.htc地址用绝对路径，或者直接传到网站的根目录下面，要不然可能会看不到效果。

具体操作如下：

```
box {
moz border radius 10px;
    webkit border radius 15px;
   border radius 15px;
    moz box shadow 10px 10px 20px #000;
    webkit box shadow 10px 10px 20px #000;
   box shadow 10px 10px 20px #000;
   behavior url ie css3 htc);
}
```

# 读书笔记

第7章
07
# 认识HTML、XHTML和XML

HTML是用于制作网页的标记语言，这种语言不需要编译 可直接由浏览器执行。了解和掌握HTML语言是进行网页设计的基础。XHTML的全称是可扩展的超文本标记语言 是用来代替HTML的 2000年由W3C公布发行。与HTML一样 XHTML也不需要编译，可直接由浏览器执行。但是 XHTML是增强的HTML 它的可扩展性和灵活性是针对未来网络应用的 语言更简洁、更严紧。XML指可扩展标记语言（EXtens b e Markup Language） 类似于HTML 但其设计宗旨是传输数据，而非显示数据 XML标签没有被预定义，在应用时需要自行定义标签。

认识和了解HTML、XHTML和XML 对于提高网页设计的水平具有很大的帮助。本章就为大家讲解这3种标记语言的语法、标签及书写要求。

本章的重要知识点包括

- HTML语言的常用标签及书写要求
- XHTML的主要特点和常用标签
- XML的主要特点和功能
- XML元素及其属性的定义

## 7.1 认识HTML

HTML是超文本标记语言的缩写，是一种用来制作超文本文档的标记语言。超文本是一种信息组织的方式，它可以通过创建超链接将文本中的文字、图像、图表等与另外的媒体相关联。这样就可以将分布在不同位置的信息资源进行链接。当用户需要浏览信息内容时，通过简单的鼠标单击就可以迅速实现。

HTML的编写环境非常简单，它可以使用所有的文本编辑工具进行编写，但是一定要以纯文本的形式进行保存。如果希望真正能浏览自己编写的HTML文档内容，还必须要安装一个浏览器。常见的浏览器类型有IE浏览器、火狐浏览器等。

### 7.1.1 HTML的主要特点和功能

HTML文档制作并不复杂，且功能强大，支持不同数据格式的文件嵌入，这也是WWW盛行的原因之一，其主要特点如下：

（1）简易性。HTML版本升级采用超集方式，从而更加灵活方便。

（2）可扩展性。HTML语言的广泛应用带来了加强功能，增加标识符等要求，HTML采取子类元素的方式，为系统扩展带来保证。

（3）平台无关性。虽然PC机大行其道，但使用MAC等其他机器的大有人在，HTML可以使用在广泛的平台上，这也是WWW盛行的另一个原因。

另外，HTML作为网络通用的编辑语言，能够帮助我们实现以下的功能：

（1）利用HTML格式化文本。例如，在进行网页文本内容编排时，设置标题、字体、字号、颜色及设置段落的对齐方式等。

（2）通过创建各种类型的超链接，打开相应的页面。常见的超链接有文字超链接、锚点、图像、电子邮件等。

（3）可以在页面中使用各种多媒体。例如，可以在页面中插入图像并设置图像的边框、边框颜色、尺寸等；而为了增加页面的视觉效果也可以插入Flash动画、音频等，然后通过属性的修改来控制动画播放的次数和时间。

（4）为了加强页面文本内容的逻辑性，可利用列表的方式把信息用一种更加易读的方式表现出来。常见的列表有：有序列表、无序列表和定义列表。

（5）利用HTML可以建立表格。这样就为网页内容浏览者提供了快速找到信息的显示方式。尽管也可以使用表格进行网页布局，但是从标准化网页设计的角度看，表格更适合信息数据的显示。

## 7.1.2 关于HTML5的介绍

HTML5草案的前身名为Web Applications 1.0。于2004年被WHATWG提出，于2007年被W3C接纳，并成立了新的HTML工作团队。WHATWG表示该规范目前正在进行的工作，仍须多年的努力。

HTML5提供了一些新的元素和属性，例如网站导航块（<nav>）和页脚（<footer>）。这种标签语义更明确，更有利于搜索引擎的索引整理。除此之外，为其他浏览要素提供了新的功能，如音频（<audio>）和视频（<video>）标识。

在HTML5中，一些过时的HTML4标识将被取消。其中包括纯粹显示效果的标识，如<font>和<center>，它们已经被CSS取代。

HTML5吸取了XHTML 2的一些建议，比如，新的HTML标签header，footer，dialog等的使用，将文档创建变得更加容易。HTML5还做了一些将内容和表现分离的努力，像<b>和<i>标签虽然依旧存在，但它们的意义已经不是为了设置粗体或斜体式样，而是表示将一段文字标识出来。总之，这些与结构有关的改进将使网页内容更干净，更易于管理，这样的网页对搜索引擎、对读屏软件等更为友好。

HTML5中新增加了许多有趣的新特性，主要包括以下元素：

- 用于绘画的canvas元素。
- 用于媒介回放的video和audio元素。
- 对本地离线存储的更好支持。
- 新的特殊内容元素，比如article、footer、header、nav、section。
- 新的表单控件，比如calendar、date、time、email、url、search。

另外，在HTML 5还允许通过视频video元素来包含视频。

当前，video元素支持两种视频格式，具体的兼容性见表7-1。

表7-1 video元素支持的两种视频格式

| 视频格式 | IE 8 | Firefox 3.5 | Opera 10.5 | Chrome 3.0 | Safari 3.0 |
|---|---|---|---|---|---|
| Ogg | | √ | √ | √ | |
| MPEG 4 | | | | √ | √ |

Ogg表示带有Thedora视频编码和Vorbis音频编码的Ogg文件。

MPEG4表示带有H.264视频编码和AAC音频编码的MPEG 4文件。

如需在HTML5中显示视频，只需编写如下代码即可：

```
<video src "movie ogg" controls "controls">
</video>
```

目前，Internet Explorer 8还不支持video元素。但是在IE 9中，提供了对使用MPEG4的video元素的支持。

看到HTML这些激动人心的新特性，您是否更加喜欢网页设计了呢？您是否也非常希望能成为一名出色的设计师呢？好了，先从基础开始，一步一个脚印，步步为营。

## 7.1.3 HTML语言的书写

一个HTML文件是由一系列的元素和标签组成，元素的写法不区分大小写。HTML用标签来规定元素的属性及它在文件中的位置。

### 1. 单独标签

单独标签也叫做空标签，顾名思义就是单独在文件中出现。这些标签也可以根据需要添加一些属性来实现一些特殊的功能。空标签和正常成对出现的标签一样，以“/”即</X>结尾。

例如：

```
</br class="clear">
```

### 2. 一般标签

一般标签就是平时在网页源文件中看到的成对出现的标签，这些标签都是由一个起始标签和一个结束标签所组成。其语法形式为：

<起始标签>受控内容</结束标签>

例如：

```
<i>文字内容以斜体显示</i>
```

在这段代码中，</i>具有关闭功能，也就是说受控制的文字内容遇见“</i>”之后，其后面的内容就不受当前元素约束了。

一个基本的网页结构代码如下：

```
<html>
<head>
网页头部
</head>
<body>
网页主体，正文内容
</body>
</html>
```

别看这个结构简单，所有的网页结构都是这样构成的。现在，先了解几个基本概念：标签、属性、元素。

- 标签：HTML基本的构成包含标签，标签围绕着内容，赋予内容某些意义。例如上面的<html>是隔开其他内容的起始标签，它告诉浏览器，位于自己与闭合标签</html>之间的就是HTML文档。在<body>和</body>之间的是这个文档展示在浏览器上的主要内容。
- 属性：标签可以有属性，包含额外的信息。属性一般出现在开放标签中，它们的值总是在引号中。例如：<p align="center">居中文本</p>，段落<p>的属性就是align="center", center是属性的值。
- 元素：元素是标签内的内容，可以是文本、图像、动画、视频等。

了解了HTML当中这3个基本属性，接下来，学习HTML中的常用标签。

HTML中常用的标签主要包括结构标签、标题、段落、强调、列表、无序列表UL、链接、图像、表格、表单等标签。

（1）结构标签

这类标签常用来表示文件的结构主要包括：

- <html>…</ html >：表示HTML文件的开始和结束。
- <head>…</ head >：表示HTML文件的标题区。
- <body>…</body>：表示HTML文件的主体区，网页当中所显示的内容都在主体区域中进行定义。

（2）标题

通常一篇文章有一个正标题，下面可能还会有副标题、小标题的。网页也是如些，它也有标题。一个网页文档提供了6种标题，分别是<h1>、<h2>、<h3>、<h4>、<h5>、<h6>。当然，<h1>就是主标题了。如果一个篇文章没有主标题能成为一个完整的文章吗？不能。所以我们在做网页时，对<h1>的要求也很高的，它要概括出整个文档的主要内容。注意，h1标签在一个页面只能使用一次——假定它是这个页面的主标题，是不应该使用多次的。但是，h2到h6可根据需要任意使用多次，但它们应按照设计意图，该按顺序使用。比如，h4应该是h3的子标题，h3应该是h2的子标题，以此类推。便于搜索引擎的查找。

例如：

```
<body>
<h1>如何制作标准化网页</h1>
<h2>浅谈DIV+CSS设计模式</h2>
<h3>传统的网页设计表现的结构不分离，在一定程度上不利于……</h3>
<h5>……文章来源《网页设计师成功之路》作者：李彦广</h5>
</body>
```

其显示结果如图7-1所示。

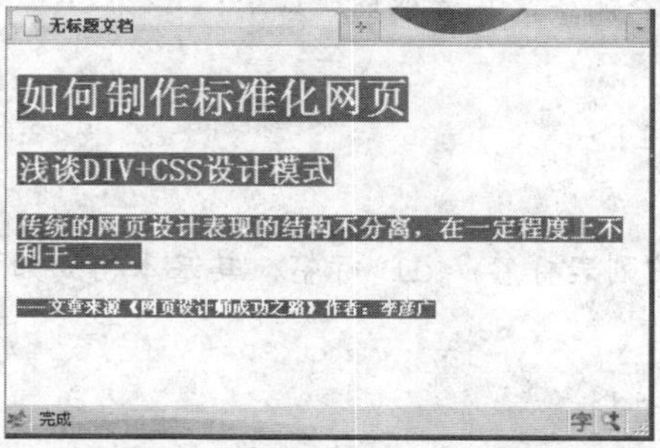


图7-1

（3）段落标签

当你在输入内容完成后，按Enter键就会产生一个段落，切换到代码视图会发现“<p>这是网页内容</p>。”当然，如果我们把<p>和</p>两个标签删掉，同样也可以把内容显示出来。但是，HTML文档的内容应该跟书籍或者文章一样，在适当的地方应该划分段落。如果没有标签<p></p>包住，浏览器会把你的内容当做一个毫无意义的东西显示出来。

说明：在Dreamweaver软件中，如果只希望换行显示，那么请输入独立标签</br>或者在页面编辑状态下，按Shift+ Enter组合键来实现换行。

（4）强调标签

在文本中，可以适当添加一些引起读者注意的关键词或短语，例如加粗或者斜体，这也是网页当中常用的效果。HTML中用来表示强调的标签主要包括：

- <b>…</b>：表示加粗。
- <em>…</em>：表示斜体。
- <sup>…</sup>：表示以小字体的形式显示在段落文本的左上角或右上角。
- <sub>…</sub>：表示以小字体的形式显示在段落文本的左下角或右下角。
- <small>…<small>：表示以小字号显示。
- <s>…</s>：表示对内容添加删除线。
- <u>…</u>：表示对内容添加下划线。
- <cite>…</ cite >：表示参照。

这样，当需要对网页中的某些内容进行强调显示时，只需将强调标签添加到内容当中即可达到强调的效果。

（5）列表标签

在网页制作中，我们还常常用到列表。通常，列表分为有序列表、无序列表和定义列表3种。使用列表表现信息，可以使内容的条理性和逻辑性更加清晰和明确。

（6）无序列表UL

无序列表标签是指<ul>标签，其基本构成如下：

```
<ul>
<li>表示列表项目</li>
</ul>
有序列表标签是指<ol>标签，其基本构成如下：
<ol>
<li>表示列表项目</li>
</ol>
另外还有用户自定义的列表标签 <dl>标签，其基本构成如下：
<dl>
<dd>表示定义项目</dd>
<dt>定义项目</dt>
</dl>
```

- <ul>…</ul>：表示无编号列表。
- <li>…</li>：表示列表项目。
- <ol>…</ol>：有编号列表。
- <dl>…</dl>：表示自定义列表。
- <dd>…</dd>：表示定义项目。
- <dt>…</dt>：定义项目。

当然，有时为了特殊的需要也可以创建包含列表，即某个列表项中再次嵌套列表，从而形成有等级层次的嵌套列表。

例如：

```
<ul>
<li>Macromedia
<ul>
<li>Dreamweaver</li>
<li>Fireworks</li>
</ul>
</li>
<li>Adobe Photoshop</li>
</ul>
```

显示效果如图7-2所示。

- Macromedia
  - Dreamweaver
  - Fireworks
- Adobe Photoshop

图7-2

（7）链接标签

HTML中的H和T代表HyperText，即超文本，通过链接标签可以将分散在各个角落的资源进行整合。可以说超链接就是HTML文件的命脉和关键点。

<a>…</a>：表示创建超链接。

例如：

```
<a href="http://www.baidu.com/">百度</a>
```

其中，href就是为这个链接加上了一个链接地址，使读者点击这个链接文本之后，能够正确的找到另外一个地方。链接可以是绝对的，也可以是相对的。a标签还允许为链接打开新窗口，而不是取代当前窗口。

例如：

```
<a href="http://www.baidu.com/" taget="_blank" >百度</a>
```

如果将href换成mailto，则表示为指定的电子邮箱创建超链接。

例如：

```
<a mailto="master@baidu.com">点击给我发邮件</a>
```

这样，当单击“点击给我发邮件”文本内容时，就可以实现为指定的电子邮箱发送邮件了。

如果希望在页面中创建锚记链接可以应用以下方式实现。

```
<a name="#锚记名称 " >链接的文字或图像</a >
```

当然是用锚记创建超链接，首先需要在页面中指定的位置插入锚记，然后利用以上的方式才能实现。

（8）链接图像

单是文字的网页会显得太单调，这时适当加上一些相关的图片，使整个网页看起来更有生气。常见的图像格式现在的浏览器都支持：如bmp、jpg、jpeg、gif、png等。bmp格式的图像由于没有压缩，体积较大，一般不用，而压缩最好且不损坏图片质量的还是jpg和gif格式的文件，这两种格式也是网页制作中应用最多的图像格式。

图像标签为<img>，其应用格式如下：

```
<img src="图像地址" width="图像宽度" height="图像高度" alt="图像注释">
```

例如：

```
<img src="http://www.baidu.com/logo.jpg" width="280" height="100" alt="百度">
```

- img：标签，是不需要闭合的。
- src：表示指向图像的地址。
- width：设定图像的宽度。
- height：设定图像的高度。
- alt：是设定图像的代替文字。代替文字就是在图像还没有显示出来，或者当鼠标移到图像上时先显示的文字，告诉读者这是什么图片，或者是片的介绍。另外，图像标签还有几个常用的属性。具体作用如下：
- border：定义图像的边框宽度，默认为0。
- align：用于控制图像在网页或表格中的对齐方式，有top、bottom、left、right、middle等，默认为left。

（9）表格标签

表格在网页制作中是最常用的。大部分初学者经常用表格来进行对网页的布局。当然，表格的主要作用还是用来表达数据的。表格的最基本元素包括：行（Row），列（Column），边框（Bordr），边框围成一个单元格（Cell），一个或者多个单元格组膈构成整个表格。

- <table>…</table>：表示定义表格。
- <tr>…</tr>：表示定义表格中的行。
- <td>…</td>：表示元素定义数据单元格，它必须包含在tr标签内。

表格标签的应用实例如下所示：

```
<table width="400" border="1" cellpadding="2" cellspacing="3"
bordercolor="#FFFFFF">
<tr>
<td>Row 1, cell 1</td>
</tr>
<tr>
<td>Row 2, cell 1</td>
</tr>
<tr>
<td>Row 3, cell 1</td>
</tr>
</table>
```

表格有高度height与宽度width，单元格内间距cleepadding，单元格间距cellspacing，边框border，对齐align等几个常用属性。border与bordercolor结合使用，设定表格边框的宽度与颜色，而对齐align则有三种对齐方式：left、center、right，默认是left。另外，还可以通过bgcolor设定表格背景色或者background设定表格的背景图像。对于某个单元格，也可以单独进行设定它的高度和宽度，对齐方式，背景等。

另外，默认的表格边框线是有阴影的。可以通过bordercolorlight来设定表格的亮边框颜色，bordercolordark来设定表格的暗边框颜色。当然，这个在DW中只能手工输入。如果只想要得到1像素的单条边框线时怎么办？告诉大家一个小技巧：

```
<table width="300" cellpadding="5" border="1"
bordercolor="#333333" style="bordre-collapse:collapse;">
```

好，这样就可以做出一条1像素的细边框线了。

（10）表单标签

表单可以用来在网页中发送数据，特别是经常被用在联系表单——用户输入信息然后发送到Email中，或者是做一个搜索框。

实际用在HTML中的标签有form、input、textarea、select和option。表单标签form定义的表单里头，必须有行为属性action，它告诉表单当提交的时候将内容发往何处。可选的方法属性method告诉表单数据将怎样发送，有get（默认的）和post两个值。常用到的是设置post值，它可以隐藏信息（get的信息会暴露在URL中）。

表单标签主要包括以下标签：

- <form>…</form>：表示表单区域段的开始与结束。
- <textarea>…</ textarea >：表示产生一个多行的文本区域。
- <select>…</select >：表示创建一个下拉列表。
- <option>…</ option >：表示产生列表中的一个选择项目。
- <input>：表示产生行文本框、单选按钮、复选框等。
- input标签是表单世界中的“老大”，有10种形式，概括如下：
- <input type="text">：是标准的文本框。用一个值属性value来设置文本框里的默认文本。
- <input type="password">：像文本框一样，用星号代替用户所输入的实际字符。
- <input type="checkbox">：是复选框，用户可以快速地选择或者不选一个条目。有一个预选属性checked，格式是：<input type="checkbox" checked="checked">。
- <input type="radio">：与复选框相似，但是用户只可在一个组中选择一个单选按钮。也有一个预选属性checked，使用方法跟复选框一样。
- <input type="file">：展示电脑上文件的一个区域。
- <input type="submit">：是一个被点击后提交表单的按钮。可以用值属性value来控制按钮上显示的文本（下面的button和reset类型也可以这样，稍后介绍），格式是：<input type="submit" value="Ooo. Look. Text on a button. Wow">。
- <input type="image">：以图像代替按钮文本，src属性是必要的，像img标签一样。
- <input type="button">：附属于其他代码的按钮。
- <input type="reset">：是一个点击后会重置表单内容的按钮。
- <input type="hidden">：不会显示任何东西，用于传输诸如用户正在用的页面的名称或者Email地址等表单必须传输的东西。

## 7.2 认识XHTML

XHTML是HTML版本的延伸和发展，它的全称为可扩展超文本标记语言。在结构上与HTML有些相似，但XHTML的可扩展性和灵活性是针对未来网络发展的需要的。

### 7.2.1 XHTML的主要特点和功能

XHTML网站设计语言，由国际W3C组织于2000年发布，XHTML 1.0是一种在HTML 4.0基础上优化和改进的新语言，是目前被广为接受的网站设计标准（WEB标准）。与HTML相比，XHTML网站设计语言主要有下面一些基本特点：

（1）XHTML可以解决HTML语言所存在的严重制约其发展的问题。HTML发展到今天存在3个主要缺陷：不能适应现在越来越多的网络设备和应用的需要，比如手机、PDA、信息家电都不能直接显示HTML；由于HTML代码不规范、臃肿，浏览器需要足够智能和庞大才能够正确显示HTML；数据与表现混杂，要改变显示必须重新制作HTML。因此HTML需要发展才能解决这个问题，于是W3C又制定了XHTML，XHTML是HTML向XML过度的一个桥梁。

（2）XML是Web发展的趋势。XHTML是当前替代HTML4标记语言的标准，使用XHTML 1.0，只要遵守一些简单规则，就可以设计出既适合XML系统，又适合当前大部分HTML浏览器的页面。

（3）使用XHTML的另一个优势是：它非常严密。当前网络上的HTML的糟糕情况让人震惊，早期的浏览器接受私有的HTML标签，所以人们在页面设计完毕后必须使用各种浏览器来检测页面，看是否兼容，往往会有许多莫名其妙的差异，人们不得不修改设计以便适应不同的浏览器。

（4）XHTML是能与其他基于XML的标记语言、应用程序及协议进行良好交互的。

（5）可以帮助用户去掉一些在应用html的时养成的不良习惯。

此外，基于XHTML语言设计的网站，由于代码简洁，相对而言提高了有效关键词所占的比重，这种简洁的网页代码往往更受搜索引擎青睐，因而XHTML语言设计的网站在搜索结果排名中的表现相对更好一些。

### 7.2.2 XHTML的文档结构

一个完整的XHTML文档结构，主要包括文档的类型及声明、<html>元素和名字空间、网页的头部<head>、网页的标题<title>、页面的主体元素。接下来，为大家逐一讲解。

#### 1. 文档的类型及声明

```
<!DOCTYPE html PUBLIC "-//W3C//DTD XHTML 1.0 Transitional//EN" "http://www.w3.org/TR/xhtml1/DTD/xhtml1-transitional.dtd">
```

在Dreamweaver中创建一个空白网页文件后，切换到代码视图就可以看见以上的文档类型声明。过渡的DTD（XHTML 1.0 Transitional）是目前的理想选择。因为这种DTD还允许用户使用表现层的标识、元素和属性，这样就比较容易通过W3C的代码校验。关于表现层和结构层的概念打个比方，例如，人体穿衣服。人就好比数据，衣服则是表现形式，人和衣服是分离的，这样人就可以随意换衣服。而HTML 4.0中，数据和表现是混杂在一起的，不利于制作标准化的表现和结构分离的网页。

### 2. <html>元素和名字空间

XHTML中也要使用HTML当中的元素，所有的文档内容都包含在<html>元素之中，而名字空间是<html>元素的一个属性，所以也需要写在<html xmlns="http://www.w3.org/1999/xhtml"><html>元素的开始标签里。名字空间的代码如下：

```
<html xmlns="http://www.w3.org/1999/xhtml" lang="gb2312">
```

这里"xmlns"是xhtml namespace的缩写，就是声明“名字空间”。名字空间的作用是什么呢？希望通过一个网址来识别网页当中的标签。

### 3. 网页的头部<head>

<head>元素也是XHTML中使用的元素，主要用来定义页面的头部信息，例如：网页标题的定义、<meta>元素的定义、网页关键字的指定等都需要在<head>中进行定义。但是<head>…</head>中所定义的内容并不显示在浏览器中。

### 4. 网页的标题<title>

<title>…<title>通常用来定义网页的标题，由于标题的内容在XHTML中出现的位置包含在网页的头部<head>…</head中，所以，定义的具体的标题将显示在浏览器的标题栏中。

### 5. 页面的主体元素

在XHTML中同样使用<body>元素来定义页面所要显示的内容。

明确了以上5个元素以后，一个完整的XHTML文档结构就定义好了，接下来就可以根据需要完善具体的内容了。

## 7.2.3 XHTML语言的书写

XHTML与HTML标准没有太多的不同，因此，在进行XHTML语言的书写时只需记住XHTML和HTML之间的一些区别即可。两者的区别主要包括以下几点：

### 1. 所有的标识都必须合理嵌套

因为XHTML要求有严谨的结构，因此所有的嵌套都必须按顺序。

例如：以下嵌套是正确的。

```
<p>网页设计学习<strong>技术更新很快</strong></p>
```

而以下嵌套是错误的。

```
<p>网页设计学习<strong>技术更新很快</p></strong>。
```

就是说，一层一层的嵌套必须严格对称。

### 2. XHTML 所有元素必须关闭

在 HTML中，例如：<p>，<li> 这些标识，可以不写</p>，</li>，但是在XHTML里，要求必须写关闭标识 (Closing Tag)。

例如：

```
<p>网页设计技术更新很快。
```

应该写成：

```
<p >网页设计技术更新很快。</p>
```

### 3. 处理空元素

有些空元素，在XHTML里的写法是：在">"之前加空格和斜杠。例如<br>，应该写成<br />。

以下是空元素的例子：

```
<br />
<hr />
<img src = "/images/sheji/001.jpg" alt = "webshj" />
<link rel="stylesheet" href="/styles/webshj.css" type ="text/
css" />
<meta http-equiv="content -type" content="text/html;
charset=UTF-8" / >
```

### 4. XHTML区分大小写

在html中不区分大小写，但是XHTML是区分大小写的。XHTML在语法上要求更严谨些。XHTML的所有标识和属性都要小写。

例如：

```
<IMG SRC = "/images/sheji1/001 .jpg" Alt = "webshj" />
```

应该写成：

```
<img src = "/images/sheji1/001 .jpg" Alt = "webshj" />
```

### 5. 属性值必须带上英文双引号

例如：

```
<div id = "top "></div>
```

### 6. XHTML 用id属性代替name属性。

HTML的很多元素，例如a，applet，frame，iframe，img和map都有name属性。但在XHTML里被废除，转而用id属性取而代之。

例如：

```
<img src "webshj jpg" name "webshej" />
```

应该写成：

```
<img src="webshej jpg" id="webshej" />
```

### 7. 定义语言编码

为了被浏览器正确解释和通过标识校验，所有的XHTML文档都必须声明它们所使用的编码语言。例如：

```
<meta http equiv="Content Type" content="text/html;
charset=gb2312">
```

就声明了本页面所使用的编码语言是"gb2312"

# 7.3 认识XML

XML即可扩展标记语言，它与HTML一样，都是SGML（Standard Generalized Markup Language，标准通用标记语言）。Xml是Internet环境中跨平台的、依赖于内容的技术，是当前处理结构化文档信息的有力工具。扩展标记语言XML是一种简单的数据存储语言，它使用一系列简单的标识描述数据，而这些标识可以用方便的方式建立，虽然XML比二进制数据要占用更多的空间，但XML极其简单易于掌握和使用。本节，为大家讲解XML要特点和功能。

## 7.3.1 XML的主要特点和功能

在学习XML的特点和功能之前，先了解XML的结构。

XML在很多方面与HTML十分相似，两者都是由一系列的标签组成。每对标签标识了一个数据段的边界。

### 1. 序

XML文件的第一行"<?xml"开始部分，描述了当前XML文档所采用的XML规范版

本、编码和对DTD的依赖信息，这些信息在XML中被称为一个声明。文档的第二行中"<!DOCTYPE"用于表述文本类型的定义，可以用来验证XML文档的有效性。因此由"<?xml"和"<!DOCTYPE"等等位于文档开头的部分被称为XML文档的序。

### 2. 元素

在XML中一对标签包括了一个开始标签和一个结束标签，例如，<start>是一个开始标签，</start>则作为结束标签。所以在XML中从开始标签到结束标签所包含的完整数据段，而元素的内容是指从开始标签到结束标签之间所包含的内容，元素可以是一段文本、一个图像，也可以是所嵌套的其他元素。

一个元素允许含有属性，一个属性允许设置一个或多个属性值。

### 3. 元素的内容

元素的内容是指从开始标签到结束标签之间所包含的内容。元素的内容允许有以下4种情况：

- 空内容：空内容是指一个元素不包含任何内容；空元素合并了开始和结束标签，例如XML中的换行元素<br/>。
- 字符数据：字符数据是XML中的一个术语。可以理解为元素中的文本内容。但是也应注意，文本类型的数据会因出现的场合不同而略有不同。
- 嵌套元素：XML元素中不直接包含字符数据的内容，但是包含了子元素，那么这些子元素就可以称为嵌套元素。
- 混合内容：如果一个XML元素的内容中同时包含了字符数据和其他子元素，那么这些字符数据和其他子元素就可以被称为混合类型的元素内容。

### 4. 属性

一个元素除了在开始和结束标签之间包含元素内容以外，还可以在元素的开始标签中使用属性。一个元素可以拥有一个或多个属性，但是属性不能在同一个元素中出现两次。属性名和属性值必须成对出现。

### 5. 根元素

一个XML文档有且只允许有一个根元素。根元素是XML解析程序分析XML文档的入口点。根元素包含了XML文档中的其他元素及子元素。

### 6. 注释

注释部分的内容在程序中不会被执行，仅用于帮助XML的阅读者来理解文档的内容。注释部分包含在“<!--”与“-->”之间。

### 7. 处理指令

处理指令在XMl中简写为PI，通常以“<?”开头，其后紧跟一个目标名。例如用于引用CSS样式表的处理指令可用以下的格式进行书写。

```
<?xml-stylesheet href="mycss css" type="text/css"?>
```

了解了XML的结构特点，接下来，继续学习XML语法的特点。一个结构合理、合法的XML文档必须符合“形式良好”的约束条件。所以，在编写XML文档时应该特别注意语法问题。

XML基本语法主要包括以下5点：

（1）XML文档必须有一个根

关于根，前面已经介绍过，一个文档必须有一个根。如果将XML看作一个树状结构，那么XML的根就是这个树状结构的根，XML处理程序在解析XML文档的时候是以“根”作为解析的开始点。

（2）标签必须闭合

在XML文档中，任何非空元素都必须闭合。虽然HTML中对于标签的是否闭合没有严格地限制，这是因为浏览器具有较强的分析能力，能够判断一个数据段的范围。但是在XML中，由于XML处理程序会严格按照XML的解析方式解析文档，如果文档中出现标签没有正确的闭合时，处理程序就会检测到不匹配的错误。而解决错误的办法就是为标签设置正确的标签闭合。

（3）属性值必须正确使用引号

XML中所有的属性值都必须包含在单引号或双引号之中。

（4）大小写的敏感

XML中要求一个元素的开始和结束标签的名称必须一致。在XML中元素的标签名称对大小写是敏感的，如果开始和结束标签出现不一致的情况XML处理程序会认为该标签违反了“形势良好”的约束条件。

除了标签名以外，元素的属性值对大小写的书写也是十分敏感的。如果一个XML文档需要用DTD进行有效验证时，属性的名称在DTD和XML中也必须完全一致。

（5）元素的正确嵌套

在HTML中，虽然对标签的嵌套并没有严格的约束，其实是借助了浏览器本身的推断和逻辑判断来对网页进行解释的，但是在XML中，要求元素必须正确嵌套。正确的嵌套元素，可以很好地表现出XML的树状层次关系，这也是XML标签正确闭合的另一种表述。

## 7.3.2 定义元素及其属性

XML 元素指的是从开始标签直到结束标签的部分。元素可包含其他元素、文本或者两者的混合物。元素可以在开始标签中包含属性，类似于HTML。本节主要学习XML元素及其属性的定义。

XML元素在DTD中进行定义的方法是：

```
< ELEMENT 元素名 内容定义>
```

元素的内容被包含在“<!ELEMENT”与“>”之间，并且在“<“与“!ELEMENT”之间不允许出现空格等多余内容；但是在内容与“>”之间允许出现一个或若干个空格，也可以不含空格。

所定义的元素名称必须符合XML的命名原则。

元素名称在DTD中不允许进行重复定义。在XML文档中，即使一个元素将要作为多个元素的内容，这个元素也不需要进行重复定义。

XML文档的元素内容可以有不同的组成形式，但是在DTD中定义元素时每个元素只能选择一种类型。

元素内容及其描述如表7-2所示。

**表7-2 元素内容及其描述**

| 元素内容 | 内容描述 |
| --- | --- |
| EMPTY | 空元素，表示该元素不包含任何内容 |
| （#PCDATA） | 不包含标签符号的文本 |
| ANY | 任何内容 |
| 子元素集合 | 定义该元素的所有子元素，在XML文档中依次出现 |

选择关系的子元素集合　在DTD中列举出所有的子元素，但XML文档只允许应用其中的某一个

混合类型　该元素可以同时包含子元素和文本

### 1. 定义空元素

如果一个元素的内容被定义为EMPTY，那么该元素将不允许包含任何内容。定义空元素的方法很简单，只要使用关键字EMPTY就可以了。

例如：

```
< ELEMENT HR EMPTY>
```

这样，在XML文件中，就可以使用一个空元素<HR/>了。

### 2. 定义元素内容为普通文本

当一个元素的内容被设置为（#PCDATA）时，该元素将包含文本内容。通常#PCDATA类型的元素仅仅是一些常见的文字。

例如：

```
< ELEMENT  root(element >
< ELEMENT  #PCDATA >
```

假设其DTD文件名称为ele_pcdata.dtd，那么如下的代码则包含了实体元素内容。

```
< DOCTYPE root SYSTEM  "ele pcdata dtd">
<root>
<element>&amp;<element>
< root >
```

它表明，元素<element>的内容是一个预定义的实体“&”，表示字符“&”。

### 3. 定义子元素集合

一个元素可以允许有多个子元素，但是DTD中每个元素都必须被单独定义。

例如：

```
< DOCTYPE root  [
< ELEMENT  root (element1, element2 >
< ELEMENT  element1  (#PCDATA  >
< ELEMENT  element2 (element2_1  >
< ELEMENT  element2_1  (#PCDATA  >
 >
<root>
<element1>
< [CDATA[元素<element1>  文本内容]]>
</element1>
<element2>
<element2_1>
< [CDATA[元素<element2_1>  文本内容]]>
</element2_1>
</element2>
</root>
```

这样，根元素root就包含了element1、element2两个子元素；同时element2元素又包含了其下一级子元素element2_1。

### 4. 选择关系的子元素集合

前面的内置DTD列举了一个元素的全部子元素，并且所有子元素都必须遵照在DTD中先后定义的顺序出现在XML文档中。但是如果希望在子元素中选择其中的任何一个，那么DTD的内容应更改为如下形式（假设该DTD为“ele_children.dtd”）。

```
< ELEMENT  root (element1|element2……  >
< ELEMENT  element1  (#PCDATA  >
```

```
< ELEMENT  element2  element2 1) >
< ELEMENT  element2 1   #PCDATA) >
```

下面的代码都遵守该DTD对子元素任选其一的要求。

```
< DOCTYPE root SYSTEM  "ele children dtd">
<root>
<element1>
< [CDATA[元素<element1>  文本内容]]>
</element1>
</root>
```

### 5. 混合元素

混合类型的元素相对比较复杂一些，它既可以只拥有（#PCDATA）也可以同时拥有子元素。当只拥有#PCDATA类型的内容时，该元素就是一个只包含文本内容的元素。其定义方法如下：

假设定义了混合类型元素内容的DTD为（ele_mixed.dtd）。

```
< DOCTYPE root  [
< ELEMENT  root  element1 element2……)*>
< ELEMENT  element1   #PCDATA) >
< ELEMENT  element2   #PCDATA) >
]>
<root>
文本内容
<element1>文本内容</element1>
<element2>文本内容</element2>
</root>
```

这样该元素的内容就为混合类型了，在XML文档中同时应用了文本和子元素。

### 6. 定义元素内容为ANY

如果某元素内容被定义为ANY，则表示该元素的内容是能够被解析的数据的任意组合。例如：将某元素定义为ANY类型，那么在其后的XML文件中该元素的内容允许出现空、普通文本、子元素等情况，并且此种用法在XML中都是允许的。

元素可以包含属性。接下来，学习如何定义元素的属性。

元素的属性由元素名称、属性名、属性类型、默认值等部分组成。其中，元素名就是属性所属的元素的名字；属性名就是对属性的命名；默认值就是指在XML文档中如果没有特别说明属性该如何取值，语法分析器默认它应该具有的属性取值；属性的类型则表明当前属性属于XML中10个有效类型中的哪种类型。

例如：

```
<年级 班级="0905班"，人数="45">
```

其中"年级"就是元素名；"班级"和"人数"就是属性名。

此外，上例中的属性也可以按照如下的方式进行定义：

```
< ATTLIST 年级
班级CDATA#REQUIRED
人数CDTAT#IMPLIED
>
```

其中，#号后面的内容就是属性的默认值的定义，按照XML的要求是否必须为一个属性取值，属性的默认值可以分为以下类型：必须赋值的属性、可有可无的属性、固定取值的属性和定义默认值的属性。

其中，关键字REQUIRED说明XML文件中必须为当前元素提供一个属性值；关键字IMPLIED出现时，则表示XML文法解释器不再强行要求文档编写人员在XML中为当前元素提供一个属性值，并且也无需再在DTD中为当前属性提供默认值；如果在XML文档中使用了FIXED关键字，则表示必须为当前特定的属性提供一个默认值，并且该默认值在XML文档编写时不能被替换，那么该属性的属性值即为固定取值；如果某属性在XML文档中没有应用到前面3种类型中的任何一种关键字，那么该属性就是定义默认值的属性，此时应为该属性提供一个默认值。

## 7.3.3 选择文档类型

文档类型也就是DOCTYPE（Document Type的缩写），被称为DTD声明，在网页中用来指定页面所应用的XHTML或HTML的版本。要进行标准化的页面设计，DTD声明就是一个必不可少的核心组成部分。只有明确了DOCTYPE，网页面中的结构标签与CSS样式才能正确地被解析、被显示。

在XHTML1.0中有3种文档类型可以选择，分别是过渡的DTD、严格的DTD、框架的DTD。

### 1. 过渡型的DTD

XHTML 1.0 Transitional包含HTML4.01的所有标识以及属性，是一种不太严格的XHTML，目的是使现有的HTML开发者更容易地接受并使用XHTML。

过渡的DTD写法如下：

```
< DOCTYPE html
PUBLIC " //W3C//DTD XHTML 1 0 Transitional//EN"
```

```
"http://www w3 org/TR/xhtml1/DTD/xhtml1-transitional dtd">
```

### 2. 严格型的DTD

XHTML 1.0 Strict就是严格版本的XHTML了，开发者必须要严格遵守文档的结构与表现分开规则，也就是说需要用CSS控制页面的显示而不是使用<font>，bgcolor之类的标识或属性。

严格的DTD写法如下：

```
< DOCTYPE html
PUBLIC " //W3C//DTD XHTML 1 0 Strict//EN"
"http //www w3 org/TR/xhtml1/DTD/xhtml1 strict dtd">
```

### 3. 框架型的DTD

XHTML 1.0 Frameset用于把文档分割成几个桢以显示不同的内容（XHTML 1.0 Transitional和Strict 页面不允许包含<frameset> 标识）。

框架的DTD写法如下：

```
< DOCTYPE html
PUBLIC " //W3C//DTD XHTML 1 0 Frameset//EN"
"http //www w3 org/TR/xhtml1/DTD/xhtml1 frameset dtd">
```

不管你选择哪种文档类型，DOCTYPE一定要放置在XHTML文档的头部。

对于以上3种DTD定义的文档类型，该如何选择呢？原则上说，使用严格型DOCTYPE是最理想的方式。但是，对于刚刚开始学习网页设计的初学者而言还存在一定的困难。所以，目前大多数网页在XHTML文档的头部还是使用过渡型DOCTYPE，这样就能够允许用户继续使用表现层的元素、属性及标识了。

第8章
08
# 网页中其他要素的设计

通过前面的章节，我们学习了如何设计和制作网页中所需要的图像、效果图、动画、banner、导航及网页布局等内容，本章主要为大家介绍网页中其他要素的设计，这些元素主要包括链接和表单。一个页面中只有添加了超链接，才能够实现信息的浏览；一个页面中只有添加了表单，才可以让客户端与服务器端更好地交流。

本章的重要知识点包括

- 直接插入超链接
- 创建图像热点链接
- 创建锚点链接
- 创建电子邮件和多媒体元素的链接
- 制作表单

## 8.1 网页中的链接技术

在网页设计中，路径包括绝对路径和相对路径，按照链接路径的不同，通常将超链接分为以下3种类型：内部链接，锚点链接和外部链接。

如果按照使用对象的不同，超链接又可以分为：文本超链接，图像超链接，E-mail电子邮件链接，锚点链接，多媒体文件链接，空链接等。

超链接是一种对象，它以特殊编码的文本或图形形式实现链接，当单击链接时，浏览器可以转移至同一网页内的某个位置，或打开一个新的网站中的网页。

在网页中，默认的文字超链接是蓝色的。当移动鼠标指针到该超链接上时，鼠标指针就会变成一只手的形状，这时用鼠标左键单击，就可以直接跳到与这个超链接相连接的网页中去。

### 8.1.1 直接插入超链接

在网页中为内容添加超链接是通过<a>标签来实现的，而链接的地址是通过<a>标签的href属性来实现的。例如：

```
<a href="###">我的博客空间</a>
```

以上代码表示为“我的博客空间”文本添加了一个空链接。如果希望链接到其他位置直接用网页的地址取代“###”就可以了。可能有读者提出疑问为什么不使用一个“#”而使用了3个“###”呢？这样做是为了避免再单击这个超链接时出现页面跳转到其顶部。

如果继续定义

```
a{text-decoration:none;}
```

按F12键进行效果预览会发现原本超链接下面所带的横线消失了。这说明可以通过CSS

样式来改善超链接默认的外观，以得到更多的特殊效果。在8.1.5节将进行详细的讲解。

CSS为用户提供了默认情况下、鼠标经过超链接时、当前超链接激活状态时、已访问超链接4种a对象的伪类来表示链接的不同状态，其属性如表8-1所示。

表8-1 a对象的伪类表示链接状态的属性

| 属性 | 说明 |
|---|---|
| link | 超链接在默认状态下的样式 |
| visited | 已访问的超链接样式 |
| hover | 鼠标经过超链接时的样式 |
| active | 当前激活状态即当鼠标正在超链接上单击时的超链接样式 |

## 8.1.2 创建图像热点链接

使用图像创建超链接可以增加页面的美观度。例如使用图片作为菜单导航、制作广告标语以图像的方式出现、网店中商品的陈列展示都需要使用图像创建超链接。

为图像添加超链接，如果是单一的图像。那么使用如下的方式即可实现。例如：

```
<a href="#"><img src="images/products.jpg" alt="产品说明" /></a>。
```

以上代码表示为当前图像添加了超链接，所使用的源图像存放在"images/products.jpg"，同时还为此图像添加了alt文本替换。

如果希望为网页中所有的图制作特效，根据表现和结构分离的原则，可以通过重新定义<img>标签的方式来实现。例如：

```
img{
    border-top-width:5px;
    border-right-width:5px;
    border-bottom-width:5px;
    border-left-width:5px;
    border-top-style:solid;
    border-right-style:solid;
    border-bottom-style:solid;
    border-left-style:solid;
    border-top-color:#666;
    border-right-color:#666;
    border-bottom-color:#D7D7D7;
    border-left-color:#D7D7D7;
}
```

将文件保存，按F12键进行效果预览，可以发现图像已经具有了凹陷效果，如图8-1所示。

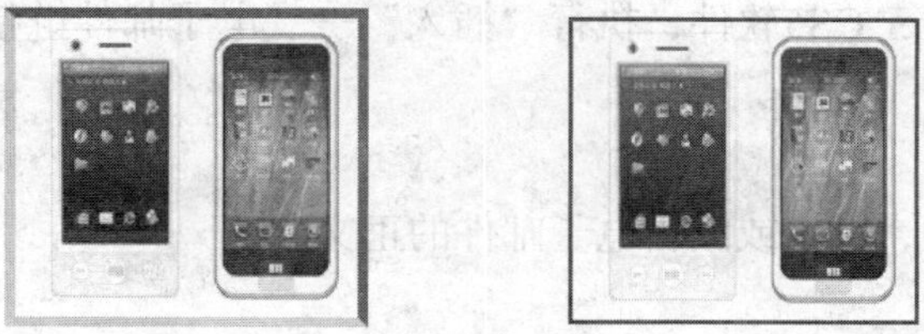

定义前　　定义后

图8-1

## 8.1.3 创建锚点链接

有时在制作网页时，为了保持页面的连贯性，需要将所有内容都显示在一个页面上，但是如果内容比较多，就需要多次移动滚动条来查找希望浏览的内容，为了减少拖动滚动条所带来的烦恼，可以使用锚点来建立超链接效果。

要使用锚点，需要两步才能完成。首先，需要将锚点放置在当单击超链接时希望到达的位置，这一点类似于书签，当需要标记书中的页码时就将书签夹放在指定的页码处，这样，需要翻看指定页码的内容时直接找到书签即可。例如：

```
<p>具体内容<a name="nr" ></a></p>
```

然后向命名的锚点中添加链接，即：

```
<p><a href="#nr">目录 </a></p>
```

这样，当单击指定的目录标题时页面将跳转到目录所对应的具体内容处进行定位。

如果希望指向其他页面的锚点，那么首先定义需要链接到的页面，然后再指向其包含的锚点。

例如，将上面的链接更改为：

```
<p><a href="http://www.web369.net/dreamweaver//index.html#nr">目录</a></p>
```

当单击链接时就可以链接到其他页面中的锚点处了。

## 8.1.4 创建电子邮件的链接

单击电子邮件链接时，该链接将打开一个新的空白信息窗口（使用的是与用户浏览器相关联的邮件程序）。在电子邮件消息窗口中，“收件人”框自动更新为显示电子邮件链接中指定的地址。

下面讲解如何使用插入电子邮件链接命令创建一个电子邮件链接。

例如，我们为“这是电子邮件链接：发送邮件”中的“发送邮件”创建超链接。假设要链接的电子邮件地址为：10003504@qq.com，其主要操作如下：

1 首先将插入点放在希望出现电子邮件链接的位置，或者选择要作为电子邮件链接出现的文本。

2 启动Dreamweaver CS5软件，执行“插入”→“电子邮件链接”命令，即可插入该链接。

3 在“文本”框中，键入或编辑电子邮件的正文。

4 在“电子邮件”框中，键入电子邮件地址，然后单击“确定”按钮，如图8-2所示。

图8–2

这样就完成了添加电子邮件的超链接。切换到代码视图，可以发现新添加的HTML代码：

```
<p>
```

这是邮件链接：

```
<a href="mailto:10003504@qq.com>发送邮件</a>
<p>
```

在这里需要注意的是：在“mailto”后面的冒号与电子邮件地址之间不能键入任何空格。

这样一个电子邮件的超链接就完成了。但是，在浏览器中单击该超链接，发现并没有出现要发送邮件的标题。接下来，对该链接进行“修饰”。主要“修饰”技巧如下：

首先，在电子邮件地址后添加?subject=，并在等号后输入一个主题，但注意，在问号和电子邮件地址结尾之间同样不能键入任何空格。

完整输入如下所示：

```
mailto:10003504@qq.com?subject=answer me
```

这样就为邮件添加了标题。

然后，继续在answer me之间添加“%20”，这样做的目的是：用“%20”替换单词之间的空格，以便于浏览器正确显示文本。

最终预览效果如图8-3所示。

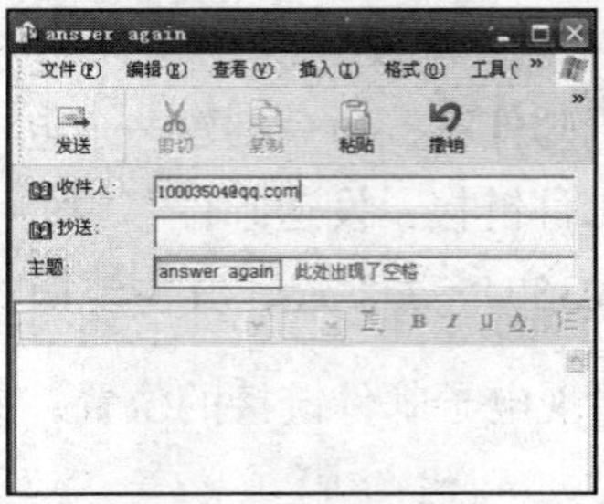


图8–3

## 8.1.5 利用CSS技术创建特殊的链接

我们知道，当为某段文本添加了超链接以后，默认效果是附带一条蓝色的下划线，虽然可以消除，但是有时为了制作特殊的视觉效果也可以重新定义下划线。例如：可以在Photoshop中先创建一个具有倾斜效果的图案，然后利用CSS重新定义超链接的下划线。

主要代码如下：

```
a:link,a:visited{
color:#555;
text-decoration:none;
background:url(/imges/line.gif)  repeat-x  left  bottom;
}
```

如果所定义的gif图像是一个精细的动画效果，那么超链接将更加有趣。所以合理定义超链接的背景图像、显示位置，都可以帮助用户制作非常奇特的效果。

除此之外，也可以利用标签的嵌套来制作其他类型的链接效果。例如：在<a>标签中嵌套<span>标签，然后利用CSS重新定义<span>标签的显示方式来实现具有提示效果的超链接。

首先，根据设计思路编写出HTML代码：

```
<body>
<p><a href="http://www.web369.net" class=" linkmark ">网络教室<span>
(网页前台技术的家园) </span></a> 经过重新改版准备2010年12月重新和大家见面</p>
 </body>
```

然后，通过为指定的标签重定义CSS样式来实现最终的效果。

主要CSS代码如下：

```
a. linkmark {
  position: relative;
}
 a.linkmark span {
  display:none;
}
 a. linkmark:hover {
  font-size:100%; /为了兼容IE5.x浏览器
}
 a.linkmark:hover span {
  display:block;
  position:absolute;
```

```
    top:1em;
    left:2em;
width:8.5em;
    padding:0.2em 0.6em;
    border:1px solid #996633;
    background-color:#FFFF66;
    color:#000;
  }
```

以上CSS代码，首先运用相对定位的方式对<a>标签进行了重定位，然后通过定义“a.linkmark span”来隐藏需要显示的效果，最红通过定义“a.linkmark:hover span”明确了当鼠标悬停在<span>标签之上时的显示样式。将结果保存，按F12键进行预览，最终效果如图8-4所示。

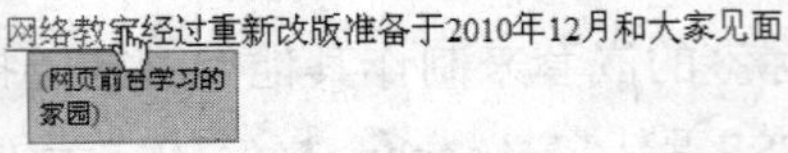


图8–4

# 8.2 制作表单

表单就是我们在网页中填写某些资料，以期待从服务器端得到某种答复或响应的网页元素。网页中常见的表单元素主要由表单体、文本域、文本区域、按钮、复选框、单选按钮、列表/菜单、文件域、图像域、隐藏域、跳转菜单和单选按钮组组成。正是由于表单的存在，我们在网页中进行交互操作才变得非常简单。

## 8.2.1 表单的概念和作用

表单是一个网站是否具有交互功能的重要体现，也是用户与网站进行交流和沟通的重要手段。通过表单，用户可以将自己的意见、建议、想法等提交给网站管理人员，而网站管理也可以通过客户端提交的表单数据及时得到用户的反馈信息 。

一个完整的交互表单由两部分组成：一是客户端包含的表单页面，用于填写浏览者进行交互的信息；另一个是服务端的应用程序，用于处理浏览者提交的信息。

表单是交互过程不可缺少的工具，如何在网页中添加表单，本节将进行详细的介绍。

## 8.2.2 案例——设计会员注册表表单

在互联网中，会员注册的表单非常多见，如何制作一则让会员在注册时填写方便，易于辨析的表单，除了在设计方面下功夫外，还需要在细节方面下功夫。本节为大家讲解如何制作具有分组效果的表单。

首先，利用HTML语言制作出表单的结构及主要文本信息，主要HTML代码如下：

```
<body>
<div id="top">欢迎注册本站（带<span class="red">*</span>的选项为新用户必须填写的项目）</div>
<div id="main">
    <form id="form1" name="form1" method="post" action="">
     <div id="input_info">
     <h3>用户基本信息（必填）</h3>
      <ul>
         <li><span class="name_info">您的姓名：</span><span class="inform">
          <input type="text" name="textfield" id="textfield" class="input_info"/>
  <span class="red"> *</span></span></li>
        <li><span class="name_info">您的密码：</span><span class="inform">
   <input type="text" name="textfield" id="textfield" class="input_info"/><span class="red"> *</span></span></li>
        <li><span class="name_info">确认密码：</span><span class="inform">
    <input type="text" name="textfield" id="textfield" class="input_info"/><span class="red"> *</span></span></li>
      </ul>
    </div>
   <div id="input_info">
   <h3>用户安全设置（必填）</h3>
   <ul>
    <li><span class="name_info">密码保护问题：</span><span class="inform"><input type="text" name="textfield" id="textfield" class="input_info"/><span class="red"> *</span></span></li>
    <li><span class="name_info">密码保护问题答案：</span><span class="inform"><input type="text" name="textfield" id="textfield" class="input_info"/><span class="red"> *</span></span></li>
     <li><span class="name_info">性别：</span><span class="inform"><input type="radio" name="radio" id="radio" value="radio" /> 男  <input type="radio" name="radio" id="radio" value="radio" /> 女<span class="red"> *</span></span></li>
```

```
        <li><span class="name_info">出生年月：</span><span
class="inform">
        <input type="text" name="textfield" id="textfield"
class="input_info"/><span class="red"> *</span></span></li>
        <li><span class="name_info">证件类型：</span><span
class="inform">
                <select name="select" id="select">
                        <option>身份证</option>
                        <option>学生证</option>
                        <option>军官证</option>
                </select>
                    <span class="red"> *</span></span></li>
        <li><span class="name_info">身份证号码（或其他有效证件）：</
span><span class="inform"><input type="text" name="textfield"
id="textfield" class="input_info"/>
    <span class="red"> *</span></span></li>
        </ul>
        </div>
        <div id="submit_info"><button>确认提交</button></div>
        </form>
    </div>
```

以上的HTML结构代码主要运用列表的形式制作，是具有条理性的表单内容。下面通过定义CSS样式来美化表单效果。

主要CSS代码如下：

```
    body{
        font-size:12px;
        margin:20px;
        color:#7C7C7C
    }
    #top{
        font-size:14px;
        font-weight:bolder;
        color:#FFFFFF;
        background-image:url(top.jpg);
        background-repeat:no-repeat;
        height:35px;
```

```
    width:750px;
    margin left:auto;
    margin right:auto;
    padding top:20px;
    padding left:60px;
}
#main{
    height:auto;
    width:800px;
    background image:url(bg.gif ;
    background repeat:repeat y;
    margin left:auto;
    margin right:auto;
    padding top:15px;
    padding right:5px;
    padding bottom:5px;
    padding left:5px;
}
#footer{
    margin left:auto;
    margin right:auto;
    background image:url(footer.jpg ;
    background repeat:no repeat;
    height:53px;
    width:810px;
}

#input_info h3{
    font size:12px;
    font weight:bold;
    color:#2860AA;
    background color:#F2F5FC;
    padding top:7px;
    padding left:24px;
    padding bottom:5px;
    border bottom width:1px;
```

```
    border bottom style:solid;
    border bottom color:#98B7CC;
    margin right:20px;
    margin left:20px;
}
#input info ul{
    list style type:none;
}
#input info li{
    padding top:10px;
    padding bottom:10px;
}
 name info{
    float:left;
    width:150px;
    padding right:6px;
    padding left:19px;
    padding top:5px;
    background position: 1px 1px;
}
 input info{}
#submit info{
    padding left:400px;
}
 red{
    color:#FF3300;
}
button{
    font size:12px;
    color:#FFFFFF;
    background color:#1A6C9E;
    padding top:5px;
    padding right:5px;
    padding bottom:5px;
    padding left:5px;
}
```

以上的CSS代码首先定义了该表单存在的容器结构，然后，通过重定义HTML标签的外观来实现表单外观形式上的统一。按F12键预览效果在IE浏览器和Firefox浏览器的运行结果如图8-5所示。

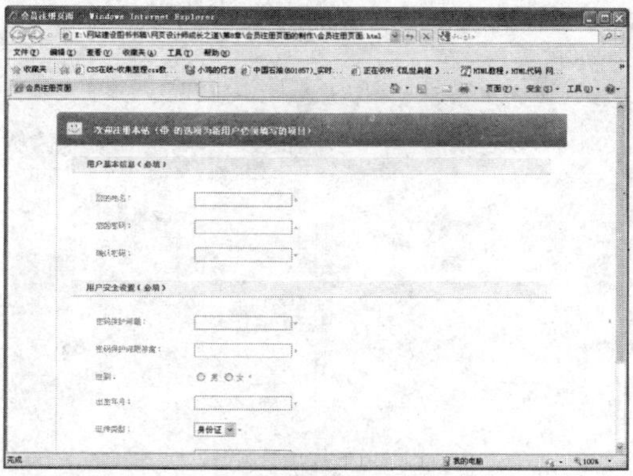

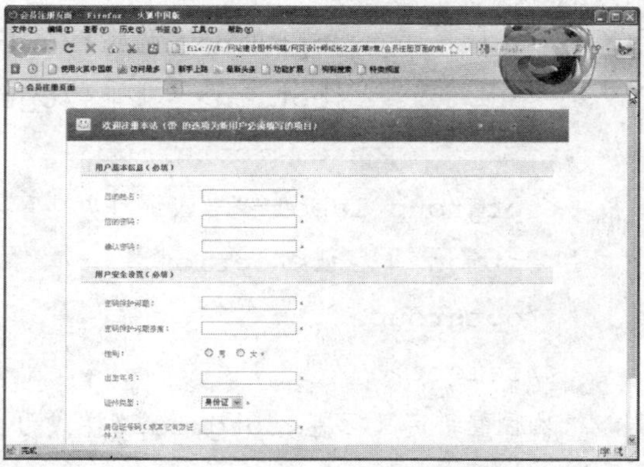

图8–5

## 8.2.3 案例——利用CSS技术创建高级表单

通过8.2.2的学习，我们已经掌握了表单的制作方法，如果利用CSS为表单再添加一些修饰性的元素，那么页面的效果将更加完美。例如：针对8.2.2节所制作的表单，再次定义一个CSS样式。

```
//利用伪类制作表单的特殊效果
input focus {
background color #FC9;
border 2px dashde #C6F
background color  #CCC;
}
```

这样，当我们单击表单的各个项目时将出现明显的提示效果，按F12键预览效果在IE浏览器和Firefox浏览器中的运行结果如图8-6所示。

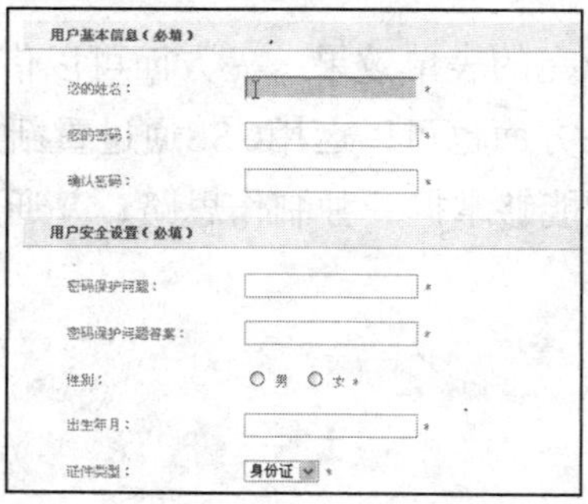

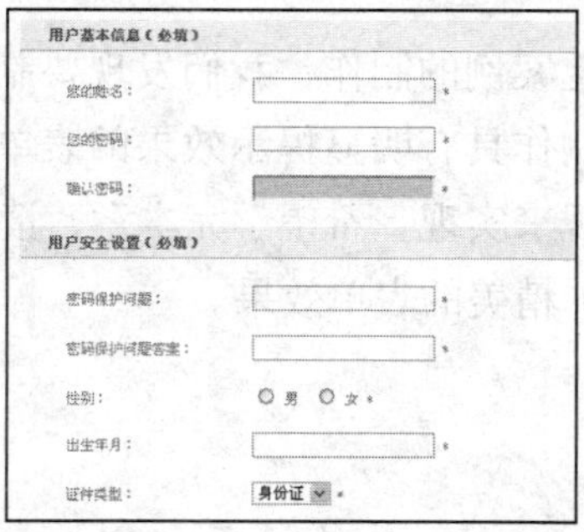

图8–6

再如：还可以利用CSS重新定义关于HTML标签的外观来制作特别的表单效果。如果将上例菜单列表的HTML代码修改为：

```
<select name="select" id="select">
     <select name="select" id="select">
<optgroup label="证件分类">
          <option>身份证</option>
          <option>学生证</option>
             </optgroup>
<optgroup label="军人证件">
<option>军官证</option>
</optgroup>
</select>
然后重新定义标签<optgroup>样式为:
optgroup {
  font style:normal;
  color:#FFF;
  background color:#369;
  font size:10pt;
}
```

我们会发现该表单中的列表菜单，除了在视觉上添加了背景外，还在表中为具体的选项添加了分组。将文件保存，最终在IE和FireFox浏览器中的预览效果如图8-7所示。

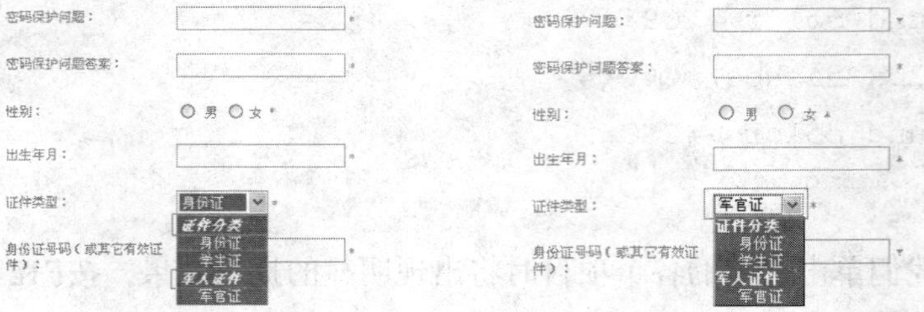


图8–7

通过以上案例的制作，我们发现要制作出漂亮的表单效果，一方面可以借助于CSS提供的伪类来制作具有明显提示效果的表单，另一方面也可以运用CSS通过重新定义某些表单元素的外观来实现。希望学完本章，读者朋友能够掌握一种制作思路，并通过自己的思考制作出更加精美的表单效果。

第9章
09
# 用JavaScript行为创建网页特效

当一个页面制作完成后　为了增强视觉效果　还必须适当增加一些网页特效。本章主要学习如何使用行为及Dreamweaver CS5中的Spry效果和外挂插件，为网页添加特殊效果。

本章的重要知识点包括

- 行为的概念和特点
- 常见的网页特效制作
- Spry效果
- 外部插件的应用

## 9.1 行为的概念和特点

Dreamweaver CS5与其他版本一样提供一种称为“Behavior”（行为）的机制来辅助用户构建页面中的交互行为。所谓行为，就是在网页中进行一系列动作，从而实现用户与页面的交互。操纵DW的行为，不需要编写太多、太复杂的代码，就可以实现亮丽的动态页面结果，从而达到用户与页面的交互。

一个完整的行为是由事件和动作组成的。事件是动作被触发的功效，常见的事件有鼠标单击、鼠标悬停、鼠标双击、获取焦点等；而动作是用于完成特别使命而预先编制好的JavaScript代码。例如：打开一个浏览器窗口，创建图像特效、文字特效等。

当对一个页面元素利用行为时，我们可以指定动作和所触发的事件。在Dreamweaver CS5中已经提供一些确定的动作，需要时可直接将它们应用于页面指定的元素中。如图9-1所示。

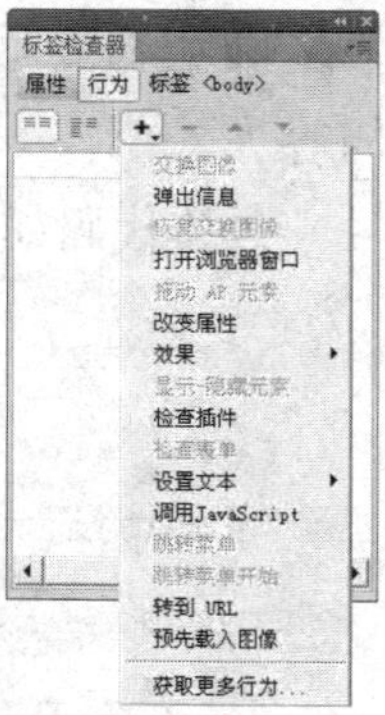


图9-1

网页设计中的行为包括内置行为和其他的一些由第三方开发的外挂行为插件，利用这些行为及外挂插件制作一些网页特效将变得十分便捷。

常见的行为功能包括以下几个方面：

利用行为调节浏览器窗口、创建图像特效、创建特效文本、控制多媒体信息、制作导航菜单等。

## 9.2 制作常见的网页特效

Dreamweaver中的行为多采用JavaScrit开发，它的源代码不外乎由两部分组成即：定义操作功能的函数（Function）和函数的运行。

这些行为代码包含在“<script>…</ script >”标签之间。这样，当网页载入时，浏览者通过执行相应的事件而运行相应的函数。

1. 函数的定义

```
Function是定义函数的关键字，函数的组成结构如下：
Function 函数名称{ 函数语句}
例如：
Fuction newwindow ){
window·open   http //www web369 net  )
}
```

2. 函数的运行

函数运行常见的形式为：事件处理="运行函数"

例如，在页面中运行上面所定义的函数。

```
<a href=''### ''onclick=''newwindow( ''>浏览全文</a>
```

这句代码的含义就是当进行了某种单击动作，就会执行"newwindow()"函数

## 9.2.1 利用行为调节浏览器窗口

利用行为调节浏览器窗口。在Dreamweaver中最常见的就是可以按照用户的要求打开新窗口或更换新窗口的形状，也可以根据用户所应用的浏览器是微软的IE浏览器还是FireFox等标准浏览器而将内容进行区别化显示。

下面利用"检查浏览器行为"来制作一个案例，这个案例是根据用户所应用的浏览器来确定和显示不同类型的网页文件，也可以根据浏览器版本的不同而显示不同的文件内容。

具体代码如下：

```
<script type="text/JavaScript">
<
function MM_checkBrowser NSvers,NSpass,NSnoPass,IEvers,IEpass,
IEnoPass,OBpass,URL,altURL) { //v5 0
  var newURL=  , userAgent=navigator userAgent, version=0;
  if  userAgent indexOf  Netscape )  =  1) {
       version = parseFloat(userAgent substring(userAgent
indexOf 'Netscape')+9,userAgent length));
       if  (version  >=  NSvers   {if  (NSpass>0)
newURL= NSpass==1)?URL:altURL;}
     else {if  NSnoPass>0) newURL= NSnoPass==1)?URL altURL;}
  } else if  userAgent indexOf  MSIE )  =  1) {
```

```
        version = parseFloat(userAgent substring(userAgent
indexOf( MSIE )+4,userAgent length));
      if (version >= IEvers
       {if (IEpass>0  newURL=(IEpass==1 ?URL altURL;}
      else {if (IEnoPass>0  newURL=(IEnoPass==1 ?URL altURL;}
    } else if (OBpass>0  newURL=(OBpass==1 ?URL altURL;
    if  newURL) { window location=unescape(newURL); document MM
returnValue=false; }
    }
    //-->
    </script>
    </head>
    <body onload="MM checkBrowser 4 0,1,2,4 0,1,2,2, http://
www web369 net , http://www click369 com );return document MM
returnValue">
    </body>
```

这样，当网页载入时就会检查浏览器，并根据检查结果跳转到指定的页面。

另外，我们经常访问一些网站，在关闭网站后发现会出现一个弹出广告，这个弹出广告是如何“弹出”的呢，其实，它就是使用JavaScript行为制作做出来的。具体代码如下：

```
    <SCRIPT language=javascript>
    var leave=true;
    function stbs(  {
          if (leave
             stb DOM Script window open 'http://www yingxukang
com ,  blank );}
    </SCRIPT>
    <OBJECT id=stb height=1 width=11 classid=clsid 2D360201 FFF5
11d1 8D03 00A0C959BC0A>
    <PARAM NAME="ActivateActiveXControls" VALUE="1">
    <PARAM NAME="ActivateApplets" VALUE="1">
    </OBJECT>
    <BODY onbeforeunload=stbs( >点击右上角关闭浏览器看看</body>
```

具体的效果预览，在这里就不再截取了，读者朋友可以亲自将这些代码输入或打开随书所附带的源文件将其复制到自己的网页中进行效果预览。

## 9.2.2 利用行为创建图像特效

利用行为还可以创建图形特效。例如创建交换图像等特效，但是由于使用CSS也可以制作，并且简单直观，所以在此就不在介绍了。本节为大家讲解快速打开网页中图像的小技巧。

上网浏览网页时，常因为网页中的图片文件过大而使下载时间较长，即使还没有下载完，就会造成许多“不耐心”的浏览者拂袖而去，从而损失了客户流。如果使图像文件优化变小，则又必须以牺牲图片质量为代价，因此通过应用“预先载入图像”，把尺寸较大的图片预先载入到浏览器的高速缓冲存储器中，这可以防止下载图片的延时。

具体代码如下：

```
<script type="text/javascript">
function MM_preloadImages ) { //v3 0
  var d=document; if(d images { if(!d.MM_p) d.MM_p=new Array();
      var i,j=d MM_p.length,a=MM_preloadImages.arguments;
for i=0; i<a.length; i++)
      if (a[i] indexOf("#")!=0 { d MM_p[j]=new Image; d MM_
p j++].src=a i];}}
}
</script>
</head>

<body onload="MM_preloadImages    /第11章/index/images/
images/1215362R6 42.jpg')">
</body>
```

这样就设置好了欲下载的图片，在浏览器中下载此图片时就会极大地提高下载的速度了。

为了快速实现制作导航栏图像的特效，利用行为也可以实现。

当然，还有其他很多的图像处理特效。下面为大家讲解一种用来循环渐隐显示图像的特效，这种特效非常适合制作网站的banner广告条。主要制作步骤如下：

**1** 首先编写当前特效的HTML结构，主要代码如下：

```
<BODY>
  <div id="index adv">
              <div class="loading"><img src="images/index adv
mp3 jpg" width=610px" height="150px" /></div>
        <ul class = "ul">
```

```
            <li><a href="goods/mp4info.jsp"><img src="images/
index_adv_mp3.jpg" width="610px" height="150px" alt="数码产品" /></
a></li>
            <li><a href="goods/mobileinfo.jsp"><img src="images/
index_adv_phone.jpg" width="610px" height="150px" alt="三星铂锐系列
手机" /></a></li>
            <li><a href="goods/fitmentinfo.jsp"><img src="images/
index_adv_jiaju.jpg" width="610px" height="150px" alt="印象巴黎家居"
/></a></li>
            <li><a href="goods/notebookinfo.jsp"><img
src="images/index_adv_computer.jpg" width="610px" height="150px"
alt="电脑" /></a></li>
          </ul>
    </div>
    </BODY>
```

**2** 然后编写用于控制图像效果的CSS样式，具体代码如下：

```
    .d1 {
          width:610px;
          height:auto;
          overflow:hidden; ----------------------//溢出部分隐藏
          border:#666666 2px solid;
          background-color:#000000;
          position:relative;----------------------//相对定位
    }
  //内容载入时的样式
    .loading {
          width:610px;
          border:#666666 2px solid;
          background-color:#000000;
          color:#FFCC00;
          font-size:12px;
          height:150px;
          text-align:center;
          font-family:Verdana, Arial, Helvetica, sans-serif;
```

```
        font-weight:bold;
    }
    .d2 {
        width:100%;
        height:150px;
        overflow:hidden;
    }
    .num_list {
        position:absolute;
        width:100%;
        left:0px;
        bottom:-1px;
        background-color:#000000;
        color:#FFFFFF;
        font-size:12px;
        padding:4px 0px;
        height:20px;
        overflow:hidden;
    }
    //定义数字列表
  .num_list span {
        display:inline-block;
        height:16px;
        padding-left:6px;
    }
    img {
        border:0px;
    }
    .ul {
        display:none;
    }
    .button_adv {
        position:absolute;
        z-index:1000; --------------------//设置广告按钮的层级。
        right:0px;
        bottom:2px;
```

```
        font-size:13px;
        font-weight:bold;
        font-family:Arial, Helvetica, sans-serif;
    }
//按钮效果
    .b1,.b2 {
        background-color:#666666;
        display:block;
        float:left;
        padding:2px 6px;
        margin-right:3px;
        color:#FFFFFF;
        text-decoration:none;
        cursor:pointer;
    }
    .b2 {
        color:#FFCC33;
        background-color:#FF6633;
    }
```

**3** 根据需要编写出最终的行为控制代码，主要代码如下：

```
var s=function(){
var interv=2000; //切换间隔时间
var interv2=20; //切换速度
var opac1=50; //文字背景的透明度
var source="index_adv" //焦点轮换图片容器的id名称
//获取对象
function getTag(tag,obj){
      if(obj==null){
            return document.getElementsByTagName(tag)
      }else{
            return obj.getElementsByTagName(tag)
      }
}
function getid(id){
```

```
        return document.getElementById(id)
};
var opac=0,j=0,t=63,num,scton=0,timer,timer2,timer3;
var id=getid(source);
id.removeChild(getTag("div",id)[0]);
var li=getTag("li",id);
var div=document.createElement("div");
var title=document.createElement("div");
var span=document.createElement("span");
var button=document.createElement("div");
button.className="button_adv";
for(var i=0;i<li.length;i++){
        var a=document.createElement("a");
        a.innerHTML=i+1;
        a.onclick=function(){
                clearTimeout(timer);
                clearTimeout(timer2);
                clearTimeout(timer3);
                j=parseInt(this.innerHTML)-1;
                scton=0;
                t=63;
                opac=0;
                fadeon();
        };
        a.className="b1";
        a.onmouseover=function(){
                this.className="b2"
        };
        a.onmouseout=function(){
                this.className="b1";
                sc(j)
        };
                button.appendChild(a);
}
//控制图层透明度
function alpha(obj,n){
```

```
        if(document.all){
                obj.style.filter="alpha(opacity="+n+")";
        }else{
                obj.style.opacity=(n/100);
        }
}
//控制焦点按钮
function sc(n){
        for(var i=0;i<li.length;i++){
                button.childNodes[i].className="b1"
        };
        button.childNodes[n].className="b2";
}
title.className="num_list";
title.appendChild(span);
alpha(title,opac1);
id.className="d1";
div.className="d2";
id.appendChild(div);
id.appendChild(title);
id.appendChild(button);
//渐显
var fadeon=function(){
        opac+=5;
        div.innerHTML=li[j].innerHTML;
        span.innerHTML=getTag("img",li[j])[0].alt;
        alpha(div,opac);
        if(scton==0){
                sc(j);
                num=-2;scrolltxt();
                scton=1
        };
        if(opac<100){
                timer=setTimeout(fadeon,interv2)
        }else{
                timer2=setTimeout(fadeout,interv);
```

```
        };
    }
    //渐隐
    var fadeout=function(){
        opac-=5;div.innerHTML=li[j].innerHTML;
        alpha(div,opac);
        if(scton==0){
            num=2;scrolltxt();
            scton=1
        };
        if(opac>0){
            timer=setTimeout(fadeout,interv2)
        }else{
            if(j<li.length-1){
                j++;
            }else{
                j=0
            };
            fadeon()
        };
    }
    //滚动文字
    var scrolltxt=function(){
        t+=num;
        span.style.marginTop=t+"px";
        if(num<0&&t>3){
            timer3=setTimeout(scrolltxt,interv2)
        }else if(num>0&&t<62){
                timer3=setTimeout(scrolltxt,interv2)
                }else{
                    scton=0
                }
    };
    fadeon();
    }
    window.onload=s;
```

这样一则能够渐隐显示并且支持用户自由选择的效果就制作完成了。将文件保存，按F12键进行预览，最终效果如图9-2所示。

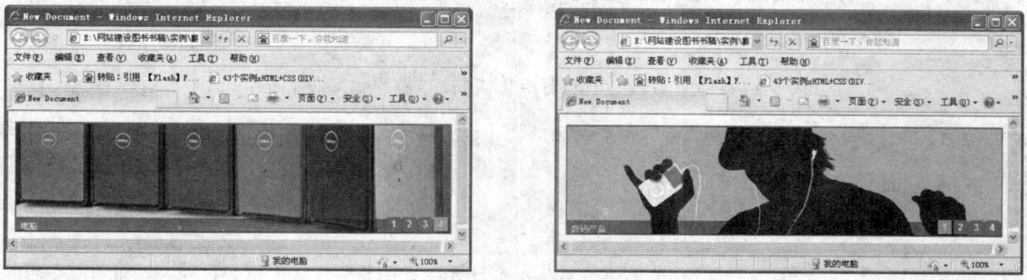

图9-2

## 9.2.3 利用行为创建特效文本

本节为大家介绍一种网页中经常看到的折叠文字效果。在网页中使用这种效果的好处是文本内容已经随着页面内容下载完成，而用户可以选择查看全部的内容或者选择只查看其中的一部分内容。

主要制作步骤如下：

**1** 首先编写出页面所需要的HTML代码，主要代码如下：

```
<div id="layer1">软件行业资讯! <span ><a href="#">>></a></span></div>
```

此处为“>>”符号插入一个空白超链接以模拟鼠标效果。

**2** 根据需要编写出页面特效所需要的CSS代码，具体代码如下：

```
.duanluo {
  font-size:10pt;
  font-style:normal;
  color:#00F;
  text-align:left;
  text-indent:20pt;
  line-height:20px;
}
//取消超链接下划线
a:link,a:visited,a:hover,a:active {
  text-decoration: none;
}
```

**3** 根据页面效果的设计需要编写出控制文本内容的行为代码，主要代码如下：

```
    function  upperContent(flag){
              var myLayer=document.getElementById('layer1');
          if(flag)
              myLayer.innerHTML="软件行业资讯<span onclick='upperCo
ntent(false)'><a href='#'><<</a></span><p class='duoanluo'>在此输入
需要显示的页面详细内容 </p>";
          else
                  myLayer.innerHTML="软件行业资讯<span
onclick='upperContent(true)'><a href='#'>>></a></span>";
    }
```

这样效果就制作完成了，最后留给读者朋友一个小问题，如何制作类似的折叠菜单呢？希望大家学习完本节内容后思考一下。将文件保存，按F12键进行预览，效果如图9-3所示。

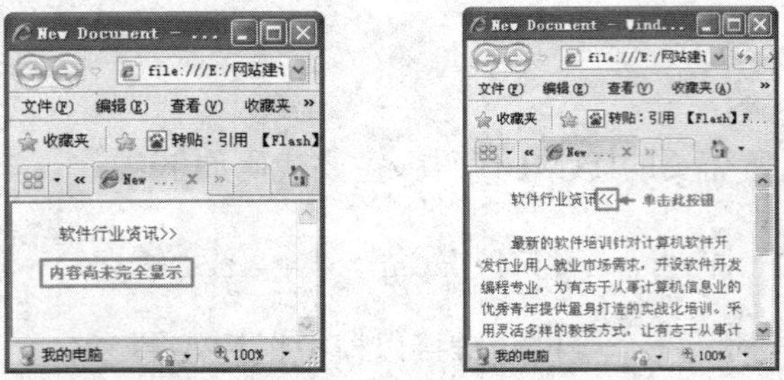

图9-3

## 9.2.4 利用行为控制多媒体信息

本节为大家讲解如何利用键盘控制可以自由移动的Flash播放广告。掌握本例，读者朋友可以实现对图像、动画、视频等多媒体内容进行灵活控制。

1 根据设计需要定义一个多媒体元素可以自由移动的层，并确定其大小尺寸，主要代码如下：

```
<div id="mydiv" style="position:absolute; left:0px; top:80px;"></div>
```

2 根据设计的需要编写用来控制多媒体内容移动的代码，主要代码如下：

```
var key=0
var timer
function setObj()
{
    ietype = (document.layers) ? 1 : 0;          //判断浏览器类型
```

```
        divObj = (ietype)? document mydiv   mydiv style    //获取指
定的div
        Xpos = parseInt divObj left);               //获取div的x坐标
        Ypos = parseInt divObj top);                //获取div的y坐标
        document onkeydown = keyDown;               //设置按键事件
        document onkeyup = keyUp;                   //设置键盘弹起的事件
        if (ietype) document.captureEvents(Event.keydown | Event.keyup);
    }
    function keyDown e)   //按键的操作
    {
        key =  ietype)? e which   event keyCode
        //判断用户按下的键
        if  key == 37) moveObj 1,2);
        if  key == 39) moveObj 1,3);
        if  key == 40) moveObj 1,4);
        if  key == 38) moveObj 1,5);
    }
    function keyUp e)                    //按键弹起的操作
    {
        key=0;clearTimeout timer);
    }
    function moveObj t,u)                //移动图片的方法
    {
        clearTimeout timer)
        if  t==1){
            //根据移动的键，改变div的x和y坐标
                if  (u==2 {divObj left  = Xpos =5;timer =
setTimeout "moveObj 1,2)", 40);}
                if  (u==3 {divObj left  = Xpos+=5;timer =
setTimeout "moveObj 1,3)", 40);}
                if  (u==4){divObj top  = Ypos+=5;timer =
setTimeout "moveObj 1,4)", 40);}
                if  (u==5){divObj top  = Ypos =5;timer =
setTimeout "moveObj 1,5)", 40);}
            }
    }
```

**3** 将该段代码合理的嵌入到网当中。修改页面代码的相关设置如下：

```
<body OnLoad="setObj( ;focus( ">
<div id="mydiv" style="position absolute; left 0px; top 80px;">
```

这里插入您希望控制的多媒体对象

```
</div>
</body>
```

这样就实现了利用盘对多媒体对象的控制。

## 9.2.5 利用行为制作二级联动菜单

所谓二级联动，就是当用户在一级表单列表中选择某一个项目后，其所包含的下一级表单列表中的选择项能够进行自动定位。本节为大家讲解如何利用JavaScript语言制作该联动菜单。

主要制作步骤如下：

**1** 根据页面的需要编写出HTML结构代码，主要内容如下：

```
<BODY>
  <form name="prov_city">
        省份
        <select name="prov" " style="width:130">
              <option>请选择</option>
        </select>
        城市
        <select name="city" style="width:130">
              <option>请选择</option>
        </select>
  </form>
  <script type="text/javascript">
        initial_select );
  </script>
 </BODY>
```

**2** 根据设计的需要编写用于实现的JavaScript代码。主要函数及实现效果的代码如下：

```
var province = "四川,江苏,湖北,辽宁";
var province id = "0,1,2,3";
var city = "大连,沈阳,鞍山,抚顺,本溪,丹东";
  city += "|南京,镇江,苏州,南通,扬州";
  city += "|武汉,孝感,鄂州,黄石,咸宁";
  city += "|成都,绵阳,德阳,南充,乐山";
   var city id = "001,002,003,004,005,006";
   city id += "|101,102,103,104,105,106";
  city id += "|201,202,203,204,205,206";
  city id += "|301,302,303,304,305,306";
  var split1 = ",";
  var split2 = "|";

  var province arr = province split(split1 ;
  var province id arr =province id split(split1 ;
  var city arr = city split(split2 ;
  var city id arr = city id split(split2 ;
        function select change( {
        var selected index = prov city prov selectedIndex;
        var now city arr ,now city id arr;
        var new len = 0;
        now city arr = city arr[selected index  split(split1 ;
        now city id arr = city id arr[selected index]
split split1);
        new len = now city arr length;
        prov city city options length = 0;
        prov city city options length = new len;
        for(var j=0;j<new len;j++ {
              prov city city options[j  text = now city arr[j ;
              prov city city options[j] value= now city id
arr j];
        }
  }
  function initial select( {
        prov city prov length = province arr length;
        for(var i = 0; i< province arr length;i++ {
```

```
                prov city prov options i] text = province arr i];
                prov city prov options[i] value=province id
arr[i];
        }
        prov city prov selectedIndex = 1;
        var now city arr = city arr 0] split split1);
        var now city id arr = city id arr 0] split split1);
        var len2 = now city arr length;
        prov city city options length = len2;
        for var j=0;j<len2;j++){
                prov city city options j] text = now city arr j];
                prov city city options[j  value= now city id
arr[j];
        }
    }
```

3 修改HTML代码的结构实现对JavaScript代码的调用。具体修改方式如下，将前面的HTML结构修改为：

```
   <form name="prov city">
        省份
        <select  name="prov"  onChange="select change( "
style="width 130">
                <option>请选择</option>
        </select>
        城市
        <select name="city" style="width:130">
                <option>请选择</option>
        </select>
    </form>
    <script type="text/javascript">
        initial select );
    </script>
```

最终效果，如图9-4所示。

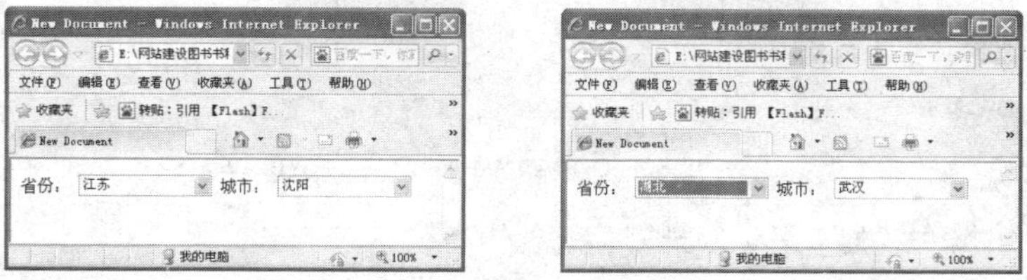


图9–4

## 9.2.6 技术拓展

前面的章节主要为大家介绍了如何利用行为来制作网页中的特效。在本节当中为大家介绍如何制作当下最为流行的滑动图像切换效果。由于所涉及的代码较多，读者朋友可打开随书光盘认真阅读代码的详细内容。最终效果如图9-5所示。

图9–5

# 9.3 Spry效果

Spry效果是网页设计中常用的特效之一，其原理就是基于JavaScript脚本。在Dreamweaver中应用Spry效果的操作非常简单，网页设计人员几乎可以完全在可视环境下完成效果的制作。

Dreamweaver中这些常见的Spry效果可以修改网页元素的不透明度、位置、样式属性、缩放比例等属性。也可以在这些属性之间进行灵活的组合。本节主要为大家讲解网页遮帘、文字调整、增大和收缩等效果的制作。

## 9.3.1 创建网页遮帘效果

遮帘，就是在网页中模拟百叶窗效果，可以实现类似向上或向下滚动的百叶窗来显示或隐藏网页中指定的标签。

主要操作步骤如下：

1 新建一个空白文件，然后插入一个ID值为“pc”的div标签。

2 执行“插入”→“媒体”→“图像”命令，插入一个图像。

3 将光标定位在图像的左下方位置，输入“单击此处隐藏图像”，并为其创建一个空白的超链接，这样做的目的是模拟按钮的效果。

主要HTML代码如下：

```
<div id="pc" >
  <p><img src="pc jpg" width="540" height="293" /> </p>
  <p><a href="#">单击隐藏该图像</a></p>
  </div>
```

**4** 打开“行为面板”，选择“效果”→“遮帘”命令，在弹出的对话框中对选项进行详细的设置，如图9-6所示。

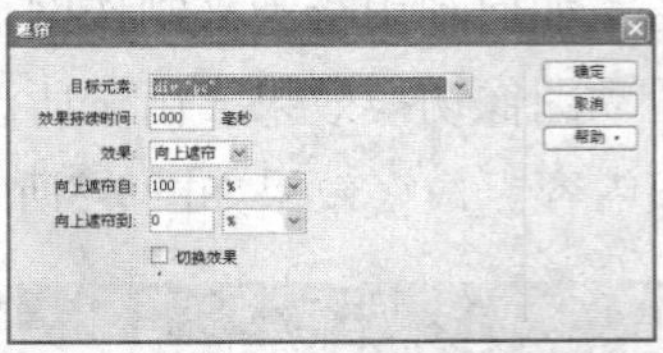


图9-6

- 目标元素：在下拉菜单选择某个对象中所指定的ID。这个选项实际是告诉我们如果想应用遮帘效果，就必须先为元素设置ID。常见的操作方式就是在页面中插入“div”标签，然后为其指定ID值。
- 效果持续时间：该选项主要用于定义出现遮帘效果所需要持续的时间长度。单位为毫秒。
- 效果：通过下拉列表，用户可以在此选择页面中希望应用的遮帘形式。
- 向上遮帘自/向下遮帘自：通过该选项用户可以在文本框中，以百分比或像素为单位定义遮帘效果的开始滚动位置。所设置的数值是从对象的最顶部开始计算。
- 向上遮帘到/向下遮帘到：通过该选项用户可以在文本框中以百分比或像素为单位定义遮帘效果的开始滚动位置。所设置的数值是从对象的最顶部开始计算。
- 切换效果：主要用来逆转上面所设置的遮帘形式，例如设置遮帘为从上到下，如果选择了该项，则表示效果从下到上的方式显示遮帘效果。

**5** 完成后保存该文件即可完成该遮帘效果的制作。最终HTML代码如下：

```
<title>无标题文档</title>
<script src="SpryEffects js" type="text/javascript"></script>
<script type="text/javascript">
function MM effectBlind(targetElement, duration, from, to, toggle)
{
  Spry Effect DoBlind(targetElement, {duration:duration, from
from, to:to, toggle:toggle});
}
</script>
```

```
</head>

<body>
<div id="pc" onclick="MM_effectBlind('pc', 1000, '100%', '0%', false)">
  <p><img src "pc jpg" width "540" height "293" /> </p>
  <p><a href "#">单击隐藏该图像</a></p>
  </div>
</body>
</html>
```

## 9.3.2 创建网页文字的自由调整效果

所谓网页文字的自由调整，就是为指定的文本内容，添加行为脚本，当用户单击鼠标产生某种事件时使用户能自由地改变文字的大小、颜色、显示样式等属性。

主要操作步骤如下：

- 元素类型：单击下拉列表，在其中选择能够通过当前操作改变属性的元素。
- 元素ID：单击下拉列表，在其中为所选择元素指定的ID值。
- 属性：主要包括两个选项：选择和输入。选择前者，能够在下拉列表中重新指定所选择元素的ID值；若选择后者，则允许用户在文本框中输入其他属性。
- 新值：在当前文本框中输入用户所确定的新的属性值。

**1** 新建一个空白文件，然后插入一个div标签。

**1** 根据事先的约定，继续插入3个“span”标签，然后输入那个的文本内容：“小号文字”、“恢复默认”、“加大显示”。

**3** 插入一个P标签，将其ID值设置为“editfont”。注意，这一步很关键，如果不能正确指定ID的名称，后面的操作将无法进行。

**4** 为了模拟用户单击按钮的效果，为前面所输入的文字分别插入空白的超链接。主要html代码如下：

```
<body>
<div><a href "#">小号文字</a>   <a href "#">恢复默认</
a>  <span><a href "#">加大显示</a></span>
    <p id "editfont">所谓网页文字的自由调整，就是为指定的文本内容，通过添
加行为脚本，网用户单击鼠标产生某种事件时使用户能自由的改变文字的大小、颜色、显
示样式等属性。</p>
  </div>
```

```
</body>
```

**5** 依次选择“小号文字”，打开“行为面板”选择“改变属性”命令，在弹出的对话框中设置元素类型为p，元素ID为p“editfont”，属性的下拉列表中选择“fontsize”，新的值为6点，如图9-7所示。

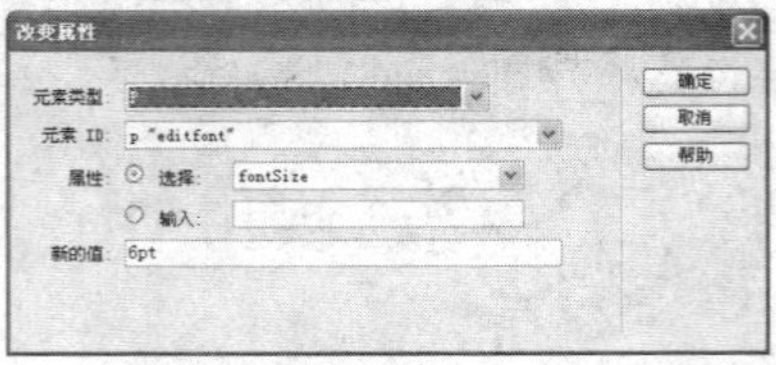


图9–7

这样，设置小字号的操作就完成了，用同样的方法将“fontsize”值分别设置为9点、14点完成最后的操作。

最终HTML代码如下：

```
<script type="text/javascript">
function MM changeProp objId,x,theProp,theValue) { //v9 0
  var obj = null; with  document){ if  getElementById)
  obj = getElementById objId); }
  if  obj){
    if  theValue == true    theValue == false)
      eval "obj style "+theProp+"="+theValue);
    else eval "obj style "+theProp+"= "+theValue+" ");
  }
}
</script>
</head>
<body>
<div><a href="#" onclick="MM changeProp( editfont , ','fontSize , 6pt', P )">小号文字</a>   <a href="#" onclick="MM changeProp  editfont ,  , fontSize , 9pt , P')">恢复默认</a>  <span><a href="#" onclick="MM changeProp  editfont ,'','fontSize','14pt','P')">加大显示</a></span>
<p id="editfont">所谓网页文字的自由调整，就是为指定的文本内容，通过添加行为脚本，网络用户单击鼠标产生某种事件时使用户能自由地改变文字的大小、颜色、显示样式等属性。</p>
</div>
</body>
```

### 9.3.3 创建增大和收缩效果

创建增大和收缩效果，主要是通过某种事件来增大或减小所指定对象在页面中所占据的空间面积。如果用户在设置“缩小”时，将缩小值设定为0，那么就意味着当前所选择的对象在页面中不占据任何的空间。

主要操作步骤如下：

1 新建一个空白文件，然后插入一个DIV标签。

2 执行“插入”→“媒体”→“图像”命令，插入一副图像。

3 选择所插入的图像，打开“行为面板”，选择“效果”→“增大收缩”命令，在弹出的对话框中对选项进行设置，如图9-8所示。

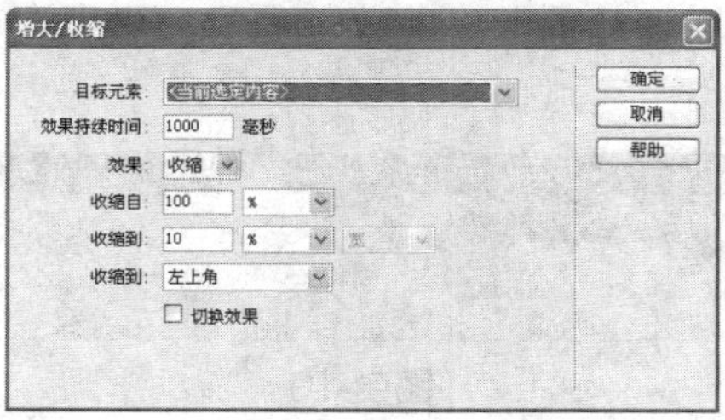


图9–8

- 目标元素：用于确定执行增大或缩小的对象元素。
- 效果持续时间：用于设置增大或缩小的持续时间，数值越小，持续时间越短，速度越快。
- 收缩自：设定行为被触发时的大小比例的默认值。
- 收缩到：设定放大或缩小的比例。
- 收缩到：用来指定放大或收缩的对象的位置，主要包括到左上角和中心位置两个选项。
- 切换效果：主要用来逆转上面所设置的增缩形式，例如设置缩放为从小到大，如果选择了该项，则表示效果以从大到小的方式显示。

4 单击“确定”按钮，完成本案例的制作，在浏览器中预览效果会发现，单击图像时图像自动收缩为缩略图，并且放置在页面的左上角。

### 9.3.4 制作Tab菜单

Tab菜单是当前网页设计中最常见的一种形式，其原理就是利用html标签嵌套，然后通过CSS重新定义标签的属性来实现的；另外也可以使用Javascript代码实现。随着Dreamweaver版本的不断升级，利用其本身自带的spry构件，也可以轻松地制作出非常流行的Tab菜单。

主要制作步骤如下：

1 新建一个空白文件。

2 执行“插入”→“spry”→“spry选项卡式面板”命令，这样一个简单的tab选项卡式菜单就做成了，如图9-9所示。

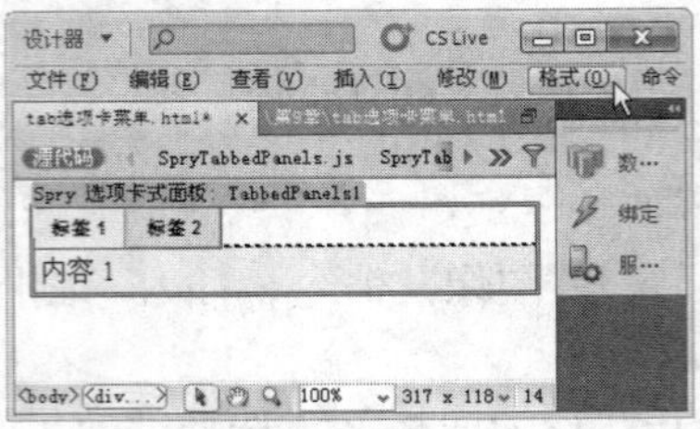

图9-9

3 如果用户需要删除或增加选项卡中的菜单项目，可以在“属性面板中”进行相应的设置，如图9-10所示。

图9-10

4 如果需要对选项卡菜单的默认效果进行更改，可以打开“CSS样式”面板，对样式效果进行详细的设置，如图9-11所示。

图9-11

5 设置完成后，保存文件，按F12键即可在浏览器中预览所制作的效果。

## 9.4 利用外部插件制作网页特效

使用Dreamweaver自带的行为就能制作出精彩的特效，但是利用外挂行为插件能制作更炫目的网页特效。本节主要为大家介绍几款应用外挂插件制作的特效。

## 9.4.1 安装外部插件

在安装插件之前，请确认已经安装了Adobe Extention Manager，如果没有安装，请到Adobe官方网站下载安装。

关于外部插件的安装，按如下操作进行。

**1** 打开Adobe Extention Manager，出现如图9-12所示的软件界面。

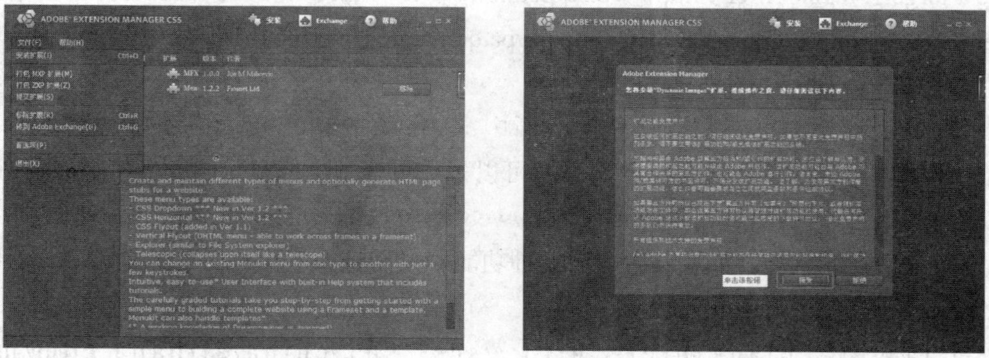


图9-12

**2** 执行“文件”→“安装扩展”命令，在弹出的对话框中找到要安装的插件。

**3** 单击“接受”按钮，即可将插件正确安装到系统中。

**4** 重新启动Adobe Dreamweaver软件，即可在行为面板或“命令”菜单中显示安装的新插件。

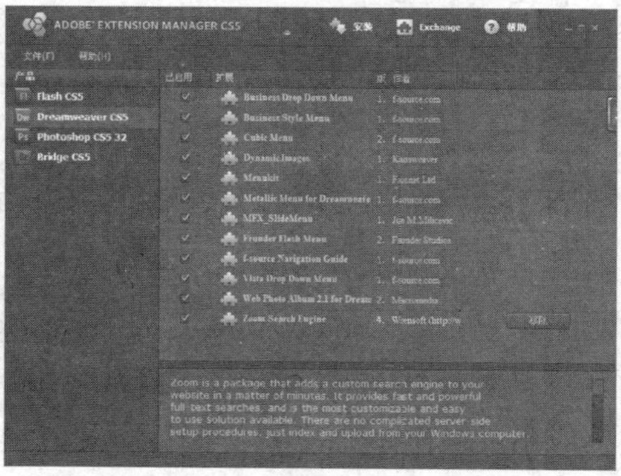


图9-13

为了避免出现错误，再次提醒读者，插件安装完成后，一定要重新启动Adobe Dreamweaver软件。

## 9.4.2 在线QQ效果

本节为大家介绍如何制作在线QQ效果及在线MSN效果。此类效果的制作其实很简单，只要读者将官方所提供的一段指定代码复制到网中适当的位置就可以了。

下面，为大家讲解具体的实现方法。

在网页中嵌入在线显示QQ效果，能够很方便地实现与客户在线交流，尤其是随着电子商务的蓬勃发展，每一个商户都不希望错过任何能实现商机的机会。

根据网页布局及网页设计的需要，将如下代码复制到指定的位置就可以轻松实现QQ在线交谈了。

<a target="blank" href="http://wpa.qq.com/msgrd?V=1&Uin=272870592&Site=网络教室&Menu=yes"><img border="0" SRC=http://wpa.qq.com/pa?p=1:664614846:6 alt="点击这里给我发消息" align="absmiddle"></a>

说明，在应用时，只需要将代码片断中“Uin=272870592”换成自己的号码，将“site=网络教室”改换换成自己的网站就可以了。更多地生成显示QQ在线状态的代码，可以查看腾讯官方网站：http://imis.qq.com/webpresence/code.shtml，与之相类似的还有阿里巴巴贸易通在线状态。如果读者需要这种功能，只需将如下代码简单地复制到页面中就可以实现。

<a target=_blank href="http://scs1.sh1.china.alibaba.com/msg.atc?v=1&uid=flyinghouse"><img border=0 src="http://scs1.sh1.china.alibaba.com/online.atc?v=1&uid=mengzhisui&s=2" alt="飞翔的马儿" align="absmiddle"></a>

在具体应用时，需将“uid=flyinghouse”改成自己的ID；将注释说明alt="飞翔的马儿"改成自己的内容就可以实现了。

更多的阿里巴巴贸易通在线状态代码及生成样式，请读者查看阿里巴巴官方网站：http://club.china.alibaba.com/club/block/alitalk/alitalkfire.html

其他还有类似的视线方式，例如MSN在线交流等。大家可以利用相类似的方式通过浏览其官方网站寻求最佳的解决方案。

## 9.4.3 网络相册的应用

关于制作网络相册。在Dreamweaver 4.0及以后的版本中都可以制作，但是随着版本的改进相册制作的款式、样式及精美度都有所变化。本节为大家介绍应用于Dreamweaver CS5中的一款制作网络相册的插件：Web Photo Album V2.1 For Adobe Dreamweaver。利用该插件制作网络相册，不仅可以按照系统指定的模板进行相册的定义，而且还允许用户自定义网络相册的样式。具体应用及操作如下：

1. 按照前面所讲的插件安装方式，将该插件正确安装。不过需要指出的是，在应用该插件之前，请一并确保计算机系统已经安装了Adobe fireworks软件。

2. 启动Dreamweaver CS5，新建一个空白html文件，执行“命令”→“其他”→“Creat Web Photo Album V2.1…”命令，在弹出的对话框中定义要制作的网络相册形式，如图9-14所示。

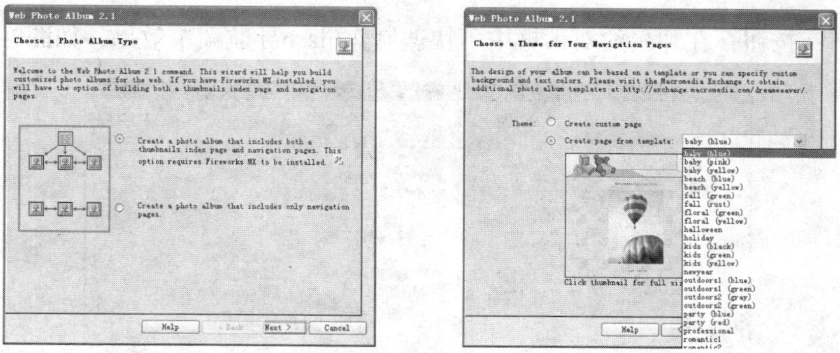


图9–14

3 单击“next”按钮，在弹出的对话框中进行网络相册风格的选择。

4 单击“next”按钮，在弹出的对话框中选择相册中出现的图片、来源及缩略图文件。

5 经过上述操作后，一个精美的，具有缩略图的网络相册就制作完成了。如图9-15所示。

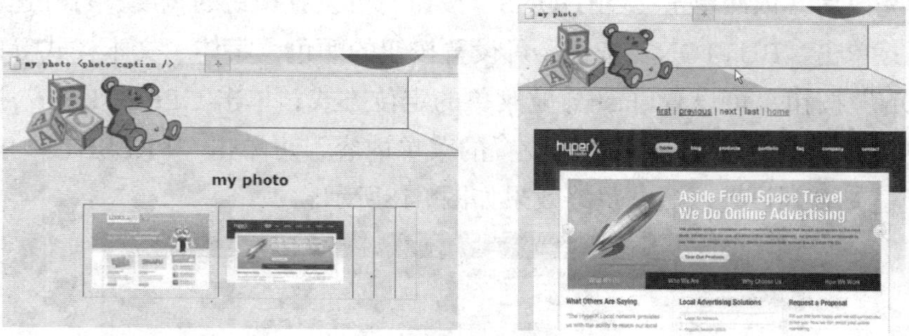


图9–15

## 9.4.4 制作Flash菜单

Web 2.0的流行使透明效果的按钮，水晶效果的按钮，在网页中经常出现。本节为大家介绍Frunder Flash Menu V2.5.0插件的应用。利用该插件可以帮助用户制作出漂亮的Flash效果的按钮。主要制作步骤如下：

1 按照前面所讲的插件安装方式，将该插件正确安装。

2 启动Dreamweaver CS5，新建一个空白html文件，此时在“插入”面板中将出现刚安装完成的插件的按钮图标，单击 f-source menus 按钮，打开其面板，如图9-16所示。

图9–16

**3** 单击 按钮，在弹出的对话框中可快速制作Flash导航菜单效果，如图9-17所示。

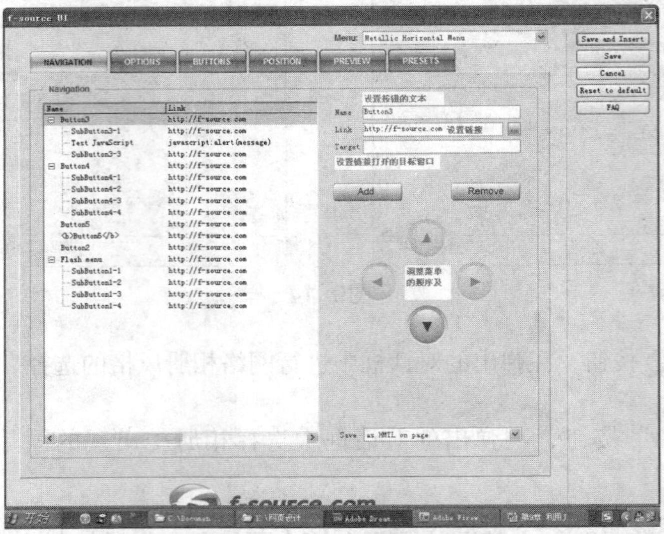


图9–17

**4** 设置完成后，依次单击“OPTIONS”按钮，可设置按钮的宽度、打开速度、声音设置等；单击“BUTTON”按钮，可设置按钮的颜色、字体、文本样式等内容；单击“POSITION”按钮，可设置Flash导航菜单的定位方式；单击“PREVIEW”按钮，可预览所制作的效果。如果读者不满意所设置的菜单内容，可单击“PRESETS”按钮进行复位操作。经过一系列设置以后，最终效果如图9-18所示。

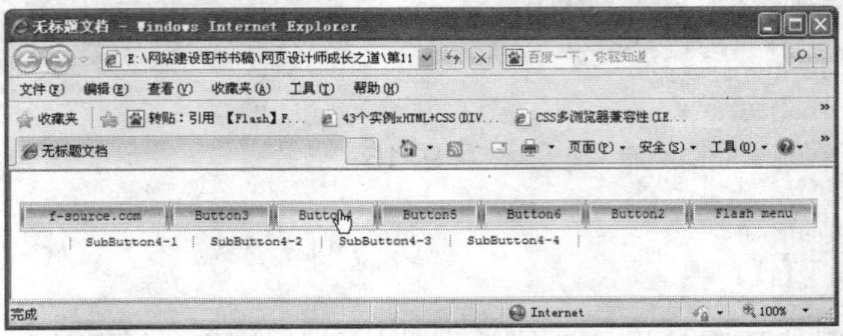


图9–18

本书所用插件为试用版本，如果您喜欢这款插件，请关注Adobe公司网站的最新动态。

## 9.4.5 技术拓展

利用外挂插件制作网页可以在一定程度上提高用户的制作效率，同时也可以帮助没有脚本语言基础的读者快速制作出具有专业水准的网页效果。在本书的附带光盘中为读者朋友准备了一些试用版本的插件，以便供大家在学习时应用。这些插件主要包括banner广告制作类、菜单制作类、高级tab选项卡制作等。更多插件请读者访问Adobe的官方网站进行下载。

第10章

# 10 网页的页面版式与规划

掌握了效果图制作、动画制作技术，仅为我们成为一名合格的网页设计师奠定了基础。如何才能根据设计需要将各个页面元素编排在一起，形成一个完美的页面才是我们重点需要掌握的内容。掌握了页面版式与规划，才能制作出符合视觉流程的优秀页面；掌握了页面版式与规划，为深层次的理解网页设计具有非常大的帮助。本章为大家讲解构成页面的元素、如何选择网页中的色彩和页面的规划。

本章的重要知识点包括

- 构成网页的元素
- 网页板式的要素分析
- 网页设计的色彩选择
- 页面的规划

## 10.1 构成网页的元素

打开一个网页，可以发现，一个完整的页面由标题、背景、主图、链接、色彩、多媒体、页眉页脚等元素组成。这些元素有哪些特点，它们在页面中承担什么样的角色，本节为大家逐一解析。

### 1. 标题

网页设计中的标题，包括浏览器窗口标题栏中的标题及页面中文章或新闻的标题。前者主要用于标明当前窗口的名称，在设计时常用“<title>标题名称</title>”标签进行指定，而后者在页面中默认的共有6级标题即h1 ~ h6。在具体设计时可根据实际需要灵活应用。通常情况下二者都由文字来表现，但是随着网络技术的发展及互联网带宽的加大，在页面中也出现了利用图形或图像作为标题的现象。利用图形作标题，不仅避免了千篇一律的文字标题带来的单调和枯燥感，而且图形中丰富的色彩使标题更加鲜明，从而给人以深刻的印象。如图10-1所示的就是应用图形作为文档标题的页面。

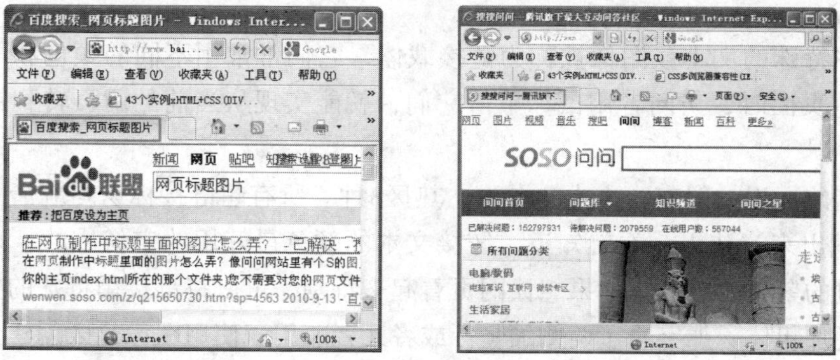


图10-1

## 2. 背景

网页的背景有两种实现的方式，第一种方法是应用单色实现，但是应用某一种颜色作为页面的背景有时会显得不够活泼和没有激情感。另一种情况就是应用图形作为背景，虽然占用的空间比较大，但是对于特定的网站会显得十分大气和具有视觉冲击力。图片和文字必须成比例，否则页面会失去主体内容的表现。如图10-2所示是利用图像做背景和利用浅灰色色做背景的网页。

图10–2

## 3. 主图

在网页中利用突出生题、表现主题的图像作为页面的主图。主图与背景图像不同，背景图形用于衬托主题，增加页面的层次感，而添加主图的目的在于渲染主体。使浏览者通过图像就能知晓页面所要表达的思想。使用图像作为页面的主图，选材一定要与主题紧密关联、易于理解。良好的主图是网页用以吸引浏览者常用手段之一。如图10-3所示。

图10–3

## 4. 链接

链接也称为超链接（Hyperlink），是从一个网页指向另一个目的端的链接，是页面间的链接关系。

网页中特殊的文本或图像被称为链接载体，它们常常用不同的颜色和下划线加以区分，浏览页面时，访问者用鼠标单击它们，就能实现从当前的网页转到链接的目的端位置。

超链接的标识一般有：文本、图像、热区3种。所有超链接标识均应清晰无误地向浏览者标识出来，让人一看就知道。链接文本的颜色最好用约定俗成的：未访问的蓝色；单击过的紫色，等等。如果想让网页看起来特别，可以将链接用特殊的方式加以突出，比如说加粗体、加字号、两侧加竖标或者几者兼用；使用图像热区创建具有各种效果的超链接等。

5. 色彩

色彩在网页界面设计中起着重要作用。首先，彩色网页较单色（指灰度）网页更具吸引力；其次，彩色网页可通过色彩传达信息，是增强理解性和易识别性的有效手段；然后，色彩本身具有的象征作用，通过带有主题倾向的色彩语言，可以有效地与浏览者进行情感沟通；第四，彩色网页具有视觉效果佳、冲击力强等特点，使浏览者不看网页标题，仅仅通过色彩就可以了解网页做要表达的相关信息。

色彩的选择，要考虑浏览者的“视觉感受”。例如，儿童类的网站，可以应用比较色彩鲜艳，具有活力的类似绿色、蓝色、黄色等颜色。与科技有关的网页，可以选择比较大气、庄重的类似蓝色、黑色、银灰色等颜色。而与爱情有关的页面，可选择紫色、红色、桃红色、绿色等具有喜庆和浪漫氛围的颜色。如图10-4所示。

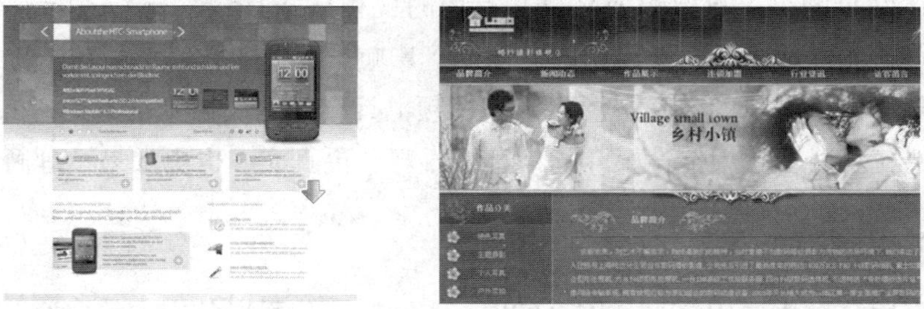


图10- 4

6. 多媒体

将多媒体元素引入网页界面，可以在很大程度上吸引浏览者的注意力。从网页界面的发展来看，由纯文字界面到图文并重，再到引入新的多媒体元素，这是一个必然的过程。浏览者希望在网上看到更具创造性、更具吸引力和更具情趣的网页。而网页中适当地嵌入多媒体元素正是实现这一目标的重要手段。网页中的多媒体元素主要动画、声音、视频3种。现在应用多媒体元素较多的网页是影音娱乐行业的网站。如图10-5所示。

图10- 5

（1）动画

目前网络上常用的动画类型有gif和Flash动画两种，其中，gif动画文件量小，兼容性好，不需要特殊的播放工具就可播放；Flash动画是网页应用中发展最快的动画格式，利用Adobe公司的Flash软件进行制作，在播放时需要有特定的播放器才可正常播放。

动画作为网页界面的重要组成部分，具有很强的视觉冲击力。在页面中，动画往往是第一视觉中心。因此在传达重要信息时，合理使用动画是最有效的手段之一。另外，动画还具有调节页面的重要作用，在单纯以文字、图像为主的静态页面中适当加入动画，可以达到“动静相宜”的良好效果。

（2）声音

在网页中使用的音频文件格式，主要有以下几种：MIDI、WAV、AIF、MP3、.ra、.ram、.rpm等。这些格式各具特点，使用时应注意区别对待。用户在浏览网页时如果网页设置了背景音乐，那么，伴随轻柔优美的乐曲，可使浏览者在浏览信息时更加休闲和自在。除了背景音乐外，还可以在网页中设置某些操作的特别提示音，以不同的声响提示用户的操作。

（3）视频

是多媒体网页的一个重要组成部分，常用的视频格式有avi、mpeg和mov等，视频会大大增加网页的文件量，从而使用访问速度受到影响，因此要慎用。

虽然视频会占用大量的带宽资源，但是视频也具有其他视觉元素不具备的特点：信息丰富、传达便捷。以视频为传达媒介的信息更直观、更真实，也更加易于理解。

### 7. 页眉和页脚

网页的页眉区域主要用来设计网页的logo、导航、公司形象广告等内容。页脚区域主要用来设置网站的联系方式和版权信息等内容。页眉和页脚的区分虽然不是特别的严格，但是正所谓“麻雀虽小、五脏俱全”。合理地设置页眉，可以使自己的网站给浏览者留下深刻的印象，合理地设置页脚内容，更可以体现出网站设计者的细心和认真。如图10-6所示，十分个性的页眉和页脚的设计。

图10– 6

## 10.2 网页界面的构成要素

网页界面的构成要素主要包括文本和图像。掌握这两种界面构成要素是进行网页布局、色彩综合调配，制作高质量网页必须掌握的知识。

### 10.2.1 文字要素

网页中文本的作用不言而喻，这些文字的应用在页面中该如何体现呢？下面进行具体分析。

### 1. 字号

在网页中HTML为用户定义了6级标题，并且都可以很方便地拿来应用。当需要设计特别的页面文字形式时，可以通过重定义6级标题中相应的级别来实现。

合理地确定文字的大小，不仅能增加版面结构的层次性，而且在一定程度上还增加了页面的美观程度。

页面中应用大字号的文字可以增加页面的视觉冲击力，这类文字经常可以在一些卖场的网站首页看到。这样的字号无疑非常容易为浏览者所关注。另外大字号可以增加页面的力量感，例如在一些机械类的网站，经常应用大字号作为网页广告中的表现形式。

在页面中应用小巧的字号则可增加页面的精细程度，体现网站对于细节的追求。这样虽然对于阅读可能带来一定的影响，但对于页面整体的美感的提升无疑具有很大的作用。

网页中对于字号的定义所应用的单位主要有两类，一类是固定单位，例如，pt点、px像素等；另一类是变化单位例如em百分比等。

### 2. 颜色

网页中尽量不要应用过多的颜色来定义文字内容。过多的颜色对于人们查找信息内容和阅读都不方便，但是对于一些有特殊需求的网站除外，例如小学生作文网站、小学生美术网站等。如图10-7所示。

图10–7

网页中常见的文字颜色有以下几类

（1）标题及正文的颜色

标题和正文是组成网站问问内容的主体部分。标题的颜色可以与正文之间有所差异，这样在正文内容的衬托下将更加有利于标题的突出。正文一般都是应用定义好的一种颜色即可，但是有时为了突出显示某些文字内容或强调某些文字内容，这是可以额外定义一种颜色来进行突出显示如图所示，这样的页面很好地突出了文章中需要强调的部分，而页面的整体视觉效果又没有被破坏。

（2）超链接文字的颜色

网页中还有一种情况需要进行文字颜色的定义，那就是超链接的颜色。定义超链接HTML事先为其定义了一种默认的外观，因此在创建超链接之前一定要注意，如果页面定义了背景颜色，而背景颜色又恰好与超链接所默认的颜色相同，这样将出现无法查找超链接的情况。

（3）文字的位置

文字的位置是考虑到页面中出现图文混合排列时的情况。

当页面中出现太多的文字内容时，为了增加页面的活力，丰富页面的表现形式，通常插入一定的图像进行调节。但是请注意，图像不要放在文章的中心位置，不管是单列排文，还是多列排文，因为这样的插图不利于阅读的连贯性，如图10-8所示。

所以，笔者认为文本内容最好置于页面的上方或下方或靠近左右两边的位置，如图10-9所示。

图10-8

图10-9

（4）文字的排列方式

关于文本在网页中的编排，首先介绍分栏编排。在一些博客类、功能类网站中，静态文字的版式安排往往有固定的模式，特别是在标准化网页中引入了框架系统后，越来越多的网站在以分栏的形式编排文字，分栏的多少可以根据文字内容而定。利用分栏，将不同的文字内容安排到固定的、适合的板块中，使页面文字更加井然有序。使用分栏、分块虽然会出现千篇一律的现象，但是作为网页设计师，就是要在有限的约束条件之内充分发挥自己的想象力和创造力。例如，将网页的新闻标题垂直安排在页面的右边；在段落的开头使用首字下沉等方式。这样可以在网页固定的编排模式下带来新地变化。

（5）编排的视觉流程

在网页文字的编排制作中，还应考虑页面文字的视觉流程，区分文字内容的主从关系。浏览者的视线同一时刻只能停留在一个点。因此，合理地编排网页的流程，可以通过为页面中重要文字、重要词汇添加样式、统一风格，有助于网页的整体协调和美观。还可以为文字段落的开头部分设置统一的提示符号，内容结构更清晰，避免版面的杂乱，如图10-10所示。

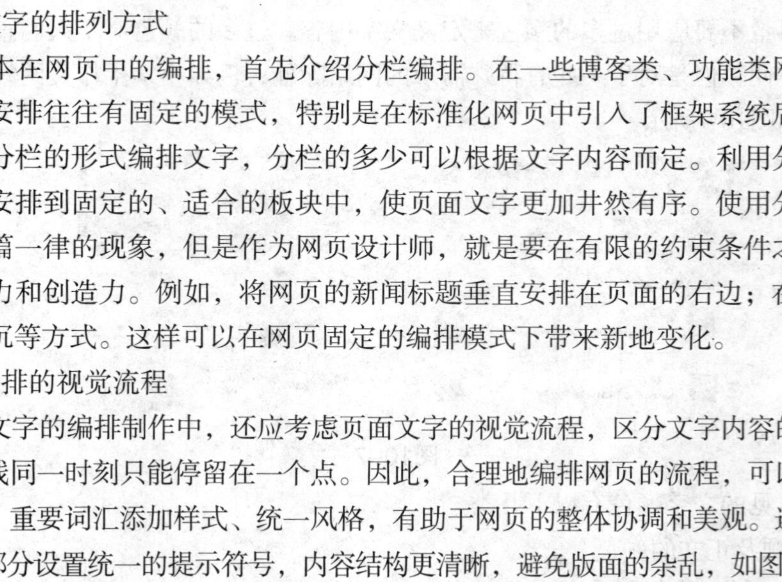


图10-10

## 10.2.2 图像要素

图像在网页界面中起着十分重要的作用。用户在浏览网页时，常常会因为一幅图而引发兴趣，从而去了解相关内容。在很多网页中，图像占据着页面的重要位置，有的甚至占据了整个页面。在视觉顺序上，图像优先于文字内容，图像往往能首先吸引人们的注意力。现在几乎所有的网页都用到了图像。善用图像，可以生动、形象、直观地表达网页的主题，增强网页的宣传力、号召力和感染力，吸引浏览者的注意，引起浏览者的兴趣。

图像的应用必须完全符合网页的主题，并具有鲜明的个性，使主题与表现两者统一，有利于信息的传达。

网页中所使用的图像，多数使用JPG和GIF两种格式。这两种格式除了具有高压缩比、利于浏览和下载快的优点外，还具有跨平台的特性。不管浏览者使用何种操作系统或浏览工具，都可直接从浏览器上看到这两种格式的图片。

图像在网页排版中的运用主要有以下形式：方形图、退底图、出血图以及这3种形式的混合应用。

### 1. 方形图

方形图是网页设计中最常见的图片形式，利用数码相机、扫描仪等途径获得的图片大多是方形图，这种图片形式在进行编排时比较自由灵活，构成的页面比较端庄、稳重、大气。方形图将主体形象与环境共融，完整地传达主题思想，富有情节性，益于渲染气氛。配置方形图的版面，有稳重、严谨和静止感。

图像的形状、外形不同，表达的含义也有所不同，方形稳定、严肃，三角形锐利，圆形或曲线柔软亲切。如图10-11所示。

图10–11

### 2. 退底图

退底图就是将图像中的背景去掉，仅留下主题形象。退底图由于去除了外界环境仅保留画面的主体，因此，给人的视觉冲击更明确，给人印象更深刻。网上卖场所制作的名人代言宣传广告，时尚流行类的网站等，如果合理地应用退底图像将使页面主体表达更凸显、更活泼，动态十足。如果再搭配精美的文字，图文结合就更完美了，如图10-12所示。

图10–12

### 3. 出血图像

出血图就是图片边缘充满整个版面而不露出边框，有向外扩张和舒展之势。这种类型的图像由于不受边框限制，因此，感觉上与人更加接近，便于情感与动感的抒发。一般用于网站的首页或页面的主图，视觉冲击力强，能很快吸引浏览者的眼球，如图10-13所示。

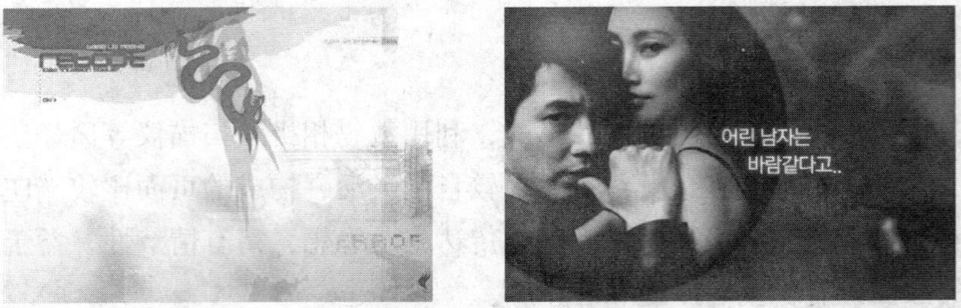


图10–13

## 10.2.3 装饰物要素

网页中的修饰物是网页设计中最特殊、变化最多、应用最多的页面元素。这些修饰元素包括：一个小圆点、一个尖角引导符、按钮、导航条及导航条上的前导修饰、用户自定义的图形项目符号等内容。这些元素虽然“渺小”，却是反映一个网页设计师是否注意网页细节设计的关键。评价一个网页设计得是否优秀和精细，可通过以下几个标准进行判别：

（1）是否注意到装饰物的装饰作用。

（2）装饰物是否符合所装饰的板块区域。

（3）装饰物的色彩搭配是否符合整个页面的风格要求。

（4）装饰物的数量是否恰到好处，如果太多的修饰，页面内容将被埋没。

（5）装饰物与被装饰的对象之间的比例安排是否合理。

图10-14所示的导航图标，修饰图像和栏目标题的有机结合，很好地体现了页面的整体风格。另外，这些修饰物虽然在色彩和样式上多少有些变化，但是都采用了相似或相近的颜色。尽管这些修饰物很简单，正所谓越简单的东西，越需凝聚设计师更多的心血。

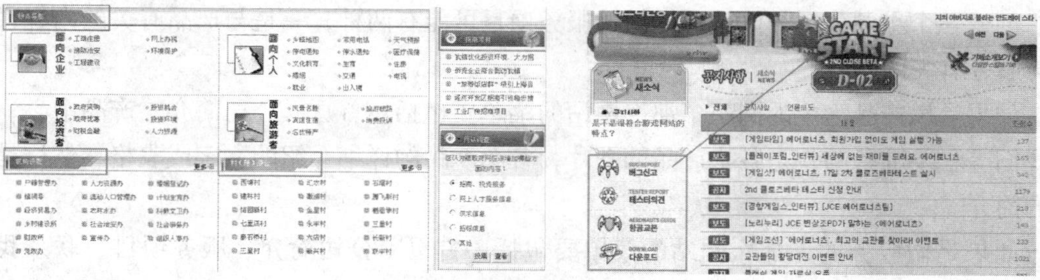

图10-14

图10-15所示的修饰色块虽然形状有所区别，却包含了某种引导和呼应。修饰物很好地融入了页面的整体中，完美地起到了修饰作用。试想如果丢弃这些修饰物，整个页面将是多么枯燥和无味。

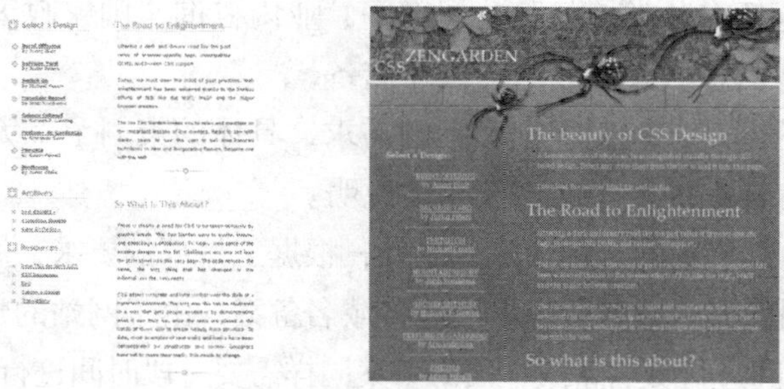


图10-15

# 10.3 规划页面

要建设自己的网站，首先要明确网站的主题和设计风格，也就是希望将网站最终做成什么样的外观效果；其次，要合理安排网站的栏目和结构，本节主要为大家讲解如何对页面进行合理规划。

## 10.3.1 整理资料

要设计一个网站，必须有网站的首页、logo、公司的业务介绍、产品或服务的介绍图片及文字说明、所注册的域名等内容。有了这些基本的资料，还需要明确浏览者在网站上看到什么东西，得到什么服务。最后，在这些明确的目标指引下精心策划网站的栏目、整理对应的资料。这样不仅能够提高制作效率，还可避免网站内容散乱，丧失针对性。

资料的内容要清晰完整。在进行资料整理时，可以按照栏目名称建立相应的文件夹，然后每一个文件夹内放置对应的文字、图像、声音、动画、视频等资料。

如：公司概况栏目，就对应一个文件夹，这个文件夹里把公司简介、联系方式、文化理念、企业荣誉、资质等文字和图片归档放在一起。

对于文字内容，一般以Word形式进行整理，图像以GIF或JPG格式提供，这样有利于直接应用于网站项目。当然，前提是已经用Photoshop、Flash等工具软件进行了前期的处理和优化。

创建一个小型公司的网站，提供的服务项目可能有两种，一是与产品有关的内容，二是与服务有关的内容。

如果是以产品为主的网站，那么网站的菜单要包括：首页、公司简介、产品中心、联系我们等。要准备的就是各个产品的图片，各个产品的详细介绍的文字或表格，然后是公司的简介。

如果是做服务的，那么网站的菜单要包括：首页、公司简介、服务项目、联系我们等，与以产品为主的网站菜单差不多，区别在于产品这一块，把它变成服务项目的介绍，然后，是分门别类地整理资料。

创建一个中型公司的网站，除去准备以上的资料外，还应该准备更详细的分类资料，比如公司介绍里面可能加入若干个子菜单，包括公司简介、组织机构、企业理念。然后是新闻中心，里面可能还有分类，如：公司新闻、业内咨询、国家政策等，其次是“人力资源”栏目，包括招聘信息、人才战略、人才储备。

创建大型公司的网站，就要根据实际的需求，具体的策划了。大型商业网站的建设，从战略到模块都要有详细的电子文档及相关说明。

以上介绍的是内部资料的整理，除此之外，根据工信部的要求，所有网站都要进行网站备案，当公司申请到所需的域名后应尽快地将域名备案，由于网站的建设和制作需要一段时间，可以利用这段时间进行域名备案，因为备案同样需要一段时间进行信息的提交和审核。

网站备案必须把《网站备案信息真实性核验单》原件、主办单位证件、域名证书等复印件一起邮寄上报当地指定的域名备案管理机构。在邮寄以上资料之前，需要先在指定的域名服务系统内提交电子版的信息，然后当地域名备案机构收到了资料就开始审核备案了，只要资料正确无误，接下来就是等待审核的结果了。这样网站制作完成后，就可以顺利地上传到网上了。

## 10.3.2 分析目标对象

在介绍网页构成要素时，讲解了文字、图像、色彩等。这里所要讲解的是具体到页面中的模块分析。

### 1. 确定栏目板块的位置

在页面中，按照浏览的主次，将页面分为主要区域、二级区域、中心区域、页眉区域、页脚区域、公告栏区域、友情链接区域等。如图10-16所示。

图10-16

例如，一个商业性的网络推广网站，它的页面中每一寸空间其价值各有不同。位置不同，广告的推广价位也不同。

另外，企业制作网站，是希望对外传达一定

的内容，主要内容就应该放置在主要位置，例如页面的左上角、页面的正中心位置等。在用户浏览页面的第一时间将迅速看到网站所要传达的信息。

### 2. 确定板块的面积

如果一个栏目板块在页面中很重要，但是所占用的面积却很小，那么很容易出现被其他内容所淹没的现象，因此，重要的信息也要合理占用页面的空间。注意，并不是绝对的大或小，而是占用适当的空间。

合理安排空间可以依照如下的方法进行。

（1）照顾到页面编排的美观程度，如果必须将主要板块的占用面积缩小，那么可以在有限的空间内利用动画或色彩加以突出显示；或者利用精简的、大字号的文字说明突出显示。

（2）对于内容比繁琐且信息比较多的板块，可以利用图像来代替，然后通过添加热区超链接来链接详细的内容。

（3）为了突出内容板块的特点，可以适当的追加一些与栏目相吻合的修饰物，以区别于周围其他的板块内容。

## 10.3.3 设置页面板块

页面板块的设置要保留一定的可扩展空间，以便于后期对网站进行改版和升级。

页面的板块设置要注意以下两点。

首先，页面板块的设置，是根据网站的整体策划后所确定的，因此在具体设置时，要考虑到页面信息更新的便捷性和高效性。每一个能够吸引浏览者的网站都希望它的信息是在第一时间为大家呈现。

其次，在信息化大潮中，网站的改版不可避免，因此每一个板块的设置都应当保留详细的信息，以便在内容改版时有所依照。笔者的一个同事就出现过这样的问题：由于网站在制作时没有恰当的为每一个板块设置注释信息，当客户的网站出现问题时，面对大量的页面代码无法快速找到问题的症结。

## 10.3.4 修改与细化页面板块

页面板块设置完成后，还不要急于展开设计，再次打开事先绘制好的网站结构规划图进行详细的研究，考虑是否还需要进行如下的工作。

（1）是否还需要为板块添加必要的修饰物。

（2）板块的位置和色彩是否还可以更加明确。

（3）动画设置的数量是否最恰当。

当然，网站结构不同具体的细节修改也可能有所不同，以上仅是经验之谈，希望能为大家提供一些微小的帮助。

好了，网页设计的各个环节的讲解就告一段落了，从第11章开始进入综合演练阶段，让我们一起再加油，继续努力。

# 读书笔记

第11章

# 11 门户网站的策划与设计

门户类网站的内容通常比较丰富，板块设置也比较多，但是在结构设计及风格设计上相对较为单一，主要通过页面的布局体现页面内容的主次之分。本章通过一个新闻信息类的门户网站制作，为大家系统讲解如何进行网站的前期策划、如何利用Photoshop设计网站的效果图、如何利用Flash制作网站中的动画效果、如何运用DIV+CSS实现页面的布局安排及如何为页面添加特效修饰等内容。通过本章学习，希望大家能够深刻理解如何实现Photoshop与Flash及“DIV+CSS”三者之间的综合应用。

本章的重要知识点包括

- 如何进行行业分析和内容分析
- 如何制作网站的首页效果图
- 如何正确将网站效果图进行优化输出
- 如何利用Flash制作网页动画
- 如何利用DIV+CS实现页面布局
- 如何追加网页特效
- 如何对页面进行兼容性检查
- 如何进行网站内页的制作

## 11.1 行业分析

门户网站，最大的特点就是利用互联网信息资源，具体指向某一行业、领域并提供相关的信息服务的应用系统。但随着信息技术的不断进步，市场竞争越来越激烈，门户网站行业近年来不得不推出各种新型的业务，通过门类众多的业务和服务来吸引用户。比较有代表性的综合性门户网站有新浪、搜狐、网易等。用户可以利用其提供的免费邮箱、影音信息、聊天室、电子商务、铃声下载、资料搜索等业务，这样有效地保证了综合性门户网站的浏览者和用户群体。

当然，除了以上提到的综合性门户网站，还有很多专业化的门户网站，这类网站主要集合某一领域的资源和重要信息，利用网络平台为浏览者服务，例如：政府门户网站、旅游类门户网站、商业信息及法律咨询类门户网站、建筑建材类门户网站等。

大型综合门户网站及指向某一行业的门户网站构成了门户网站行业的主力军。

门户网站应该主要体现出以下几个方面：

### 1. 栏目丰富，内容全面

门户类网站栏目众多，信息量大，涉及的行业众多，每一行业都能提供比较专业的信息和资讯

### 2. 合理完善的会员制度和高效的免费服务

会员是门户网站中不可缺少的资源，门户网站通过提供免费的电子邮箱、博客、空间等手段来吸引会员的申请和加入，同时门户网站又可以利用本身所掌握的强大的行业资讯为广大会员提供各种个性化的服务，这样无形中就增加了会员对网站的忠诚度和依赖感。

3. 提供个性化、多样化的网络广告服务

广告是门户网站收入的主要来源之一，所以门户网站可以利用各种网络技术针对不同的栏目、板块、时间段为客户提供广告服务。广告的主要形式包括文字链接、图像链接、Flash动画等。

如果读者朋友想策划、制作一个成功的门户网站，希望以上分析可以为您提供一点参考。

# 11.2 内容分析

门户类网站的内容一般比较丰富，所涉及的目录板块也比较多，所以在制作之前一定要合理地规划各部分的组成，从而使得网站在制作和维护过程中能够最大限度地简便化。因此在制作时笔者按照“行”的概念来制作，即网页内容从上到下、从左到右将网站分成几个大的模块，然后在每个模块中再依次构建各个模块的内容。这样制作的优点是每个模块的尺寸是固定的，而对于其包含的子栏目的宽度也仅仅是在内部进行修改和设计。

基于以上分析，本网站确定以能够表现出明快、简洁的蓝色为主风格，同时为了增加各模块之间的区别和避免页面的单调性，分别采用了不同的色块来区分。

网站的结构从上到下分为顶部页眉部分、主体部分、页脚部分3大块。分别对各个模块的内容做出展示，最终效果如图11-1所示。

图11-1

# 11.3 制作过程

了解了网站的策划及内容的分析，接下来就是设计师按照分析展开具体的设计工作了，本节主要为大家讲解如何实现网站首页效果图的制作。

## 11.3.1 制作首页效果图

使用Photoshop进行网页效果图制作是网页设计工作的第一步，对于一些经常用到的设计技巧和制作要求，必须牢记在心。

首先要注意网页尺寸与分辨率。如果使用960网格系统，那么网页文档宽度一般为960像素或1020像素，分辨率为72像素，内容不宜超过3屏。其次对于颜色，网站背景颜色与文件颜色要协调统一，不宜过多，太多的颜色将扰乱浏览者查找信息的思路。导航字体一般使用通用体，如黑体、宋体等，正文一般用宋体，这样更容易为浏览器所兼容。如果为增强页面效果用到特殊的字体，应在Photoshop中将特殊字体进行栅格化处理，然后裁切为图片，字号的大小一般为10点较适合，字体的颜色设置要照顾整个页面效果。对于布局模式，一定要兼顾到Dreamweaver对页面布局的要求，否则会出现效果图与最后的网站布局的偏差，造成不必要的麻烦和损失。对于图文混合排列，一定要考虑到网站的行业和目的及浏览者的嗜好，另外，图片要按一定的空间进行和谐分布。图片不能离页边太近，大小要合乎美学原则，如果图像太大可以采用略图的方式进行处理。最后，对于参考线可以先用水平参考线将网页分成几大板块，然后再用垂直参考线将每个板块按设计要求分为几个小板块进行总体的调整。当对象需要平整排列时，可使用“视图”→“对齐到”→“参考线”命令将对象对齐。

现在，来制作“古城资讯”网的首页效果图。主要操作步骤如下：

1 执行“文件”→“新建”命令，创建一个宽1020像素，高1350像素的空白文件，色彩模式设置为RGB模式，分辨率设置为72像素。

2 单击图层面板上的“创建新组”按钮，依次创建5个图层组，分别命名为顶部、logo、导航、主体、页脚，制作完成后图层面板如图11-2所示。

3 执行“文件”→“打开”命令，打开光盘目录下的“素材\第11章\CSS框架”文件，利用“移动工具”直接将其拖曳至新建的网页文档中，更改“CSS框架”文件夹中“24colGird”组的透明度为30%，如图11-3所示。

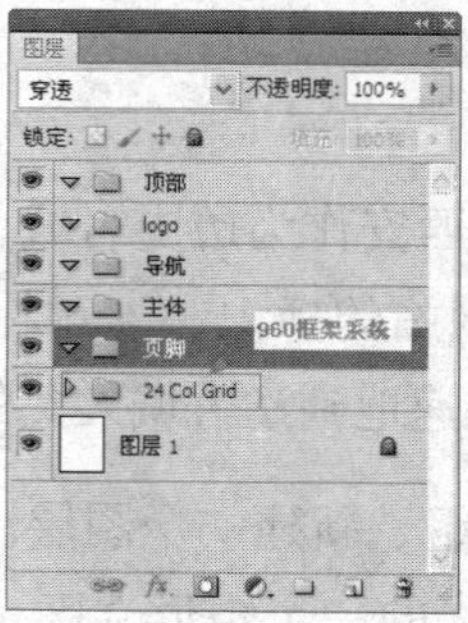

图11-2

图11-3

4 用鼠标拖曳到水平标尺确定一个框架区域，然后执行“视图”→“对齐到”→“参考线”命令，将对象对齐。这样网页的基本结构就完成了，下面进入具体制作阶段。

## 11.3.2 制作页眉区域

所谓页眉，也就是网页开始的顶部区域，主要用于放置用户的一些登录信息及提示菜单。主要操作步骤如下：

1 选择“顶部”图层组，单击图层面板上的“新建图层”按钮，新建一个名称为“登录”的图层，设这前景色为# e2e2e2。

2 选择工具箱中的“矩形形状工具”，绘制一个宽950像素，高30像素的形状。然后单击工具箱中的“文本工具”，设置字号为10点，字体为黑体，颜色为黑色，分别在形状区域上进行文本输入。选择“矩形工具”，绘制出两个矩形选区，执行“编辑”→“描边”命令，用# 9a9797进行描边。

3 选择工具箱中的“铅笔工具”，将前景色设置为黑色，铅笔的直径设置为1像素，在描边的矩形区域的上方和左方进行绘制，制作出具有立体效果的“表单”，如图11-4所示。

图11-4

**4** 执行“文件”→“打开”命令，将光盘目录下的“素材\第11章\按钮”文件放置在“表单”的后面。

**5** 用类似的方法添加“加入收藏”等内容，最终效果如图11-5所示。

图11-5

## 11.3.3 制作内容区域

页面的内容区域是整个页面的主体部分，本节为大家讲解如何制作自上而下的网站效果图。

### 1. 制作网站logo

logo的创意与设计：西安作为历史名城，最具有代表性的莫过于城墙了，故而采用了古城墙的垛口形状作为网站的标识，寓意在现代化网络飞速发展的今天，各种先进的技术、资讯、文化都可以快速地到达古城人民的面前。

**1** 选择“logo”图层组，新建一个图层。选择工具箱中的“矩形工具”，绘制一个宽220像素，高35像素的一个矩形选区，在选项栏中设置选区模式为“相减”。设置前景色为#1c83d2，按Alt键并拖动形状，将形状移动并复制操作，如图11-6所示。

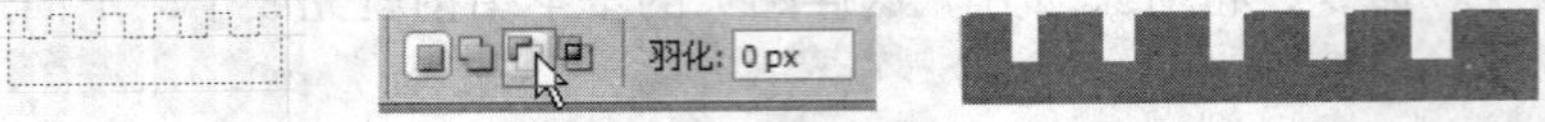


图11-6

**2** 选择工具箱中的“文本工具”，设置字号为45点，字体为黑体，输入文本“古城资讯”。执行“图层”→“图层样式”→“投影”命令，在弹出的对话框中为文本添加投影效果。用类似的方法完成其他文本的输入和投影效果的添加，如图11-7所示。

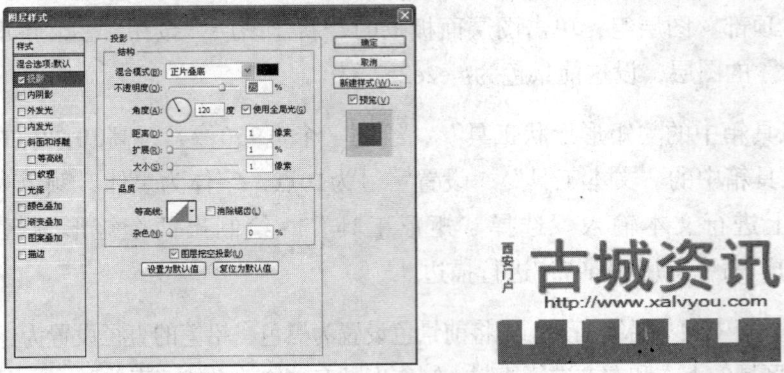


图11-7

**3** 执行“文件”→“打开”命令，打开光盘目录下的“素材\第11章\banner”文件，利用“移动工具”将其拖曳至新建的网页文档中，并调整位置如图11-8所示。

图11-8

## 2. 制作导航菜单

**1** 选择“导航”图层组，新建一个空白图层，命名为“导航”，选择工具箱中的“矩形选区工具”，绘制一个宽950像素，高55像素的矩形选区。

**2** 执行“编辑”→“描边”命令，用#2a85c3为选区进行描边，选择工具箱中的“渐变工具”，为矩形选区添加由#5cc4fc到#0b87dd的垂直线性渐变效果，如图11-9所示。

图11-9

**3** 新建一个图层，命名为投光，选择工具箱中的“多边形选区工具”，绘制一个三角形选区。执行“选择”→“修改”→“羽化”命令，为选区添加羽化效果，羽化值为15像素。

**4** 执行“选择”→“修改”→“收缩”命令，将选区收缩5像素。按Ctrl+C组合键将内容复制，然后按Delete键将选区内容删除，连续2次按Ctrl+V组合键将内容粘贴，按Ctrl+T组合键，将内容进行缩放并调整位置最终效果如图11-10所示。

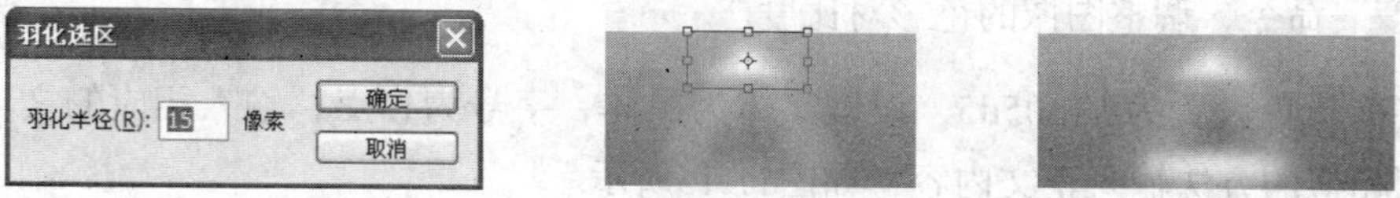


图11-10

**5** 选择工具箱中的“文本工具”，设置字体为黑体，字号为16点，依次输入菜单导航的文本内容最终效果如图11-11所示。

图11-11

## 3. 制作主体

**1** 选择“主体”图层组，新建一个图层，由于使用了960框架系统，所以执行“视图”→“对齐到”→“辅助线”命令，然后将前景色设置为# 4c8cad。

**2** 选择工具箱中的“矩形选区工具”，分别绘制出各个板块的轮廓。执行“编辑”→“描边”命令，为所绘制的边框选区用# 4c8cad进行描边。如图11-12所示。

3 设置前景色为# ffbbbb，选择工具箱中的“矩形选区工具”，绘制一个宽230像素，高29像素的矩形选区。执行“图像”→“调整”→“色相/饱和度”命令，将所选择区域进行色调调整，具体操作如图11-13所示。

图11-12

4 执行“文件”→“打开”命令，打开光盘目录下的“素材\第11章\图标.psd”，利用“移动工具”将其拖曳至新建的网页文档中并调整位置，选择工具箱中的“文本工具”，设置字体为黑体，字号为12点，输入相应的文本内容，如图11-14所示。

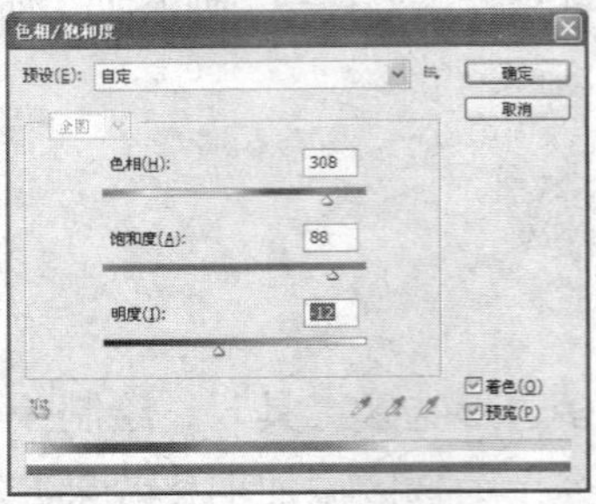


图11-13

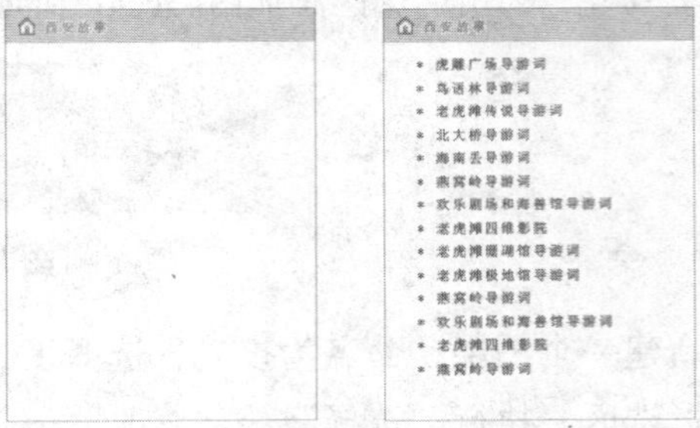

图11-14

5 执行“文件”→“打开”命令，打开光盘目录下的“素材\第11章\大明宫.jpg”文件，利用“移动工具”将其拖曳至新建的网页文档中并调整位置。执行“图像”→“调整”→“色阶”命令，调整图像的明暗程度。执行“图像”→“调整”→“亮度/对比度”命令，调整图像的色彩对比度。

6 将前景色设置为# fb05d5，设置字体为黑体，字号为14点，输入相应的文本内容。用相似的方法输入正文内容，如图11-15所示。

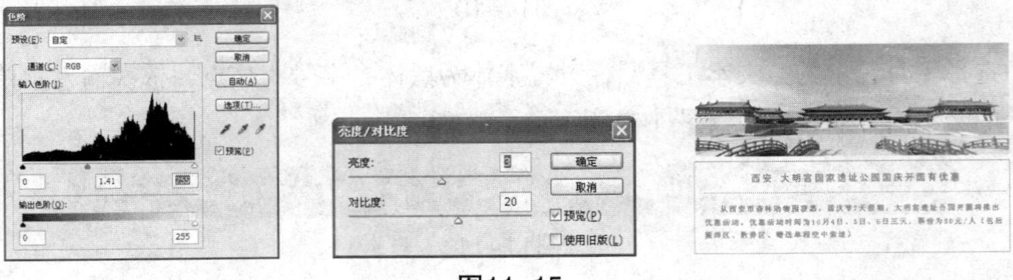


图11-15

7 利用类似的操作完成右边部分的内容制作。

8 执行“文件”→“打开”命令，打开光盘目录下的“素材\第11章\banner2.jpg”文件，利用“移动工具”将其拖曳至新建的网页文档中并调整位置。选择“横排蒙版文字”工具，设置字号为30点，字体为“粗黑”，输入www.xiannet.net，选择渐变工具，为蒙版区域创建# b27d0a到# 684905的垂直渐变效果。

9 执行“图层”→“图层样式”→“描边”命令，为文本添加2像素的白色描边效果，如图12-16所示。

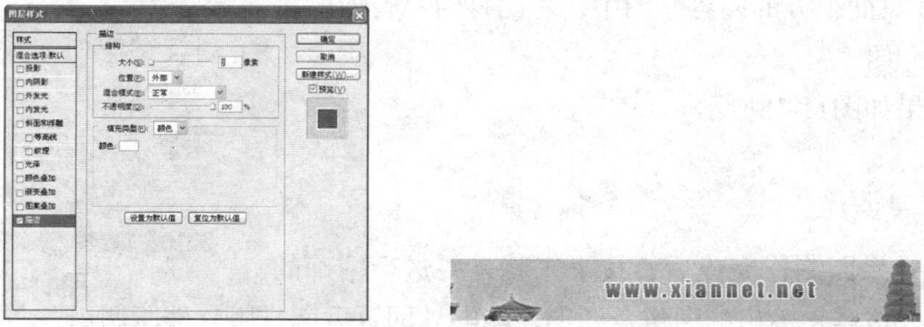


图11–16

10 用类似的方法完成主体部分其他内容的制作。

11 对于图片部分，执行“图层”→“图层样式”→“描边”命令，为图像添加宽度为1像素，颜色为灰色的描边效果即可。

## 11.3.4 制作页脚区域

页脚区域就是网页的底部区域，该区域通常用来放置网站的联系方式及备案信息等内容。主要操作步骤如下：

1 选择“页脚”图层组，新建一个空白图层，选择工具箱中的“矩形选区工具”，绘制一个宽950像素，高55像素的矩形选区，然后选择渐变工具制作从#53b7fc到#41aefa的垂直线性渐变效果。

2 选择“文本工具”输入相应的版权信息完成最终的制作。

3 完成后将960框架系统的透明度更改为80%，通过对比，可以发现页面中各个模块与框架系统的边缘完整的对齐，这样的操作有利于后面开展页面的布局排版制作如图11-17所示。

图11–17

## 11.3.5 制作内容页面

内容页面的制作应该与主页面在风格上保持一致，但为了突出本模块的特征，设计时，可以在板块构成上进行适当的变化，明确网页的针对性。在广告banner制作上，为了突出本模块的特征，采用具有强烈冲击效果的焦点事件作为页面的banner。本案例的内页变化主要体现在以下几个方面：

（1）板块的分栏由主页的三栏式更改为两栏式，左边部分是内容部分，右边部分是

一些局部热点及图片浏览介绍等内容

（2）广告banner为了体现出板块的明确特征，采用了视觉比较强烈的大文本字号。

（3）在页面下方的内容介绍中，专门针对本行业的机构进行突出介绍。

最终效果如图11-18所示。

图11–18

## 11.3.6 网站效果图及优化输出

网站的效果图制作完成后，接下来就是要进行精确的裁切及输出，这样，输出的图像及图形才能够被网页后期排版软件所调用。主要操作步骤如下：

**1** 执行“文件”→“打开”命令，打开光盘目录下的“素材\第11章\门户网站.psd”文件。执行“视图”→“对齐”→“对齐到辅助线”命令，保证在制作切片时不出现白边等现象。按Ctrl+R组合键，将标尺打开，依次用鼠标移动水平和垂直方向上的标尺，绘制参考线以便制作精细的切片。

**2** 用工具箱中选择“测量工具”，分别在标题部分的垂直方向上和水平方向上进行测量，使用切片的固定大小。设置指定宽度的像素和高度，这样就可以精确地切割网站的各个元素了，将切片和被切对象对齐，切的时候要小心，避免切片之间重叠。

**3** 由于文本部分经常更新，所以在进行切片输出前关闭文本内容所在的图层，仅保留一些标识类的文本或需要在网页中显示的特殊字体的内容。

**4** 小图标在进行切割时可将其放大一定的倍数再进行裁切。

**5** 按照以上的操作要求最终的切割效果，如图11-19所示。如果读者觉得效果比较繁杂，可打开光盘参看源文件效果。

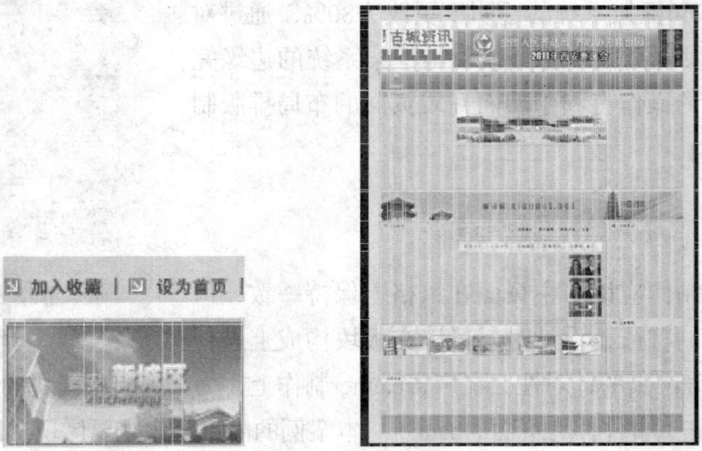


图11–19

# 11.4 利用Flash制作网页动画

效果图制作完成后，接下来需要按照所输出的图像及图形尺寸制作精准的动画效果。在制作动画时一定要小心，避免尺寸不符影响后面的页面编排。

## 11.4.1 制作网页banner动画效果

制作思路：本案例使用遮罩动画制作标识的切换，使用传统补间动画制作各个画面之间的切换，及文字的动画效果，使用影片剪辑制作背景动画和光照效果。

主要操作步骤如下：

1 启动Flash，新建一个宽720像素，高120像素的空白文档。依次在时间轴上创建名称为“背景”、“遮罩”、“文本”、“影片剪辑”4个层。

2 执行“文件”→“导入”命令，将光盘目录下的“素材\第11章”中相应的素材导入到库中，如图11-20所示。

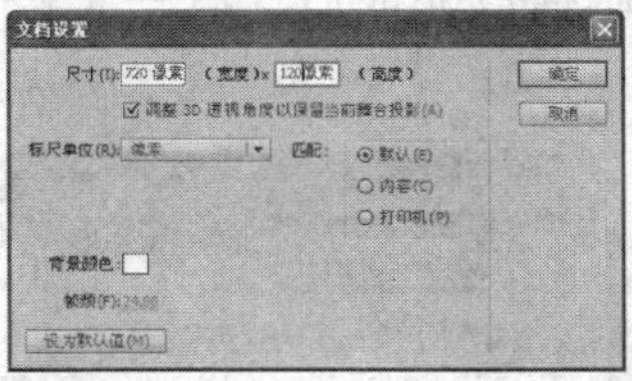
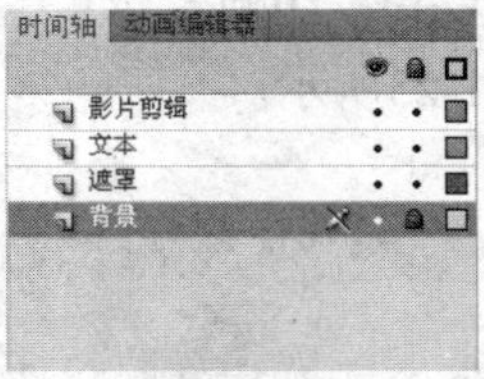


图11-20

3 按F11键，打开库面板，将“草”地拖曳到舞台，并调整与舞台对齐。选择“遮罩”层将“世园会logo”拖曳到舞台，执行“修改”→“转换为原件”命令，将其转换为影片剪辑原件。

4 打开属性面板，在“滤镜”下拉菜单中为原件添加外发光效果，具体设置如图11-21所示。双击该影片剪辑原件进入影片剪辑编辑状态。

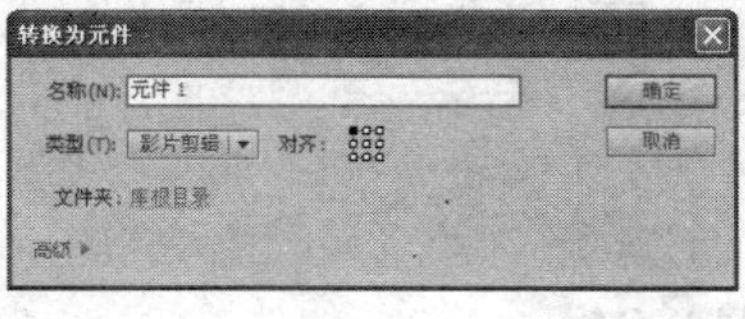

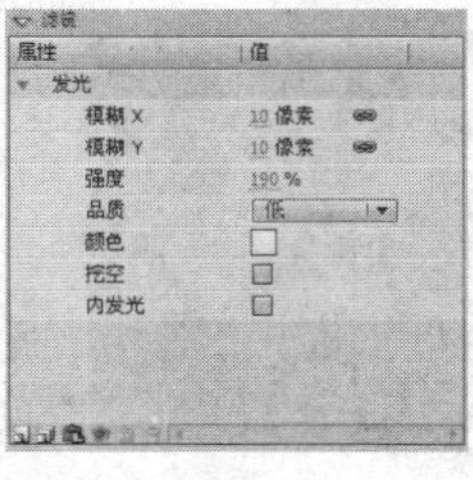


图11-21

5 新建一个图层，命名为“遮罩”，选择工具箱中的“矩形工具”，绘制如图11-22所示的形状。选择第30帧，按F6键插入关键帧，单击鼠标右键为该形状制作“传统补间动画”效果，同时将所绘制的形状“世园会logo”完全遮盖。

6 将鼠标拖曳至第70帧，按F5键，这样动画播放完成后，有一个停留等待的延迟时间。

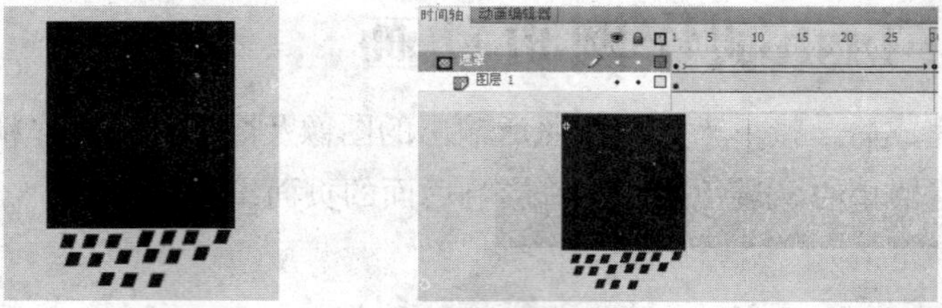


图11–22

**7** 单击“场景1”回到主场景中。选择“文本”层，执行“插入”→“新建元件”命令，创建一个名为“遮罩文字”的影片剪辑。选择工具箱中的“文本工具”，输入相应的文本内容。

**8** 新建一个图层，命名为“遮罩”，选择工具箱中的“矩形工具”，在文本的左边绘制一个矩形，大小以能够完全遮盖文本内容为宜，选择第30帧，按F6键插入关键帧，将该形状移动并完全遮盖文本内容，单击鼠标右键为该形状制作“传统补间动画”效果。

**9** 将鼠标拖曳至第70帧，按F5键，这样动画播放完成后，有一个停留等待的延迟时间，如图11-23所示。

图11–23

**10** 执行“插入”→“新建元件”命令，创建一个名为“发光”的影片剪辑。打开库面板，将“光”素材拖曳到舞台并调整大小，分别在第40帧、第55帧处插入关键帧，并制作“传统补间动画”。

**11** 选择第1帧，打开库面板，将透明度（Alpha）更改为100%，更改“旋转”为“顺时针”，选择第40帧将透明度（Alpha）更改为0%，如图11-24所示。

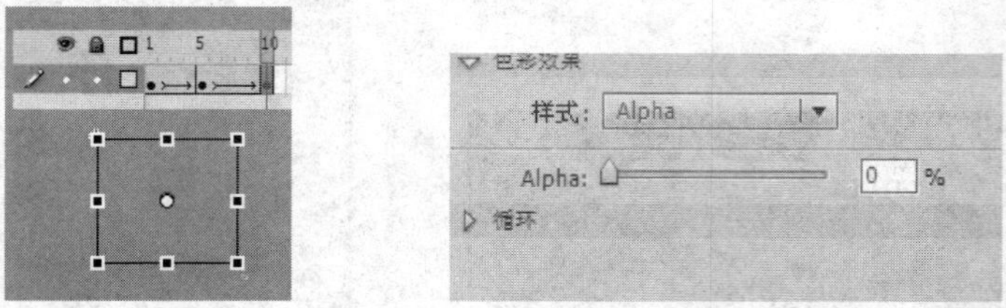


图11–24

**12** 单击“遮罩文字”，新建一个图层，命名为“发光”，将“光”的透明度（Alpha）更改为30%，按Ctrl+C组合键将其复制，分别在第4帧、第6帧、第9帧、第11帧、第12帧、第14帧、第16帧、第18帧、第20帧、第22帧、第24帧、第26帧、第28帧、第30帧处进行粘贴，这样遮罩经过时就会出现旋转的光效果，如图11-25所示。

图11–25

**13** 打开库面板，将“和谐”拖曳到舞台中，并调整1大小和位置，选择“影片剪辑”层将“光”拖曳到图像中灯笼的上方，调整1大小和位置，打开属性面板，将“色调”更改为如图11-26所示，并在“滤镜”中为其添加模糊效果，将透明度（Alpha）更改为50%，如图11-27所示。

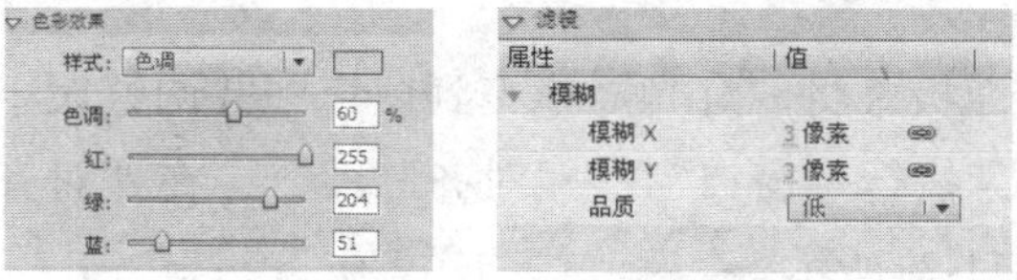


图11–26

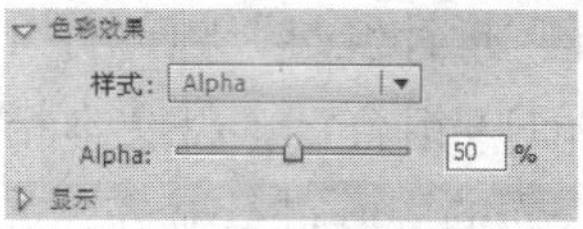


图11–27

**14** 打开库面板，依次将制作的各个元件拖曳到主场景中相对应的层上，并调整位置和大小，最终效果如图11-28所示。

图11–28

## 11.4.2 制作导航动画

导航是一个网站的向导，它可以很好地引导浏览者进行内容的浏览。制作导航动画的方法有很多，例如，可以运用CSS效果制作，也可以运用JavaScript语言编写。本节主要为大家讲解如何运用Flash技术实现导航动画的制作。主要操作步骤如下：

**1** 新建一个宽950像素，高55像素的空白文档，选择工具箱中的“矩形工具”绘制一个与舞台大小相等的矩形，选择“渐变工具”，为矩形选区添加由# 5cc4fc到# 0b87dd的垂直线性渐变效果，选择“墨水瓶工具”，用# 2a85c3为轮廓进行描边，如图11-29所示。

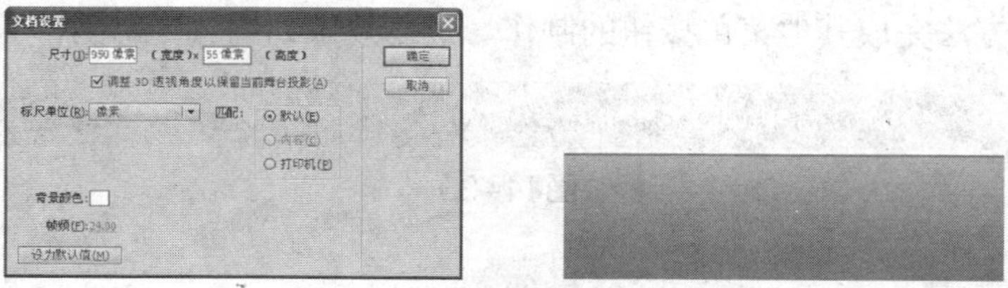


图11–29

**2** 执行“文件”→“导入”命令，将光盘目录下的“素材\第11章\灯光”文件导入库中。新建一个图层，命名为“按钮”，执行“插入”→“新建元件”命令，创建一个名为“菜单按钮”的按钮元件。

3 选择“弹起”帧，在工具箱中选择“文本工具”，将设置字体为黑体，字号为14点，输入“网站首页”。打开属性面板，为文本添加链接，按Ctrl+C组合键将其复制。如图11-30所示。

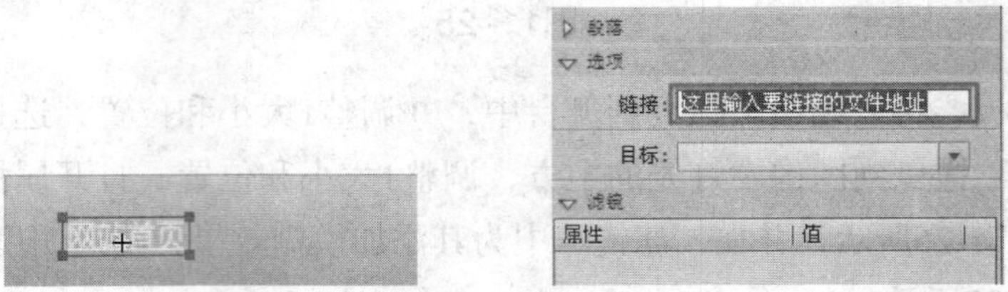


图11-30

4 选择“指针经过”帧，打开库面板，将“灯光”拖曳到窗口中并调整大小和位置。按Ctrl+V组合键，将文本粘贴，执行“窗口”→“对齐”命令，在“对齐”面板中将文字和灯光的中心进行对齐，如图11-31所示。

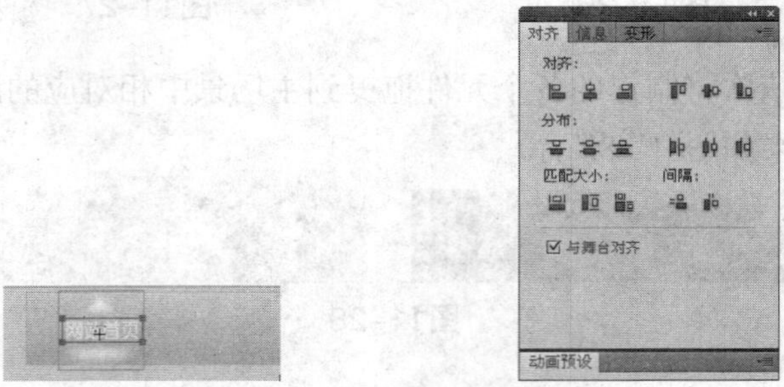


图11-31

5 选择“按下”帧，将“灯光”的色调更改为如图11-32所示的设置。单击“场景1”回到主场景中，打开库面板，将按钮拖曳到适当的位置。

图11-32

6 用类似的方法完成其他菜单按钮的制作。最终效果如图11-33所示。

图11-33

## 11.4.3 制作修饰动画

细小的修饰动画在制作时，一定要注意动画效果与页面整体的协调性，协调性主要通过色彩、文字及背景底纹来体现。

## 11.4.4 制作横栏动画

横栏动画也是网页中常见的一种网页动画，它的特点是宽度与页面的总宽度相同，因此在制作时一定要注意精确地设置动画文件的尺寸。主要操作步骤如下：

1 启动Flash CS5软件，执行“文件”→“打开”命令，打开光盘目录下的“素材\第11章\main_banner.fla”文件。

2 执行“插入”→“新建原件”命令，创建名称为“元件1”的影片剪辑。按F11键，打开库面板将影片剪辑元件“光”拖曳到舞台中并调整位置。将光标定位在第100帧处，按F6键插入关键帧并创建传统补间动画，选择“光”将其水平向右移动一定的距离。如图11-34所示.

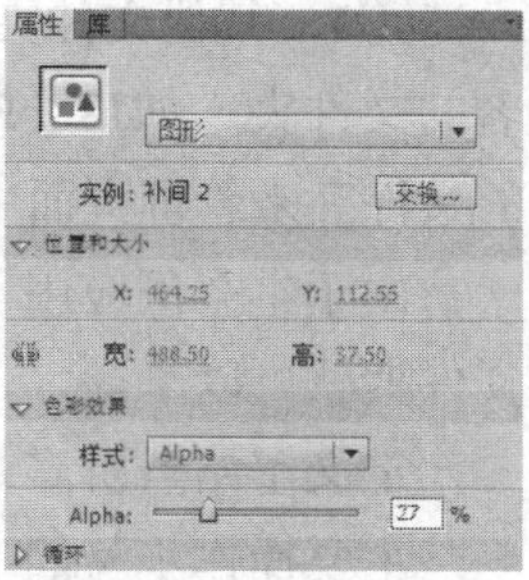


图11–34

3 单击“场景1”，回到主场景中，打开库面板，将“元件1”影片剪辑拖曳到舞台的适当位置。

4 新建“图层2”，选择“文本工具”，打开属性面板，将设置字体为黑体，字号为60点；颜色为红：145，绿：90，蓝：0，然后输入文本内容“www.xiannet.net”。

5 执行“修改”→“变形”→“垂直翻转”命令，将文本内容垂直翻转，单击第50帧，插入关键帧并创建传统补间动画，单击第100帧插入帧以便动画播放实现一定的延迟。选择第1帧，将文本内容适当下移。打开属性面板，将透明度（alpha值）更改为27%，如图11-35所示。

6 用类似的方法制作文本的下落的动画效果，这样就实现了文本下落的同时阴影上移的动画效果。

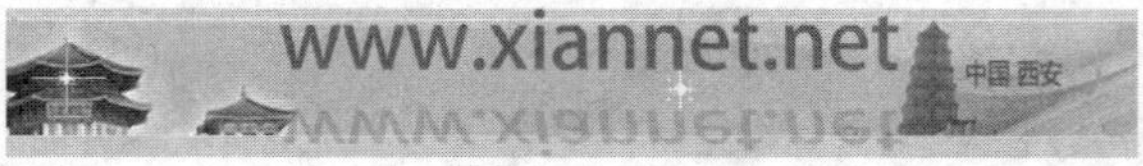


图11–35

7 新建“图层4”，单击第101帧，选择“文本工具”，输入相应的文本内容，单击第140帧插入关键帧并创建传统补间动画效果。选择第101帧，打开库面板，将透明度（alpha值）更改为0，这样就是完成了页面横栏动画的效果。按Ctrl+Enter组合键预览效果，如图11-36所示。

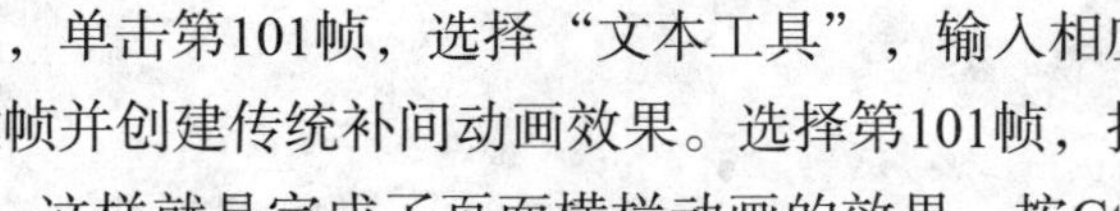


图11–36

# 11.5 利用DIV+CSS实现页面布局

制作了网站的效果图及网页中所需要的动画，这就好比一桌菜，所有的材料都准备齐妥，接下来就是具体的烹饪了。本节主要为大家讲解如何利用DIV+CSS实现页面布局。

进行网页制作，首先要建立站点，站点主要由以下几部分组成。

（1）站点的所在目录。该文件夹主要用于存放站点内所有的文件及文件夹。

（2）CSS样式文件夹。该文件夹主要用于存放网站中需要用到的CSS样式文件

（3）images文件夹。该文件夹主要用于存放网页中用到的图像文件，根据网页中所使用的图片数量不同可在其中建立不同目录的子文件夹以便更好地管理图片内容。

（4）其他文件夹。如果在网页中用到脚本文件还可以建立以其脚本文件名称简写为名的文件夹，如JS、PHP等。如果用到Flash动画或视频等内容，还可以建立以Media为名的文件夹来管理页面中使用到的媒体文件。

由于本案例应用了CSS、images及Flash和JavaScript脚本文件，所以主要建立以上几个文件夹就可以了。

定义了站点所需要的文件目录，接下来，就可以进行详细的制作了。

主要操作步骤如下：

1 启动Dreamweaver CS5，执行“文件”→“新建”命令，新建一个“XHTML1.0 transitional”格式的文件。

2 单击“拆分”按钮，生成如下代码：

```
< DOCTYPE html PUBLIC "-//W3C//DTD XHTML 1 0 Transitional//EN"
"http://www w3 org/TR/xhtml1/DTD/xhtml1-transitional dtd">
<html xmlns="http //www w3 org/1999/xhtml">
<head>
<meta http-equiv="Content-Type"content="text/html;
charset=utf-8"/>
<title>古城资讯</title>
</head>
<body>
</body>
</html>
```

3 CSS样式文件的规划。

样式文件的规划对于网页制作非常重要，合理地规划CSS样式文件，不仅有利于对网站的整体进行管理，而且还有利于二级页面及其他内容的制作。对于本案例，采用最简单的头部、主体、页脚三部分。首先建立一个总体的style文件夹，然后在其中添加4个样式表文件（reset.css、top.css、main.css、footer.css）。

- reset.css文件：负责整个网站中一些布局标签的重定义。

- top.css文件：负责整个网站页面的顶部的样式设计。
- main.css文件：负责网页中主体部分所用到的样式文件
- footer.css文件：负责整个网站的页脚部分的样式设计

4 链接CSS文件。

启动Dreamweaver软件，执行“窗口”→“css样式”命令，打开CSS样式面板，单击“附加样式表”按钮，在弹出的对话框中单击“浏览”按钮找到样式表文件，这样就将CSS文件引入到了页面中。具体代码如下：

```
<link href="css/reset.css"rel="stylesheet" type="text/css"/>
<link href="css/top.css"rel="stylesheet" type="text/css"/>
<link href="css/main.css"rel="stylesheet" type="text/css"/>
<link href="css/footer.css"rel="stylesheet" type="text/css"/>
```

为了减少书写代码的重复，避免出现多余的边距等现象，所以需要重设网页中所用到的相关标签属性，并将这些重定义的标签属性存放在“reset.css”中。该文件夹中主要放置了页面中出现的html标签的重定义效果。

reset.css文件的主要代码如下：

```
*{ margin:0;padding:0;}
body{
    height:100%;
    margin-left:auto;
    margin-right:auto;
    font-family:Arial,Helvetica,sans-serif;
    font-size:12px;
    text-align:center;                /*居中且宽度固定的版式*/
    background:#d2effe;
      }
em{
    font-style:normal;
    font-weight: bold;
    }
i {
    padding-left:140px;
    color:#F0F0F0;
    font-style:normal;
    font-weight:bold;
```

```
}
a{text-decoration:none;color:black;}
ul,ol{list-style-type:none;}

dd,dl {
    margin:0px;
    padding:0px;
    }
img { border:none; }
/*框架结构*/
.grid_10,grid_12,grid_14,grid_18,grid_24{
    display:inline;
    float:left;
    }
.grid_6{width:228px;}
.grid_12 { width:470px;}
.grid_18{width:710px;}
.grid_24 {width:948px;}
/*=重定义页面标签*/
img{
border:0px;
}
a:link{
    color:#36F;
    text-decoration:none;
}
a:visited{
    color:#1F3072;
    text-decoration: none;
}
a:hover{
    color:#F0F;
    text-decoration:none;
}
input{
    width:120px;
```

```
    height:14px;
    border:1px solid #C2C2C2;
 }
 button{
    width:50px;
    height:22px;
    border:1px solid #C2C2C2;
    margin-left:10px;
    background-image:url(../images/images/btbg.gif);
    background-repeat:repeat-x;
    color:#FFF;
 }
 b {
    color:#F0F;
 }
 .border{
  border:1px #0b628f solid;
  color:#06C;
   }
```

其他的CSS文件内容，根据设计的需要灵活添加即可。

对于门户网站而言，主体部分是页面的主要部分，所以对各个模块的合理命名就显得很重要尤其对后期的维护。在本案例中，采用最直观的数字编码命名方式，即按照栏目的划分从上到下、从左到右用数字对各部分命名，然后对于每一个模块中所包含的子模块再依次进行数字编号，从而将整个主体部分划分。各部分的规划草图及命名如图11-37所示。

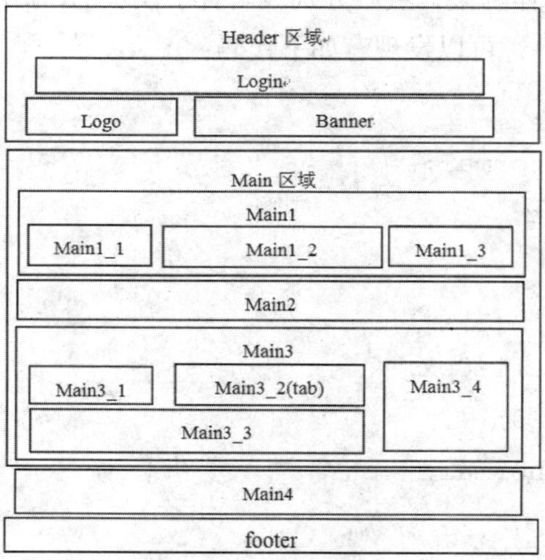


图11-37

由此可以发现，页面主要由3部分组成即header部分，主要定义页面的login登录、网站的logo标识、顶部的banner广告条；Main部分主要定义了页面的内容；footer部分主要定义了页面的页脚内容。

## 11.5.1 布局页眉区域

将页面顶部的页眉、logo、banner和菜单导航都定义到了header区域，这仅仅是一个形式。按照从外到内的设计要求，首先编写出header区域的结构代码：

```
<div id="header">
<div id="top"></div>
<div id="logo"></div>
<div id="banner"></div>
<div id="nav"></div>
</div>
```

对于页面的制作，首先编写整体结构，然后分别对每一个子块按照由外到内进行样式和内容的定义。

按照以上的分析，首先编写#header部分的样式代码，主要的CSS样式代码如下：

```
#header {
    width:950px;
    height:auto;
    margin-right:auto;
    margin-left:auto;
    margin-top:10px;
}
```

定义了顶部页眉的总体框架，然后分别编写各子模块的CSS代码。

打开“reset.css”文件，可以发现有如下代码：

```
em{
    font-style:normal;
font-weight:bold;
}
i {
    padding-left:140px;
    color:#F0F0F0;
    font-style:normal;
font-weight:bold;
}
```

```
button{
    width:50px;
    height:18px;
    border:1px solid #C2C2C2;
    margin-left:10px;
    background-image: url(../images/images/btbg.gif);
    background-repeat:repeat-x;
    color:#FFF;
}
```

在这个CSS文件中，对页面标签<em>、<i>及控制按钮外观的<button>标签进行了重新定义，从而实现了对页面元素外观的控制。这样，页面顶部的“加入收藏”、“设为页首”、“会员中心”3个常用链接的样式就设计好了。

下面继续制作#top部分的结构样式。首先对#top的跨度和高度进行精确的定义，其次通过padding属性实现对其内部的文本内容的位置进行约束。

主要CSS代码如下：

```
#header #top {
    height:27px;
    width:790px;
    background-color:#CCC;
    padding-right:80px;
    padding-left:80px;
    line-height:27px;
    text-align:left;
}
```

网站的logo与banner部分，从结构上看比较简单，在制作时，就是通过CSS定义该部分的精确尺寸，然后插入适合的图像和flash动画即可。下面的代码直接定义了用于控制logo与banner的CSS样式。

```
#header #logo {
    float:left;
    height:120px;
    width:230px;
    clear:both;
}
#header #banner {
    float:left;
```

```
    height:120px;
    width:720px;
}
```

关于页面的导航制作，实现方法有很多种：直接利用文本，使用图像或列表的形式实现，在本案例中，导航菜单应用了flash动画，这样CSS的代码编写就十分简单了，只需按照设计需要定义导航的框架，然后将制作的flash动画导航条插入即可。

```
#header #nav {
    clear:both;
    width:950px;
    height:55px;
}
```

完成后将文件保存，最终效果如图11-38所示。

图11–38

## 11.5.2 布局内容区域

从本节开始，从上到下对页面的主体部分进行制作。对于门户网站而言内容和模块都比较多，因制作也更为复杂。在制作之前首先要对个部分的样式进行恰当的命名，这样可以最大限度的方便后期的维护。在本案例中按照从上到下的顺序采用数字编码与英文名称相结合的形式进行分块，从而达到直观控制的目的。

根据规划草图将主题部分划分为4个模块，分别命名为#main1、#main2、#main3、#main4。

在各个模块的内部再按照同样的方式进行命名。

（1）#main1模块主要定义了首先进入浏览者视线的“西安故事”、“重点内容简介”及“时政新闻”3部分的内容。

（2）#main2模块主要定义了页面中间部的广告条。

（3）#main3模块主要定义了“文化教育”、“西安文化”、“旅游景点”、“西安周边”等内容。

（4）#main4模块主要定义了页面底部的友情链接的内容。

按照前面从外到内的设计思路，首先定义外套框架，然后按照从上到下的顺序定义各个模块的代码。页面中心区域的外部框套#Main及各个子模块的代码如下：

```
#main {
    width:950px;
    margin-right:auto;
    margin-left:auto;
    height:auto;
    margin-top:5px;
    text-align:center;
}
#main1{
    margin-left:auto;
    margin-right:auto;
    margin-bottom:10px;
    width:950px;
    height:307px;
    text-align:left;
}
#main2{
    height:90px;
    width:950px;
    margin-top:5px;
}
#main3{
    margin-bottom:7px;
    width:950px;
    height:540px;
    text-align:left;
}
#main4{
    height:70px;
    margin-top:-40px;                    /* 定义负边距解决浏览器的兼容*/
    background-image:url(../images/images/门户网站_59.gif); / *定义
背景图像*/
    background-repeat:no-repeat;             / *定义背景图像不重复*/
    background-position:left top;            / *定义背景图像的位置*/
    text-align:left;
    text-indent:20px;
    color: #0b628f;
```

```
    padding-top:35px;
  }
```

#main1部分包括的3个子模块分别是："西安故事（#main1_1）"、"重点内容简介（#main1_2）"及"时政新闻（#main1_3）"。其中"西安故事（#main1_1）"模块与"时政新闻（#main1_3）"模块是利用列表定义了新闻的内容；中间部分"重点内容简介（#main1_2）"是图文混排并结合简要的介绍性文字。

按照设计规划，在"西安故事（#main1_1）"部分共有2部分的内容，即标题与新闻列表。重定义标题部分的<span>行内标签，然后通过追加背景图像来实现最终的效果。而对于新闻列表部分的内容直接通过<li>标签来实现。

主要CSS代码如下：

```
#main1_1{
    float:left;
    height:307px;
    text-indent:22px;
    line-height:18px;
    background-image:url../images/images/门户网站_16.gif);
    background-repeat:no-repeat;
    margin-right:5px;
    }
#main1_1 #main1_1title {
    background-image:url(../images/images/门户网站_16.gif);
    background-repeat:no-repeat;
    height:25px;
    display:block;
}
```

由于各个新闻列表部分的宽度都相同，因此通过调用：

```
.grid_6 {
 width:228px;
 }
```

进行控制；且各个新闻列表部分的边框颜色、样式、宽度及字体的颜色都相同，因此可以通过调用：

```
.border{
 border:1px #0b628f solid;
color:#06C;
    }
```

进行控制。

对于页面中间部分“重点内容简介（#main1_2）”首先插入图像，然后通过嵌套<div>标签定义页面中的“简介”内容及标题下划线。主要结构代码如下：

```
<div id="main1_2" class=" grid_12">
<img src="images/images/门户网站_18 gif" />
<div  class="border" id="main1_2text"><div id="main1_2title">西安大明宫国家遗址公园国庆开园有优惠</div>
<p>从西安市森林动物园获悉      </p>
</div>
</div>
```

主要CSS代码如下：

```
#main1_2 {
    margin right:5px;
    margin left:5px;
    text align:left;
    float:left;
    height:300px;
}
#main1_2 #main1_2text {
    width:470px;
    height:135px;
    margin top:4px;
    color:#F0F;
}
#main1_2 #main1_2text #main1_2title {
    height:30px;
    width:440px;
    padding top:15px;
    text align:center;
    margin left:15px;
    margin right:15px;
    font size:16px;
    font weight:bold;
    border bottom width:1px;
    border bottom style:dotted;
    }
```

```
#main1_2 #main1_2text p {
    width:440px;
    height:auto;
    padding top:10px;
    margin right:15px;
    margin left:15px;
    text align:left;
    text indent:24px;
    line height:20px;
    }
```

Main1_3部分的框架结构与内容构成与#main1_1相似，区别仅在于标题图像的不同，因此只需编写出不同部分代码即可。主要CSS代码如下：

```
#main1_3{
  float:right;
  height:307px;
  text indent:22px;
  line height:18px;
  background repeat:no repeat;
  }
#main1_3 #main1_3title {
  background image:url ../images/images/门户网站_20.gif);
  background repeat:no repeat;
  height:25px;
  display:block;
}
```

将文件保存，分别在IE浏览器和FireFox浏览器中预览，效果如图11-39所示。

图11-39

Main2部分是页面中间部分的banner，该部分同样是应用了Flash动画，因此，在编写该部分代码时只需写出主要的框架即可。（读者可参看前面的结构代码）另外，在reset.css文件中定义了：

```
grid_24 {width:950px}
```

因此，该部分在调用CSS时，使用.grid_24类或#main2都可以实现。在本案例代码中笔者全部写了进来，这样做的目的是方便读者在实际应用时可以灵活地进行修改。

接下来，制作Main3左面部分“main3_1”。

首先定义了#Main3部分包括4个子模块，分别是“文化教育（#main3_1）”、“西安文化（#main3_2）”、“西安周边（#main3_3）”及“旅游景点（#main3_4）”。其中“文化教育（#main3_1）”模块与“时政新闻（#main1_3）” 模块的结构相似，同样是利用列表定义了新闻的内容；“西安文化（#main3_2）”部分通过制作tab选项卡式的效果逐一显示各部分的内容；“西安周边（#main3_3）”在结构上与“文化教育（#main3_1）”模块也相似，只是在高度上有所区别，在制作时，对于重复出现的内容通过调用相应的类（class）进行实现。

按照设计规划，在“文化教育（#main3_1）”模块共有2部分的内容，即标题部分与新闻列表部分。对于标题部分，重定义<span>行内标签，然后追加背景图像实现最终的效果。对于新闻列表部分的内容直接由过<li>标签实现。

主要CSS代码如下：

```
#main3_1{
    float:left;
    height:305px;
    text indent:22px;
    line height:18px;
    background image:url(../images/images/门户网站_16.gif ;
    background repeat:no repeat;
    margin right:5px;
    margin top:10px;
    }

#main3 #main3_1 #main3_1title {
    background image:url(../images/images/门户网站_28.gif ;
    background repeat:no repeat;
    height:25px;
    display:block;
}
```

其中相同的部分为各个子模块的宽度、边框颜色及字体颜色等内容，因此通过调用：

```
grid 6 {
width 228px;
}
```

实现对宽度的控制；通过调用：

```
border{
border 1px #0b628f solid;
color #06C;
}
```

实现对边框及字体颜色的控制。

中间部分“西安周边(#main3_2)”的制作有点复杂，下面分步讲解具体的操作步骤。

首先调用：

```
border{
border 1px #0b628f solid;
color #06C;
}
```

实现对标题部分边框和文字颜色的控制，然后通过定义# main3_2title实现对背景及文字样式的控制，主要CSS代码如下：

```
#main3 #main3_2 #main3_2title {
    height:45px;
    line-height:45px;
    text-align:right;
    padding-right:65px;
    background-image:url ../images/images/门户网站_31.gif);
    background-repeat:no-repeat;
    font-weight:bold;
}
```

完成了标题部分的制作，下面来制作tab选项卡效果。将文件保存，打开Dreamweaver CS5软件，执行“插入”→“spry”→“spry选项卡式面板”命令，完成后即可发现页面中出现了所需要的tab选项卡面板，同时在文档窗口的上方出现了用于控制和修饰该tab选项卡面板的两个重要文件SpryTabbedPanels.js和SpryTabbedPanels.css，如图11-40所示。按Ctrl+S组合键将文件保存，此时还会弹出如图11-41所示的对话框，提示用户保存文件时将附带保存该控制文件和修饰文件。

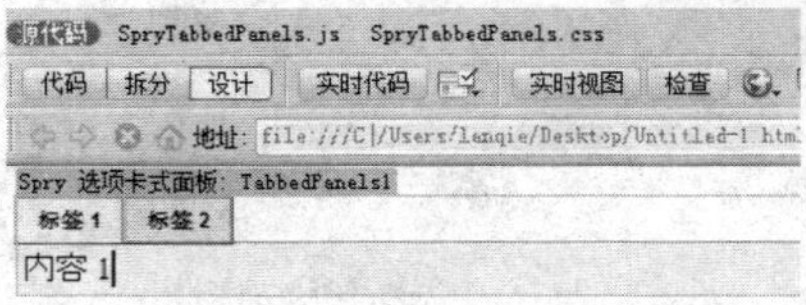


图11-40

图11-41

保存文件后，下面继续修改选项卡的标签文本及背景颜色。切换到代码视窗，打开html文件找到

```
<div id="TabbedPanels1" class="TabbedPanels">
  <ul class="TabbedPanelsTabGroup">
    <li class="TabbedPanelsTab" tabindex="0">标签 1</li>
    <li class="TabbedPanelsTab" tabindex="0">标签 2</li>
  </ul>
  <div class="TabbedPanelsContentGroup">
    <div class="TabbedPanelsContent">内容 1</div>
    <div class="TabbedPanelsContent">内容 2</div>
  </div>
```

然后将文本“标签1…”等文字更改为设计所需要的文本标签即可；用同样的方法将“内容1…”进行替换。将文件进行保存。

这样就完成了内容的定义。

打开SpryTabbedPanels.css文件，找到“.TabbedPanelsTab”类将其更改为如下代码。

```
TabbedPanelsTab {
   position:relative;
   top:1px;
   float:left;
   font:bold 12px sans-serif;
   list-style:none;
   -moz-user-select:none;
   -khtml-user-select:none;
   cursor:pointer;
   background-image:url   /images/images/libg gif);
   background-repeat:repeat-x;
   border:1px solid #09F;
   width:55px;
   margin-top:0px 0px 0px 1px;
```

```
        padding top:4px;
        padding right:10px;
        padding bottom:4px;
        padding left:10px;
        text align:center;
    }
```

这样就实现了对选项卡的修改，保存文件，分别在IE和FireFox浏览器中预览效果，如图11-42所示。

图11-42

由图11-42可以看出，将原文件定义的动态宽度单位更改为固定的像素单位后，虽然在总体上满足了制作的需要，但是最后一个选项卡的宽度“缺”一块，因此，需要专门对最后一个选项卡进行“修补”，将最后一个选项卡的宽度更改为62像素，这样基本上就可以满足设计的需要了。修改后的代码如下：

```
<li style="width:62px;" class="TabbedPanelsTab" tabindex="0">曲 江</li>
```

最后，将“.TabbedPanelsContent”类的代码改为如下内容。

```
    TabbedPanelsContent {
        overflow:hidden;
        padding:4px;
        background color:#BEE9F1;
        text align:left;
        line height:20px;
        text indent:12px;
    }
```

这样就实现了选项卡内文本向内缩进12像素的效果。保存文件，分别在IE和FireFox浏览器中进行预览，效果如图11-43所示。

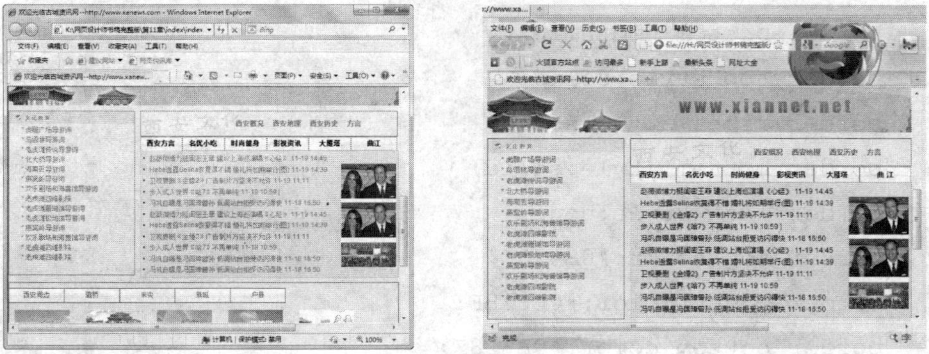


图11-43

#main3_4部分，主要定义了“西安周边”内容，在制作时，首先利用列表的形式制作出各个标题内容，然后通过有序列表的方式制作图像与文字的混合排列。另外，为了突出文字的标题，制作时在有序列表<dd>标签中嵌套了<span>标签。这样通过将有序列表左浮动，然后制定精准的宽度尺寸实现最终的效果。

根据以上规划，主要CSS代码如下：

```
#main3 #main3_3{
    height:170px;
    margin top:10px;
}
```

以上代码定义了#main3_3外框套的高度与外部顶边距。对于框套的宽度，可以调用：

```
 grid_18{
width 710px;
 }
```

由于边框与其他框套的颜色、样式等相同，因此，可以直接套用border类进行控制。

```
 border{
 border 1px #0b628f solid;
color #06C;
  }
```

为了给<li>标签添加恰当的边框，在制作时可以利用#main3_3的左边框套，然后只需定义顶部、右边和底部板框即可。根据以上规划，控制<li>的主要CSS代码如下：

```
#main #main3 #main3 3 ul li {
    float:left;
    width:100px;
    border:1px;
    border-right-width:1px;
```

```
        border bottom width:1px;
        border top style:solid;
        border right style:solid;
        border bottom style:solid;
        border left style:none;
        border top color:#0B628F;
        border right color:#0B628F;
        border bottom color:#0B628F;
        margin top:10px;
        height:25px;
        line height:25px;
        text align:center;
        background image:url(../images/images/libg.gif ;
        background repeat:repeat x;
    }
```

为了实现图文混排效果，可以通过对有序列表的定义来实现。主要制作思路为：首先设计出插入图像所需要的宽度，然后输入文本，这样便强行将文本转移到了图像的下方；最后将有序标签<dd>设置为浮动，从而实现水平排列。根据以上规划，控制<dd>的主要CSS代码如下：

```
    #main #main3 #main3_3 dl dd {
        height:150px;
        width:110px;
        float:left;
        margin right:10px;
        margin left:10px;
        text align:left;
        margin top:5px;
    }
```

为了强调<dd>中文本的样式，在其内部插入了<span>标签，用于进行强调字体的颜色，主要代码如下：

```
    #main #main3 #main3_3 dl dd span {
        color:#F0C;
    }
```

#main3_4部分的宽度、边框颜色及字体颜色等内容均与#main1_1相同，因此用同样的方法调用：

```
.grid_6 {
 width:228px;
 }
```

实现对宽度的控制；通过调用：

```
.border{
 border:1px #0b628f solid;
color:#06C;
  }
```

实现对边框及字体颜色的控制。

除此之外仅仅在高度和标题图像上有所区别，下面的代码实现了对标题图像及内容的控制。主要CSS代码如下：

```
#main3 #main3_4 {
    float:right;
    height:485px;
    text-indent:22px;
    line-height:18px;
    background-repeat:no-repeat;
    margin-top:10px;
    }
#main3_4 #main3_4title1 {
    background-image:url(../images/images/门户网站_30.gif);
    background-repeat:no-repeat;
    height:25px;
    display:block;
}
#main3_4 #main3_4title2 {
    background-image:url(../images/images/门户网站_38.gif);
    background-repeat:no-repeat;
    display:block;
    margin-top:15px;
    padding-top:24px;
    padding-left:20px;
    padding-right:20px;
    text-indent:0;
}
```

最后还需对“更多……”进行“右移”，以满足设计的需要。在制作时，插入一个<span>标签，然后强行将其显示为块状元素，通过调整该块状元素的左内边距实现最终设计的需要，据此，主要代码如下：

```
#main3_4title2 span {
    display:block;
    padding-left:120px;
    margin-top:20px;
}
```

保存文件，分别在IE和FireFox浏览器中进行预览，最终效果如图11-44所示。

图11-44

下面继续制作主体部分的最后一个子模块（main4）。该部分用于显示网站友情链接的内容，以文字为主，并且分行显示，因此可以考虑用列表的形式来实现。由于该部分的列表标签<li>已经在reset.css文件中进行了重定义，因此不需要再进行额外的定义，直接输入列表的结构代码及内容即可完成效果的制作。

## 11.5.3 布局页脚区域

在完成了页面主体部分的制作后，本节进行最后一个模块的制作，即页脚部分的制作。该部分内容很简单，以文字内容为主，因此在设计样式代码时只需确定文本内容的显示位置及背景颜色即可。根据设计规划，打开CSS样式文件，输入如下代码将文件保存，即可完成整个页面的设计。

```
#footer {
    height:50px;
    background-color:#39F;
    margin-top:10px;
    text-align:center;
    padding-top:20px;
    color:#FFF;
}
```

由于在reset.css文件中已经定义了：

```
.grid_24 {width:950px}
```

因此，直接调用即可实现对页脚框架宽度的控制。

## 11.6 追加网页特效

打开Dreamweaver CS5软件，执行“插入”→“html”→“文件头标签”→“meta”命令，在弹出的对话框中进行特效代码的输入，如图11-45所示。

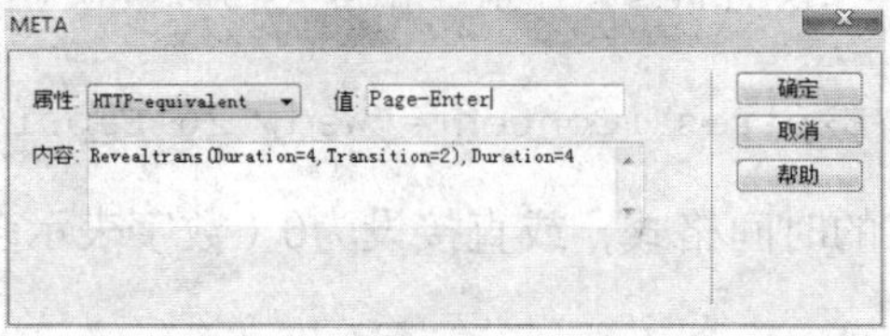


图11-45

这样就在页面中添加了页面过渡效果，即当用户单击页面中的某一个超链接而进入另一个页面时将出现平滑的过渡效果。同理，如果在被链接的页面中也插入了类似的代码，那么，由一个页面进入另一个页面时就实现了完美的过渡。

下面为大家详细介绍http-equiv的用法：

http-equiv类似于HTTP的头部协议，它可以回应给浏览器一些有用的信息，以便浏览器能正确和精确地显示网页中的内容。

常用的http-equiv类型有：

### 1. Content-Type和Content-Language

说明：设定页面使用的字符集，用于说明页面制作时所使用的文字语言，这样浏览器会据此调用相应的字符集来显示页面中的内容。

例如：

```
<meta http-equiv="Content-Type" Content="text/html;
Charset=gb2312"/>
<meta http-equiv="Content-Language" Content="zh-CN"/>
```

该meta标签定义了HTML页面所使用的字符集为GB2312，就是国标汉字码。如果将其中的“charset=GB2312"替换成“BIG5"，那么该页面所用的字符集就是繁体中文Big5码。

### 2. Refresh（刷新）

说明：让网页经过指定时间（秒）后刷新页面本身，或在指定时间后让页面自动链接到其他网页。

例如：

```
<meta http-equiv="Refresh" Content="20">
<meta http-equiv="Refresh" Content="5;Url=http://www.web36.net"/>
```

其中数字5是指当前页面内容停留5秒钟后自动刷新到指定的URL网址。

### 3. Expires（期限）

说明：指定网页在缓存中的过期时间，一旦网页过期，必须重新向服务器调用。

用法：

```
<meta http-equiv="Expires" Content="0"/>
```

```
<meta http-equiv="Expires" Content="Wed, 26 Feb 1997 08:21:57 GMT"/>
```

注意：必须使用GMT的时间格式，或直接设为0（数字表示多少时间后过期）。

### 4. Pragma（cach模式）

说明：禁止浏览器从本地机的缓存中调阅页面内容。

用法：<meta http-equiv="Pragma" Content="No-cach"/>

由于网页不是保存在缓存中，浏览者每次访问时都刷新页面。如果设定为"No-cach"，访问者将无法进行脱机浏览。

### 5. Set-Cookie（cookie设定）

说明：浏览器访问某个网页时会将它存在缓存中，当浏览者下次再访问同一页面时就可从缓存中读取，这样就可以提高页面信息显示的速度。

通常情况下，HTML文件没有必要禁用缓存，而对于ASP等动态页面，就可以启用禁用缓存，因为每次浏览页面时，客户端看到的页面都是在服务器动态生成的，缓存就失去了意义。

用法：

```
<meta http-equiv="Set-Cookie" Content="cookievalue=xxx;
expires=Wednesday,21-Oct-98 16:14:21 GMT;ath=/">
```

### 6. Window-target（显示窗口的设定）

说明：强制页面在当前窗口以独立页面显示。

用法：<meta http-equiv="Widow-target" Content="_top">

这个属性是用来防止他人在框架里调用自己的页面。Content选项：_blank、_top、_self、_parent。

### 7. Page-Enter、Page-Exit（进入与退出渐隐效果）

说明：这个是页面被载入和调出时的一些特效。

例如：

```
<meta http-equiv="Page-Enter" Content="blendTrans(Duration=0.5)">
<meta http-equiv="Page-Exit" Content="blendTrans(Duration=0.5)">
```

其中：blendTrans是动态滤镜的一种，用于产生渐隐效果。另一种动态滤镜RevealTrans也可以用于页面进入与退出效果。

```
<meta http-equiv="Page-Enter" Content="revealTrans(duration=x,
transition=y)">
<meta http-equiv="Page-Exit" Content="revealTrans(duration=x,
transition=y)">
```

进入和离开该页面的渐变跳转：

```
<meta http-equiv="Page-Enter" CONTENT="revealtrans(duration=6.
0, transition=23)">
<meta http-equiv="Page-Exit" CONTENT="revealtrans(duration=6.
0, transition=23)">
```

在应用时，将指定的代码添加到<head> </head>中间即可。

### 8. Duration表示滤镜特效的持续时间（单位：秒）

Transition滤镜类型。表示使用哪种特效，取值为0～23。每一个数字都代表一种过渡效果，具体效果如下：

0：矩形缩小　1：矩形扩大　2：圆形缩小　3：圆形扩大

4：下到上刷新　5：上到下刷新　6：左到右刷新　7：右到左刷新

8：竖百叶窗　9：横百叶窗　10：错位横百叶窗　11：错位竖百叶窗

12：点扩散　13：左右到中间刷新　14：中间到左右刷新

15：中间到上下　16：上下到中间　17：右下到左上　18：右上到左下

19：左上到右下　20：左下到右上　21：横条　22：竖条

23：以上22种随机选择一种

### 9. MSThemeCompatible（开/关XP主题）

说明：是否在IE中开/关 XP的主题

例如：<meta http-equiv="MSThemeCompatible" Content="Yes" />

Content=”No”关闭XP的蓝色立体按钮系统显示样式，使得和win 2000很像。

### 10. MSSmartTagsPreventParsing

例如：<meta name="MSSmartTagsPreventParsing" content="True" />

说明：在Microsoft IE 6中有一个Smart tag开关，使用以上代码可防止微软页面编辑软件在页面上自动添加标签，从而保证代码原来的特征。

11. RSS网站地图-Sitemap

应用时，可以复制代码保存到一个sitemap.xml（或者ror.xml）文件中，然后上传到网页的根目录下。同时将下面的代码添加到站点主页的<head>标签中，这样就更加便于搜索引擎的读取了。

```
<link rel="alternate" type="application/rss+xml" title="ROR" href="sitemap.xml"/>
```

如果指定的网站站点地图文件名是ror.xml，则需要将上面代码中的href改成href="ror.xml"

即：<link rel="alternate" type="application/rss+xml" title="ROR" href="ror.xml" />

## 11.7 兼容性检查

对于页面居中的解释，在IE浏览器中与FireFox浏览器中有所不同。但是在本案例中两种浏览器中都实现了居中对齐，这究竟是为什么呢？下面为大家讲解。对于IE浏览器，CSS中的text-align属性是可继承的，即在父元素中进行设置后，在子元素中就默认具有了该属性。所以，在body标签中首先设置“text-align:center;”，这样页面内所有的元素都会自动居中，同时还可以将页面中指定范围内的文对齐方式更改为“text-align:left;”从而符合我们的阅读方式。因此，可以按照如下的方式定义居中对齐：

```
body {
text-align:center;
}
#align {
text-align:left;
}
```

这样在Internet Explorer中就轻松实现了Div的居中对齐。

而在现代浏览器（如FireFox、Opera等）中实现水平居中的方法，则很直观、简单，只要设定到左右两侧的空白为自动即可。

```
#align{ margin:0 auto;}
```

这段代码的意思是：使#align这个div到左右两侧的距离自动设置，上下距离为0（也可以灵活设置为其他相等的数值）。

如果希望在所有的浏览器中都实现居中对齐，那么只需综合以上的两种写法，就可以轻松实现了。主要代码如下：

```
body { text-align:center; }
#wrap { text-align:left;
margin:0 auto;
}
```

具体应用案例如下：

```
<!DOCTYPE html PUBLIC "-//W3C//DTD XHTML 1.0 Transitional//EN"
"http://www.w3.org/TR/xhtml1/DTD/xhtml1-transitional.dtd">
<html xmlns="http://www.w3.org/1999/xhtml">
<head>
<title> CSS+Div实现水平居中对齐的页面布局 </title>
<meta http-equiv="Content-Type" content="text/html;
charset=UTF-8" />
<style type="text/css">
body { text-align:center; }
div#wrap {
text-align:left;
width:760px;
margin:0 auto;
border:1px solid #333;
background-color:#ccc;
}
</style>
</head>
<body>
<div id="wrap">CSS+Div实现水平居中对齐的页面布局测试案例。</div>
<body>
<html>
```

保存文件，分别在IE浏览器与FireFox浏览器中进行预览，效果如图11-46所示。

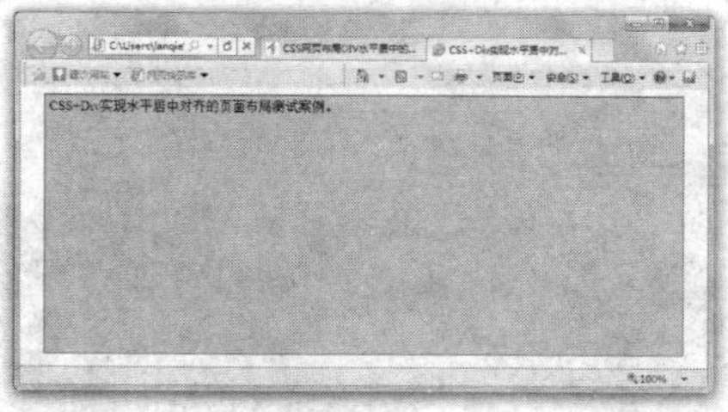


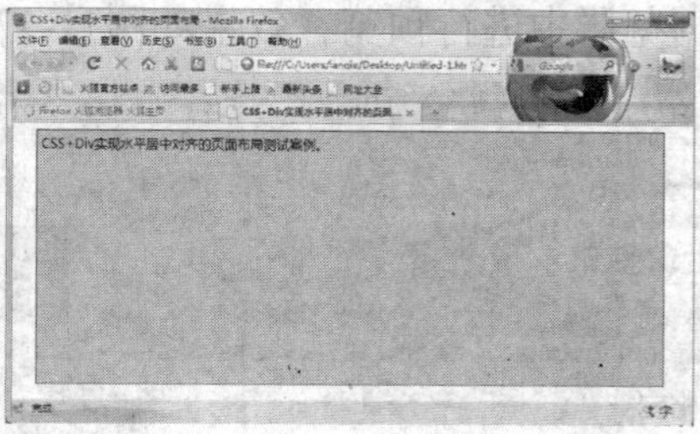


图11–46

通过以上的讲解，大家就清楚如何解决页面的居中显示的问题了。

# 11.8 内页的制作

门户网站的二级页面一般是某个模块的文章、新闻等内容的标题列表，而具体的内容则在三级页面中进行具体显示。

在本案例中，首先保证页眉及导航、页脚等部分的完整，然后为了突出指定模块的特征，在页面导航的下方通过插入能够代表本模块特征的广告banner进行重点提示。在页面的主体部分，按照页面的主题需要将其划分为2部分，左边是新闻列表及时间；右边是本网站中的重点信息列表，这样做的好处是增加了网站中重点信息在各个页面中出现的频率。

下面按照制定的规划进行详细的制作。

首先编写出页面的框架结构，主要代码如下：

```
<div id="main_banner"></div>
<div id="main" >
<div id="left"></div>
<div id="right"></div>
</div>
```

这样，在不破坏总体结构的情况下定义了内页的框架结构，由于内页的结构比较简单，所以在模块命名上应用了相对简单的方式。

定义完结构框架后，下面展开详细的制作。

首先制作子页中的banner广告条，由于该广告条是Flash格式的动画，所以制作方法与主页中的广告条制作相类似，只需编写精准的尺寸框架即可，主要代码如下：

```
#main_banner{
    margin-top:5px;
    margin-right:auto;
    margin-bottom:5px;
    margin-left:auto;
    text-align:center;
  }
```

定义完框架以后，将Flash动画插入到当前框架中即可，保存文件。分别在IE浏览器与FireFox浏览器中进行预览，效果如图11-47所示。

图11-47

下面继续制作子页中的主体部分。根据规划，先定义一个外框套，然后在框套中采用浮动布局的方式实现页面的制作。

定义主体部分的外框套，主要代码如下：

```
#main{
width 950px;
    height:100%;
    margin right:auto;
    margin left:auto;
    margin top:5px;
    text align:center;
}
```

通过以上代码的定义，保证了外框套#main位于页面的正中位置。下面按照从外到内，从上到下的先后顺序进行内部的制作。主要代码如下：

```
#left{
    margin top:5px;
    margin right:5px;
    height:100%;
    text align:left;
    line height:24px;
    }
```

这段代码定义了页面主体中左边部分的框套及文本的对齐方式和行高度，这样，当使用列表标签<li>编写新闻标题文字时，可确保文字垂直居中对齐。

下面开始内容的制作。需要将页面保存为模板以便能够提高工作效率。为了便于操作，在定义了#left框套之后，首先定义一个<div>标签，将列表的标题内容置于其中，修改时，只需更改CSS代码或文本内容即可，从而保证了页面的完整性。主要代码如下：

```
#left #left_title{
     background-image:url(../../../内页banner素材/images/nav.gif);
     background repeat:no repeat;
     padding top:25px;
}
```

本案例中应用了背景图像作为新闻列表的标题，这样当需要修改标题时，只需更改背景图像即可。

关于具体列表内容的制作相对比较简单，只需定义列表的左边内间距避免文本距离左边框太近即可，主要代码如下：

```
#main #left ul li {
  padding left:15px;
}
```

页面的右边部分可以参照左边部分的制作思路进行制作，在此不再赘述了。主要代码如下：

```
#right{
    margin top:5px;
    height:100%;
    text align:left;
    line height:24px;
}
#right #right_title{
    background image url   /../  /内页banner素材/images/nav2 gif);
    background repeat:no repeat;
    padding top:25px;
    }
#main #right ul li {
    padding left:10px;
}
```

在此同样应用了Tab选项卡，但是与主页面中的Tab选项卡相比，区别主要表现在在内容选项卡中采用了3列布局的方式，所以制作时应加以区分。就本例而言，在制作时首先运用行标签<span>制作出水平显示的3个子模块，然后将其显示为块状元素，并强行定义各块状元素的外边距，以保证各列之间有一定的间隙。打开SpryTabbedPanels.css文件，按照以上的设计思路，在其中编写如下的HTML结构代码及CSS代码：

```
<span>
<ul>
        <li> 创意贺卡送出祝福</li>
        <li>万王之王 怪兽仙境</li>
        <li> 角色扮演游戏</li>
        <li> 动作格斗游戏 </li>
        <li> 创意贺卡送出祝福</li>
        <li>万王之王 怪兽仙境</li>
        <li> 角色扮演游戏</li>
        <li> 动作格斗游戏 </li>
```

```
            <li> 创意贺卡送出祝福</li>
            <li>万王之王 怪兽仙境</li>
            <li> 角色扮演游戏</li>
            </ul>
 </span>
                    /*其他内容相似，在此省略。*/
  TabbedPanelsContentGroup  TabbedPanelsContent
TabbedPanelsContentVisible span {
  display:inline;
  float:left;
  margin-top:10px;
  margin-left:5px;
 }
```

这样，子页面就制作完成了。将文件保存，分别在IE和FireFox浏览器中进行预览，效果如图11-48所示。

图11-48

# 11.9 制作模板

使用模板制作页面，可以提高网页制作的效率。本节为大家介绍如何将制作的页面保存为网页模板。

要将网页保存为模板，首先需要在页面的根目录下创建Templates目录，然后打开网页源文件，在需要重复应用的区域插入“可编辑区域”；根据设计的需要，在可编辑区域用文本内容提示当前可编辑区域的主要功能。最后将文件保存为模板即可。

根据以上制作思路，启动Dreamweaver CS5软件，打开sub_main.html文件进行制作。

主要操作步骤如下：

1 将光标定位在需要重复应用的内容区域，将内容删除。

2 将光标定位在“# left_title”模块内，执行“插入”→“模板对象”→“可编辑区域”命令，在弹出的对话框中设置“可编辑区域”的名称。

3 执行“文件”→“另存为”命令，在弹出的对话框中的“保存类型”下拉列表中选择“Template File（dwt）”项，然后单击“保存”即可。

4 执行“文件”→“新建”命令，新建一个空白文件，并将其保存在当前站点的指定目录下。

执行“窗口”→“资源”命令，打开资源面板

单击“资源”面板上的“应用”按钮，即可将当前模板应用于空白文件。如图11-49所示。

将光标定位在“可编辑区域”内，制作出相应的内容即可。

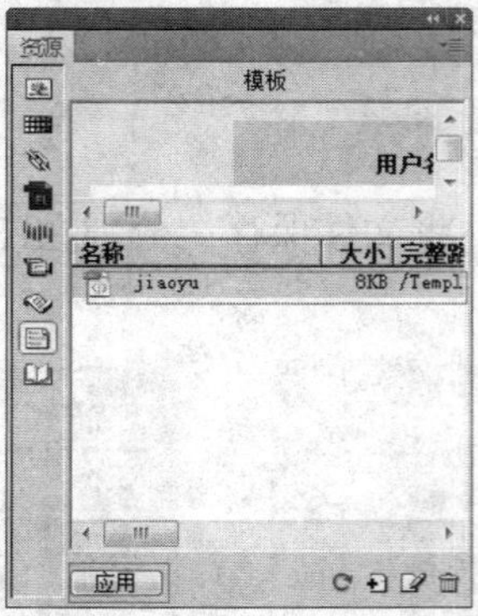


图11-49

第12章

# 12 餐饮类网站的策划与设计

随着人们生活水平的不断提高 餐饮业近年来发展迅猛 相应的网站也随之出现 现在越来越多的蛋糕房、酒店、饭店、餐厅等实体都开展了网上预订等业务。本章就为大家讲解如何策划和制作一个餐饮类的网站。

本章的重要知识点包括

- 如何进行行业分析和内容分析
- 如何制作网站的首页效果图
- 如何正确将网站效果图进行优化输出
- 如何利用Flash制作网页动画
- 如何利用DIV+CSS实现页面布局
- 如何追加网页特效
- 如何对页面进行兼容性检查
- 如何进行网站内页的制作

## 12.1 行业分析

传统的餐饮模式就是将美味佳肴制作好，等待消费者前来选购。随着生活节奏的加快，一些快餐预订、蛋糕预订等新业务随之而出。如何解决因时间和空间问题给消费者带来的不便，成为餐饮行业营销者必须关注的焦点之一。

利用网站可以很好地解决时间和空间问题，比如，利用网络推出预订、利用注册会员推出积分优惠等方式，就可以增加营业利润和消费群体。在制作网站时，要充分体现企业的菜系特色和文化特色；服务理念和服务方式，让网站成为企业和消费者之间的一座交流、沟通桥梁。

常见的餐饮网站主要有以下几种类型：

### 1. 地域性餐饮网站

这种类型的网站主要面向某一地区，具有很强的地域色彩。在制作时一定要突出地方区域的特色和文化，在内容设置上可以主推餐饮预订、会员积分、有奖促销等业务。

### 2. 连锁性餐饮网站

这种类型的网站不仅仅面向某一地区，而是在总公司的指导下具有统一的经营理念和经营模式。在制作时，要要注意符合总公司的统一形象，同时也要适当地体现本店的经营特点和服务特色。在内容设置上，可介绍加盟总店的特色和文化、主要餐饮产品、有奖促销等业务。这类企业的代表有肯德基、麦当劳、德克士等。

### 3. 综合性餐饮网站

综合性餐饮网站主要以营利为主，同时也提供一些餐饮行业的信息和资讯。在网站内容设置上，除了销售产品配料，还可以介绍配料的使用技巧等，也可以制作一些餐饮文化方面的内容来服务大家，以丰富网站的内容。

4. 健康餐饮类网站

这样的网站主要以健康、养生、饮食为主，致力于为大家提供各种健康饮食和保健知识、疾病预防、心理健康、生活保健等。

# 12.2 内容分析

餐饮类网站的页面色彩应该十分突出，通过色彩为浏览者传递强烈的信息。色彩的运用可以通过两方面体现，首先，根据网站的策划，确定网站的整体色彩风格，然后可以在页面中对所涉及的目录板块添加符合网站整体格调的图像，通过图像色彩来传递信息；除此之外，在页面背景的选择、字体颜色的选择、页面修饰物的选择、导航条的设置等方面可以最大限度地通过色彩传递信息。

在具体的内容表现上，由于是餐饮服务行业，因此在页面布局上一定要体现的轻松、欢快给人以愉悦的感觉。所以在版面构成上，可采用相对比较灵活的布局方式。

基于以上分析，本网站确定以能够增强人食欲的橘暖色及咖啡色为主风格，同时增加健康的绿色为辅助色，以避免页面的单调性。

网站的结构从上到下分为logo部分、菜单导航部分、主体banner部分、内容部分及页脚5大块，分别对各个模块的内容做出展示，最终效果如图12-1所示。

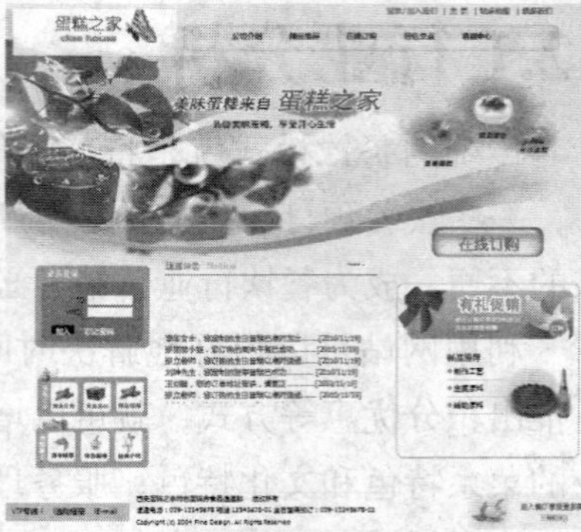


图12-1

# 12.3 制作过程

使用Photoshop进行网页效果图的制作，是餐饮类网页的第一步工作，按照前面的分析一定要牢记，网站背景颜色与文件颜色要统一协调，色彩不宜过多；图片与内容之间要保持一定的距离，以体现页面轻松的氛围，大小要合乎美学原则，如果图像太大可以采用略图的方式进行处理。

现在开始，制作“蛋糕之家”网的首页效果图。

## 12.3.1 制作首页效果图

使用Photoshop进行效果图制作，是网页设计的第一步，对于一些经常用到的设计技巧和制作要求必须牢记在心。例如，文档应当采用RGB色彩模式、分辨率应设置为72像素、宽度一般为960像素、内容不宜超过3屏。

了解了这些基本常识，下面开始具体的制作。主要操作步骤如下：

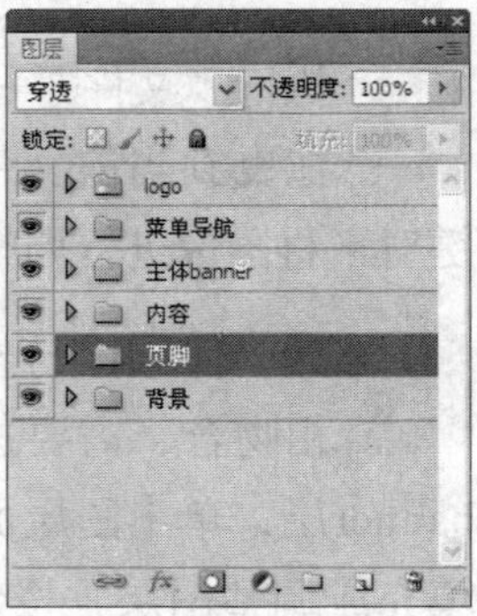

图12-2

1 执行“文件”→“新建”命令，创建一个宽1020像素，高1350像素的空白文件，设置色彩模式为RGB模式，分辨率为72像素。

2 单击图层面板上的“创建新组”按钮，依次创建6个图层组，分别命名为背景、logo、菜单导航、主体banner、内容和页脚，制作完成后图层面板如图12-2所示。

3 选择“背景”图层组，单击图层面板上的“新建图层”按钮，新建一个名称为“背景”的图层，设置前景色为#f4e9be，背景色为白色，然后选择渐变工具为背景图层添加渐变效果。打开光盘目录下的“素材\第12章\白云.jpg”文件，将其拖放到新建的网页文档中，按Ctrl+T组合键对素材图像进行调整。

## 12.3.2 制作页眉区域

1 选择“logo”图层组，单击图层面板上的“新建图层”按钮，新建一个“标识背景”的图层，设置前景色为白色。

2 选择工具箱中的“画笔工具”，绘制一个如图12-3所示的形状。选择工具箱中的“文本工具”，设置字号为25点，字体为幼圆，颜色为#456636，输入网站的标题“蛋糕之家”，为了增加对网站logo的修饰，用类似的方法输入网站标题的英文“cake house”；然后打开光盘目录下的“素材\第12章\ hudie.jpg”，将其拖曳到新建的网页文档中，按Ctrl+T组合键对素材图像进行调整，完成后如图12-4所示。

3 选择“菜单导航”图层组，单击图层面板上的“新建图层”按钮 ，新建一个名称为“menu”的图层组。设置前景色为#e1dbc1，背景色为#f0e9cf，然后在工具箱中选择“圆角矩形”形状工具，将圆角半径设置为10像素，绘制出导航条形状。

4 打开“路径”面板，将形状转换为选区，然后利用线性渐变将该形状填充，执行“编辑”→“描边”命令，在弹出的对话框中设置描边色#dad2b3，描边宽度为1像素。选择“文本工具”输入菜单文本。

5 用类似的方法制作右上角的子菜单内容。如图12-5所示。

图12-3

图12-4

图12-5

## 12.3.3 制作主体banner区域

**1** 执行“文件”→“打开”命令，将光盘目录下的“素材\第12章\banner.psd”，将其拖曳到当前文件中，按Ctrl+T组合键对素材图像进行调整。

**2** 为了使图像与整个网站的色彩风格相吻合，需要进行色彩调整，选择banner层，单击图层面板上的“创建新的填充或调整图层”按钮，为图像添加“色相/饱和度”调整图层，具体调整参数及最终效果如图12-6所示。

图12-6

**3** 仔细观察，发现图像的右侧区域内容比较空，因此考虑为其添加该网站的主要产品图像。新建“产品”图层组，执行“文件”→“打开”命令，将光盘目录下的“素材\第12章\产品.psd”，将其拖曳到新建的网页文档中，按Ctrl+T组合键对素材图像进行调整。

特别注意：为了使图像与整个网站的色彩风格相吻合，同样对其进行色彩调整（添加色相/饱和度调整图层），具体调整参数及结果如图12-7所示。

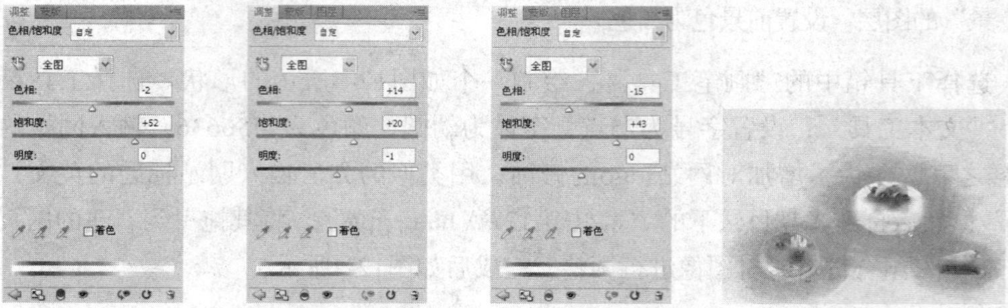


图12-7

**4** 利用文本工具添加文本效果，为了增加修饰效果，再次利用“铅笔工具”绘制文字的底纹背景，完成后效果如图12-8所示。

图12-8

**5** 修饰物的添加。选择工具箱中的“钢笔工具”，绘制如图12-9所示的封闭路径。打开路径面板，将其转换为选区，然后利用#色将其填充，为了体现飘带的半透明效果，单击图层面板上的“添加图层蒙版”按钮，为其添加蒙版，最后用黑色笔刷进行涂抹，将多余部分隐藏，完成后，用类色的方法再次绘制一条，最终效果如图12-10所示。

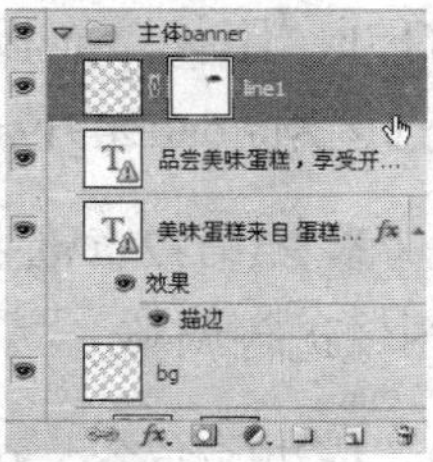

图12-9

图12-10

## 12.3.4 制作内容区域

内容区域的制作主要包括会员登录、最新公告、有礼促销3个子模块，下面由左到右依次制作。

登录区域的制作：

1 选择“内容”图层组，单击图层面板上的“新建图层”按钮 ，新建一个名称为“登录”的图层组。

2 新建一个图层，将前景色设置为#fe9407，在工具箱中选择“圆角矩形工具”，在其中绘制一个圆角矩形。利用同样的方法将前景色更改为#e15c02，再次绘制一个圆角矩形，按Ctrl+T组合键调整大小和位置。

3 选择文本工具输入相应的文本内容。为了突出对登录框的修饰，在制作时请注意其中细节的制作。完成后效果如图12-11所示。

4 新建图层，绘制圆角矩形。执行“文件”→“打开”命令，将光盘目录下的“素材\第12章\奖品.psd”，将其拖曳到新建的网页文档中，按Ctrl+T组合键对素材图像进行调整，完成后效果如图12-12所示。

图12-11

图12-12

公告部分的制作：

该部分主要是文本内容，读者只需选择工具箱中的文本工具输入相应的内容就可以了。需要说明的就是细节部分的制作，不要小看其中的两个修饰物“more+”和“new”，这两个修饰物恰能体现出网页制作者对整体细节的把握。

“在线订购”按钮的制作。

1 选择“内容”图层组，单击图层面板上的“新建图层”按钮 ，新建一个名称为“有礼促销”的图层组。新建一个图层，选择“圆角矩形工具”绘制一个圆角矩形。打开“样式”面板，选择“黄色凝胶”样式。然后选择文本工具输入文本内容，由于是按钮文字，因此，打开“字符”面板，为文本添加“加粗”效果。如图12-13所示。

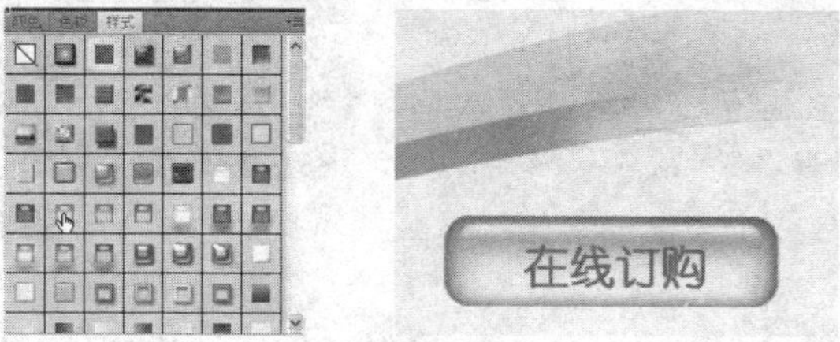

图12-13

2 选择圆角矩形工具，绘制一个圆角矩形形状。打开“路径”面板，将其转换为选区，执行“编辑”→“描边”命令，为圆角矩形选区用# dad9d9色进行描边。

3 执行“文件”→“打开”命令，将光盘目录下的“素材\第12章\促销.psd”，将其拖曳到新建的网页文档中，按Ctrl+T组合键对素材图像进行调整。

4 输入文本内容，执行“图层”→“图层样式”→“描边”命令，在弹出的对话框中为文本添加描边效果，具体设置如图12-14所示。

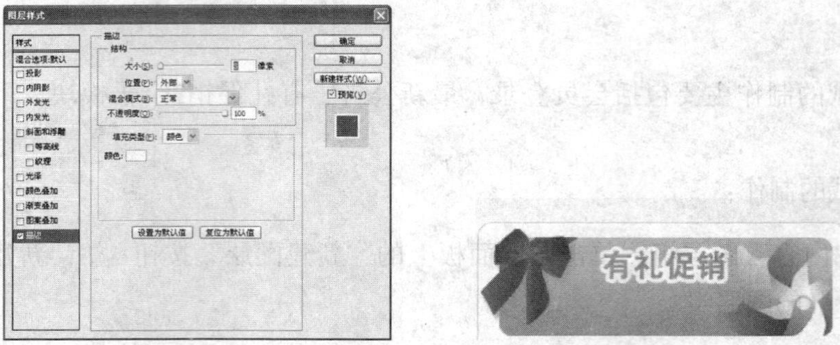


图12-14

5 输入其他文本内容并添加投影效果，具体设置如图12-15所示。

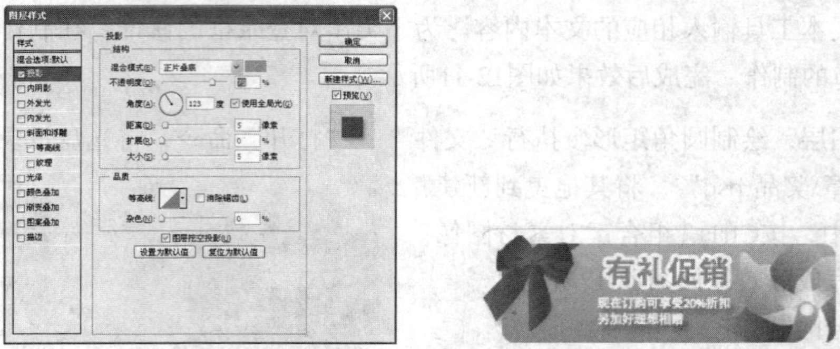


图12-15

6 细节的添加之“订购”。新建一个图层，选择工具箱中的“椭圆选区工具”，按住Shift键并拖动鼠标，绘制一个正圆选择区，将前景色设置为# afc721色，执行“选择”→“变换选区”命令，等比例缩小选区并用# f26521色再次对选区进行填充。完成后输入文本“订购”，最终效果如图12-16所示。

图12-16

7 用类似的方法制作其他的“新品推荐”。这样页面的主体部分就制作完成了。

## 12.3.5 制作页脚区域

1 打开“页脚”图层组，新建图层并绘制圆角矩形选区。

1 执行“编辑”→“描边”命令，制作圆角边框效果，然后在其中输入文本就可以了。

需要指出的是页脚右下角的导航，“进入餐厅享受更多美味”短短几个文字却能够引起浏览者无限的遐想。希望读者能体会其中的巧妙。完成后效果如图12-17所示。

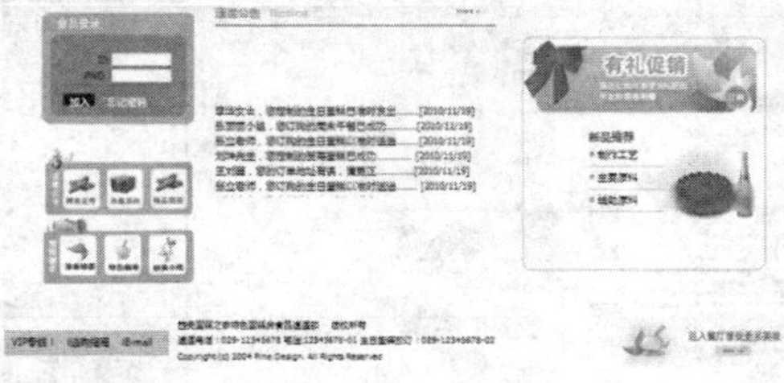


图12-17

## 12.3.6 制作内容页面

内容页面应该与主页面在风格上保持一致，同时为了突出餐饮行业的特征，可以在色彩组合上适当变化，从而使内页的针对性更强

本案例的内页在板块的分栏结构没有发生太大的变化，依旧是三栏，左边部分是用户登录，右边部分是促销，在中间部分重点突出模块的特点，让浏览者通过浏览页面就能掌握蛋糕的制作技巧和配方。最终效果如图12-18所示。

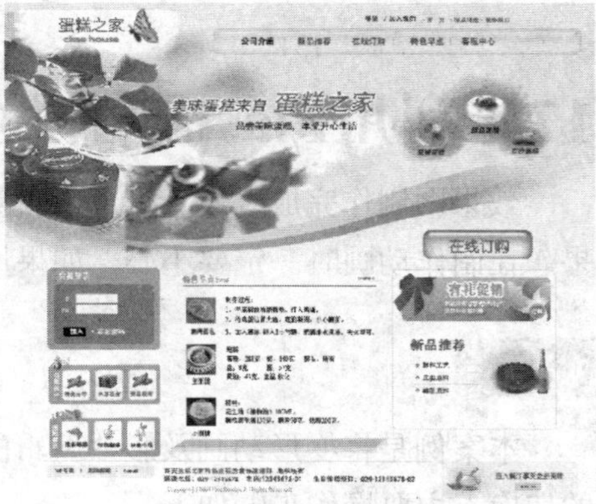


图12-18

## 12.3.7 网站效果图的优化输出

网站的效果图制作完成后，要进行精确的裁切，这样，输出后的图像及图形才能被网页后期排版软件调用。主要操作步骤如下：

1 执行“文件”→“打开”命令，打开光盘目录下的“素材\第12章\餐饮网站.psd”文件。执行“视图”→“对齐”→“对齐到辅助线”命令，保证在制作切片时不出现白边等现象。按Ctrl+R组合键，将标尺打开，依次拖曳出水平和垂直方向上的参考线以便制作精细的切片。

2 打开FastStone Capture软件，启动“屏幕标尺”功能，借助“屏幕标尺”功能控制切片的大小、设置指定宽度和高度，这样就可以精确切割网站的各个元素了，将切片和被切对象一定要对齐，切割的时候应避免切片之间重叠。

3 由于文本部分经常更新，所以在进行切片输出前关闭文本内容所在的图层，仅保留一些标识类的文本或需要在网页中显示的特殊字体的内容。

4 对于小图标在进行切割时可将其放大一定的倍数再进行裁切。

5 按照以上的操作要求制作，最终的切割效果如图12-19所示。如果读者觉得效果比较繁杂，可打开光盘参看源文件效果。

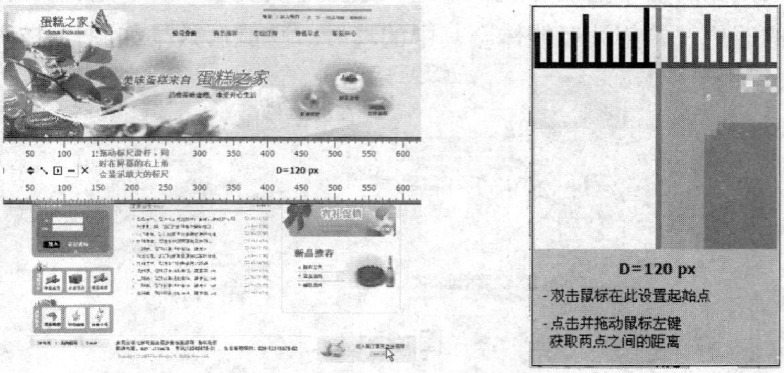


图12–19

# 12.4 利用Flash制作网页动画

效果图制作完成以后，接下来就需要按照所输出的图像及图形尺寸制作精准的动画效果。在制作动画时一定要小心，如果尺寸不符将影响后面的页面编排。

## 12.4.1 制作导航动画

本案例是将变形动画及影片剪辑的重复使用，同时辅助传统补间动画在各个文本之间的切换。主要操作步骤如下：

1 执行“文件→新建”命令，创建一个宽949像素，高269像素的空白文件。

2 执行“文件”→“导入”→“导入到库”命令，将光盘目录下的“素材\第12章\主体banner.psd”导入到库中。

3 打开库面板，将“主体banner.psd”拖放到舞台，按Ctrl+A组合键全选对象，单击鼠标右键，在弹出的快捷菜单中选择“分散到图层”命令，如图12-20所示。

4 按Delete键删除多余的空白图层，选择“bg3”图层，在第30帧、50帧处插入关键帧并创建传统补间动画，单击第30帧，打开属性面板，将透明度更改为0%。

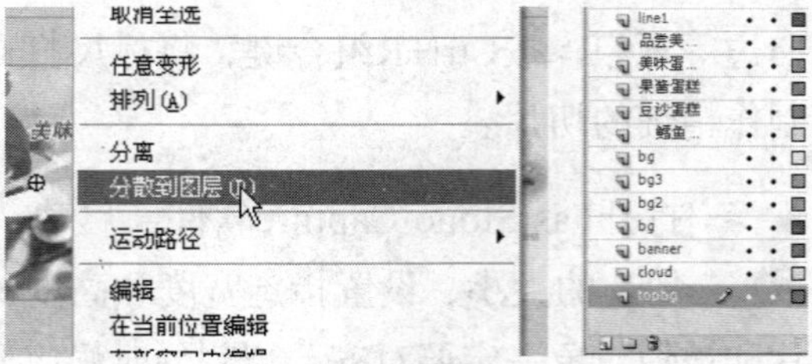


图12–20

**5** 用同样的方法创建其他层的动画效果。由于效果都是更改对象的透明度由0%到100%的渐变动画，因此，为了效果的避免显示效果的单一，在制作时可遵循一定的规律，按先后顺序播放、改变运动方向等方式进行制作。

**6** 选择“line1”层，单击“新建图层”按钮，新建一个图层，单击第70帧，插入关键帧，选择矩形工具绘制一个矩形并用黑色填充。

**7** 单击第95帧，插入关键帧，利用“任意变形工具”单击黑色矩形，按下Shift键并拖曳该矩形直到完全遮盖“line1层”的曲线形状。选择第70帧单击鼠标右键为其创建传统补间动画效果。如图12-21所示。

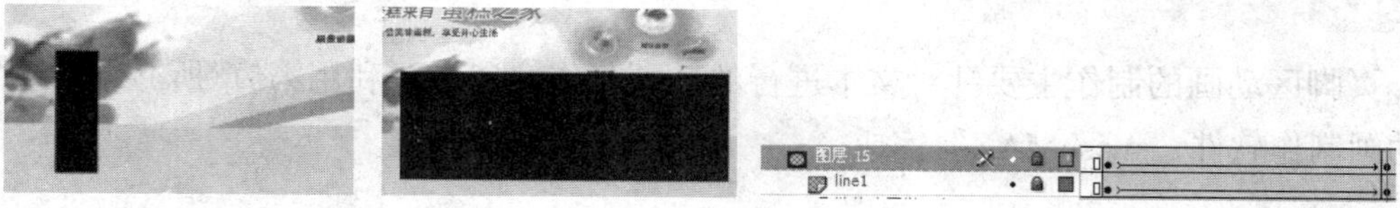


图12-21

**8** 制作影片剪辑。执行“插入”→“新建元件”命令，创建一个名称为“水泡”的影片剪辑。

执行“文件”→“导入”→“导入到舞台”命令，将光盘目录下的“素材\第12章\pao.psd”导入到库中。

**9** 打开库面板，将其拖放到舞台，单击第105帧、150帧，插入关键帧，创建水泡由下到上的传统补间动画效果。打开库面板，将第150帧的透明度更改为0%。

**10** 在新建图层的图层名称上单击鼠标右键，在弹出的快捷菜单中选择“遮罩层”。

**11** 单击“场景1”回到主场景中，新建一个图层，打开库面板，将“水泡”元件拖曳到舞台中，调整大小及位置完成制作。效果如图12-22所示。

图12-22

## 12.4.2 制作修饰动画

在该页面中主要的修饰动画有公告栏中的“new”动画和“促销”中的订购动画两处。主要操作步骤如下：

**1** 启动Flash软件，执行“文件”→“新建”命令，创建一个空白文件，打开属性面板，设置文档的尺寸：宽11像素，高9像素。执行“文件”→“导入”命令，将光盘目录下的“素材\第12章\images\icon.jpg”文件导入到舞台。

2 选择icon图像，按F8将其转换为影片剪辑元件，分别在“图层1”的第3帧、第5帧、第7帧处插入关键帧，打开属性面板，分别修改“色调”，完成修饰动画的制作。

3 新建“图层2”，选择“文本工具”输入“new”。

4 执行“文件”→“导出”→“导出影片”命令，将影片导出为gif动画。

“促销”的动画制作，方法同上，在此就不再赘述了。

### 12.4.3 制作修饰动画

页脚区动画的制作主要针对文本进行的动画制作。读者可利用第5章所介绍的文字特效动画制作软件“swishMAX”完成。

## 12.5 利用DIV+CSS实现页面布局

完成了效果图和动画的制作，下面利用Dreamweaver软件实现最终的布局编排。

进行网页制作，首先要建立站点，然后在站点目录下创建站点中常用的文件目录，主要包括：

本案例应用了CSS、images及Flash和JavaScript脚本文件，所以只要建立这几个文件夹就可以了。

定义了站点所需要的文件目录，接下来，就可以进行详细的制作了。

1 启动Dreamweaver CS5，执行“文件”→“新建”命令，新建一个“XHTML1.0transitional”文件。

2 单击“拆分”按钮，生成如下代码：

```
<!DOCTYPE html PUBLIC "-//W3C//DTD XHTML 1.0 Transitional//EN" "http://www.w3.org/TR/xhtml1/DTD/xhtml1-transitional.dtd">
<html xmlns="http://www.w3.org/1999/xhtml">
<head>
<meta http-equiv="Content-Type" content="text/html; charset=utf-8" />
<title>蛋糕之家</title>
</head>
<body>
</body>
</html>
```

**3** 规划CSS样式文件。

合理地规划CSS样式文件，不仅有利于对网站的整体进行管理，而且还有利于二级页面及其他内容的制作。就本例而言，采用最简单的“四部划分”法，即分为网页的头部、banner、主体、页脚4部分。首先在站点根目录下建立一个总体的style文件夹，然后在其中添加5个样式表文件（reset.css、top.css、banner、main.css、footer.css）。

- reset.css文件：负责整个网站中一些布局标签的重定义。
- top.css文件：负责整个网站页面的顶部的样式设计。
- banner.css文件：负责页面中主要的banner广告条的样式
- main.css文件：负责网页中主体部分的样式设计。
- footer.css文件：负责整个网站的页脚部分的样式设计

**4** 链接CSS文件。

打开Dreamweaver软件，执行“窗口”→“CSS样式”命令，打开CSS样式面板，单击“附加样式表”按钮 ，在打开的窗口中单击“浏览”按钮找到样式表文件，这样就将CSS文件引入页面了。具体代码如下：

```
    <link href="css/reset.css" rel="stylesheet" type="text/css"
media="all"/>
    <link href="css/top.css" rel="stylesheet" type="text/css"
media="all" />
    <link href="css/banner.css" rel="stylesheet" type="text/css"
media="all" />
    <link href="css/main.css" rel="stylesheet" type="text/css"
media="all" />
    <link href="css/footer.css" rel="stylesheet" type="text/css"
media="all" />
```

为了减少书写代码，避免出现多余的边距等现象，需要重新设置网页中用到的相关标签属性，并将这些重定义了属性的标签的存放在“reset.css”文件夹中。该文件夹中放置了页面中出现的html标签的重定义效果。

reset.css文件的主要代码如下：

```
html  body {
    height: 100%;
}
body {
    margin-right: auto;
    margin-left: auto;
```

```
    font-family: Tahoma, Geneva, sans-serif;
    font-size: 12px;
    font-weight: normal;
    line-height: 18px;
}
*{
    margin: 0px;
    padding: 0px;
    }
a:link,a:visited,a:hover,a:active {
    text-decoration: none;
}
img {
    border: none;
    }
ul {
    list-style-type: none;
}
input{
    height: 15px;
    width: 70px;
    border: 1px solid #F60;
}
h3 {
    text-align: left;
    color: #060;
}
```

对于餐饮网站而言，为了后期的维护和二次开发，需要对各个模块进行合理的命名。在本案例中，由于页面相对简单，因此采用top、banner、left、right、footer等最直观方式命名，即按照页面的构成从上到下用、从左到右的形式对各部分命名，这样各个模块的组成在概念上更加清晰。各部分的规划草图如图12-23所示。

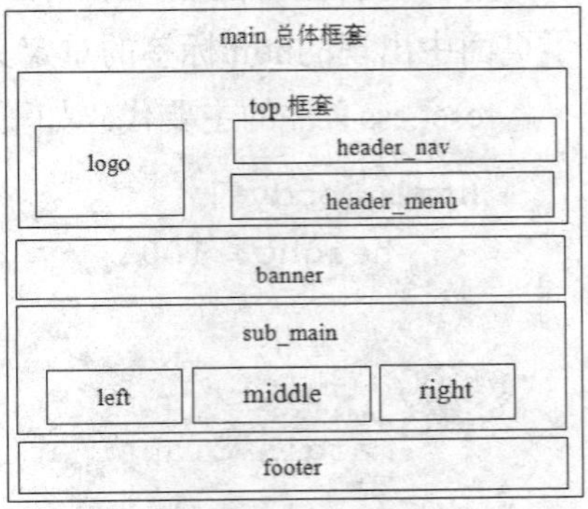


图12-23

由此，可以发现，页面主要由4部分组成即top部分，用于定义页面的logo标识、顶部的导航、顶部菜单；banner部分，用于定义网页的banner动画，由于餐饮类网站的特殊性，所以本案例将banner单独的列为一部分；sub_main部分，用于定义页面的主要内容；footer部分，用于定义页面的页脚内容。

根据以上分析编写出页面的主要结构主要代码如下:

```
<div id="main">
<div id="top"></div>
<div id="banner"></div>
<div id="sub main"></div>
<div id="footer"></div>
</div>
```

由于#main外套框会计师总体控制着页面的布局，而独立于其他样式文件，因此，在制作之前先给出#main的样式代码：

```
#main {
    height: 850px;
    width: 950px;
    background image: url(  /images/bg jpg ;
    background repeat: repeat x;
}
```

## 12.5.1 布局页眉区域

页眉区域在进行设计。首先设计一个外套框架，然后在其内部运用浮动布局的形式从左到右定义网站的logo、顶部导航和菜单等内容。根据设计要求，写出页眉区域（#top）的结构代码：

```
<div id="top">
<div id="logo"></div>
<div id=" header_nav "></div>
<div id=" header_menu "></div>
</div>
```

按照以上的结构，编写出#top部分的样式代码，主要代码如下：

```
#top{
    width:950px;
    height:85px;
    text align:left;
```

```
    text decoration:none;
}
```

接下来，制作#top中所包含的其他内容。

```
#top#logo{
    background image:url ../images/pc1.jpg);
    background repeat:no repeat;
    background position:left top;
    margin top:12px;
    padding left:15px;
    float:left;
    height:73px;
    width:256px;
}
```

以上代码定义了网站的logo样式。在进行网页制作时如果需要应用图像，并且该图像不会影响页面信息的正常显示，此时可以将图像以背景图的形式显示，这样可减少页面的html代码加快页面内容得下载。接下来进行头部区域的导航制作。主要CSS代码如下：

```
#top #header nav{
    float:right;
    width:558px;
    height:25px;
    padding-top:5px;
    text-align:right;
    padding-right:80px;
}
#top#header nav i {                         /*定义顶部导航的特殊显示*/
    font-style:normal;
    color:#F30;
    font-weight:bold;
    margin-right:10px;
}
#top #header nav span {                     /*定义顶部导航的其他内容*/

  margin-right:10px;
  margin-left:5px;
  text-align:center;
```

```
}
#top #header menu {
  float:right;
  height:45px;
  width:559px;
  margin-top:2px;
  margin-bottom:2px;
  background-image:url(  /images/navbg gif ;
  background-repeat:no-repeat;
  text-align:center;
  margin-right:55px;
  padding-left:60px;
}
#top #header menu span {
  display:block;
  height:45px;
  width:70px;
  float:left;
  line-height:45px;
  padding-right:10px;
  padding-left:10px;
  font-weight:bold;
}
```

以上代码定义了页面的顶部导航和菜单。首先定义一个外套框架<# header_nav>用于定位顶部导航显示的位置及文本内容的对齐方式。其次，由于需要重点强调"登录/加入我们"项，因此在定义时通过重定义<i>标签的外观来实现设计的要求。然后，在制作其他导航项时，由于是同一行显示，因此在定义时通过重定义<span>标签的外观来实现设计的要求。这样就实现了对顶部logo、导航和菜单的制作，将文件保存，分别在IE浏览器和FireFox浏览器中进行预览，效果如图12-24所示。

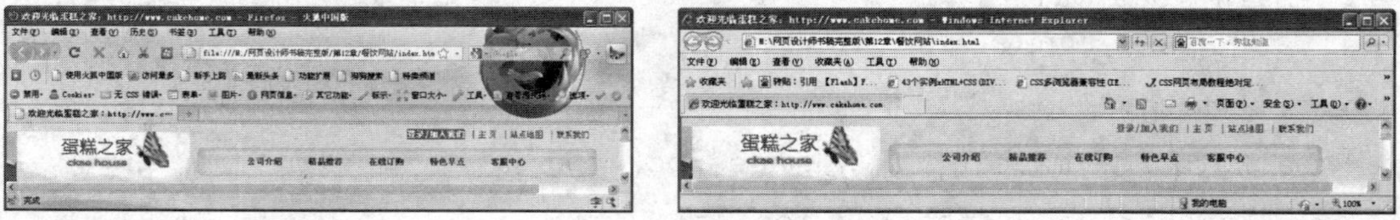


图12-24

## 12.5.2 布局banner广告区域

banner部分是整个页面的中心，又由于该部分应用了Flash动画，因此，在编写CSS代码时，只需根据设计需要精确定义banner的尺寸即可。主要CSS代码如下：

```
#main #banner {
    height:269px;
    width:950px;
}
```

将文件保存，分别在IE浏览器和FireFox浏览器中进行预览，效果如图12-25所示。

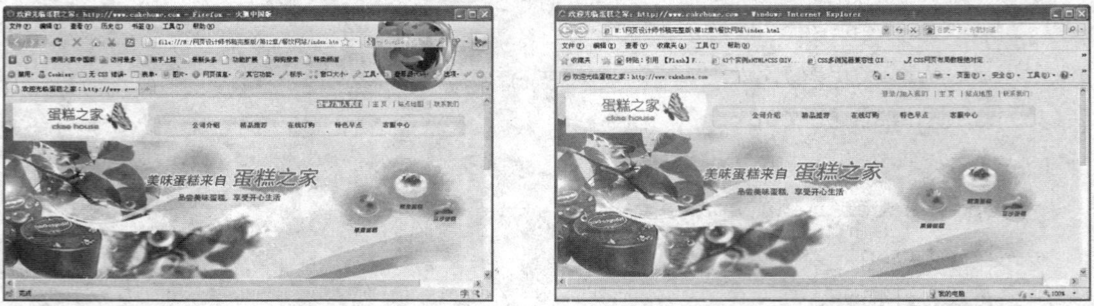


图12-25

## 12.5.3 布局内容左区域

为了便于布局，在制作主题部分时，首先定义一个外套框架，然后在框套内实现对各个模块的制作。根据规划，编写页面主体部分的结构代码，主要代码如下：

```
<div id="sub_main">
<div id="left"></div>
<div id="middle"></div>
<div id="right"></div>
</div>
```

由于#sub_main主要作为外套框架，因此在设计主体部分的其他内容时，应先编写该部分的CSS代码，主要代码如下：

```
#main #sub main {
    height:420px;
    width:950px;
background-image url(  /images/pc2 jpg ;
    background-repeat:no-repeat;
    background-position:left top;
    margin-top:0px;
```

```
        padding right:25px;
        padding left:25px;

    }
```

以上代码定义了主体部分的框架。首先定义框架的宽度和高度，然后为了实现Flash动画与页面其他静态背景图的无缝对接，让背景图在框架的左上方开始显示，并且在框架内不重复显示。最后，为了使框架内的元素精确显示，还定义了左右两端内边距的尺寸。

完成了主体部分的框架制作，下面按照从左到右的顺序，依次制作各个模块。首先制作左边模块，主要CSS代码如下：

```
    #sub_main #left {
        float:left;
        height:300px;
        width:185px;
        margin top:60px;
        background image:url   /images/login jpg);
        background repeat:no repeat;
        margin right:5px;
        margin left:20px;
        padding top:50px;
    }
    #sub_main #left #login {
        padding left:30px;
        text align:right;
        margin right:25px;
    }
     join_us {
        font weight:bold;
        color:#FFF;
        font size:12px;
        padding top:12px;
        padding left:8px;
        text align:left;
    }
    #sub_main #left #present{
        float:left;
```

```
    height:185px;
    width:185px;
    margin-top:45px;
    margin-left:5px;
    }
```

以上代码定义了页面左边模块的样式。在制作时，首先通过浮动的方式定义#sub_main #left框套，然后在框套内嵌套了#left #login和left#present，同时，为了控制登录表单内“加入”与“忘记密码”的显示，又定义了join_us类。这样就完成了对左边模块的制作。

## 12.5.4 布局内容中心区域

中间部分的CSS代码的编写稍微有点麻烦，主要是在滚动列表的下方有一条水平线。在制作时，利用重定义<ul>标签实现添加顶划线。对于列表部分的内容，由于“时间”的存在，因此，在列表中通过嵌套行内元素<span>标签来实现。明白了主要的设计技巧，下面给出主要的CSS代码：

```
#sub_main #middle{
    float:left;
    width:330px;
    height:280px;
    padding-left:10px;
    padding-right:10px;
    margin-top:55px;
    margin-left:10px;
}
#sub_main#middle ul li {
    list-style-image:url(  /images/userli gif ;
}
#sub_main #middle ul more {
    font-size:14px;
    color:#F60;
    font-weight:bold;
    border-bottom-width:2px;
    border-bottom-style:solid;
    border-bottom-color:#666;
    margin-bottom:4px;
    padding-bottom:4px;
```

```
}
#sub_main #middle ul  more span {
    padding left:10px;
    color:#CCC;
    padding right:170px;
}
```

这样就实现了对列表部分内容的定义。在定义列表时，使用了自定义的图像作为列表的项目符号。

## 12.5.5 布局内容右区域

右边部分的内容在制作。首先定义页面的外套框架。其次直接插入图像，用于模拟透明的按钮效果。然后通过插入<div>标签实现“新品推荐”部分的内容列表。对于列表项中的下划线，是通过强制将列表项显示为块状元素，然后添加下边框及背景图来实现最终效果的。

```
#sub_main #right {
    float:left;
    height:370px;
    width:289px;
    margin left:20px;
    background image:url ../images/cuxiao.gif);
    background repeat:no repeat;
    background position:bottom;
    text align:center;
}
#sub_main #right #new_product {
    height:165px;
    padding top:150px;
    padding left:80px;
}
#sub_main #right #new_product ul li {
    display:block;
    text align:left;
    height:25px;
    width:80px;
    border bottom width:1px;
```

```
        border bottom style:solid;
        border bottom color:#CCC;
        vertical align:middle;
        line height:25px;
        padding left:10px;
        background image:url(  /images/li jpg ;
        background repeat:no repeat;
        background position:left center;
    }
```

对于“新品推荐”中的标题，是通过重定义<h3>标签实现的（该段代码定义在了reset.css文件中）。

```
    h3 {
      text align:left;
      color:#060;
    }
```

这样通过从左到右的定义CSS代码，就完成了页面的主要内容，将文件保存。分别在IE浏览器和FireFox浏览器中进行预览，效果如图12-26所示。

图12-26

## 12.5.6 布局页脚区域

页脚部分的内容由3部分组成。首先，定义#footer中的背景图像实现虚拟的两列布局的形式，然后用浮动布局的方式实现页面中各部分的制作。根据设计规划，#footer部分的结构代码如下：

```
    #footer {
        height:70px;
        width:950px;
        background image:url(  /images/footerbg gif ;
```

```
    background-repeat:no-repeat;
}
```

这样就定义了一个与页面宽度等同的外框，从而为页脚部分添加了背景图。

按照由外到内、从左到右的设计原则，下面继续制作页脚部分的导航。由于在页脚区域共包括3个区域，因此在设计时还需要利用浮动布局来实现。具体的设计思路如下：

首先定义页脚导航的外框容器为左浮动，然后在其内部继续定义列表项为浮动元素，通过调整各个列表项的内边距来实现导航菜单的制作。下面依照设计思路编写出具体的CSS代码。

```
#footer #footernav {
    float:left;
    height:45px;
    width:200px;
    margin-top:10px;
    margin-left:5px;
}
#footer #footernav ul li {
    float:left;
    width:55px;
    height:24px;
    padding-left:10px;
    display:block;
    padding-top:5px;
    margin-top:10px;
    background-color:#CCC;
}
```

通过以上代码的编写，实现了对页脚部分的导航的制作。

接下来，学习如何实现页脚区域其他内容的制作。在页脚的中间部分是网站的联系方式。由于采用了多行显示，因此可利用<p>标签块元素来实现，只要将其定义为左浮动紧紧跟随在导航的后面即可。由于还需要特别强调该网站的标题，因此可在<p>标签内嵌套<span>标签来实现。按照这个设计思路，下面编写出主要的CSS代码。

```
#main #footer p {
  padding-left:5px;
  height:80px;
  width:500px;
  float:left;
```

```
    padding-top:5px;
    font-size:10px;
}
#main #footer p span {
    color:#060;
    font-weight:bold;
```

这样就实现了对中间页脚部分文字的制作。关于右下角部分的“进入餐厅”，可通过插图的方式实现。为了避免出现图像与页面的右边界出现错位，在设计时，将图像放置在一个<div>容器内，然后将其定义为右浮动即可。这样所需要定义的CSS代码就变得简单了，主要代码如下：

```
#footer #bottom_right {
    float:right;
    height:65px;
    width:226px;
}
```

将文件保存。分别在IE浏览器和FireFox浏览器中进行预览，效果如图12-28所示。

图12-28

# 12.6 追加网页特效

页面完成后，如果再通过技术手段为文本添加一些动态的滚动效果，页面将更加生动。本节通过为新闻列表添加滚动效果来完善页面的显示。

在页面中实现文字的滚动效果需要用到<marquee>标签，选择文本需要滚动的开始位置，然后输入如下的代码：

<marquee direction="up" scrollamount="3" scrolldelay="90" onmouseover="this.stop()" onmouseout="this.start()">滚动内容</marquee>

这样经过简单的代码编写，就实现了对文本添加滚动效果。

在这段代码中各个代码的所代表的含义如下：

- direction：用于定义文本滚动的方向，可选属性值有“left”、“right”、“up”、“down”。
- scrollamount：用于定义文本滚动的速度，数值越大，文本滚动速度越快。
- scrolldelay：用于定义文本滚动的延迟，数值越大，文本滚动速度越慢。

- onmouseover="this.stop()"：定义了鼠标事件，当用户将鼠标放置在链接文本之上时，暂时停止文本的滚动。
- onmouseover="this.start()"：定义了鼠标事件，当用户将鼠标离开链接文本之上时，文本继续滚动。

# 12.7 兼容性检查

页面制作完成后，为了保证页面能在不同类型、不同版本的浏览器中都能正确被浏览，还需要设计师对制作的页面进行兼容性检查。

本例中应用了滚动列表作为页面的公告内容，实际上在IE浏览器与FireFox浏览器中对于<ul><ol>等列表的解释是有所区别的，这是因为<ul>标签在IE中只有margin默认有值，而在FireFox浏览器中默认是有padding值的。

在IE浏览器中，通过设置margin:0px可以去除列表的上下左右缩进、空白以及列表编号或圆点，设置padding属性对样式没有影响；而在FireFox浏览器中，设置margin:0px仅仅可以去除上下的空白，设置padding:0px也仅仅可以去掉左右缩进，同时还必须一并设置list-style:none才能完全去除列表编号或圆点。

综上所述，如果要保证列表显示的一致性需要同时设置margin:0px、padding:0px以及list-style:none三项才能达到一致的效果。

# 12.8 制作内页

本案例的内页比较简单，其变化体现在页面的中间部分。在制作时应用了图文混排的方式。下面具体讲解主要的制作过程。

首先制作页面中间新闻标题，由于都是文本内容，因此CSS代码部分无需修改，仅仅对文本内容进行简单更改即可。

对于页面的图文混合排列部分，为了保证页面结构的完整，制作时，需要在列表内部嵌入2个行内标签<b>和<i>，然后，通过强行将行内标签显示为块状，并设置左浮动的方式实现。根据以上设计思路编写主要的CSS代码。

```
#main #sub_main #middle ul li b {
  display:block;
  width:48px;
  line-height:24px;
  margin-top:5px;
  margin-left:5px;
  font-size:11px;
  font-weight:normal;
  float:left;
```

```
  text-align:center;
}
#main #sub_main #middle ul li i{
  display:block;
  width:260px;
  margin-top:5px;
  float:right;
  font-style:normal;
  margin-left:10px;
}
```

将文件保存，分别在IE浏览器和FireFox浏览器中预览效果，如图12-29所示。

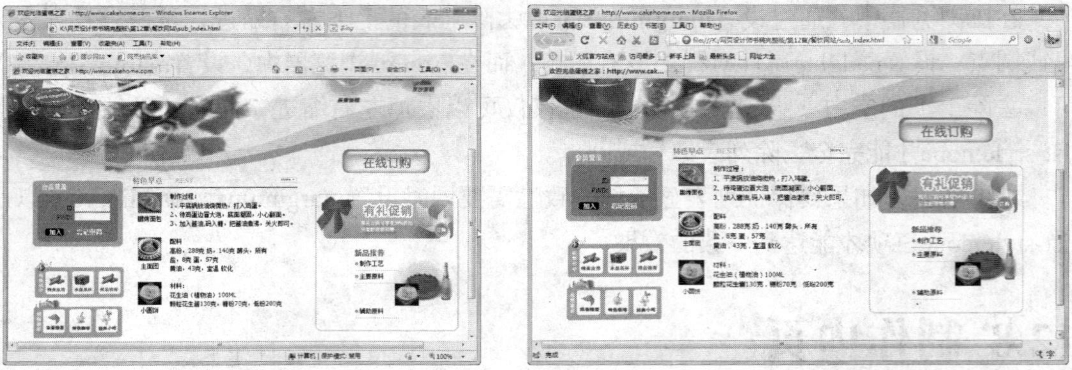


图12-29

由此可见，对于网站内页的制作，首先要明确哪些区域的CSS表现代码需要修改，哪些区域的CSS表现代码不需要修改，这样不仅能保证页面效果和风格的一致性，而且还可以提高页面制作的效果